建筑工程质量管理

吴松勤　编著

中国建筑工业出版社

图书在版编目（CIP）数据

建筑工程质量管理 / 吴松勤编著 .—北京：中国建筑工业出版社，2019.11
ISBN 978-7-112-24058-6

Ⅰ.①建… Ⅱ.①吴… Ⅲ.①建筑工程-工程质量-质量管理 Ⅳ.①TU712

中国版本图书馆 CIP 数据核字（2019）第 167749 号

本书是作者多年工作经验的总结。全书共分为七章，包括：质量管理概述、质量管理技术和方法、施工准备、施工实施、工程项目质量验收、工程质量的改进和提高以及质量经营管理。内容全面，具有较强的指导性和可操作性。可供建筑行业质量管理人员及技术人员参考使用。

责任编辑：王砾瑶　范业庶
责任设计：李志立
责任校对：赵　菲

建筑工程质量管理
吴松勤　编著
*
中国建筑工业出版社出版、发行（北京海淀三里河路9号）
各地新华书店、建筑书店经销
北京建筑工业印刷厂制版
北京圣夫亚美印刷有限公司印刷
*
开本：787×1092毫米　1/16　印张：20½　字数：505千字
2019年10月第一版　2019年10月第一次印刷
定价：**65.00**元
ISBN 978-7-112-24058-6
（34274）

序

质量代表一个行业和企业的科学技术水平、管理水平和文化水平。产品质量的提高，意味着经济效益的提高。当前，世界经济的发展正经历着由数量型增长向质量型增长的转变。我国建筑企业正在努力建立和完善现代企业质量管理，深化全面质量管理，来创新我国建筑业的管理水平。

随着我国经济的腾飞，建筑业已成为我国国民经济的一大支柱，建筑工程质量直接关系到人民生命财产安全，关系到建筑企业的长久发展和我国的国际形象，对工程建设的能力和工程项目的质量水平提出了更高的要求。国家出台了一系列规章条例、法律法规促进建筑市场健康发展。2019 年《国务院办公厅关于促进建筑业持续健康发展的意见》中提出：严格落实工程质量责任、加强安全生产管理、全面提高监管水平。住房城乡建设部 2019 年发布了《工程质量安全手册（试行）》，要求各地深入开展工程质量提升行动，保证工程质量安全，提高人民群众满意度，推动建筑业高质量发展。

“百年大计，质量第一”是我国工程建设基本方针之一，在工程建设过程中，如何以工程项目质量为载体，进行有效的项目质量控制，是搞好工程质量的基础。吴松勤同志一直在生产第一线工作，又在住房城乡建设部从事工程质量管理工作几十年，在工程建设上既有理论基础，还能实践操作。在全国工程质量监督站系统里负有崇高的威望。他主持编写和管理了《建筑工程施工质量验收统一标准》GB 50300 的 1988 版和 2001 版等一系列建筑工程施工质量验收规范，在质量生产与管理方面积累了较丰富的经验，本书是他总结了自身的一些体会，在质量管理的技术和方法、施工准备、施工实施、工程质量验收、工程质量的改进和提高以及质量经营管理等各方面进行了较系统的梳理，并提出了工程质量改进和创精品工程的一些做法。内容较丰富，具有较强的参考性。

今年是中华人民共和国成立 70 周年，过去的 70 年是我国大规模工程建设阶段，我国的建设者凭借着自己的智慧、胆识与创新精神完成了一个又一个工程奇迹。如今我们将再次踏上征程，跨入高质量发展的新时代，本书的出版能够给同行们提供有益的参考和指导。当然，互联网、物联网、大数据等高新科技对工程质量管理的创新还有待深化研究。让我们共同为实现建设“质量强国”的目标而努力奋斗，不忘初心，砥砺前行。

姚兵

前　言

质量越来越受到人们的关注，质量管理在全面质量管理的基础上，发展为现代质量经营管理和质量管理战略，跨入高质量发展的新时代。应用科学管理技术和方法，以大质量概念为基础，以全企业职工参与为动力，以质量文化为主导，以无缺陷管理为出发点，以优化产品质量、功能、成本结构，提高质量效益为手段，形成以顾客满意为目标的质量管理创新之路。

质量管理创新是指企业在整个生产经营和资本运营的过程中，必须以人为本，以提高质量效益为中心，企业的各项管理活动，都必须将质量纳入人的行为之中，将质量效益贯穿生产活动的全过程。从根本上讲，企业必须重视经营管理，既要注重工程质量，又要致力于提高资本运营质量、提高质量效益、提高资本增值盈利的多重目标。

企业的生产经营和资本运营活动，应走质量效益的经营之路，解决好质和量的对立统一关系。坚持以人为本，动员企业全体职工，开展以质量效益为中心的持续的质量创新活动。以质量第一、消费者满意第一、社会效益第一为目标。在消费者满意的前提下，追求企业资本增值利益的最大化。

工程是耐用的产品，是集使用功能和艺术品于一体的产品，质量必须得到保证，为此，工程质量管理必须走创新之路，控制好工程质量，做好企业经营效益。

首先，建筑企业应树立工程质量管理创新的思路。现代企业经营管理系统，既要重视提高工程质量和服务质量，又要注重提高资本运营质量，降低质量成本，提高质量效益。企业的生产经营和资本运营活动，实质上就是质量效益的经营活动。

同时，企业要注重质量技术和质量管理方法。施工企业生产活动要以工程项目为载体来完善企业的技术质量管理体系，做好管理技术和操作技能的培训工作，将企业和项目的关系处理好，将企业全体职工纳入质量管理体系中。企业领导要带领全体职工做好质量效益活动，深入研究工程质量管理的主要内容，应用科学的质量管理方法，把工程质量做好。本书从上述思路出发，提出了工程质量管理的一些看法和做法，期望起到抛砖引玉的作用。

（1）要认清建筑工程质量受多因素的影响，质量管理协调难度大，且工程质量内容多、项目多、工期长、参与人员多等，质量形成需要一定的过程，逐步完成、控制措施逐步完善、施工技术逐步提高。企业必须有计划、有步骤地改进质量管理，最后才能达到质量目标。工程质量管理属于动态管理。

（2）企业技术人员必须认真学习和执行国家现行的相关规范、标准，针对规范、标准的规定制定操作细则、质量控制措施，落实到操作过程中，并不断改进完善细则、措施及操作技能，最后，共同形成企业标准、施工工艺标准或操作规程，做好工程质量。

（3）要解决质和量的关系，在工程质量适用的条件下保证量，在质量中求效益。工程质量不是越高越好，而是适用就好。工程质量要注重工程的各部位、各构件等的强度。仅一个部位、一个构件强度好不行，必须每个构件、每个部位的强度都一致。企业要研究质量经营管理中有效的质量投入，以质量求效益。

（4）工程质量必须通过不断地改进来提高，其改进提高的方法很多，各企业要有针对性地选择适用的方法。如因果分析法、排列图、质量控制图等全面质量管理方法，工序样板制，都是很多企业常用的。首道工序质量样板制是在每个工程的首道工序正式施工前，有针对性地制定质量控制措施，应用正确的措施，将每项工程的第一个工序做成实物质量样板，经过验收达到质量计划要求后，后边的工程质量就按其措施控制及标准验收。首道工序样板为后边工序施工提供了实物样板标准和有针对性的施工工艺标准，是一个适用的方法。

（5）工程建设是以工程项目来完成的，企业领导层应改变企业管理的侧重点，要重视工程项目的经营管理和质量管理。企业的生产活动就是工程项目，经营效果也来自工程项目。要针对工程项目来制定有关质量经营管理制度，并落实到工程项目，一切管理活动不能只停留在企业层面，企业领导必须深入工程项目，研究以工程项目为载体的质量经营管理和各项管理制度。有针对性地做好工程项目的施工组织设计和专项施工方案等施工准备，做好人、财、物等的优化配置，选配好工程项目管理班子，明确工程项目班子的工程质量、成本保证等各项管理目标任务，对其监督检查，保证完成任务。

建筑企业要以工程项目为中心来开展工程质量管理活动和生产经营活动，把工程项目的质量经营管理活动作为企业的重点工作和持续质量突破的载体，提高质量效益和企业的竞争优势。

（6）企业研究质量管理必须重视操作质量，再好的施工技术，要完善和达到高质量，必须有操作工人的过硬操作技术来完成。在管理层与操作层分离的情况下，要想创出高质量工程的企业必须拥有固定的相应的高级工匠。一个工种 1 ～ 3 名。他们能把企业的质量管理目标，变成控制措施落实到施工过程中，使工程质量目标达到企业的质量计划。他们能把企业的管理层和操作层联系起来，使企业的上下形成一个技术控制体系。这些人在欧洲称为工段长，在日本等国家称为技师。我们国家现在称为工匠。尽管称呼不同，实质是懂管理会操作的理论联系实际的复合型人才。

企业要把工程质量管理转移到质量经营管理，实现现代质量经营管理的发展战略。在重视质量第一、用户满意第一、社会效益第一的前提下，来追求企业资本增值利润的最大化，追求高质量发展的目标。这是企业发展的最佳途径。

目　录

第一章　质量管理概述

第一节　质量的概念

一、质量的认识

有关质量的定义，在近代史中，很多质量专家给出了解释，一些质量专家从生产者的角度出发，把质量概括为“产品符合规定要求的程度”；有质量专家认为“质量就是满足需要”；在国家标准化管理委员会《质量管理体系　基础和术语》GB/T 19000—2016（ISO9000）标准中，把质量定义为“一组固有特性满足要求的程度”；全面质量控制者认为，“产品和服务质量是指营销、设计、制造、维修中各种特性综合体”。近年来一些世界著名的质量专家指出，对于质量而言，质量所包含的众多含义中有两个极为重要的方面：一是满足顾客需要的产品特性；二是“免于不良”。

“满足顾客需要的产品特性”能够提高顾客满意度，使产品畅销，应对竞争要求，增加市场份额，提高销售收入，卖出较高的价格，降低风险等。这表明质量是以顾客为主的。这种导向可通过提高质量，更好地满足顾客，占领市场，以实现收益的增加等。但生产者要注意质量越高生产费用越高。

“免于不良”能够使产品在生产过程、销售过程、保修过程中消除不良，使产品降低差错率，减少返工和浪费，减少不必要的检验、试验，减少顾客不满，减少产品瑕疵和失效，减少退货和修理费用，缩短产品上市时间，改进交货绩效等。消除这些不良的出现，可以减少或杜绝不必要的返工或导致现场失效，顾客不满投诉、退货、修理等的差错。生产者还要注意，“不良”项次越多产品成本越高。

生产者要特别注意，不能靠增加投入来提高质量，还要努力减少“不良”和浪费，提高效益、降低成本来实现高质量。

质量是“一组固有特性满足要求的程度”。质量可用形容词“差”“好”或“优秀”来修饰。“固有的”也包含反义的“赋予的”，是指在某事或某物中本来就有的，尤其是那种永久性的特征。要求为“明示的”，通常隐含的或必须履行的要求或期望。通常隐含是指由组织、顾客和其他相关方的惯例或一般做法，所考虑的需求或期望是不言而喻的。特定要求可使用修饰词表示，如产品需求、质量管理要求、顾客要求；规定要求是明示的要求，如文件中阐明；要求可由不同的相关方提出。

质量可以分出等级。“对功能用途相同但质量要求不同的产品、过程或体系所做的分类或分级”。在规定质量要求时，等级通常是规定的。满足要求是指满足明确规定的和隐含的需要和期望。

二、质量概念的拓展

随着社会经济的发展和科学技术的进步，质量的内容和含义也在不断地演进和发展。从人们最初的要求产品的实体质量，发展到产品的服务质量，以及企业生产的过程质量、体系质量。随着各阶段内容的演变，产品质量本身也扩大了范围，从产品实体质量的固有特性满足使用要求的程度，扩展到产品、过程或体系与要求，以及环保绿色要求有关的固有特性，达到满足用户要求的程度。一般来讲，产品质量包括：性能、可靠性、寿命、适应性、经济性等。对于不同的产品，由于地区环境、人们生活习惯、消费者的年龄及偏爱等的差别，对同一产品会有不同的质量要求。通常人们对产品的质量要求包括：产品符合有关规范或标准（含性能外观等）;满足用户要求的程度;无瑕疵（漂亮、美观）;可靠性（失效发生率低）；环保节能等。不同的要求，不同人群各不相同。如手机，年轻人希望功能系统多，打电话、发信息、上网、网上购物、唱歌、打游戏等，外观要精美；老年人则希望操作简便、字体大等。所以，社会上不少产品生产厂家，提出了“个人定制”的服务宗旨，在满足用户要求的前提下，达到扩大生产的目的。

产品本身也从实体的产品扩大到服务产品和过程产品等质量品种，形成了有形产品质量和无形产品质量（服务质量、过程质量、系统质量等）。这是社会生产经济发展、生产大协作、社会需求和技术发展的结果。这些无形产品质量可归纳为工作质量，工作要到位。无形产品质量其内容也在不断发展之中，使质量的概念有了巨大的发展。

随着时代的变迁，技术、经济的发展，人们对质量的认识也在不断地发展、深化和演变。对质量要求满足的程度也在演变，国家的各项质量标准也在演变，从“符合性质量”，即达到规范、标准的要求；发展到“适用性质量”，不仅要达到规范、标准要求，还要达到顾客满意的程度，质量还要满足顾客是否适用的要求；进一步提出了“顾客综合满意的质量”，是指包括产品、服务、过程、体系的全过程大质量的概念。“综合满足顾客及其他方面、社会的各相关方面要求的程度”。这就形成“符合性质量”“适用性质量”及“综合满意的质量”的演变。质量的概念从“小”到“大”的演变过程，也体现出人们对质量期望的程度。使质量包括了组织、过程和结果、系统和体系、固有特性和赋予特性等基本面的质量。主要表现为：

1. 产品质量内容和发展

（1）产品由制造的实体产品结果，发展为包括服务质量、过程质量等所有产品；过程由直接参与产品生产的过程，发展为包括制造支持和业务在内的所有过程；产业由制造业，发展为包括制造、服务和业务在内的所有过程；质量由单纯的技术问题，发展为组织生产所有的经营问题；顾客由直接购买产品的主顾，发展为所有受影响者，包括内部的和外部的，以及国家的；质量认识及质量目标，由产品目标及质量职能部门质量认识，发展为公司以质量为中心的经营计划。

（2）不良质量成本，由仅与不良的加工产品有关的成本，发展为若每件产品都能够完美的话，不仅会消失所有的不良成本，而且会使公司的经营成本提高。

（3）质量的评价由与工厂的规格、程序和标准的符合度，发展为满足顾客的要求和程度。

（4）质量的改进，由针对工厂部门绩效改进，发展为全公司绩效改进。

（5）质量管理的培训，由只对质量部门，发展为全公司各部门、各岗位。

（6）负责管理协调者，由质量经理发展为公司的高层管理者或公司各部门领导层组成专门的质量委员会。

不管什么产品，质量都是一个企业的中心工作，通过全企业各部门、各岗位的共同努力来完成，必须改变质量只是质量部门的工作的理念，这个概念已被广大人民所接受，21世纪是质量的世纪。有眼光的企业家提出了以质量振兴企业，一些国家提出了“质量兴国”的方针。

2. 服务质量

产品质量最初是有形的实体质量，服务质量是从实体质量的概念延伸过来的。服务质量是以服务为环节的过程质量，其没有形体，是一种以顾客主观加以认可的质量，服务质量是由顾客亲身感知到的质量，也是满足消费者需求特性的总和，是以顾客满足为宗旨的质量。由于服务的特殊性，生产、消费和服务的同时性，而顾客往往参与到服务的过程之中，并担任一定的角色，可从结果和过程两个角度对服务质量进行评判，这一切都是顾客亲身感知到的，是没有具体的实体的东西可呈现，但是可以用感知的体验以言语大致表示出来，如服务的项目、服务技术、及时性、服务者的态度等，是可以交流的、比较的，可以用满意度的相对概率来比较。一般来说，服务质量是在与顾客的直接接触的服务过程中，顾客亲身感知的服务质量。服务质量在社会上已被广大用户所接受，社会上专门的服务行业已广泛流行，已存在一个很大的消费群体。过程质量、系统质量都属于服务质量的范畴，要求相似。

3. 工作质量

工作质量是保证产品质量、服务质量达到其所要求的满足程度的各项工作成效。工作质量涉及生产产品组织和服务产品组织的各个部门、各个岗位、各个层次人员的工作效果，包括各个岗位人员的专业技能、劳动态度、职业道德，以及该组织的组织协调能力、生产设备、人员岗位培训、专业配套等各方面。工作质量概括说就是该组织的业务能力、员工的素质，包括员工的质量意识、专业技术水平、责任心、诚信职业道德等。工作质量是产品质量、服务质量的保证条件，一个生产组织没有工作质量就谈不到产品质量、服务质量。产品质量、服务质量有些是单独提供的，有些是一起提供的，但工作质量是必须保证的。工作质量与产品质量、服务质量的概念不尽相同，有区别也有联系。通常工作质量是产品质量、服务质量的保证，产品质量、服务质量是工作质量的体现，或者说是工作质量的综合反映。一般情况下，产品质量、服务质量是对外的，提供给外部的，而工作质量是内部保证的。而服务质量与工作质量又是很难划分清楚的。在服务质量中包括一些工作质量的过程，且工作质量和服务质量又都是无形的，非实体的。总体来讲，工作质量一般不便定量，通常是通过产品质量、服务质量的水平来反映，也包括产品不合格率或优良率，以及顾客投诉来间接反映。但通过改进和提高工作质量，是从根本上提高产品质量、服务质量的最好措施。

三、常用质量术语定义

有关质量管理标准中，质量术语的表述。

（1）产品：一组将输入转化为输出的相互关联或相互作用的活动结果。

（2）质量：客体的一组固有特性满足要求的程度。

详细一点是：一组固有的或赋予的特性满足明示的，通常隐含的或必须履行的需求或期望的程度。

（3）要求：明示的，通常隐含的或必须履行的需求或期望。

1）规定要求是经明示的要求，或成文信息中阐明。

2）“通常隐含”是指组织、顾客和其他相关方的惯例或一般做法，所考虑的需求或期望是不言而喻的。

（4）等级：对功能用途相同客体所做的不同要求的分类或分级。

（5）顾客满意：顾客对其要求已被满足程度的感受。

（6）能力：客体实现输出使其满足输出要求的本领。应用知识和技能实现预期结果的本领。

体系：相互关联或相互作用的一组要素。

过程：利用输入产生预期结果的相互关联和相互作用的一组活动。

（7）质量管理体系：管理体系中关于质量的部分。

管理体系：组织建立方针和目标以及实现这些目标过程的相互关联或相互作用的一组要素。

组织：职责、权限和相互关系得到安排的一组人员及设备。

（8）质量方针：由组织的最高领导者正式发布的该组织总的质量宗旨和方向。

通常质量方针与组织的总方针相一致，可以与组织的愿景和使命相一致。并为制定质量目标提出框架。

质量管理原则可以作为制定质量方针的基础。

（9）质量目标：在质量方面所追求的目的。

质量目标通常依据组织的质量方针制定。

通常在组织内的相关职能、层级和过程分别规定质量目标。

（10）质量管理：在质量方面指挥和控制组织协调的活动。

质量管理可包括制定质量方针和质量目标，以及通过质量策划、质量保证、质量控制和质量改进实现这些质量目标的过程。

（11）质量策划：质量管理的一部分，致力于制定质量目标，并规定必要的运行过程和相关资源以实施质量目标。

质量计划可以是质量策划的一部分。

（12）质量控制：质量管理的一部分，致力于满足质量要求。

（13）质量保证：质量管理的一部分，致力于提供质量要求会得到满足的信任。

（14）质量改进：质量管理的一部分，致力于增强满足质量要求的能力。

要求可以是有关任何方面的，如有效性、效率或可追溯性。

持续改进：增强满足要求的能力的循环活动。

（15）质量特性：产品、过程或体系与要求有关的固有特性。

“固有的”是指某事或某物中本来就有的，尤其是那种永久的特性。

赋予产品、过程或体系的特性（如：产品的价格、产品的所有者）不是它们固有的质量特性。

（16）预防措施：为消除潜在的不合格或其他不期望情况所采取的措施。

不合格——不满足要求；

合格——满足要求。

（17）纠正措施：为消除已发现的不合格或其他不期望情况所采取的措施。

采取预防措施是为了防止发生；

采取纠正措施是为了防止再发生。

（18）质量手册：组织的质量管理体系的规范。

（19）质量计划：对特定的客体规定由谁及何时应用程序和相关资源的规范。

（20）记录：阐明所取得的结果或提供所完成活动的证据文件。

记录可用于可追溯性提供文件，并提供验证、预防措施和纠正措施的证据。

（一些术语定义不同文件有不同的表述，但内容基本一致）

（21）有关专家对质量管理的理解：

1）质量管理就是指制定质量标准，及为达到质量标准所应用的一切方法。

2）质量管理是指组织机构内（厂内、公司内）各部门对有关产品质量发展、质量保证、质量改进共同努力，形成一个有效组织，在最经济的水准下，生产顾客完全满意的产品。

3）质量管理是在生产的各阶段里，应用统一的方法，使其能在最经济的条件下，生产出用途最广、销路最好的产品。

4）质量管理是致力于开发、设计、生产、销售及服务，使产品成为最经济、最有用途且顾客十分乐意去买的东西。为达到此目的，必须组织企业各部门人员通力合作，构成一个严密的体系，且努力去实施，使工作标准化，且使所定的各项事项确实施行。

四、工程建设产品质量

1. 建筑产品的定义

工程建设产品质量就是“工程质量”，我们这里讲的主要是房屋建筑工程质量。工程质量的定义在不同时期有不同的要求。建国初期多为原则性的政策要求，规范规定也不太具体，在改革开放前，工程质量的建设原则是“百年大计，质量第一”，“安全、适用、可能条件下的美观”等。并制定了有关工程的设计标准、施工规范、工程质量验收规范等。多数质量要求是以政策文件规定下来的。改革开放以来，质量要求不断改进，技术标准也不断完善。随着国家经济的发展，工程质量要求越来越高，越来越具体，技术规范的规定也越来越细。由于工程质量的使用价值和对社会的影响，工程质量是国家一直重视的，改革开放初期，建设部颁发了第 29 号建设部令规定，“工程质量是指在国家现行的法律、法规、技术标准、设计文件及工程合同中对工程的安全、适用、经济、美观等特性的综合要求”。《建筑工程施工质量验收统一标准》GB 50300—2013 规定，“建筑工程质量（quality of building engineering）反映建筑工程满足相关标准规定或合同约定的要求，包括其在安全、使用功能及其在耐久性能、环境保护等方面所有明显和隐含能力的特性总和”。建筑工程质量要体现其使用价值、安全、美观等特性，主要包括适用性、耐久性、安全性、可靠性、经济性，以及与环境的协调性、美观性等特性。在工程建设技术标准中，根据不同时期国家经济发展状况，对建筑工程质量的要求提出了具体的质量指标。《建筑结构可靠度设计统一标准》GB 50068—2018，规定了一、二、三级建筑结构安全等级，规定了结构的设计使用年限25年、50年、100年，建筑工程质量对在规定的设计使用年限内应满足下列功能要求：

（1）在正常施工和正常使用时，能承受可能出现的各种作用。

（2）在正常使用时具有良好的工作性能。

（3）在正常维护下具有足够的耐久性能。

（4）在设计规定的偶然事件发生时及发生后，仍能保持必需的整体稳定性。

2. 建筑产品的特点

（1）建筑工程质量的重要性表现在世界各国的国家政府都十分重视。因其涉及社会安定以及人民生命财产安全。建筑工程是特殊的耐用产品。建筑工程使用年限长久，设计使用年限50年、100年，实际若建设过程质量好、维护的好，使用年限可大幅度延长，使用200年、300年甚至更长都是可能的，现今使用500年以上的建筑工程数不胜数。

建筑工程建成后是要形成固定资产的，固定资产是一个国家、一个民族的固定资产、社会财富，也是千万家庭的财富。为此，工程质量的形成必须十分重视，要把工程的质量定位选择好，控制好建设过程的各个环节。工程勘测要满足工程建设的要求，满足设计要求，满足施工要求；工程设计要满足工程的使用功能，符合设计规范规定，保证设计计算、使用年限及可靠度，以及设计构造措施到位；施工中控制材料性能，施工措施控制，保证工程质量从而达到质量验收规范规定及设计要求；使用过程按设计规定使用，做好维护保养。

（2）建筑工程是个性化的产品，每栋建筑都是独一无二的，不会有同样的第二个工程，即使是用同一套设计图纸，同一家施工单位施工，也不会是同样的，最起码不能在同一地块上建相同的两个工程。建筑工程产品是固定的，生产是流动的，生产工艺不会是相同的，会受到环境及气候变化的影响，没有固定的生产线，会受到生产人员、工艺的影响，质量的管理就更难了。

（3）建筑工程是先订合同后生产产品，产品质量管理是过程性的，质量验收也是过程性的，既有检验批、分项、分部（子分部）各阶段的质量验收，也有单位工程总的质量验收。建筑工程施工过程中，参与施工的不仅是施工单位，还有工程勘察单位、设计单位、监理和建设单位参与施工过程的质量工作，任何一个单位的工作不到位，工程质量都会受到影响。由于是现场的露天环境生产，温度、湿度、风雨天等环境因素的影响很大，施工过程任何一天的任何时间出现降温、升温、下雨、刮风都会影响到工程质量的特征。小到影响工程美观、功能等，大到会影响工程的安全、耐久性等。工程质量过程控制非常重要，工程质量又是参与各单位共同的产品，都必须做好自己的工作，一致起来，严格起来。

（4）建筑工程质量的整体性很强，在设计过程中的原则是等强度的，任何一个部位、一个构件质量不好，都会影响到一个工程的整体质量。施工必须保证体现设计的意图，使一个工程的每个部位、每个构件都达到设计要求。工程质量的整体性还表现在其顺序性方面，一个工程的施工顺序，通常是不能更改变换的。地基完成后做基础，基础完成后做主体结构，先做垂直构件再做水平构件，一屋完成再做二层，二层完成做三层，接着做下去。为保证质量，前道工序的质量符合标准规定设计要求后，才能做下道工序。所以，参与建设的任何一方，都必做好自身的质量工作，保证自身负责的工程质量，任何环节都能影响到整体工程的质量；建筑工程任何一个部位、一个构件的质量都会影响整个工程的质量，因此，工程质量管理很重要。工程质量的整体性强还反映在主体结构的部位构件质量不好，更换很困难，或是说经济损失很大，不能更换。工程质量必须是过程控制，使工程的每个部位、每个构件都要质量好，整个工程质量才好。

（5）建筑工程的质量是分段形成的，通常人们讲的工程质量多数是指施工质量，同时工程质量必须有好的设计质量、材料质量、地基勘察质量以及设计工艺的要求质量，还有使用维护质量等，就是通常人们所说的建筑工程的大质量。建筑工程的大质量就要分段管理好。

首先是建设单位对立项的工程项目的用途、工艺及质量要求界定明确，落实建筑类型，以便确定设计活荷载，要落实到设计使用年限及建筑安全等级，并形成有效的书面文件，工艺文件要满足设计要求，为设计提供设计依据。

其次，做好工程地质勘察，设计单位应根据工程设计的基本情况提出勘察要求，勘察单位应依据工程地质勘察规范的规定进行勘测。勘察报告结论、建议等要满足设计要求，并对场地施工过程安全性和长久安全性作出评价。

第三，设计要依据相关设计规范进行施工图设计，要遵循设计阶段设计方案的优化、专业会审协商等程序，设计深度要满足施工需要，经本单位按设计程序审查合格后，正式出施工图设计文件及设计概算。施工图设计文件要经省、市政府认可的审图机构审查合格，出具正式的审图报告，才能正式交付施工。

第四，施工质量要依据施工图设计文件、施工合同要求、建筑工程相应工程质量、安全、环保等技术规范规定，制定施工组织设计、专项施工方案、技术措施，并按其进行施工。施工单位应按施工工序及建筑工程质量验收规范的检验批、分项工程、分部（子分部）工程、单位工程进行检验评定。建设单位或监理单位要在施工前对施工单位的施工方案、技术措施、建筑材料、构配件、设备等进行审查，符合要求后才能正式施工，加强过程控制。施工工程质量按阶段依据建筑工程质量验收规范规定进行验收。施工单位和建设单位要按工程建设技术标准规定，按检验批、分项、分部（子分部）、单位工程的程序，首先由施工单位进行质量检查评定合格交建设单位或监理单位验收。单位工程质量验收总监理工程师组织各专业监理工程师进行预验收合格，建设单位组织单位工程验收。

3. 工程质量验收

（1）检验批、分项工程由施工单位专业工长、质量员检验评定合格后，交由专业监理工程师进行验收。

（2）分部工程、子分部工程由施工单位项目负责人组织评定合格，由总监理工程师组织施工单位项目负责人、勘察单位项目负责人（只参加地基基础分部）、设计单位项目负责人（参加地基基础、主体结构和节能工程分部）、施工单位项目负责人、施工技术负责人、质量负责人参加验收。

（3）单位工程按施工合同施工完成后，施工单位应组织有关人员进行自检。总监理工程师应组织各专业监理工程师对工程质量进行预验收。施工单位向建设单位申请工程竣工验收。建设单位由项目负责人组织监理、施工、设计、勘察等单位项目负责人进行单位工程验收。验收应是大质量的验收，包括设计、施工在内。

4. 建筑工程质量受国家标准的控制

建筑工程质量不能由建设单位、设计单位、施工单位自行决定。设计单位、施工单位只能在国家标准规定的范围内发挥各自的智慧和创造力，将工程质量控制好，达到国家质量标准的规定，提高其均质性、控制的效果、精度，以及整体质量，并在标准规定之内，提高和改进使用功能，创造更好的造型、空间及平面利用效果。因为工程质量等级和造价是相关联的，质量等级高造价就高，一个国家或民族的经济状况不好，建不了造价高的，但又想多建些房屋建筑让老百姓居住。所以，控制房屋造价、控制设计荷载、控制使用贵重材料等；但房屋建筑工程质量又是关系人民生命财产安全和社会稳定的大事，政府不能不管，控制房屋建筑工程的造价又不能太低，必须保证其基本的安全性能。安全性能也是随一个国家或民族的具体情况而定，我国建国初期就制定了“安全、适用、可能条件下的美观”的工程质量目标政策。住宅房屋设计荷载控制为150kg/m^2，到2001年国家经济状况好转后，才提升为200kg/m^2。但与西方经济发达国家相比，还有差距，房屋建筑的质量指标是一个经济技术指标，不是单纯的质量技术指标，是在经济条件控制下的质量技术指标。

第二节 质量管理的概念

一、质量管理的作用

质量的概念和重要性已经讲过了，简单地讲质量就是满足顾客的需求。为了能保证达到国家规定的产品或工程的质量，质量管理就是有效地组织人、财、物，将生产的产品达到设计要求的标准规定。质量管理就突出其重要性。多年来造就了很多质量管理专家，形成了各种类型的质量管理理论和方法。从生产者的角度出发，虽说质量管理的内容众多，但有两个方面是极为重要的，这就是满足顾客质量需求和免于不良。这就是质量管理的主要作用。

（1）满足顾客需要的产品质量特性，其内容很多，主要力争企业能够做到更好的质量管理，提高产品品质，提升顾客满意度，使产品畅销，增加市场占有份额，提高销售收入，降低风险等。这些主要影响产品销售及企业收入，要做到提高顾客满意，质量越高费用也会越高，是成正比的，从管理的有效性来讲，是管理的成效率，是企业组织的科学性、完善性的体现，是一个企业的灵魂。

（2）免于不良是质量管理的一个专业术语，正面理解就是管理中减少失误，反过来讲就是不应出现生产中的差错。但从客观规律、生产的现实来看，不出现差错是很难做到的，少出现差错、不出现大的差错、逐步减少出现差错，是可以做到的。这些主要有降低差错率、减少返工和浪费、减少使用过程的失效和保修费用、减少检验和试验费用、减少顾客不满意、提高新产品的研发速度、提高改进产量、产能、产品性能等。这些也是影响产品成本，造成顾客不满意的主要因素。管理中减少失误，质量好不增加或减少增加成本费用，是企业组织必须认识的质量管理的作用。

（3）满足顾客需要的产品，是质量的收益导向，表明企业可通过提高质量，更好地满足顾客需要，实现企业收益的增加。免于不良，就是减少或防止返工浪费、失效故障和保修费用，来改进质量成本导向，不能单靠增加投入来提高质量，还要注重通过减少不良与浪费，提高工艺操作的有效性，提高达标的效率，降低成本来实现。做到高质量低成本，花费更少质量更好的目标。

二、质量管理的发展

质量管理是一个大的概念，有国家、地区、产品行业的管理等。但我们讲的主要是生产一种产品其生产企业所进行的质量管理。在这个范围内质量管理就是一个企业在质量方面的组织指挥和控制协调的活动。通常包括制定质量方针和质量目标，包括质量策划、质量控制、质量改进、质量保证等一系列的活动，以及原材料制品控制、人员技能培养、构件设备的选择配套及环境条件健全组织制度等。

质量管理是过程管理，要落实到生产过程的各环节。因为任何产品质量是通过过程形成的，有组织、有计划、有效地对形成质量的过程活动进行组织指挥协调就是质量管理。通过过程的管理和控制来提高质量，满足顾客的需求，达到企业的发展。质量管理是随着商品生产发展而发展的。产品质量管理发展到今天，已成为一门条理清楚、组织严密、系统性很强的专门科学。同其他事物一样，这门科学也经过了它自身发生、发展和形成的历史过程。

1. 质量管理的初期

质量管理的发展是漫长的。在个体手工业者生产时期，产品低级、简单单一，产品质量由生产者自己管理。在生产发展到一定程度，形成作坊式生产时，除了生产者自行管理外，还有作坊头或工头来进行产品质量管理，质量不好不支付工人工资等。应该说起初是自发的质量管理或者说无政府状态，当时没有统一的质量和安全要求，多靠师傅带徒弟一辈辈往下传，是凭生产者的经验来管理，并且是原始阶段。

2. 质量检验阶段

随着生产规模的发展，生产产品数量增多，工业革命的出现，生产产品的复杂程度越来越大，生产者之间产生了协作或者比较几个人及更多人生产同一类型产品，产品之间也有比较；几个人或更多人共同生产一个产品，有了互相之间的配合协作要求。逐渐产生了产品检查验收的工序，质量管理也相继产生，逐步演变。直到“第二次世界大战”之前，国际上出现了一些质量管理专家，把这个阶段称之为质量检验阶段。这个阶段的特征是通过对产品的检验、检查的方式，来控制和保证产品出厂或上道工序的工件（产品）转入下道工序的质量，能满足下道工序生产的要求。生产企业在生产过程中建立了专职检验部门及有关检验制度，配备了专门的检验人员，负责产品检验，不符合要求不准出厂或进入下道工序。这种做法的好处是对保证质量是有效的。虽然增加了管理人员，但工作效率提高了，质量也有了保证。这种制度是从生产的成品中挑出不符合要求的废品、次品，来保证出厂或进入下道工序的产品质量。对保证产品质量有了大的进步。实质上这是一种“事后把关”，称之为“事后把关”型的质量管理，不是真正意义上的质量管理，因为对产品质量的状况缺少全面的了解，无法防止废品的产生，而造成能源原材料的浪费，这种质量管理功能较差，从大量产品中剔出废品，当时使用劳动定额和工时定额，对劳资双方都不利，工人由于产生了废品而得不到工资，资本家也由于出了废品而减少利润，有人讲这种“事后把关”方法是不合算的。

3. 质量统计控制阶段

从第二次世界大战到20世纪50年代期间，将质量管理称为统计质量控制阶段。工业革命的出现及第二次世界大战出现了突出的矛盾是产品质量的控制，由于产品质量问题，一些军用品延误交货期，造成事故，一些炮弹炸膛伤了战士等。美国组织专家制定了《战时质量管理法》，强制在生产军用品的工厂执行，运用数理统计方法来预防不合格产品产生，收到了好的效果。从质量管理的指导思想看，这个时期的特点是由以前的事后把关，转变为事前的积极预防。在第二次世界大战结束后，一些转为生产民用品的工厂，仍然继续采用这种方法，而且有了发展，一些质量专家研究发展抽样检验等，在现今的质量管理中仍然使用着。在生产组织各方面广泛深入地应用了统计技术和统计的检验方法，曾一度使数理统计质量管理方法盛行，发展到各类生产和活动中去。统计方法检验控制阶段的优点是控制了产品质量的总体效果，防止了废次品的产生，在一定程度上起到了事前和过程预防作用，推动了质量管理活动。但在这个阶段一些人过分地强调了数理统计的作用，而忽视了“人际行为科学”和组织管理工作，工作只限于技术、制造、检验部门，别的部门不关心，使统计质量管理方法走上极端，造成了一些误解，影响了其管理功能发挥。应该了解影响质量管理的因素是多方面的，只用一项措施是不完善的，也是不科学的。使质量管理一度走上弯路。

4. 全面质量管理阶段

在20世纪五六十年代，由于生产力的迅速发展，科学技术的进步，市场竞争加剧，质量管理的理论有了很大的发展，对质量管理提出了一系列新的要求，社会对产品质量的要求也越来越高，不仅对产品的一般使用性能，而且对产品的可靠性和安全性要求严格控制，国防工业、军用产品、民用产品和工程也不例外。美国通用电气公司在1961年出版了《全面质量管理》一书，指出了全面质量管理的含义，“全面质量管理就是能够在最经济的水平上，并考虑到充分满足用户要求的条件下，进行市场研究、设计、生产和服务，把企业各部门的研制质量、维持质量和提高质量的活动构成一个有效的体系”。

（1）全面质量管理使质量管理的内容、范围扩张到一个生产企业的全企业各个部门。就是说质量管理是全企业的事，不是一个部门几个部门的事。使质量管理的概念发生了大的转变。使人们认识到质量管理始终伴随着产品生产的全部过程，涉及产品市场情况的调查、产品研究、设计、试制、工艺、装备的设计制造、原材料质量、人员管理、利益分配销售服务等各个环节。

（2）全面质量管理是充分应用专业技术、管理技术和统计方法等手段，使企业的各项工作都实现制度化、标准化、科学化，保证生产出用户满意的产品，达到质量和经济效果都好的目的。

（3）质量管理是不断完善和提高的，人们对质量管理的认识也逐步发展，如今质量管理不仅成为一门独立的学科，而且形成了一门综合的学科，有很多学者专家专门从事这方面的研究。质量管理理论、质量管理工具、方法，都有了很大发展。全面质量管理的理论发展，开始注重人在生产中的作用，一些国家和资本家在“人力大开发”的问题上，下功夫研究，采取了许多“更科学”“更人道”的手段，来激发生产人员在生产中的智慧和积极性。在任何的企业管理活动中，都是有经济目的的，要达到既定的经济目的，使企业全体职工按照既定的目标进行生产活动，就不能不考虑职工的思想状况、心理活动和经济利益，应用心理学，掌握职工思想和心理活动的规律，调动职工的生产积极性，促进生产和管理工作，体现了“人际行为科学”。

（4）随着科学技术的发展，电子计算机的成熟运用，大大促进了质量管理的发展。在产品输出后，应用电子计算机对市场信息、用户反馈、科技进步等质量信息的收集整理，将这些信息应用到产品开发、性能改进，转化为好的产品质量，更好地来满足用户需求，改进和加快了产品质量更新换代的速度。这样形成了一个产品调研、设计、制造、检验、出厂等利用计算机技术的质量管理系统。使质量管理落实到产品生产的全过程，包括产品研究、设计、试制、工艺、装备的设计制造、原材料供应、生产计划、质量检验、人在生产中的作用、售后服务等各个环节的工作。全面质量管理就是充分利用专业技术、管理技术和统计方法等手段，使企业的各项工作实现制度化、标准化和科学化，来保证生产用户满意的产品，从而使企业得到好的经济效益。全面质量管理在全世界得到了广泛的应用，而且还在不断完善和发展中。

5. 全面质量管理的基本原则

（1）全员参与的质量管理：全面质量管理的观念是要求企业中的全体员工参与，因为产品质量的好坏，与企业的全体人员对产品质量的认识和关心存在密切关系，产品质量的好坏，是企业的各部门及人员各项工作质量的综合反映。所以，保证和改进产品质量需要依靠企业全体员工的共同努力。

要以人为本，对企业的全体员工进行质量教育，强化质量意识，清除企业员工产品质量与我无关的错误观念。使每个岗位每个人都树立企业产品的质量意识，每个职工为企业的产品质量作贡献，做好自身的工作，保证产品质量。企业要建立全体员工群众性的质量管理工作。将大家有机地组织起来，分别找出各环节的薄弱处，研究改进影响产品质量的各个环节。企业职工人人有责任，人人有贡献，人人有功劳，产品质量好是全企业职工的光荣。

（2）全过程的质量管理：质量管理的范围应当是产品质量的产生和形成，以及有关的全过程，不仅是在产品生产过程中进行质量管理，还要在产品调研、设计过程、产品使用过程（售后服务，同时了解产品的不足、用户意见及收集质量信息等）中，以及对原材料、包装、运输、交货、售后服务等辅助环节进行质量管理，就是对产品有关环节、过程进行质量管理。产品质量的产生、形成及使用过程大致可划分为设计过程、制造过程、使用过程（含售后服务）及辅助过程等。概括来讲，全过程的质量管理就是要把全面质量管理“始于了解顾客的需要，终于满足顾客的需要”，而且要周而复始地进行提升。

（3）全企业的质量管理：企业是生产的组织，企业设置的各个部门、各个岗位都是为生产设置的，都是为生产服务的，有的是直接的，有的是间接的。全面质量管理要求企业中的各个管理层次都有明确的质量管理活动内容，同时要加强各部门的沟通与协调，能把分配到各部门的质量职能充分地发挥出来，实际各部门的质量职能就是各部门的工作职能，圆满完成自身的工作。企业应建立健全质量管理体系，各部门建立分质量管理体系（或质量管理要点），负责本部门工作的质量管理。保证企业整体质量管理体系的有效运行，使整个企业的质量管理活动有效运行。全企业的质量管理活动就要“以质量为中心，领导牵头，组织落实，体系完善，运转有效”。

（4）质量管理体系的有效性及不断完善性：全面质量管理的核心是活动的有效性和完

善性，因影响产品质量、服务质量的因素是非常复杂的，有些原因还会随着时间的推移变化着，有材料、部品质量的因素，有人的因素，有技术的因素，有管理的因素，既有企业内部的因素，还有对质量要求越来越高的外部因素，以及质量管理还有环境因素等。要把这一系列的因素系统地控制起来，全部管理好，起到保证质量的效果，就必须按照不同情况，运用多种科学方法来分析和解决问题。管理体系运行中要重点注意把专业技术、管理技术和数理统计技术以及计算机管理技术、信息技术有机地结合起来，发挥管理体系的综合效果作用。同时，要注重管理体系运行中，不出现问题是少的，出现问题是正常的，但能做到及时发现问题及时改进，保证运行中纠正错误的及时性及有效性；在管理体系运行的节点或段落，对体系效果进行评价改进，保证管理体系的不断完善性。

全面质量管理的推行，要求企业以质量管理为中心，动员全体职工参与为基础，通过建立健全质量管理体系，使质量管理成为科学、灵活、讲求实效的方法，并发挥体系的运行效果，达到让顾客满意和全体职工及社会受益，企业能持续发展经营的有效性。同时，发展和完善全面质量管理的科学技术。

三、质量管理的基本原则

质量管理是在产品质量形成过程中有组织、有指挥和控制协调活动，通过质量形成的全过程的活动，发挥质量管理的作用来实现质量目标。是为使产品质量和服务质量达到顾客需要的质量所进行的有组织、有计划的活动。企业的质量管理是通过对质量形成的全过程，所有质量职能的有效管理来实现的。质量职能通常包括市场调查研究、产品开发设计、生产准备（包括材料采购、生产技术及设备工艺准备、人员培训、工艺期望）、生产制造、检验及控制、销售及服务等一系列活动。质量管理是将这些分散的过程职能有组织有机地结合起来，保证产品质量目标实现。

1. 通常要做好的关键环节

（1）质量责任清晰，目标明确，落实到每个岗位、每个人，有检查有考核。

（2）资源配备要保障，包括硬件（材料、设备、零部件、主料和辅料等）及软件（文件、规定制度、计算机）程序等，及时保质保量到位。

（3）组织协调，使各质量职能的每个岗位工作活动相互配合，协调一致。

（4）监督检验验收实施有效，各个岗位有检验指标，各个环节、过程零部件验收都应达到质量要求，根据产品生产的具体情况来具体落实管理的内容，广泛灵活地应用各种科学的质量管理方法，解决具体问题，以使质量管理达到规定的质量目标。

2. 在制定质量管理的具体计划时，要注意通用的客观规律

（1）以顾客需求为出发点。企业的衣食父母是顾客，没有顾客就没有市场，产品没市场企业就没出路。因此，企业必须了解顾客的需求，不仅满足当前，还应开发未来顾客的需求。使产品更多地满足顾客的需求，并做到开发产品质量来满足顾客新的需求，达到超越顾客的需求，引领顾客的需求。

（2）领导带领作用。一个企业要做好质量管理，生产出质量好的产品，满足顾客当前和未来的需求，领导是关键，制定企业质量管理目标、产品开发计划，都需要有一个好的领导班子的带领作用。首先应保证企业的目的与发展方向的一致，创造并保持良好的内部环境，实现当前的质量管理目标；然后经过市场调研，带领职工开发高的质量目标，研发新的产品质量满足顾客需求。

（3）全员参与。全面质量管理的“三全（全面质量的管理、全过程的管理、由全体人员参加的管理）”之一，是质量管理的基础。企业生产产品，企业各级人员是根本，质量是干出来的，只有组织全体职工参与，发挥其积极性、主动性，才能动员职工为企业的利益发挥能动性。全员参与是质量管理的基础。

（4）全过程的质量管理是质量管理的“三全”之一。将质量形成的过程和相关资源作为过程进行管理，将质量形成的相关环节、过程和资源配置过程的全部活动有效地管起来，保证最终质量的目的，可以更好地达到期望的结果。同时，在全过程管理的时候也应该找出相应的重点来进行重点管理。全过程各环节管理目标要明确，落实责任人。

3. 充分利用质量管理的科学方法，作为质量管理手段，有效进行质量管理

质量管理的目标确定之后，还应研究选用科学的管理方法和措施，以达到事半功倍的效果。包括专业技术、管理技术和多种数理统计方法及信息技术等，以及多种多样的质量管理工具，如常用的质量管理新七种、老七种的质量管理工具，都是科学有效的质量管理和质量改进的方法。

4. 坚持持续改进质量的思想

质量是无止境的，好的还有更好的，是不断发展的，俗话说得好，没有最好，只有更好。在质量管理中必须树立持续改进的思想和不断发展及创新产品质量的思想，用高质量的产品来满足顾客的需求，质量改进要重视建立在数据和信息分析的基础上，用新的产品来满足和改进顾客的需求。持续改进总体业绩，是企业永恒的主题和愿望。

5. 要解决好供需双方的关系

任何产品的生产都是为顾客服务的，供需双方是相互依存的，互利的关系可增强双方及多方创造价值的能力。开发新功能的产品为顾客着想是必须的，是顾客买得起的，是为顾客着想的；适合顾客的需求，产品就有市场，企业就有效益。工程质量还应解决好参加建设各方的关系，维护各方的共同利益，协调各方的配合，包括建设单位发挥各方的积极性共同做好质量。

6. 质量的改进

质量改进是质量管理的重要方面，是现代质量管理的核心，可不断增强企业为满足质量及质量管理有关活动的有效性、效率，最终达到顾客需求的质量，可以涉及控制质量措施的任何方面。质量改进是企业内部所采取的措施，以达到提高质量管理活动各环节过程的有效性及效率，为企业及顾客创造和提供质量价值。质量改进与质量控制的目的不同，质量控制多数情况是使产品或服务保持已有的或承诺的质量或服务水平，称为质量保持或维持；而质量改进重点是消除质量管理系统的不良问题，减少不必要的或效率低的活动环节。改善管理系统，将现有的质量水平在控制的基础上加以提高、创新和突破，使产品或服务质量达到一个新的水平。质量改进是质量管理的最终归宿。

质量改进可以是质量管理体系的各个方面。主要是质量特征的改进和体系能力的改进，是质量管理和质量发展的重要途径。

（1）质量特征的改进：质量改进的对象是产品的性能、使用功能、安全性、可靠性、维修性及外观等的质量特征，也包括产品的合格率、成本、环境影响、安全风险，以及周期时间、效益等。主要针对产品和服务质量的改进，还有减少不合格品率，降低消耗来增加盈利等。主要反映在过程质量的绩效，使质量特征不断完善、改进和提高。

（2）体系能力及经营管理质量的改进：围绕产品和服务质量改进，改进完善体系能力，促进质量特征的提高和完善，促进产品和服务质量更新周期的加快，改进产品性能，提高产品适用性，促进新产品的开发。体系能力是经营管理质量改进的主体，应是全企业的职工，也可以是由不同层次职工组成的专业团队，按照全面质量管理的基本原则，通过全企业职工的参与和全企业部门的通力合作，落实到质量形成的全过程，应用相应的科学质量管理的方法手段，来改进和提高产品及服务的质量；促进新产品开发的速度，改进完善产品质量性能和提高产品的适应性；改进产品和服务质量的设计和工艺流程的合理；充分发挥企业的有效潜力，调动各方积极性，更合理有效地使用资金和技术力量；提高过程能力，减少或消除不合格品、故障、返修、失效等，不断降低成本。

提倡企业文化建设，形成企业合力，充分发挥各部门的职能，增进部门、员工、专业团队协作，改进工作质量，提高质量保证能力；提升职工素质，包括职工的知识、能力和思想观念等，增强职工解决问题的专业知识、技能，充分调动和发挥职工的能动性，提高工作效率，提高职工的士气，以增强企业活力，使企业的质量方针、质量目标、组织机构等质量管理体系的改进，改变企业面貌，以及质量管理程序的改进，使管理过程更合理、更有效、更有保证，从而提升了企业的质量保证能力。

（3）质量改进的要点

可以大致归纳为：

1）找出和确定改进的环节、项目等要素；调查掌握质量状况和系统状况，确定改进目标。

2）分析体系管理现状，找出影响质量的要因和解决的最佳方案。

3）制定有针对性的措施及改进计划和实施计划，评价确认改进效果。

4）制定巩固措施及保持制度，巩固改进的成果。

质量改进是持续的改进，不是一劳永逸的，因为经济市场环境是在不断发展的，顾客的要求和期望是不断提高的，也是无止境的，企业自身的要求也是在不断发展变化的。质量改进是没有终点的。

（4）质量改进是以产品或服务项目为载体来实施的。针对某项目列出质量指标，规定达到的程度，控制有关环节、过程，将其活动中、工作中存在的不必要的人工、物资损失、效率低等问题，找出原因并根据其影响质量活动的严重程度，列出优先克服的顺序，制定改进质量项目计划及措施，逐项实施改进。重大的问题，可组织攻关小组进行改进。

质量改进是普遍性的。以往较多企业都经过质量的改进，但都是自发的，目标不够明确，在顾客不满意的状态下，被迫解决一下，没有改进目标，其效果甚微。在目前市场竞争的形势下，企业再处于自发改进，就会掉队的。推行有组织的改进是十分必要的，是企业有目的、有组织、有效地选择改进项目组织职工改进，是企业的经常性工作。大量的事实表明，质量改进应是全企业职工参与的，要提倡职工普遍参与，从各个方面主动找出问题和进行改进。根据质量改进的主体，可以分为职工个人的改进、专业组的改进和系统的改进。质量改进企业应有统一的安排，统一的要求，协调一致，统一的奖惩制度，企业各方面的积极性才能发挥出来，形成质量改进的合力，持之以恒才能有利于企业整体的管理水平提升。质量与效益有时看起来有矛盾，但最终目标是一致的。质量改进是有投入的、有成本的，改进过程是要付出人力、财力和物力等各方面努力的，但改进质量后的效果是巨大的，投资回报率是高的。同时，企业市场竞争力增强了，企业的质量保证能力增强了，企业职工的积极性调动起来了，培养了一批创新有用的人才，增强了企业的团结，还有计算不出来的社会效果等。

（5）质量改进要讲究科学方法，有效开展活动，积极采用各种质量统计技术工具，使改进工作达到事半功倍的效果。全面质量管理活动的新七种、老七种工具是可选用的成熟的工具。这些方法在后面章节将简要介绍，可供在质量改进活动中选用。在质量改进中，要重视一些要点步骤：

1）适时研究识别和确定质量改进的时机，创造和抓住机会。

2）调查把握现状，找出重点，明确改进目标。

3）分析调查资料找出影响用户要求质量的主要因素，制定改进的最佳方案。

4）制定对策计划，落实质量责任，分别制定有针对性和可操作性的措施，并经专业小组审查确认。

5）实施对策计划，并能分段检查落实情况，及时发现不足，及时改正。

6）评估确认改进效果，总结经验，找出不足进一步改进，奖励效果好的专业小组和人员。

7）巩固成果，将有效措施形成企业的生产工艺标准或企业技术标准，成为企业的技术储备。

（6）质量管理的推进

一个企业总是为了企业的发展苦心谋划，可以是发展连锁企业，可以是扩大规模，也可以是增加产品品种，但纵观社会发展，这些发展都离不开产品质量。所以，开展质量管理，保证和提高产品质量是企业发展的关键。质量管理的推进和产品质量的改进是重要途径。但一些企业领导层认识不足，抓不住重点，多数企业的质量管理推进和产品质量改进是被迫的、自发的、局部的、非正式的形式出现，其效果甚微，影响小。随着市场经济的发展，人们对质量的认识有了大的变化，质量兴国，质量兴企已成了现代社会的风气，各行各业都在追求以质量求发展之道。各行各业推行质量管理和质量改进已成为潮流。企业领导层把有组织地开展质量管理和质量改进成为企业管理工作的重点。企业成立了质量管理部门，在有组织的质量改进中，充分发挥质量改进主体的作用，有效地促进职工个人、专业团组的质量管理和质量改进及全企业有系统的质量改进。充分发挥每一个职工的积极性，在职工发展的同时，企业也得到了发展。企业领导层应把企业管理的重心，转移到质量管理上来。要统一思想、统一组织、有效管理、支持指导、主动协调、定期评审、奖罚明确，推动企业质量管理和质量改进的深入发展。

第三节　工程质量管理的特点

一、工程质量管理的意义

1. 工程质量的内容

（1）工程质量是一组固有特性满足要求的程度。特性可以是固有的或赋予的；可以是定性的或定量的。其类别有物理的、化学的、感官的、功能的，以及行为的、时间的、人体工效的等。其中包括明显的、通常隐含的或必须履行的需求或期望。

建筑工程质量也同样如此，是反映建筑工程满足相关标准规定或合同约定的要求，包括其在安全、使用功能及其在耐久性能、环境保护等方面所有明显和隐含能力的特性总和。即指的是满足人们的一定需要，具备坚固、耐久、经济、适用、美观等属性。主要表现在结构方面、使用方面、经济方面、外观方面，以及耐久时间方面等。

（2）工程质量标准是衡量、鉴别工程质量优劣的尺度，一项工程的质量如何，就是按照有关的质量标准评定的。工程质量标准是国家根据国家的经济状况、技术状况制定的。因此，要取得优良的工程质量就必须严肃认真、一丝不苟地执行国家工程质量标准。并且充分利用工程质量标准，促进施工技术水平的提高，为发展生产服务。

（3）质量管理是随着近代科学技术的发展而出现的一门专业学科。其发展过程大致是由单纯的质量检查、统计质量管理，进入工程（产品）质量管理，进而发展为全面质量管理。

（4）工程质量是很多因素、很多环节的综合反映。不加强科学管理，进行预先质量控制，对施工成果检查得再严，也只能把不合格的工程检查出来，及时加固补强，而不能事先排除质量问题的发生。所以必须在做好质量检查的同时，事先采取措施努力消除和防止发生质量问题的各种因素，贯彻“预防为主”的方针。

（5）工程质量管理，是事先采取各种保证质量的措施，通过一定的手段，把勘察设计、原材料供应、构配件加工、施工工艺以及检验仪表、机具等可能造成工程质量问题的因素、环节和部门，予以组织、控制和协调。这样的组织、控制和协调工作，就是工程质量管理的特点。

2. 工程质量管理的目的

工程质量管理是以最低的成本和合理的工期，建造出用户满意的建筑产品。不但要强调优良的质量，也强调成本、工期。因为不计工本、拖延工期、不讲质量、空谈数量，除了造成浪费外，没有其他意义。我们是用一定的工期，用最低的成本，完成一定数量的工程，达到优良的质量标准，就是建筑工程质量管理的目的。

（1）工程质量管理工作的基本任务，是组织企业职工认真执行国家技术标准，完善施工工艺，采取积极措施，贯彻“预防为主”的方针，在施工过程中少出现问题和不出现质量问题，如出现也要把质量隐患消灭在萌芽状态中，以保证和提高工程的质量。

不断提高工程质量，才能为国民经济的发展创造可靠的物质技术基础。

（2）保证和提高工程质量，对改善人民生活有直接意义。建筑工程质量的好坏，直接关系到人民群众的切身利益。只有不断提高工程质量，建造坚固、适用、经济、美观的建筑和市政设施工程，才能为城乡人民提供良好的居住条件和物质文化生活设施，改善人民生活。

（3）保证和提高工程质量，是极大地增产节约。一方面，最大限度地减少施工过程的返工、返修，从而减少原材料、能源和劳动工时的浪费，用最少的人工、材料、能源，生产出最多的优质工程，这是企业的直接节约。另一方面，坚固、适用的优质工程，可以减少经常维修费用，延长建筑物的使用年限，这就意味着建设投资的相对减少，对国家来说也是极大的节约。

总之，保证和提高工程质量，对于加速国民经济建设、巩固国防、改善人民生活和发展科学技术事业，都具有非常重要的意义。

3. 工程质量管理的基础工作

工程质量管理工作是由许多具体工作组成的，其基础技术工作，主要有以下几点：

（1）推行标准化

标准化是国家的重大技术政策。标准化主要指的是产品尺寸、质量和性能统一化及规范化。为施工工序和标准化创造条件，有利于提高施工专业化和工厂化程度，有利于采用先进的施工工艺、高效率的专用施工设备和工具，以及先进的质量检查方法和测试机具，完善质量检验手段，保证和提高工程质量。做好施工组织和管理，建立良好秩序，达到均衡生产。一切工程建设的设计和施工，都必须按照标准进行，不符合标准的设计不得施工，不符合标准的工程不得验收。

（2）开展计量工作

测试、检验、分析等计量工作，是企业组织施工生产和质量管理的重要基础技术工作。没有计量工作，谈不上执行质量标准。开展质量管理必须抓好计量工作，测试、检验仪器设备，必须实行科学管理，做到检测方法正确，计量器具、仪表和设备性能良好，示值精确，误差在允许范围，充分发挥计量工作在施工生产和质量管理中的作用。

（3）做好工程质量情报工作

工程质量情报工作，是指及时收集反映工程质量和工作质量的信息、基本数据、原始记录和工程使用过程中反映出来的质量情况，以及国外同类工程质量动态，从而为研究、改进质量管理和提高工程质量提供可靠的依据。质量情报的基本要求：保证信息资料的准确性，提供的资料具有及时性，资料能反映工程质量活动的全过程。

（4）建立工程质量管理责任制

建立严格的责任制，才能使工程质量管理的任务、要求和办法具有可靠的组织保证。明确规定各参与建设的责任主体质量责任和义务，各级领导、各管理部门和每一个工作岗位人员的质量责任，是实现质量目标的保证。

（5）技术培训和质量教育制度

建筑技术要落实到施工过程，要靠工人的实施，提高操作技能、技术素质和管理素质是质量的基础，提高全体职工的质量意识更是工程质量的重要保证。落实工程建设标准，学习标准、研究标准、制定实施细则是必不可少的，操作人员的技术培训是必不可少的，技术措施的制定和交底是必不可少的，管理及质量教育也是必不可少的。

二、工程质量的特点

工程质量的特点有很多方面，在各种施工管理书中，都给予了讲述，这里主要是针对影响工程质量管理方面的特点：

（1）单体性：工程与工业产品不一样，其产品的最大特性是一次性，工程都具有单件性。即同一图纸、同一施工单位、施工在同一地区，也不一样。每一项工程都是单件的，不能批量生产，所以工程项目管理的重要性很突出。

（2）先订合同后生产产品：先有建筑市场的交易行为后有工程的生产行为。建筑产品的形成过程与商品的形成过程是一致的，但交付过程是不一致的，当你把基础做完的时候，基础就交付了，它是按照形象进度进行付款，生产行为和交易行为不断发生，或者说产品的生产行为和商品的交易行为是相继发生的。这就要求建设方要投入到生产过程的管理，每个工程，参建方都要投入到生产过程的管理，有的工程建设方还聘请监理公司代表自己进行生产过程的管理。

（3）多阶段形成整体质量：工程质量形成是由工艺要求、设计质量和施工质量共同形成的。设计根据建设单位提供的工艺要求和国家的设计技术标准，进行计算设计，形成施工图设计文件，完成由工艺及质量要求到施工图设计文件的阶段，形成工程的设计文件。通常经过设计文件审查合格后才能交付施工单位施工。工程的设计可靠度、安全和使用功能质量，由设计文件来保证。施工单位是根据设计文件和国家的工程技术标准的要求施工，将设计图纸变成工程实体质量。体现设计文件要求，并达到国家工程标准的质量规定，这两个方面都必须保证质量，工程质量才是好的。

（4）过程性：建筑产品是一个工序一个工序，由下向上施工的，一般是前道工序完成后，才能进行下道工序，后道工序是在前道工序的基础上进行的，前道工序通常不能更换。而每一个工序的质量好坏，都将影响到整个工程质量。如地基质量不好，上部结构质量好也可能会发生倒塌。

（5）多方参与工程质量的形成。建设单位、勘察单位、设计单位、施工单位和监理单位都参与工程建设的过程。哪一方面的工作不好都会影响到工程质量的形成。

（6）社会性：任何商品都具有社会性，建筑产品的社会性更大，不仅影响城市的规划，而且涉及人民生命财产安全、社会安定等方方面面。因工程质量好坏，其受益和受害的不完全是买卖双方，还会影响到社会，影响人民生活和生命财产安全。建筑工程无论是祸是福，都涉及社会，住房牵涉到千万住家。如果工程质量不好，出了事故，人民生命财产受到影响，还会造成社会不安定。所以，政府必须抓工程质量。

（7）工程质量管理的单一性

工程项目是单一性的，工程质量管理的每个环节也是单一性的，每个工程都必须依各自实际单独策划。

1）工程质量管理是一个系统工程，要做好必须进行精心策划，精心组织，精准制定技术措施，精细操作和精细验收，有计划有目的实施工程建设，才能保证工程质量达到预期目标。

2）工程质量是国家管理的重点产品，是国家、民族的财富积累，建成是要形成固定资产的，是百年大计的工作。工程质量又是关系到社会安定、人民生命、财产安全的大事。各个国家都有制定工程建设的质量标准，达不到相应标准的工程是不能验收和使用的。在我国为了保证人身安全和财产安全，为保证人民基本生活，使大家都能有房住，又规定了不能超越国家工程质量标准建设。工程质量标准受到国家经济水平的限制，工程质量指标是一个经济技术标准，在一定的经济时期，工程质量标准应遵循国家的规定，不能低于国家的标准，因为低于标准工程质量得不到有效的保证，会造成国家安全隐患，也不能有意高于国家标准，因为标准高，用于建设的费用就高，建的房屋就少，一些人就得不到住房，在这方面费用支出太多，也会影响到国家其他方面的费用支出，影响国家全面建设计划。建筑工程质量标准是受到国家对人民生命财产安全及经济制约的。所以，在国家规定的质量标准控制下，把工程质量建设好是工程建设者的首要责任。

工程质量管理应大处着眼小处着手，在企业的统筹安排和组织下，以质量工程项目为载体进行管理，落实工程质量目标，将工程项目建设的主要环节，实施精准的质量管理。

3）工程项目质量管理的依据主要有两个方面，一是贯彻落实国家工程建设标准，工程质量必须达到标准的规定，才能通过验收投入使用；二是工程建设施工图设计文件的要求。工程建设在建设项目确定过程中，要对工程项目的使用功能、安全要求，提出工艺方案，由设计单位按照国家标准规定通过设计程序形成设计图纸文件，经审查后交施工单位按图施工。同时，通过施工合同将工程施工任务和质量进行落实，由施工单位将施工图设计文件按工程建设标准的规定施工成实体工程质量。

4）建筑工程施工质量的形成是一个系统工程，工序多、时间长、技术要求高、参与单位和人员多，影响工程质量的因素多，要保证建好一个工程必须通过精心策划和组织，将各工序、各环节、各因素掌控好，有计划有组织地进行。施工管理的主要环节有：编写施工组织设计、现场施工准备、施工实施、施工检验评定及过程工程质量验收、单位工程竣工验收等。

① 编写施工组织设计。施工组织设计是工程施工的总体部署，是合理动员企业内部的人力、物资、技术力量，积极争取协作单位力量，充分研究工程本身的技术特点，落实施工合同要求、工程技术标准规定，保证工程质量、安全，保证工期及经济有效地进行工程建设总体规划。内容主要包括：编制依据、工程概况及工程特点、施工准备、主要施工方法、施工机械选择、施工进度计划、人力、物资、机具需用量计划、主要措施及管理制度，包括工程质量、安全、工期、环保、降低成本、文明及绿色施工、施工总平面图布置等，主要技术经济指标包括质量目标、安全保证、工程造价、节材、节能、节水及降低成本、劳动力消耗量、机械化程度、劳动生产率等。通过对施工组织设计的分析总结，可以改进提高工程项目的施工技术管理水平。

② 现场施工准备。各项施工技术及管理制度，要落实到施工现场才能较好地发挥作用。在正式施工前，施工现场必须按批准的施工组织设计施工方案及现场总平面图的要求，对施工现场进行施工技术准备。施工现场的三通一平、安全文明施工、绿色施工条件就位，并按《建筑工程施工质量验收统一标准》GB 50300—2013 的要求；施工现场应具有健全的质量管理体系、相应的施工技术标准、施工质量检验制度和综合施工质量水平评定考核制度，以及附录 A 规定的管理制度，具体有项目部质量管理体系、现场质量责任制、主要专业工种操作岗位证书、分包单位管理制度、图纸会审记录、地质勘察资料、施工技术标准、审批的施工组织设计、施工方案、物资采购管理制度、施工设施和机械设备管理制度、计量设备配备、检测试验管理制度和工程质量检查验收制度等。在工程正式施工前应做好准备，放置于现场办公室经总监理工程师审查认可。需要参照落实的应在有关项目中落实。如主要施工专业工程操作岗位证书必须检查落实；地质勘察资料应在地基施工方案中及总平面图设计中考虑地质水文、防排水设施及现场安全防范等。这是开工保证工程质量、施工安全及连续施工的基本技术条件，可以说是工程开工的技术许可证。

③ 施工实施环节。正式施工要具备工人上岗操作证书、安全培训合格；材料经过复验检查合格符合设计文件要求，各工序工程应有施工操作技术规程或施工工艺标准，作为技术交底和上岗培训的教材；施工程序、操作方法符合施工方案的要求。经过上岗前的技术交底，施工现场的八大员职责到位，使工程施工能按计划部署进行，保证工程质量、施工

安全和工程进度。操作班组要落实兼职质量员、安全员的职责，班组长操作前要带领兼职质量员、安全员共同对放线标识进行确认，对工具、脚手架、安全网、个人安全防护用品等及工作面场地布置的安全设施进行确认；对材料的准备状况进行检查。各种条件确认后，开始正式施工。施工过程中，班组长、质量员、安全员要随时检查操作质量行为、安全行为，并随时对工程质量进行控制检查，对达不到规范规定的项目要修理工程质量，同时修改技术措施，直至达到标准规定。一道工序完成后要进行自检，自检质量内容是质量标准，也是施工记录的主要内容。将操作过程影响质量、安全的因素记录下来，形成施工记录。

④ 施工质量检验评定及过程质量验收。工程质量过程验收是工程质量管理的特点。《建设工程质量管理条例》第三十条规定施工单位必须建立健全工程质量的检验制度，严格工序质量管理。《建筑工程施工质量验收统一标准》GB 50300—2013 规定，工程质量验收均应在施工单位自检合格的基础上进行，包括工序质量的检验批质量验收，分项工程质量验收、分部（子分部）工程质量验收及单位工程质量验收，这是分清质量责任的重要规定。施工单位在各阶段工程完成后，应自行按质量验收规范进行检查评定，符合标准规定交监理（或建设单位）进行质量验收。施工班组施工中的控制自检应做好施工记录，在专业工长、专业质量检查员检验评定工序质量时核查。专业工长和专业质量检查员应按验收规范规定，对检验批质量进行检验评定合格，形成检验批质量验收记录表，附上相应的材料、构配件、器具设备的进场验收记录、合格证及规定复试的复试报告，须检测试验的检测报告，以及现场验收检查原始记录，交专业监理工程师组织进行验收。分项工程检验评定合格后，施工单位应形成分项工程质量验收记录表，即检查位置及检查结果。附上所含检验批质量验收的全部资料，交专业监理工程验收；分部（子分部）工程由施工单位项目负责人和项目技术负责人检验评定合格后，形成分部（子分部）质量验收记录表，附上所含分项工程质量验收资料，以及分部（子分部）工程质量控制资料、安全和功能检测结果资料，交总监理工程师组织有关人员进行验收。

⑤ 单位工程竣工验收。单位工程竣工验收应由建设单位组织，根据《建设工程质量管理条例》规定，建设单位收到施工单位建设工程竣工报告后，应当由项目负责人组织勘察、设计、施工、工程监理等有关单位进行竣工验收。《建筑工程施工质量验收统一标准》GB 50300—2013 规定，建设单位收到工程竣工报告后，应由建设单位项目负责人组织监理、施工、设计、勘察等单位项目负责人进行单位工程验收。

单位工程竣工验收是工程建设的最终验收，经验收合格后才能投入使用。单位工程完工后，施工单位应组织有关人员进行自检，并按规定将竣工资料整理完整；监理单位由总监理工程师组织各专业监理工程师对工程质量进行竣工预验收，预验收通过后，由施工单位向建设单位提交竣工验收报告，申请竣工验收。建设单位收到工程竣工报告后，应由建设单位项目负责人组织监理、施工、设计、勘察等单位项目负责人进行单位工程竣工验收。必要时还可请有关专家和部门代表参加验收。

三、工程质量管理的演变

做好工程质量，一靠技术，二靠管理，两者缺一不可。中华人民共和国成立以来，我国的工程质量管理工作经过曲折的历程，逐步向规范有序的方向发展。

（1）中华人民共和国成立一开始，由于政府、企业都是国家的，其管理人员都是国家干部，设计单位、施工企业都以完成国家任务为自己的职责，当时也有合同，也规定乙方施工，甲方检查验收，实际上工程质量由施工企业自检、自评等级来确认。就算是国家重大建设项目，也是成立统一的筹建指挥部，包括设计、施工及验收，一体化管理，由指挥部统一组织质量检验、评定和验收，实际也是企业自评自定。尽管这样，由于中华人民共和国成立初期人们的思想觉悟，当家作主人的地位，对工程质量重视，工程建设规模较小，行政权力的管辖等，工程质量还是较好的。

（2）工程质量出现滑坡。由于这种单一的计划管理体制，常常受到社会政治运动的影响，工程质量管理也受到了重大影响，曾出现了三次大的工程质量滑坡。

1）一是 1958 年"大跃进"时代，各行各业都"放卫星"，建筑业也"放卫星"，建"百日楼""四不用楼"，破坏了工程建设的科学性和科学程序，造成了一大批质量低劣的工程。

2）二是"文化大革命"时期，当时破除管、卡、压，破除一切规章制度，也建成了一批危房。

3）三是 20 世纪 80 年代初期，改革开放初期，全国工程建设遍地开花，工程规模大，建设力量、管理力量没有跟上，非专业人员大量参与建设，造成了一些房屋工程质量低，全国平均每四天半倒一栋房子。这种单一体制的工程质量管理，延续到 1984 年。当时，国家建设行政主管部门，通过总结国内工程质量管理好的地区的经验，并学习国外先进国家的做法，于 1984 年按城市成立了工程质量监督机构，根据有关工程技术标准，对工程质量进行监督检查，核定工程质量等级，进行第三方确认，使工程质量管理纳入国家监控的轨道。1984 年国务院以 123 号文作出规定。

（3）工程质量监督机构的建立，由 1983 年试点，1984 年在全国全面推开，到 1989 年全国 434 个城市、1622 个县和国务院有关部门，共建立工程质量监督机构 2670 多个，为贯彻国家工程技术标准，把好工程质量关，起了良好的作用。到 1989 年，工程质量监督管理制度已比较完善，全国全部地级城市及 95% 的县都成立了监督机构，制定了有关法规制度，建成了素质较高的队伍，基本控制了全国工程质量下滑的局面。

1）随着市场经济的深入发展，工程质量责任主体的确立，特别是 1997 年 11 月《中华人民共和国建筑法》的颁布和 2000 年 1 月《建设工程质量管理条例》的颁布执行，明确了建设参与各方的质量责任，同时也对工程质量的管理提出了具体要求，各类工程建设责任主体依据法律对工程质量各负其责，使建筑工程质量管理逐步走向依法管理的轨道。

2）在工程建设过程中，影响工程质量的责任主体主要有建设单位（投资人，也称业主）、勘察单位、设计单位、施工单位和工程监理单位。建设工程的各参与单位在进行建设工程活动中必须按照《建设工程质量管理条例》的规定承担质量责任和义务。

3）由于建设工程质量不仅关系到国家建设资金的有效使用，而且关系到人们生活、生产正常顺利进行，也关系到人民生命财产的安全，在社会主义市场经济条件下，政府必须对建设工程质量实行监督管理。

（4）参与工程建设的各有关责任主体，按规定承担其应负的质量责任和义务。

四、工程质量的影响因素

工程质量具有投资大、规模大、建设周期长、生产环节多、参与方多、受环境影响及其他因素影响等特点。

1. 工程质量管理参与单位多

工程质量管理由于参与单位多，各参与单位的工作效果都能影响到整个工程质量。所以，各参与单位都必须做好工程质量的管理，《建设工程质量管理条例》规定了工程质量责任主体，建设单位、勘察单位、设计单位、施工单位和监理单位为工程质量责任主体单位，都要为各自的质量责任负责。

（1）工程质量管理和工业产品质量管理完全不同，工业产品质量由工厂一家进行产品质量管理，用户通常是不参与的。工程质量的形成由多单位参与，包括用户（建设单位）也直接参与到工程的质量管理中，并起到重要作用。通常称其为第一质量责任主体，对工程提出设计工艺、质量要求，验收工程质量，选择好承建单位负责。

（2）勘察单位按工程强制性标准进行工程地质勘探，为设计提供地基承载力，为施工提出安全施工事项，对工程场地的地质条件、水文地质条件、地上地下管道线路情况进行探明，为场地进行安全评价，为地下地上施工安全提出建议等；提出符合技术标准的工程地质勘察报告。

（3）设计单位根据建设单位提供的设计工艺资料要求及国家有关技术标准经过设计程序和优选方案，形成工程设计图纸文件及工程概算，从而对设计文件质量负责。并参与施工过程的质量监督检查，对施工是否符合设计文件要求进行评估。

（4）施工单位应建立质量责任制，确定工程项目经理、技术负责人按设计图纸和施工技术标准组织施工，按设计要求、施工技术标准和合同约定对建筑材料、建筑构配件、设备等进行检验，施工过程中认真进行检查评定，未评定或评定不合格工程不交付验收，未经验收或检验不合格的不准使用；建立健全工程质量检验制度，用数据说话，严格工序质量管理，验收不合格的工程应当负责返修；提交竣工验收报告时，应出具保证书。

（5）监理单位依据法律、法规及有关工程技术标准、设计文件和承包合同，代表建设单位对工程质量实施监理，并承担监理责任。监理工程师按照监理规范的要求，采取旁站、巡视和平行检验等形式对工程实施监理，对一些重要施工方案、技术措施进行检查认可，检查不符合要求或没有措施的，不得开始施工；不得进入下一道工序施工。未经总监理工程师签字认可，不拨付工程款，不得进行竣工验收。

2. 工程质量环境影响大

（1）工程质量绝大多数是在自然环境露天作业，工程质量投资大、工期长、雨、雪、风、霜及冬冷夏热的温度变化，干湿环境影响等都会影响到工程质量，适应天气变化，制定应对天气变化的质量控制措施，是工程质量管理的一个重要方面。环境影响工程质量措施，除了春、夏、秋、冬不同的措施外，通常工序施工还有两手准备，有正常施工的管理措施，也应准备突然天气变化的应对措施，如施工中突然下雨、刮风、降温等。这些都是工程质量管理的特殊性，哪一方面注意不到都会影响到工程质量。

（2）工程建设是在原地，全国各地分布，不能移动、更换，所以工程质量管理措施的针对性很强，必须符合当地的天气条件。同样的工序施工有不同的措施，还有人为因素影响，如停水、停电等，都要有应对措施才能保证工程质量。

（3）环境因素影响工程质量的程度有大有小，有暂时的有长远的，应全面考虑其影响结果，如有影响结构强度的（如混凝土强度、砌体强度、焊缝质量等），有影响使用功能的（如管道、地墙渗漏水、地面起砂、墙面饰面层脱落等），有的影响当下就发现了，如混凝土浇筑遇到雨天或高温天气，使混凝土水灰比变化及时采取措施纠正，有的没有及时发现问题，就会给工程留下长久隐患。

3. 生产环节多、工艺变化大

从地基处理开始，地基基础、主体结构、装饰装修、屋面工程、设施管道安装多道工序，生产环节、工艺方法各不相同，工序内容不同，材料不同，质量要求不同，施工工具、施工方法程序和工艺也不同，并且手工操作多，各地的操作方法也不同，再加上操作人员的技术水平的差异大。使得施工过程中的质量管理工作难度大，再加上环境变化的影响对工程质量的影响也很大，质量波动大，工程质量管理要比工业产品质量管理困难得多。

4. 工程质量的现场管理

（1）工程施工都是现场建设，就是装配式结构，工厂也只是生产成构件、部件，也必须现场安装，现场管理就是工程质量管理的重点。

（2）现场管理就是工程项目的施工工地的管理，为了实现工程项目施工工地的高效、有序、均衡、和谐运行，对其实行计划、组织、指挥、协调、检测及适时进行改进的管理十分重要。

（3）工程项目施工工地的管理是在施工地现场内的平面及空间进行的计划管理。主要是对现场的人员、材料、机具、设备、工艺方法、措施条件、总平面管理、立体管理，以及环境安全文明施工、绿色施工等的管理。是为保证工程质量、安全和工期，增强满足顾客需求和提高企业信誉的有效能力。

（4）现场管理的目标制定，是企业发展的具体工作，是企业发展的基本途径，企业领导班子应高度重视，组织有关部门来制定；目标要能满足工程项目的合同要求，保证工程质量、工期要求、企业的发展规划要求。企业效率的提升，效益的提升，市场竞争及各相关需求，是体现和实现企业发展的载体，也是考核企业领导层能力的试金石。

（5）工程项目管理是企业管理的落脚点，是企业管理工作的基础，工程项目现场管理水平是反映企业组织管理能力的集中体现。企业管理的重心必须落实到工程项目的现场管理。

1）工程项目施工现场是工程的生产线，是形成产品质量的厂房，是展现企业生产能力的场所。工程项目施工现场是直接落实顾客及市场要求的地方，也是获得顾客、勘察、设计、监理及相关工程各类信息的地方，可以在现场管理过程中，对获得的信息进行有效的识别和分析，找出不足和改进的方向，制定有效措施，为企业及时提供改进的机会，改进和增强企业，满足顾客需求，使企业获得好的经济效益，实现企业技术效能的发展。

2）实现企业组织管理创新能力的发展。工程项目施工现场是企业直接创造价值的场所，是工程项目各项管理工作联系的枢纽地带，各项工程建设的管理工作要在这里落实和体现。同时，施工现场有效的管理，能够不断改进和提升现场管理效率，减少和克服现场中存在的问题，增强现场管理应对能力，促进工程实体质量和服务质量的提升，提高企业为顾客和相关方面服务质量，实现企业组织管理能力的创新和发展。

3）现场管理是企业的展现“舞台”和窗口，是企业项目现场管理能力的集中体现。工程项目现场是处理工程建设各种关系的场所，除了建设过程中材料、人员、设备、设施、进度、质量、安全的协调配合，为保证质量和进度外，还关系着城市环境、市容整洁、交通运输、消防安全、文明施工、周边居民生活、绿化环保、卫生健康等，施工现场场容实现整洁、道路畅通、总平面布置科学、材料放置有序整齐安全，施工有条不紊、安全、消防、卫生、环境均得到有效管理，还有工程本身的绿色施工都要贯彻落实有关法律法规。

（6）施工现场管理要保证工程质量、施工安全、工程进度，成本信息的管理还要满足市政市容管理文明施工现场的要求。使项目有关各方都满意及城市管理部门满意。企业的所有工程管理活动都在施工现场体现，施工现场管理的有效开展和发展，可以不断创造出满足经济社会发展要求的工程质量、产品质量、服务质量，以及管理的新模式。同时，通过施工现场管理的良好开展和不断改进创新，创出企业具有市场竞争力的品牌，占领市场。

5. 工程项目管理是现场管理的载体和核心

现场管理的成果是通过工程项目的成果来体现的。现场管理的对象是工程项目，没有具体的工程项目，现场管理就不具体，不能验证管理措施的有效性。

（1）施工企业、施工工地现场的各项管理制度、措施的制定，必须根据工程项目的具体情况来制定，这些保证工程质量的制度、措施，是用来服务工程项目管理的，工程项目的具体情况必须事先进行研究，制定的制度、措施要有针对性。因此，施工企业制定的制度、措施必须落实到每个工程项目、施工现场，必须经过学习，深入研究，根据工程特点，要具体化，实施过程还要作必要的补充，突出必须的重点，这样的制度、措施才是有针对性、有效的，执行也才能抓住重点，也才是有用的。这体现了企业的质量保证能力。

（2）工程项目、施工现场以项目经理为首的项目管理班子，应为确保工程质量管理制度、质量技术措施的有效性的责任人，没有有针对性、有效的制度和质量技术措施，如何能做好工程质量？工程项目管理班子，要责成有关工程的专业工长、施工员来具体化各项分项工程的质量技术措施，施工过程中落实这些措施，发现针对性不好、效果不佳的问题，要分析研究及时改进技术措施和管理制度；同时，根据工程质量的特点，过程控制是很重要的，工序质量的验收由于进度的限制，有的项目是先验收，而质量指标还没有达到规范规定强度，如主体工程 5 ～ 7 天一层，施工完就要进行下一层施工，而混凝土、砂浆强度要 28 天后才能出试压报告，混凝土构件的尺寸要等拆模后才能检查，这时才能进入下道工序施工。

另外，工程项目、施工现场的项目领导班子，还要在工程项目达到一个阶段，或工程项目完工验收后，组织有关专业工长、施工员、质量员等人员对阶段或工程进行评价考核，对质量管制度、质量技术措施的针对性和有效性的完善程度进行评价，对好的保留，差的进行完善改进，不断使质量管理制度和质量技术措施完善有效，使施工企业的质量管理制度和质量技术措施不断完善。这反映了企业的不断改进能力，成熟的质量技术措施，可以用企业技术标准的形成将其形成企业技术标准、操作规程、工艺标准等。企业的每个工程项目、施工现场都能根据不同工程项目，对各工序施工不断完善改进；形成的企业技术标准会越来越多，积累到一定程度，就会改变企业的技术管理水平。施工企业各工程项目的技术管理标准化、规范化就会形成。

6. 以工程项目为载体的质量管理

以工程项目为载体落实质量管理，这是大的概念，质量管理应大处着眼小处着手，质量管理的具体体现必须落实到工序质量管理上，工序质量管理是施工企业生产过程能稳定生产合格工程质量能力的体现，是一切措施落实的载体，是质量改进的载体。控制工程质量必须从工程工序着手，制定有针对性的技术的控制措施，控制施工过程中影响质量形成的诸多因素。影响因素很多，归纳起来主要是六个方面，人、机、料、法、环、测。控制措施要针对影响质量的各主要因素。有针对性地制定措施，具体落实到工序质量管理，要在工序工程施工过程中不断改进、完善控制措施，直到质量达到规范规定和设计要求。

（1）人的因素：由于建筑工程室外作业多，没有成套的生产线，虽有装配式结构，构件工厂化生产，但规模还尚小，工程建设的工业化水平还较低，施工技术手工操作较多，生产效率较低，劳动强度大等，在施工过程中手工操作多，现场作业多，湿作业多，高空作业多，气候变化影响多，严重影响工程质量。适应这些因素靠工人的技术素质的应变能力。人是第一要素，人的素质、应变能力、专业技术水平是决定生产操作水平的基本要素，机械作业也要人去掌握。人必须有相应的专业知识，经过专业的培训学习，取得上岗证书，并在实践生产中积累相应经验。生产班组的人员应高、中、低配套组合，充分发挥各自的能力，并提高经济效益。人员能力的发挥，班组是关键，生产班组的建设是保证工程质量的基础，专业队伍建设很重要，有目的的把人员有机地组织起来，经过培训考核持证上岗，选好班组长，一个班组经过实践的锻炼、配合，使人员更好地发挥作用，是保证施工质量的关键。工地上的 8 大员在正式施工前应进行检查持证上岗。

施工现场人员配置一定要专业配套，特别是懂管理会操作的复合型人才要重点配置。

（2）机械工具的因素：工程施工是重体力劳动，劳动强度大，作业条件差，高空作业多等。随着科学技术进步，建筑施工机械大量出现，使建筑施工的条件大为改善。在工序施工中选择合适的机械参与，是加快施工进度、减轻劳动强度，提高工业化水平，保证工程质量的重要方面。施工机械的选择是一个专业的工作，对机械的动力、性能、作用半径范围、安全性以及经济方面等要全面考虑。在可能的条件下，尽可能多地选择机械代替人力及手工操作，是建筑施工的发展方向，也是保证工程质量的重要方面。是施工准备的一项重要工作，必须做好，并经过项目施工技术负责人的审查批准。

（3）材料的因素：建筑工程是一个庞大复杂的系统工程，使用的材料、构配件，工具、设备品种繁多，性能各异，对工程质量的影响大，是保证工程质量的决定因素，选择符合设计要求的建筑材料是保证工程质量的关键。在工程施工之前，要按照设计文件提出材料表，要按设计要求的材料种类、性能、品种、规格采购订货，材料进场要进行验收，进场的材料质量符合订货的要求，做好进场验收记录，合格证和材料实物质量指标相符，必要的性能现场不能确定的还应抽样复试。进入现场的材料要保管好，保持材料的质量，直到用于工程上。

现场配制的材料，要做好配合比试验，满足材料性能要求、工作度要求，并按要求留取试件进行检验，强度及相关性能要满足设计及施工要求，才能用于工程上。现场预制、加工的构配件，应按规定分批进行性能检测，符合设计要求，才能用于工程上。

建筑材料构配件、设备应经监理工程师审查认可，否则不得用于工程。

（4）施工方法的因素：施工方法，包括的范围广，大到整个工程施工方案施工组织设计、机械化程度的选择应用，是施工生产的最根本的要求；小的可以是工序工程环节的操作方法等。一个工程项目的建设首先应选择好适宜的施工方法，制定好施工方案，对施工机械选择、人员配备、物资配备、工程进度质量目标等，达到全面策划，并对于重点环节、关键工序提出要求，制定专项技术措施，措施要有针对性，可操作性好。施工方法有针对性，要具体化，施工程序、操作顺序科学，使用合格材料，工具配备齐，使用正确。从施工技术措施，到管理措施，把每个工序控制好。发挥施工方法统筹组织的作用，把材料、机械、人员有机地协调好，使其形成一个发挥施工能力的整体。施工方法要做到分层管理。

首先，做好施工组织总设计，对一个工程项目或一个施工工地，根据工程项目的主要情况和工程项目的主要施工条件，结合建设地区的气候环境条件、物资保证、交通运输条件、施工企业本身的技术管理水平、技术优势，且保证工程质量、工期，应充分发挥企业的技术优势，开发应用新技术，来做好总体施工部署，明确质量总体目标，保证安全、进度、环境和成本目标。设计总体框架对进度、质量、成本、施工方法、总平面布置，分段确定质量控制目标，列出重点工序、重点环节控制要求，是一项工程项目的总体布置。

其次，按工程项目制定好施工组织设计，依据工程施工图设计文件，把各工序的质量、进度、主要施工方法进行规划部署。学习领会设计文件、施工准备、地基基础、立体结构、装饰装修、建筑设备安装等要求，提出各阶段的控制重点及措施。落实总施工组织设计，按不同的工程项目做好施工规划或专项施工方案。

最后，做好重点部位工程的施工方案。将每个工程项目分解，对各部位特别是重点部位进行安排，包括专业承包工程的施工方案和工程项目重点工序和施工环节，以及新技术应用等专项施工方案，从材料控制、进度、操作要点、施工方法、工具及工艺要求提出控制措施，从工程要求、施工条件及进度、成本等方面将各工序质量进行落实，保证整个工程施工计划的实现。

施工方法的选择是工程施工的关键，选择好不仅能保证工程质量，对工程进度、经济效益都有很大效果，是一项事半功倍的方法，也是施工企业管理水平、技术水平的体现。

（5）环境的因素：工程建设施工都是露天作业，即使装配式结构也要露天安装，环境因素对工程建设质量、速度、安全、效益都有大的影响。环境因素有温度、湿度，还有风雨雪霜等，有的是周期性、固定的，有的是突发性的。在施工过程中都会遇到，要合理安排施工进度及施工内容，尽量避开那些不利因素；同时，要制定有效措施克服那些不利因素，保证工程进度、工程质量和安全。预先制定好有关情况下的施工方案，冬期、雨期、高温、低温期的施工措施，风雨雪霜的防范措施等。这些措施应在施工前准备好，在施工组织设计中列出清单和提出要求。季节性施工方案应在季节来临之前，将物资器械准备好，演练使用方法和技术要求；突发性的环境因素应随时准备好，物资器械等注明标识存放在方便取用的地方，以便及时进行防护，以保证工程质量安全。

（6）工程检测：随着科学技术的进步，工程质量管理有了科学手段，用数据来说明工程质量的水平，使工程质量管理更科学、更准确、更有可比性。工程检测要覆盖到工程建设的全过程。建设用的材料都是经过检测证明是合格的；施工过程的质量控制是有效的、科学的、有针对性的，工程的复合材料的配合比是准确的，施工过程的控制是严格的，完工的工序质量部位、构件质量经过测试是符合规范规定和设计要求的。当工程的分部工程、单位工程完工，对其形成的系统、部位及整体质量，用科学手段进行系统的检测，用数据来说明质量达到的水平，使工程质量管理走上科学管理的轨道，使工程质量验收更科学、更准确。工程检测是工程质量管理的重要手段。工程检测的方法、程序、仪器、设备的好坏，检测方法规范程度，以及检测人员的技术素质及检测机构的诚信程度，都能影响到检测数据和结果的真实性和可比性。工程检测是第三方验证，不是质量责任主体，但对工程质量管理及工程质量验收十分重要，必须把握好这个环节。

（7）管理因素：工程质量的特点除了人、机、料、法、环及测的影响因素外，施工过程科学管理是必不可少的。众多影响因素的控制落实，众多人员、单位的协调分工、质量责任落实、物资人力资源的配置调度，以及工作效果质量责任的落实检查，不足的纠正，达到标准的放行等，对控制措施的不断完善改进，总结积累完善企业的技术管理水平都必须随着工程进度而进行组织指挥，才能有条不紊地进行。

1）通常讲工程质量是生产出来的，但有了科学有效的管理制度和科学的管理方法，在施工全过程精准组织协调指挥能促进和完善质量的生产，使质量生产过程规范，方法合理，保证质量及安全。让工程质量得到有效保证，企业经济效益增加，施工进度加快，充分发挥生产者的能力。

2）管理因素的发挥，是企业生产计划的实施，工程质量计划实施的保证，是企业能力水平的体现。企业的生产管理、质量管理要靠有效的企业管理制度来保证。健全的企业管理制度的落实机制是保证企业生产活动的有机要素，是不可缺少的。生产和管理是施工过程缺一不可的两大环节。

3）管理因素不仅涉及工程质量和施工安全达到工程标准所做的管理工作、组织工作和技术工作的效率及水平，还会影响到企业的整体经营水平。包括企业经营决策工作质量、生产计划工作质量和现场执行工作质量。企业的管理体现在企业的工作质量，工作质量关系到企业所有部门及所有人员，工作效率反映在企业的一切生产经营活动中，并通过企业经营效果、生产效率、经济效益和产品质量集中表现出来。管理效率贯穿于企业生产经营活动的全过程，工作质量则是管理效果的体现，特别是现场生产过程的组织管理的有效性，工程质量是企业生产和经营的最终成果。工程质量、经营效果、工作质量三者关系紧密，工程质量、经营效果取决于工作质量全过程的落实。工作质量是工程质量、经营效果的基础。提高工程质量不能是单一的，不能就工程质量论工程质量，必须努力提高企业的工作质量，完善管理制度，并落实执行以工作质量来保证工程质量和提高工程质量。

第四节 工程项目质量管理的主要环节

施工企业应建立并实施工程项目质量管理制度，对工程项目质量管理策划、工程设计、施工准备、过程控制、变更控制和交付与服务作出规定。工程项目部应负责实施工程项目的质量管理活动，施工企业应对工程项目部的质量管理活动进行指导、监督、检查和考核。

一、工程项目是质量管理的载体

施工企业的各项管理活动的载体是工程项目。以工程项目为载体的施工管理活动，是施工企业质量管理和其他管理活动的基础。没有工程项目，施工企业质量管理和其他管理活动都是空谈，施工企业的一切管理活动都要落实到工程项目上。工程项目是施工企业生产的载体，是施工企业各项内部管理制度的载体，是体现施工企业施工管理水平、技术水平、企业文化水平的窗口，是展现施工企业工程质量控制水平的现场。也是施工企业落实生产经营的具体体现。

施工企业是以工程项目生产方式进行生产和管理的。历来如此，这是工程项目建设的性质决定的。工程项目是建在各个地方的，这是工程施工生产决定的，每个工程都是一次性的，都在各自的地基基础之上的。这就是工程建设的特点。

（1）施工企业的生产方式是以工程项目为载体，在各自施工现场实施完成的。但在改革开放前，我国施工企业的组织管理方式是公司—工程处—施工队，大的公司还有分公司的层次，是多层次固定式组织体制来对待一次性的工程项目，产生了很多缺陷和错误。

1）一个项目来了，分给一个施工队施工。由于是固定的生产劳动组织，各自为政的情况较为突出，人员调动就比较困难，技术力量、财力、物力的集中也较困难，形不成一个优秀的管理团队和人力物力集中力量的整体优势。

2）管理模式没有适应项目管理的特点，没有体现施工企业的管理水平。没有重点研究工程项目管理特点，多以行政管理的方式来对待以技术管理为目的的项目管理，长期处于低水平循环管理的状态。实际上是施工队的质量水平，不是企业的水平。

3）没有分清项目管理和企业管理的责任。项目和企业职责不清，影响了工程项目的管理，影响了工程质量，也影响了企业的发展。

4）以往工程处、施工队的生产生活管理一体化，没有什么生活基地，哪里有工程施工队，工程处的家就搬到哪，拖家带口，一家老小都一起去，企业背上了沉重的负担；职工全家长期住工棚，搬来搬去，一个工程搬一次家，有的一个工程搬几次家。职工生活得不到安定，一些基本生活条件得不到保障，老职工的养老生活、医疗、子女的上学都得不到应有的解决，职工的积极性不能发挥。

5）有的施工企业多重视企业的管理制度，对工程项目研究少，没有理顺工程项目与企业的关系，没有把企业的管理落实到工程项目上，企业的各项管理制度只是空谈。有的企业各项管理制度很完善，但在工程项目的施工现场却很少见到，特别是工程质量管理制度。

（2）理顺施工企业管理与项目管理的关系。

1）将企业进行内部改革，固定化的公司—工程处—施工队或公司—分公司—施工队的劳动组织管理固定化的模式改变为公司—工程项目模式，实行公司派出工程项目管理机构的模式。项目管理班子是临时机构，一个项目一个管理班子，成区成片建设的项目可能有若干个单位工程，也可以是一个项目管理班子。项目完工项目班子也完成了任务。

2）突出企业的主体作用。

施工企业（公司）是企业的运行主体，企业的法人主体是企业的决策者、决策机构，招投标的主体履约合同的责任主体，企业负责经营管理，是企业的利润中心，对承包合同负责，是企业人、财、物及一切生产要素的拥有者，是工程项目机构的组织者和派出者。并根据工程项目承包合同要求制定工程项目的生产管理目标、工程质量目标、工期及成本目标。为实现目标组成高素质的项目管理班子，充分发挥企业调配，优化配置人、财、物等生产要素的作用，形成企业内部市场。充分发挥大型企业技术密集的优势，以及强有力的龙头企业的作用。

3）企业要建立并实施工程项目质量管理制度，对项目部负责实施的工程项目管理活动进行指导、监督、检查和考核，以保证工程项目质量成本、工期及现场管理达到承包合同的要求。企业为项目服务。

4）项目部负责工程项目的生产管理，执行企业对项目的决策目标，按计划组织生产。项目部是执行机构、派出机构，是工程项目的成本管理中心，负责工程项目的质量、工期、成本、安全生产及文明施工的管理，实现企业的决策目标，项目服从于企业。

5）高素质的项目班子就是项目的总承包项目管理的执行者，项目负责人（项目经理）要领导项目班子人员，根据施工图设计文件研究工程的特点、难点，结合自身的技术优势，精心优化设计，优化施工组织设计，优化施工方案，优化调配组装自有的、分包的和社会的生产要素，生产力集约化。以达到精密的组织施工，减少工程差错，减低消耗量，确保工程高质量。

二、工程项目管理的作用

1. 工程管理的落脚点

（1）建筑企业的生产场地是施工现场。

1）劳动者、生产资料、劳动对象是生产力三要素，三者结合是生产活动得以进行的充分和必要条件，三者结合才能形成生产力。施工企业的劳动者和生产资料的结合是施工现场。

2）生产力通常有三个层次，社会生产力、部门或行业生产力、企业生产力。我们建筑施工企业还有项目生产力。建筑施工企业的生产力是在工程项目中形成。生产力三要素是建筑施工企业在施工现场结合的。施工现场是建筑施工的生产场地。

（2）工程项目是企业的管理层、作业层分离的场地。也是施工企业生产场地和生活基地分开的体现。工程项目是生产区，没有庞大的家属区及生活区，只有简易的职工生活服务区。工程项目就是集中力量做生产。

（3）施工企业占有和组织生产三要素，工程项目由企业来配置三要素，工程项目是企业生产力的落脚点。三要素在项目上实现优化配置和动态管理实现生产力。施工企业应重视项目管理的优化，合理配置人、财、物等生产要素，指导和监督项目的管理优化以及考核评价。项目管理反映企业管理水平，是企业的窗口，是企业效益的实施者落实点。只有按照这一规律办事，企业才能取得好的综合效益。

（4）工程项目的生产现场是在室外，施工现场是流动的，是在流动中实现结合和完成生产，而且辅助生产条件也是在场外加工后，运到现场来组装。工程项目是在时间和空间上形成了时续时断的结合来实现生产力。

（5）工程项目施工生产是单件性的，没有一个相同的工程。施工生产手工作业多，占的比重大，就是装配式结构，手工作业也占一半以上。操作工人素质、环境对工程质量影响大，项目管理的难度也大。

2. 工程项目管理的环节

工程项目管理是工程建设施工企业生产的特点，多年来我们的行业就是以工程项目为生产方式的，没有深刻认识工程项目的作用，没有开展对工程项目管理的深入研究。改革开放后，我们对工程项目有了一定的认识，开展了以工程项目为载体的生产方式的研究和实践。

（1）工程项目生产方式是施工企业生产的主要形式，适应市场经济，操作性强，是建筑施工企业经营效果的基地，应很好地进行研究和重视。

1）工程项目的建成在施工现场，是施工企业生产的场地，是施工企业一切生产经营管理工作落实的载体。

2）项目管理必须在企业的人、财、物生产三要素的配置下进行。

3）项目生产管理班子是企业的派出机构、委托机构。

4）工程项目管理班子是执行企业决策的，要保证落实企业质量、工期、安全生产目标，要保证工程成本，是工程质量、工程成本控制中心。实行一次性委托临时机构，一次性成本控制中心，一次性授权管理委托人，项目不是微型企业。

5）项目管理是企业生产管理层和操作层两层分离的实施，两层分离是在项目管理中实现的。项目管理要实现生产要素的优化组合，动态管理。

6）项目管理必须以"项目责任制"和"经济责任制"两制建设为中心，以项目经理部为主要形式的施工生产组织管理责任系统。确保工程项目的质量、工期、成本，以质量为中心，实现工程成本控制。

7）项目管理要制造企业内部生产要素配置环境和外部市场环境，有条不紊地组织生产，要着力创造企业层次、项目层次和作业层次的新型关系。

8）工程项目管理要重视项目经理的培养管理，培养一批懂法律、会经营、善管理、懂技术、有专业技术的项目经理人才队伍，并给予一定待遇的职业建造师。

9）工程项目是企业的生产场地，各项管理制度的实践场所。项目管理必须把建成一个优质工程、培养一批人才、总结一套经验作为战略任务。

10）项目管理班子必须加强建设过程的全面建设，坚持党、政工团的协力配合，要体现企业的管理水平。

（2）项目管理是实现施工企业管理层与操作层两层分离的现场，同时要达到生产场地与生活基地两线分开的体现。

1）企业生产力是项目生产力的前提和条件，企业占有和组织配置生产力三要素，没有企业项目生产力就实现不了。项目生产力是企业生产力的落脚点，是三大要素实现优化组合和动态管理的现场，是实现管理层与操作层分离的现场，也是生产要素转化为生产力的场地。

2）企业是生产经营的主体，是市场竞争的主体，是履约合同的责任主体，是法人主体地位和利润中心主体地位。企业是占有和调配生产要素，面向项目需求，服务于项目的高层管理。

3）企业的发展方向是建立以智力密集型和融资能力实现具备承包大型工程总承包能力的企业，形成高层次的管理型企业，是拥有大批高素质技术人才，融资能力强、经营管理经验丰富的企业，并能优化调配相应的生产要素，具有组成配套的优秀项目管理班子的能力和管理能力，实现企业经营目标。

4）项目层次的管理是针对所管理的项目，负责项目的成本、质量、工期和安全生产，对公司负责。建立以项目经理部为主的施工生产组织管理责任单位，负责工程项目的质量、工期、安全生产的管理，和以项目成本核算为中心的成本中心。保证完成企业下达的目标任务。

5）项目管理层与操作层是合同关系。实现两层分离。使操作层按专业化分工，形成小而精的专业化队伍，在项目上进行生产力组合，根据工程项目特点进行优化组织、动态管理，充分发挥工程项目班子的管理组织能力和操作小而精的专业化队伍的能力。项目班子是按生产需要配量，没有多余的人。发挥大生产方式社会化分工的优势。

6）项目管理层要有一批懂管理会操作的复合型人才，能把工程项目质量、工期、安全生产等的要求落实到操作层，以实现项目管理的要求。

7）作业层是大企业的劳务支撑，操作层多为劳务分包，要提高自身素质，方向是专业化、小而精。组织是独立化、社会化、市场化。社会劳动部门及大的施工企业可推动专业化队伍的发展，提高自身素质。项目管理在选择劳务队伍时，要选能达到项目质量目标的队伍，正式施工前应进行考核和试用。大型企业也可以自己组织劳务队伍，转为本企业服务；也可与一些优秀劳务队伍建立合作关系。

3. 项目管理是企业管理的体现

项目管理是企业管理的集中体现，是企业各项管理制度的落实，也是企业管理制度的延伸和完善。重点是保证企业质量目标、成本目标的实现，企业精神的展现。企业应重视项目管理的不断完善和改进，做好工程项目管理规划、指导，检查考核工作。完成企业下达的各项目标任务，来提升企业的管理水平和市场竞争能力。重点是为企业做好产品的质量、项目的成本控制，树立企业的品牌形象。项目就是企业的一部分。企业是由项目组成的，没有项目就没有企业。

（1）做好过程管理

工程项目要做好过程精品、动态管理、节点考核等。

1）过程精品、动态管理、节点考核、严格奖罚。项目质量是工程项目管理的首要责任，质量责任制是第一个责任制，必须要达到企业下达的质量目标。每个工序每个环节的质量必须保证整体的质量，必须把每个过程都作为控制对象来管理。

在工程项目建设整个过程中，把精品意识落实到过程控制之中，依靠每道工序的高品质，每一个员工岗位的工作高品质，使施工的每一个环节都做到精益求精，每一个过程力求完美，真正让业主满意放心。

2）动态管理

从计划、实施出发，对人、财、物、时间进行全方位动态预测、控制和快速调整，及时发现问题及时改正，是企业纠错能力的体现。

产品形成于过程之中，各项工作是通过“过程”来完成。过程在我们手上，在我们脚下，在我们身边，在每个岗位，贯穿于每一个瞬间。资源的配置、价值的增值、管理水平的提升都在过程之中实现。只有把过程管好，管理工作才算落到实处。

过程需要企业的全体职员来管理，每一位员工的自我管理非常重要，每一位员工用诚信的理念来对待自己所从事的每一份工作。“过手的活”问一问，是否马虎凑合了，是不是对得起以诚信为本的良知了。全体员工都如此，就会形成诚信支撑全员、全员覆盖过程、过程提升项目管理的局面。

3）节点考核，严格处罚

过程贯穿于各节点、各环节、各岗位、各人员，过程形成各环节、各岗位的成果，各岗位的责任落实情况应定期检查考核；各工序质量达到规范规定和设计要求的情况应按时检查考核，材料耗用量及工时耗用量等都应定期考核。在各工序施工前就应明确考核标准，各工序完工后公布检查考核结果。达到计划要求的表扬奖励；达不到的返工修理达到要求，并进行批评教育，严重的进行处罚。

节点考核是过程精品的保证，使工程质量达到计划要求，及时发现问题及时改正，是纠正能力的表现，落实动态管理的手段。考核结果是奖罚的依据。

（2）做好成本控制

做好标价分离、分层负责、精打细作、集约增效。

项目的成本管理是工程项目的另一个责任制度，保证达到企业下达的成本控制目标。成本控制是企业生存的基础。

1）标价分离。就是企业的中标价与项目经理部成本价相分离，项目的预算要严格控制项目成本费用，企业的利益是靠项目成本控制得来的。企业内部要做到投标报价合理，标价分离合理，成本控制合理。

投标报价合理的关键是中标，企业自身承受价、对手竞争价、业主期望价的合理价，用自身能承受的最低价保中标。标价分离合理是以工程预算为基础，保证项目和企业的积极性。企业分离的合理性是保利，项目的责任是保本，这样才有利于项目的精打细算，精工细作，才能集约增效。

2）分层负责。项目管理保成本，要将成本分解，明确项目各管理人员的目标、义务、责任和利益，全员都要有成本意识，对项目的所有施工流程、环节都要实行量化管理，横向到边，纵向到底，落实各环节的“成本责任”，降低成本。使各人的利益和成本联系起来，每个人的工作都要为企业增益，要建立严格考核和奖罚，改善管理粗放、效益低下，集约增效，争取经济效益的最大化。

（3）项目文化

项目文化是企业文化的展示，是企业的技术水平、诚信理念、文明和谐、标准化管理的具体体现。是确保项目质量、成本和各项任务完成的动力。

1）项目文化。项目是企业的阵地，是企业的窗口，项目是企业的形象，是企业的生存依托。项目管理是企业管理的核心。企业的持续发展，项目管理能否上新水平是关键。通过项目文化调动全体职工的共同努力，团结一致，为企业做好工程创精品，树企业名牌、品牌，在竞争中发挥出企业无形资产的文化优势。

项目文化是企业文化的体现和延伸，是在企业“外塑形象、内练素质”的目标统领下，展示企业的形象。企业员工的精品精神、价值观、理念、诚信、精益求精的态度等无形的品质，用产品质量、服务质量的形式展现出来，就是企业的文化，项目的文化。

项目文化是现场项目管理的重要内容，是以现场形象为外在表现，以企业理念为内在要求，以项目队伍建设为对象，完善有效的管理制度为内容。体现企业的核心价值观和诚信理念的实践，以及信誉和高质量产品形成的品牌力量。

2）安全文明施工是项目文化的主要内容，通过施工现场的标准化管理，包括管理规范化，将每个岗位的管理有标准、考核有制度、技术管理规范化，使每个事项管理有标准，操作规范化；使施工程序规范，检查有标准，体现在施工现场的各项施工过程中。施工现场标准化管理的全过程，反映在现场的平面布局上，并随着主体结构的升高，把标准化管理延伸到立体，形成立体标化。

3）项目文化是全体员工人人都要把关质量、工期、成本、现场文明施工的全面要求，构成工程项目“过程”。从过程做起的管理思想体现了施工企业全面提升项目质量的科学管理理念。只有人人把过程管理好，才能把工程项目建设的管理工作落到实处。

4）项目文化是项目管理的进一步完善，是把各种管理制度用企业文化把其联系起来。制度是分制的，企业文化是一体的，用企业文化把大家的积极性调动起来，扭成一股劲把项目做好，把企业做好。

5）项目文化的特点

① 阵地文化。项目文化为项目管理的重要内容，以现场形象为外在表现，以企业理念为内在表现，以项目队伍建设为对象的“阵地文化”。体现企业的核心价值观和诚信理念，展现企业的品牌建设。阵地是凝聚广大员工和劳动者队伍的智慧和意志作为文化建设的重点，使企业文化产生强大的企业生产力和社会影响力。企业文化就是用企业红线将全体员工的企业理念、价值观、精品精神等品质穿起来的美丽项链。形成企业的企业精神。

② 企业文化的延伸。项目文化是企业文化在项目管理上的延伸，是将企业的价值观、经营理念、诚信为本的品牌建设在项目管理上的展现，项目文化是企业文化建设的重点。项目管理活动是凝聚在企业工程质量、信誉、品牌和市场竞争力之中，体现在企业各级管理者的管理行为之中。

③ 项目文化是统帅项目参建各方行为主体的“显型文化”，统一的管理制度和项目文化来约束和统一各方的行为，化解有关矛盾，“共创文化，凝聚各方”。

④ 项目文化是“露天文化”。项目是展示企业形象的窗口，能全面体现企业的社会影响面，项目文化的形象作用十分重要。

⑤ 项目文化是最具感染力的劳动文化。项目是露天作业，环境艰苦、作业队伍的素质、手工操作的生产技艺、质量保证、安全生产、文明施工的管理等都是作业层次的项目文化的力量来实现的。项目文化是在劳动中显示出来的。

⑥ 项目文化对项目经理提出了更高的要求，要具有实现企业核心价值观的实践素养，具有凝聚项目班子和劳动队伍的团结能力，有诚信业主和员工的品格力量，有协调现场各方和社会的运作水平。

⑦ 要善于把企业文化和政治思想工作紧密结合。

6）项目管理责任体系

项目要建立从项目经理责任制为核心的项目管理责任体系和成本控制中心体系。形成一个覆盖全方位、全过程和全员的责任整体。项目经理是核心，理顺总分包管理责任关系，明确责任主体、管理职责，使各专业、劳务分包都纳入整体责任体系中，有效控制项目施工过程中可能发生的各类风险。

三、工程项目质量控制

质量控制是质量管理的主要内容之一，工程建设的特点是过程性，是先订合同后生产产品，产品的生产质量要达到合同要求，进行质量控制是必须的，工程项目的质量控制是落实到工程施工现场的，需要系统有效地应用质量管理和质量控制的基本原理和方法，建立工程项目质量控制体系，落实工程项目各参与方的质量责任，有效预防工程项目质量问题的发生，实现工程项目的质量目标。

1. 工程项目质量控制的内容

（1）根据国家标准的定义，质量是指客体的一组固有特性满足要求的程度。客体是指任何事物，可以是物质的、非物质的或想象的，包括产品、服务、过程、人员、组织、体系、资源等。质量好、差是以其质量特性满足要求的程度来衡量的。

（2）工程项目质量是指在工程项目建设中形成的实体质量，满足工程建设技术法规、技术标准的规定、施工图设计文化的要求和施工合同的约定。满足安全和使用功能的要求，其质量特性主要体现在适用性、安全性、耐久性、可靠性、经济性及环境的协调性等。

（3）工程项目质量管理

1）质量管理是在质量方面指挥和控制组织的协调活动，包括建立和确定质量方针和质量目标，在质量管理体系中通过质量策划、质量保证、质量控制和质量改进等手段来实现质量管理职能，从而实现质量目标的所有活动。

2）工程项目质量管理是以工程项目为对象，在项目实施过程中，指挥和控制项目各参与方关于质量的相互协调的活动，为工程项目满足质量要求，所开展的质量策划、组织、计划、实施、检查、改进、监督审核等所有管理活动的总和。必须是工程项目的建设、勘察、设计、施工、监理等单位的共同努力，各方的项目经理必须调动其参与项目质量的所有人员的积极性，共同做好本职工作，才能做好工程项目质量管理。

（4）控制活动的主要内容

质量控制是质量管理的一部分，是为满足质量要求所做的一系列相关活动。主要包括：

1）制定目标：依质量要求，确定要达到的质量指标和控制范围与区间。

2）制定控制措施：突出重点难点，进行技术交底或培训。

3）实施措施：检查措施实施情况，措施的针对性、有效性、可操作性及改进措施。

4）测量检查：测量实施成果及过程满足所设定目标的程度。

5）评价分析：评价控制技术措施、执行能力和效果，分析偏差产生的原因。

6）纠正偏差：针对偏差，完善措施，改进执行能力来纠正偏差。

（5）工程项目质量控制是针对某一工程项目，围绕其质量目标，各参与方通过行动方案和资源配置谋划、实施、检查和监督，进行事前控制、事中控制和事后控制，以实现预期质量目标的系统过程。

（6）工程项目质量控制就是在项目实施的整个过程中，包括勘察设计、物资采购、施工安装、竣工验收等各阶段，项目参与建设的建设、勘察、设计、施工、监理等各方为实现项目质量目标的一系列质量控制活动。

（7）项目质量控制目标

1）建设工程项目质量控制目标，就是由施工企业根据招标承诺，施工合同约定，设计文件要求，国家工程建设技术标准、施工质量验收规范规定和企业创优计划而决策决定的项目质量目标，使项目的适用性、安全性、耐久性、可靠性、经济性及与环境协调性等方面的质量指标满足业主需要，并符合国家法律法规、行政文件和技术标准、规范的要求。

2）项目质量控制目标，实施过程中由项目参与方的质量行为所决定，是通过施工作业过程直接形成的。项目质量控制目标最终由项目工程实体质量来体现。施工阶段的质量控制是项目质量控制的重点。

2. 工程项目质量控制的责任

《建设工程质量管理条例》规定，工程项目的建设单位、勘察单位、设计单位、施工单位、工程监理单位依法对建设工程质量负责，并规定了各自的质量责任和义务。

（1）建设单位的质量责任和义务

1）建设单位应当将工程发包给具有相应资质等级的单位，不得将建设工程肢解发包。

2）建设单位应当依法对工程建设项目的勘察、设计、施工、监理以及与工程建设有关的重要设备、材料等的采购进行招标。

3）建设单位必须向有关的勘察、设计、施工、工程监理等单位提供与建设工程有关的原始资料。原始资料必须真实、准确、齐全。

4）建设工程发包单位不得迫使承包方以低于成本的价格竞标，不得任意压缩合理工期；不得明示或者暗示设计单位或者施工单位违反工程建设强制性标准，降低建设工程质量。

5）建设单位应当将施工图设计文件上报县级以上人民政府建设行政主管部门审查。施工图设计文件未经审查批准的，不得使用。

6）实行监理的建设工程，建设单位应当委托具有相应资质等级的工程监理单位进行监理。

7）建设单位在领取施工许可证或者开工报告前，应当按照国家有关规定办理工程质量监督手续。

8）按照合同约定，由建设单位采购建筑材料、建筑构配件和设备的，建设单位应当保证建筑材料、建筑构配件和设备符合设计文件及合同要求。建设单位不得明示或者暗示施工单位使用不合格的建筑材料、建筑构配件和设备。

9）涉及建筑主体和承重结构变动的装修工程，建设单位应当在施工前委托原设计单位或者具有相应资质等级的设计单位提出设计方案；没有设计方案的，不得施工。房屋建筑使用者在装修过程中，不得擅自变动房屋建筑主体和承重结构。

10）建设单位收到建设工程竣工报告后，应当组织勘察设计、施工、工程监理等有关单位进行竣工验收。建设工程经验收合格的，方可交付使用。

11）建设单位应当严格按照国家有关档案管理的规定，及时收集、整理建设项目各环节的文件资料，建立健全建设项目档案，并在建设工程竣工验收后，及时向建设行政主管部门或者其他有关部门移交建设项目档案。

（2）勘察、设计单位的质量责任和义务

1）从事建设工程勘察、设计的单位应当依法取得相应等级的资质证书，在其资质等级许可的范围内承揽工程，并不得转包或者违法分包所承揽的工程。

2）勘察、设计单位必须按照工程建设强制性标准进行勘察、设计，并对其勘察、设计的质量负责。注册建筑师、注册结构工程师等注册执业人员应当在设计文件上签字，对设计文件负责。

3）勘察单位提供的地质、测量、水文等勘察成果必须真实、准确。

4）设计单位应当根据勘察成果文件进行建设工程设计。设计文件应当符合国家规定的设计深度要求，注明工程合理使用年限。

5）设计单位在设计文件中选用的建筑材料、建筑构配件和设备，应当注明规格、型号、性能等技术指标，其质量要求必须符合国家标准的规定。除有特殊要求的建筑材料、专用设备、工艺生产线等外，设计单位不得指定生产、供应商。

6）设计单位应当就审查合格的施工图设计文件向施工单位作出详细说明。

7）设计单位应当参与建设工程质量事故分析，并对造成的质量事故，提出相应的技术处理方案。

（3）施工单位的质量责任和义务

1）施工单位应当依法取得相应等级的资质证书，在其资质等级许可的范围内承揽工程，并不得转包或者违法分包工程。

2）施工单位对建设工程的施工质量负责。施工单位应当建立质量责任制，确定工程项目的项目经理、技术负责人和施工管理人员。建设工程实行总承包的，总承包单位应当对全部建设工程质量负责。

3）总承包单位依法将建设工程分包给其他单位的，分包单位应当按照分包合同的约定对其分包工程的质量向总承包单位负责，总承包单位与分包单位对分包工程的质量承担连带责任。

4）施工单位必须按照工程设计图纸和施工技术标准施工，不得擅自修改工程设计，不得偷工减料。施工单位在施工过程中发现设计文件和图纸有差错的，应当及时提出意见和建议。

5）施工单位必须按照工程设计要求、施工技术标准和合同约定，对建筑材料、建筑构配件、设备和商品混凝土进行检验，检验应当有书面记录和专人签字；未经检验或者检验不合格的，不得使用。

6）施工单位必须建立、健全施工质量的检验制度，严格工序管理，做好隐蔽工程的质量检查和记录。隐蔽工程在隐蔽前，施工单位应当通知建设单位和建设工程质量监督机构。

7）施工人员对涉及结构安全的试块、试件以及有关材料，应当在建设单位或者工程监理单位监督下现场取样，并送具有相应资质等级的质量检测单位进行检测。

8）施工单位对施工中出现质量问题的建设工程或者竣工验收不合格的建设工程，应当负责返修。

9）施工单位应当建立健全教育培训制度，加强对职工的教育培训；未经教育培训或者考核不合格的人员，不得上岗作业。

（4）施工单位对承包的工程还应承担保修责任。

1）施工单位在向建设单位提交工程竣工验收报告时，应当向建设单位出具质量保修书。质量保修书中应当明确建设工程的保修范围、保修期限和保修责任等。

2）在正常使用条件下，建设工程的最低保修期限为：

① 基础设施工程、房屋建筑的地基基础工程和主体结构工程，为设计文件规定的该工程的合理使用年限。

② 屋面防水工程，有防水要求的卫生间、房间和外墙面的防渗漏，为 5 年。

③ 供热与供冷系统，为 2 个采暖期、供冷期。

④ 电气管线、给水排水管道、设备安装和装修工程，为 2 年。

其他项目的保修期限由发包方与承包方约定。

建设工程的保修期，自竣工验收合格之日起计算。

3）建设工程在保修范围和保修期限内发生质量问题的，施工单位应当履行保修义务，并对造成的损失承担赔偿责任。

（5）工程监理单位的质量责任和义务

1）工程监理单位应当依法取得相应等级的资质证书，在其资质等级许可的范围内承担工程监理业务，并不得转让工程监理业务。

2）工程监理单位与被监理工程的施工承包单位以及建筑材料、建筑构件和设备供应单位有隶属关系或者利害关系的，不得承担该项建设工程的监理业务。

3）工程监理单位应当依照法律、法规以及有关技术标准、设计文件和建设工程承包合同，代表建设单位对施工质量实施监理，并对施工质量承担监理责任。

4）工程监理单位应当选派具备相应资格的总监理工程师和监理工程师进驻施工现场。未经监理工程师签字，建筑材料、建筑构配件和设备不得在工程上使用或者安装，施工单位不得进行下一道工序的施工。未经总监理工程师签字，建设单位不得拨付工程款，不得进行竣工验收。

5）监理工程师应当按照工程监理规范的要求，采取旁站、巡视和平行检验等形式，对建设工程实施监理。

（6）住房城乡建设部《建筑工程五方责任主体项目负责人质量终身责任追究暂行办法》（建质〔2014〕124 号）规定了建筑工程五方责任主体项目负责人是指承担建筑工程项目建设的建设单位项目负责人、勘察单位项目负责人、设计单位项目负责人、施工单位项目经理、监理单位总监理工程师。

建筑工程五方责任主体项目负责人质量终身责任，对参与新建、扩建、改建的建筑工程项目负责人按照规定，在工程设计使用年限内对工程质量承担相应责任。

符合下列情形之一的，县级以上地方人民政府住房和城乡建设主管部门应当依法追究项目负责人的质量终身责任：

1）发生工程质量事故。

2）发生投诉、举报、群体性事件、媒体报道并造成恶劣社会影响的严重工程质量问题。

3）由于勘察、设计或施工原因造成尚在设计使用年限内的建筑工程不能正常使用。

4）存在其他需追究责任的违法违规行为。

工程质量终身责任实行书面承诺和竣工后永久性标牌等制度。

违反法律法规规定，造成工程质量事故或严重质量问题的，除依照本办法规定追究项目负责人终身责任外，还应依法追究相关责任单位和责任人员的法律责任。

四、工程项目质量风险识别与控制

建设工程项目质量的影响因素中，由于有些控制因素不完善，有些因素有不可控成分，造成了项目质量的不确定性，就形成了工程项目的质量风险。或是说建设项目质量风险是在实施工程项目质量目标过程中，某种因素对实现工程项目质量目标造成的不确定性，即这种因素发生质量损害的概率和程度是不确定的。

在工程项目建设过程中，对这种不确定性事件及时进行识别、评估和控制，减少风险源的存在，降低和防止风险发生的概率，是工程项目质量控制的重要内容。

1. 质量风险的种类

从风险的原因，可分为：

（1）自然风险

由于自然条件和突发自然灾害对工程项目质量造成的损害。如不均匀的地基岩土，恶劣的水文气象条件，地震、暴风、暴雨、滑坡、泥石流等自然灾害等可能造成的工程项目质量问题。

（2）环境风险

由于项目实施的社会环境和项目现场的工作环境可能对项目质量造成的影响。如社会上的腐败和违法行为，项目现场的空气、水、噪声、废弃物等可能对现场人员的工作质量和工程实物质量造成不利影响。

（3）管理风险

参与工程项目建设的建设单位及勘察、设计、施工、监理单位等责任单位，管理体系存在缺陷，工作流程不科学，分工不当、人员能力不足、责任心不强等对项目质量的损害。

从风险损失责任承担可分为：

（1）业主方的风险

项目决策失误，施工、勘察、设计、监理选择不当，向设计、施工提供的资料不准确，项目实施过程，各方关系协调不当，质量验收有疏忽等。

（2）勘察设计方的风险

工程项目的工程地质、水文地质勘察分析的疏漏、设计的错漏，造成项目结构安全和使用功能方面不满足规范要求，影响了工程项目质量的安全性、功能性及耐久性等。

（3）施工方的风险

项目实施过程中，施工方案不科学，施工技术适用差，现场管理松懈，质量责任不落实，材料、设备控制不够，检测检查及监督不到位，导致发生安全、质量事故、功能不完善和给工程质量留下隐患，影响耐久性等。

（4）监理方风险

项目实施过程中，监理方没有依法对工程项目质量、功能和安全履行监理责任，而影响了工程项目质量，或发生安全、质量事故或影响使用功能，给工程留下隐患。

2. 质量风险的识别

项目质量风险具有广泛性，影响质量的各方面因素都可能存在风险，项目实施的各个阶段都有不同的风险。进行风险识别应在广泛收集质量风险相关信息的基础上，集合从事项目实施的各方面工作和具有各方面知识的人员参加。风险识别可按风险责任单位和项目实施阶段分别进行，如设计单位在设计阶段或施工阶段的质量风险识别、施工单位在施工阶段或保修阶段的质量风险识别等。

（1）可以按风险的种类列出各类风险因素可能造成的质量风险；也可以按各个子项目

可能存在的质量风险；还可以按工作流程图列出各个实施步骤（或工序）可能存在的质量风险。不要轻易否定或排除某些风险，对于不能排除但又不能确认存在的风险，宁可列为待确定。

（2）分析每种风险的促发因素。分析的方法可以采用召开有关人员的分析会、专家调查（访谈）法、经验判断法和因果分析图等。

（3）将风险识别的结果汇总成为质量风险识别报告。报告通常可以采用列表的形式，内容包括：风险编号、风险的种类、促发风险的因素、可能发生的风险事故的简单描述以及风险承担的责任方等。

（4）质量风险识别应由各责任方分别识别各自的风险因素，其信息要由多方提供，下道工序施工者的意见为重要方面，性能检测结果的信息为决定性方面，而其对工程整体的综合性危害信息为全面的因素。

3. 质量风险的评估

质量风险评估主要是找出各种质量风险发生的概率及估算其造成危害的损失情况。

质量风险的评估比较困难，通常采用定性与定量相结合的方法。也可采用经验判断法及难度系数与专家评分相结合的方法。将风险识别出的各个项目，依据其产生原因的情况，及措施的到位程度用经验判断法估算其安全概率，再用系数加专家打分的方法，确定其风险等级，即每一事件的风险水平，来确定损失量。

质量风险评估多数是选择其中主要的一个或几个风险事件来评估，可以用层选法、排列法或直方图选择诸多事件中的一个或几个来评估。因为评估的目的是要对其防范和避免，一次是解决不了全部问题的。应分轻重缓急；先解决重点问题，逐次解决即可达到最终目的。

将风险事件评估结果，可汇成评估表，可供制定防范对策参考。参考表式见表 1-1：

项目质量风险评估表（参考）　　**表 1-1**

编号	风险种类	风险因素	风险事件描述	发生概率	风险等级	损失量	备注

4. 质量风险的防范

质量风险的防范是根据风险事件的评估结果，针对每种质量风险制定对策和编制管理计划。

质量风险对策主要有预防、分解、减轻、留置等方法。也可以几种方法组合使用。

（1）预防

针对风险事件采取适当的预防措施避免质量风险的发生。例如：依法进行招标投标，慎重选择有资质、有能力的项目设计、施工、监理单位，避免因这些质量责任单位选择不当而发生质量风险；正确进行项目的规划选址，避开不良地基或容易发生地质灾害的区域；不选用不成熟、不可靠的技术、施工技术方案；合理安排施工工期和进度计划，避开可能发生的水灾、风灾、冻害对工程质量的损害等。或制定有针对性的专项施工方案，对一些不利因素进行技术处理，使其得到控制等。

（2）分解分担

依法采用正确的方法，把一些质量风险进行分解，转移到能够承担该风险的单位或机构。主要有：

1）分包分担——例如，施工总承包单位依法把自己缺乏经验、没有足够把握的部分工程，通过签订分包合同，明确风险责任，分包给有经验、有能力的专业施工单位施工，如有质量风险也由他承担，是分担风险的办法之一。

2）担保分担——例如，建设单位的工程发包时，要求承包单位提供履约担保；工程竣工结算时，扣留一定比例的质量保证金等。

3）保险分担——质量责任单位向保险公司投保适当的险种，把质量风险全部或部分转移给保险公司等。

（3）减轻风险

针对无法规避的质量风险，研究制定有效的应对方案，尽量把风险发生的概率和损失量降到最低程度，从而降低风险量和风险等级。例如，在施工中有针对性地制定和落实有效的施工质量保证措施和质量事故应急预案，可以降低质量事故发生的概率和减少事故损失量。

（4）留置补偿

又称风险承担。当质量风险无法制定应对措施，而又估计可能造成的质量损害不会很严重而预防的成本很高时，风险留置也常常是一种有效的风险应对策略。风险留置，一是无计划，留置是指不知风险存在或虽预知有风险而未做预处理更经济，一旦风险事件发生，再视造成的质量缺陷情况进行处理。二是有计划，留置是指明知有一定风险，经分析不做处理更为合理，预先做好处理可能造成的质量缺陷和承担损失的准备。可以采取设立风险基金的办法，在损失发生后用基金弥补；在建筑工程预算价格中通常预留一定比例的不可预见费，一旦发生风险损失，由不可预见费支付等。

5. 质量风险管理

建设工程项目质量风险管理存在于项目建设的各阶段，涉及参与项目建设的各责任单位和有关单位。各责任单位都应在工程项目质量风险识别、评估的基础上，制定相应的应对策略。

项目质量各责任单位对各自承担项目的质量风险管控，可通过各自的施工组织设计、施工专项方案、质量管理计划的管控文件，制定有针对性的措施进行预防，也可制定专门的质量风险管理计划，将质量风险应对策略系统地展现出来。风险管理计划一般应包括：

（1）项目质量风险管理方针、目标；

（2）质量风险识别和评估结果；

（3）质量风险应对策略和具体措施；

（4）质量风险控制的责任分工；

（5）相应的资源准备计划。

为便于管理，项目质量风险管理计划的具体内容也可以采用表的形式表示。表式可参考表 1-2。

项目质量风险管理计划表　　**表 1-2**

编号	风险事件	风险等级	防范策略	主要监控措施	责任部门	责任人	备注

6. 项目质量风险控制

项目质量风险控制是在工程项目建设期间对质量风险进行识别、评估的基础上，按照风险管理计划对各种质量风险的预测、预警和控制。

项目质量风险控制需要项目的建设单位、勘察单位、设计单位、施工单位和监理单位共同参与。这些单位质量风险控制的主要事项有：

（1）建设单位质量风险控制

1）提出工程项目质量风险控制方针、目标和策略；根据相关法律法规规定和工程合同的约定，明确项目参与各方的质量风险控制职责。

2）对项目实施过程中业主方的质量风险进行识别、评估，确定相应的控制措施，制定质量风险控制计划和预防措施，明确项目管理机构各部门质量风险控制职责，落实风险控制的具体责任。

3）在工程项目实施期间，对建设工程项目质量风险控制实施动态管理，通过合同约束，对参建单位质量风险管理工作进行督导、检查和评价考核。

（2）勘察单位质量风险控制

1）勘察阶段，做好勘察方案，根据勘察规范和勘察程序进行钻探、采样和评估。

2）编制好地质勘察报告。提出真实可靠的地质构造和地基承载力、水文地质及场地安全评估结论和建议。

3）在地基基础施工期间，实地核实地质实际情况及地基承载力、桩基实施情况及施工现场安全措施情况等，发现与地质报告不一致或不良地质条件时，进行重新评估或变更等。

（3）设计单位质量风险控制

1）设计阶段，做好优化设计方案，有效降低工程项目实施期间和运营期间的质量风险。在设计文件中，明确高风险项目质量风险控制的工程措施，并就施工阶段必要的预控措施和注意事项，提出防范质量风险的建议。

2）将施工图设计文件审查纳入风险管理体系，保证其公正独立性，不受业主方、设计方和施工方的干扰，提高设计质量。

3）项目开工前，由建设单位组织设计、施工、监理单位由设计单位进行设计交底，明确存在重大质量风险源的关键部位或工序，提出风险控制要求或建议，并对参建方的疑问进行解答、说明。

4）工程实施中，及时处理新发现的不良地质条件等潜在风险因素或风险事件，必要时进行重新验算或变更设计。

（4）施工单位质量风险控制

1）制定施工阶段质量风险控制计划和实施细则，并严格贯彻执行。

2）开展与工程质量相关的施工环境、社会环境风险调查，按承包合同约定办理施工质量保险。

3）严格进行施工图设计文件审查和现场地质核对，结合设计交底及质量风险控制要求，编制高风险分项工程专项施工方案，并按规定进行论证审批后实施。

4）按照现场施工特点和实际需要，对施工人员进行针对性的岗前质量风险教育培训；关键项目的质量管理人员、技术人员及特殊作业人员，必须持证上岗。

5）加强对建筑构件、材料的质量控制，优选构件、材料的供方，构配件、材料进场要进行质量复验，现场做好构配件、材料的保管，保持其性能，不合格的构配件、材料不得用到项目上。

6）在项目施工过程中，对质量风险进行跟踪监控，预测风险变化趋势，对新发现的风险事件和潜在的风险因素提出预警，并及时进行风险识别评估，制定相应对策。

（5）监理单位质量风险控制

1）编制质量风险管理监理实施细则，并贯彻执行。

2）组织并参与质量风险源调查与识别、风险分析与评估等工作。

3）对施工单位上报的专项施工方案进行审核，重点审查风险控制措施。

4）对施工现场各种资源配置情况、各风险要素发展变化情况进行跟踪检查，尤其是对专项施工方案中的质量风险防范措施落实情况进行检查确认，发现问题及时处理。

5）对关键部位、关键工序的施工质量派专人进行旁站监理；对重要的构配件、材料进行平行检验。

五、工程项目质量保证

1. 质量保证的含义

（1）质量保证是质量管理的一部分。致力于提供质量要求会得到满足的信任，或是生产企业期望其生产的产品质量维持在期望的质量水准而作的保证。

（2）质量保证是针对消费者而言的，使消费者能够认可、满意、放心地购买。

（3）质量保证首先是保证产品使用起来能够产生安全感，能长期地使用；并能够使消费者放心购买，使消费者对购买的产品、企业具有依赖感。为此，企业生产的产品必须有充分的质量保证，极具信用，是企业长期致力于质量保证所获得的成果。

（4）质量保证是保证消费者使用产品时具有满足感，充分发挥出产品的性能，是消费者期待的性能。除了质量还包括物美价廉、产品的真实宣传、服务态度及时周到、使用说明文件的详细、维修的及时，以及周到细微等。

质量保证的措施与企业的质量控制措施基本一致，前者主要是对消费者，是对外的保证，实现对消费者市场的承诺，后者是对企业内的，完成市场需求、生产计划、质量目标。但结果是一致的，为企业占领市场和取得好的经济效益。

2. 要开展质量保证活动

工程项目质量保证的责任是生产者，生产者有义务生产消费者满意的产品质量。生产消费者满意的产品，也是企业发展和生产者利益的根本所在。

（1）做好生产过程质量保证活动

1）生产的产品足以让消费者感到合适、方便、安全、可依赖、经济适用，制定相应的产品标准。

2）根据产品标准经常进行评价，使产品生产过程质量保持标准的水平。

3）为防止不良产品出现，要全过程质量管理，有效检测进行控制。

4）质量保证要落实企业内部设计部门、生产部门的主体责任，检测部门的把关责任，保证连续不断全过程生产的产品质量在控制中；也要落实做好原材料、销售及售后服务部门的相关工作。

（2）做好全过程质量信息的收集及改进

1）质量保证必须是动态管理，不断完善和改进，才能使质量保证的生命力得以发挥。

2）全面不断地获得质量保证过程中有关信息资料；资料应真实、完善、全面。

① 调查和监督质量，取得消费者对产品质量的抱怨。经常召开用户座谈会，主动征求用户对产品质量的意见，包括用户的不满、用户说不明白的潜在的抱怨，用户不喜欢产品的原因，产品销售率下降的原因，以及不良品的退换，定期检查免费维修的及时性、服务的方便情况等。

② 评价生产过程中每个节点的质量保证，产品出厂检验检查点的信息资料。

③ 评价生产过程原材料、工艺方法、操作、试验、设备的有效性和状态、现场职工的信念状态等。

④ 产品不良的损失（包括返工更换、维修、报废、赔偿、调查等的费用）。

⑤ 重大质量问题的研究及报告等。

⑥ 获得有关质量保证管理的报告（包括有关制度的执行情况、制度的完善及改进等）。

⑦ 作出厂质量与市场质量的比较，收集用户的评价或实地了解产品使用情况等。

3）对收集的信息进行研究改进

① 对收集到的资料，按企业生产过程和售后市场的信息分别由生产者、管理者召开会议进行研究。对市场的问题涉及生产过程的要转到生产过程来研究。

② 对有关问题的原因必须全面列出，可借用全面质量管理有关方法，如检查表、特性要因图、柏拉图、直方图等，经过分析排列来分析原因或找出主要原因。

③ 针对原因制定改进措施。

④ 再列入质量保证活动进行实施。

（3）开展质量保证最重要的对策是要防止同一失误的再度发生，实实在在加强管理，应用 PDCA 管理循环，确实会使质量不断地得到改善。

3. 建筑企业更应重视质量保证

对工程项目的质量保证来说更为重要，因为是由建筑产品生产特性决定的。

（1）工程项目的一次性。

1）工程项目具有唯一性、单件性、不重复性。工程项目是单件或订单生产（含成片的订单），先订合同后生产产品。虽然各工程项目施工过程似有相同，但通常不能进行工业化大批量生产，需要逐个分别进行设计和施工。就是几个工程用一个设计图纸，也必须一个一个地建设。每一个工程项目建设都是在一种特定的地点、环境、条件和要求下，按时、按质、按成本预算控制进行施工生产。

2）工程项目尽管类型是一样的，如房屋建筑、医院、道路等类型，还有混凝土结构、钢结构、设备安装、装饰工程等。但工程项目都是唯一的，价格具有单一性，施工中影响因素不同，开工竣工时间及工期不同，工程项目的建设地址不同，施工生产的人员、组织、设备、原材料、工具、气候条件等一切都是不同的。

3）工程项目管理班子是适应项目生产管理的“一次性”组织管理机构。项目建设任务是“一次性”的。项目建设所用的人力、建筑设备、机具、材料设备等的配置都是“一次性”的。

4）工程项目是一个项目一个地点，项目是固定的，项目生产的管理机构是流动的；生产要素、人力、施工机具、建筑材料、设备以及生产场地等都是流动的。产品不动而施工生产要素流动。施工企业要根据不同工程项目的不同需求，需要为每一个工程项目组合成一个功能齐全的、临时的、流动的供应链。需要为每一个工程项目进行不同的资源优化配置和动态管理与控制。

5）工程项目施工生产是过程性的，边生产边验收。又是先订质量要求，后生产产品，企业的控制措施就是对合同和对方的质量承诺，质量保证。在订施工合同时，就承诺了质量要求，要制定相应的措施，保证质量达到承诺的目标。

（2）工程项目建设的“一次性”特征，决定了施工企业管理上的必然“一次性”特点。在质量管理上的“质量保证”必须做到，这是对合同甲方的质量保证。企业内部还有进度、成本、安全等的管理目标，也必须达到。质量保证是施工企业的特点所决定的，必须做好。

综上所述，“质量保证”是施工企业和工程项目管理必须做好的，承诺了的必须千方百计制定有效措施，来做到“质量承诺”。

第二章　质量管理技术和方法

第一节　质量管理技术的发展

一、质量管理技术概述

随着科学技术的进步，人们生活要求的提高，产品质量也在不断改进和提高，质量管理技术及方法也在不断发展。纵观质量管理技术的发展大致经过:

1. 操作者的质量管理

产品生产开始大都由制造者单独生产，一个单一产品，由于其结构简单，完全由制造者自己管理。做成什么样就是什么样，生产技术靠师徒相传。

2. 领班的质量管理

随着科学技术的进步、生产的发展，生产方式逐渐转变为较大量的生产，由单一操作人变为多人集合在一起生产，在领班的工头监督下生产，由领班者对产品质量的全部工作负责。

3. 检验的质量管理

随着生产的发展，特别是在第一次世界大战期间，由于军品的质量要求，产品生产的工厂组织更为复杂，产品也复杂，由很多人、很多工序完成一个产品，每一领班要管理的工人多了，对每个工人及每一产品无法全部监督到，为了管理产品质量，质量管理技术也产生和发展了，开展了产品的检验，来管理产品质量，除了领班者，还指定一位负责人员检验，通过检验，选择出良品和不良品以控制产品质量。

4. 统计质量管理

到了 20 世纪 30 年代产品生产管理开拓了新的领域，一些专家不断研究著书立说。使产品质量管理技术获得很多新的理论和方法。如抽样检验、统计方法等，在第二次世界大战时发挥了大的作用。

统计质量管理技术，抽样检验质量管理技术，在现今的产品质量管理中仍然是最有效的。

5. 全面质量管理

统计质量管理多数只限于技术、生产制作。由检验部门来进行，企业的其他部门并不关心，也不参与。对于产品质量来说，顾客要求在不断提高，产品质量不改进就相当于落伍，不改进产品质量会使企业质量成本增加，利润减少，在市场中没有竞争力等。

（1）要改进质量管理只靠技术、制造及检验部门的努力工作是不够的，必须扩大到市场调查、产品研发、质量设计、原材料管理、质量保证、售后服务等。一个企业的各部门都必须参与企业的质量管理，来达到企业产品质量管理的目的。就是说一个企业要建立一个全企业以质量管理为中心的经营管理体系。

（2）由于科学技术的发展、经济的发展，人们生活水平的不断提高，对产品质量的要求也在提高，产品也由简单趋于复杂，由粗糙趋于精密，产品也趋于多元化等，生产方式在不断改变，质量管理技术也随之有了大的改变。从20世纪30年代开始，美国、日本及欧洲等都开始了对质量管理技术的研究，出了一些书籍，有的成立了质量管理协会，一些大学设置了质量管理的课程或专业等。至今质量管理已成了一个专门学科。

（3）企业只有围绕产品质量来开展企业经营管理，企业才会得到稳定的发展。企业在长期的经营管理中，总结出质量、成本、产品是企业内部经过努力可以改善的，是企业经营管理的重点，成本、产量都受质量的影响，做好质量是第一位的，质量做不好，成本就会增高，并影响产量。在现在的社会中，以质量为中心的企业经营管理活动已成为企业经营管理的主流。

（4）企业质量要落实到产品生产全过程的管理。一个工程项目要从勘察设计开始，了解工程工艺要求，学习施工图及设计文件，制定施工组织设计，做好施工准备包括材料、机器设备、人员配备、技术准备、质量目标控制方法，建立各项管理制度、现场施工及交付验收制度等。把生产过程的各环节都纳入工程质量管理的要素，用规定制度管起来，把质量目标分解到生产的各过程中，各环节都要把自己负责的质量目标完成，来保证整个工程项目的质量目标。

（5）企业的质量管理要落实到全企业的管理。工程建设过程是整个工程质量形成的过程，各个环节都起重要作用。要能保证工程质量按照事前计划规定，按质、按量、按期建成施工合同约定的质量目标工程，企业就必须把工程质量管理工作具体落实到整个施工过程中，对企业各方面的工作，都要进行相应的质量管理，全企业的各个部门都要配合整个工程质量工作，做好本部门应做的质量工作，达到相应的质量目标。决不能把质量管理全靠生产技术部门和质量部门来完成，必须在企业领导的带领下，由企业各部门共同对工程质量作出保证。

（6）企业的质量管理要落实到企业的全体员工管理，质量管理是全过程全企业的管理活动，而各个部门、各个岗位的所有工作人员的工作都对工程质量产生影响，所以，质量管理必须动员和组织企业的全体员工参加，每个职工做好本职工作，来保证工程质量和企业的质量经营目标。全员参加要强调以操作班组为重点来发挥每个人的积极性。在工作中每个岗位坚持按技术措施操作，做好自己应做的工作，坚持质量自检，开展质量管理活动，将质量管理落实，达到质量控制目标，达不到质量目标不交出验收。把质量目标落实到每个人的肩上，这是做好质量管理的基础。

（7）全面对待质量的管理，还要有相应的质量管理技术，从全面质量管理观点来看待质量管理，是质量管理的科学观点，质量管理技术是整个企业生产技术和经营管理活动的集中表现。全面质量管理的观点，是从广义的质量概念出发，除工程的本身实物质量外，还有售后维修服务质量、原材料质量、工期、成本，以及企业各部门、各环节的工作质量。把工程质量建立在工程建设过程各环节的工作质量的基础上，用高效的工作质量来保证工程质量。

对待质量的管理要做好全面质量管理，上至公司经理，下至每个员工，都要树立全面对待质量的观点。企业的每个人、每个部门、每个环节、每个岗位的全体工作人员都应认识到，在每个工作时间，自己的工作质量都与产品质量相关，从而提高质量责任感，自觉地不断改进和提高自己的技术业务水平，努力尽职尽责做好自己的本职工作，必须知道自己的工作就是为用户建住房，用工作质量来保证工程质量，做到用户满意。

（8）预防为主的质量管理。工程质量是施工出来的。在工程建设的整个过程中，每个分项、分部工程的质量都会受操作者的技术、施工机具、材料、施工工艺、检测手段、施工现场条件、环境及操作者的情绪等因素的影响，只要其中某一个因素发生变化，工程质量都会随之波动，工程则会出现不同程度的质量问题。

为了预防施工过程出现质量问题，必须把施工过程中的影响工程质量的有关因素控制起来，这就是“预防为主”的观点，这是全面质量管理的重要观点。要实现这一观点，就要应用科学手段、严密管理，对整个施工过程中的各个环节都进行预防性的质量控制。把有关影响工程质量的每个要素都控制起来，使其规范运行。这就要求企业各个环节的工作人员要积极主动把自己的工作做好，进行规范的质量管理，工程质量才会得到确实保证。

二、质量管理要落实到生产的全过程

质量管理随着人们生活水平的不断提高，对产品质量的要求也在不断发展，产品由简单趋于复杂，由粗糙趋向精密，品种也出现多元化，产品质量成了企业经营管理的重点问题。

1. 质量、成本、产量是企业经营管理的中心

经营管理与质量管理密不可分，项目质量管理是企业经营管理的基础，而经营管理又是项目质量管理的前提和条件，只有两者很好地结合才能形成市场竞争力。

在同样的社会环境下，企业经营控制的因素主要分为质量、成本、产量，是企业竞争中最主要的因素。只有将这三项经营管理好，企业才能获得利润，才能长期生存下去。

（1）质量、成本、产量三项因素中，成本、产量受质量的影响，质量是最重要的。质量不好就会影响到市场，质量不好成本就会相对增加，并影响产量，近代质量管理就成了企业经营管理的主要内容。质量好价格低产品才能有市场，企业在整个经营管理中必须突出质量。

（2）要达到以质量为主的经营目的，企业必须进行全企业的质量管理。以往企业的质量控制管理是质量部门的事、质量主管的事，这是不对的。一个企业的工程质量不仅是质量部门或某一部门就可以管好的，而必须是全企业每一个部门全体员工都参与协力合作才能做好，而且要形成一个共同认识，建立有效的质量管理标准化体系，并能将体系及各种计划确实实行，达到全企业各部门、各生产环节都以质量为中心的全企业质量管理。

要真正实现全企业的质量管理，首先要建立质量理念、质量意识、质量管理体系，全企业的人员都动员起来，要大家主动参与到质量管理中来，都来进行质量管理活动，才能有效形成企业以质量为中心的经营管理，并不断提高经营效果，使企业求得发展。企业领导要教育员工，增强全面质量管理的理念。

2. 全企业质量管理的守则

（1）认真贯彻“质量第一”“顾客第一”的理念。

（2）保证质量，使顾客获得满意感、安全感。

（3）建立标准化，依标准进行质量管理，使质量符合标准。

（4）发挥全企业员工的积极性，使员工能主动参加全过程的质量管理。

（5）实施以质量为中心的经营管理，做好日常管理。

（6）建立有效的管理体系，生产过程中能及时发现质量问题及时改正，形成管理的有效性。

（7）能有计划有目的地根据用户需求，不断改进质量，提高质量。

（8）企业要形成标准化的方针目标管理体系，形成企业的技术标准体系，并贯彻落实标准体系。

（9）建立以质量为中心的经营管理的理念，以质量求效益，以质量求发展。

3. 企业保证用户满意的主要做法

（1）用户满意的产品才是好的产品，要了解消费者所要求的产品质量。作为工程质量的建造者，首先要了解设计文件的要求；其次，要在设计会审及二次设计优化设计中，按用户的要求及对市场调查的意见反映来修改设计文件；第三是要将工程质量全面达到规范标准的要求。

（2）在产品质量目标决定后，要认真选择有效的施工技术、合格的材料、施工方法，在确保工程质量的前提下，施工方法选择要快速有效，经济合理，使企业经营管理顺利进行。

（3）建立健全标准化施工体系，进行综合管理，使企业经营管理顺利进行。

（4）要规模化生产。有效开展机械化、装配化、标准化的生产方法，提高工作效率，同时要达到消费者所希望的满意的质量要求，突出以质量为中心的经营理念。

（5）以数据来表示质量的水平，应用统计方法和统计方法的理念，以及检测试验结果，用数据来展示质量水平。

（6）企业用完善的质量管理手段来保证质量的实现，用统计质量管理方法，用数据说明质量的水平和结构的安全性及耐久性、装饰装修的功能性和综合效果、安装的功能及安全性等，用综合的全面质量管理，来说明企业质量管理的过程质量控制效果，以及对用户的质量保证。用企业高质量意识来说明，企业全体员工对质量的贡献，以及不断改进质量的目标。

4. 企业要了解用户的质量需求

（1）工程产品是按标准生产，国家有统一的质量标准，但企业在标准的控制下，还要满足用户的具体需要，企业要针对不同的用户，站在用户的角度为用户着想，做到用户满意。如住宅工程不同用户的安全性、方便性、维修性、感受性等，要分别来满足。

（2）用数字及效果来表示工程的质量。尽量用数据表示质量的好坏，如结构构件的强度，均质性、均方差，管道的强度、严密性，电气的绝缘性、安全性等应用数据表示出来；难以用数据表示的，可用 1 ～ 5 个层次来表示，如一些观感质量，按点检查表示“好”“一般”“差”，检查结果“好的”占 95%，“一般”占 5%，全工程没有差的点。

（3）真实反映工程质量水平，数据一定要真实，检查过程一定要认真规范，表示出每个工程的部位数据的具体数值的差异性，能分出各项值、各数值的具体水平。这不仅表明质量的水平差异，也体现企业质量管理水平的高低。给用户真实感受。

第二节　质量管理技术

质量管理技术近年来世界各国都在研究和推广，方法很多，主要有TQC、TQM代表的管理理论，并提出了很多手段方法，如品质管理环、统计技术（母群体与样本）、抽样检验技术、QC七大手法、新QC七大手法、管制图法等，都是针对解决某种质量问题的方法。结合工程质量这里介绍几种工程质量管理常用的方法。

工程质量施工过程中的质量控制检查检验，或一个工序完成后的检查检验，或一个分部或单位工程完成后的检查检验，是判定工程质量是否达到国家标准规定及设计要求与合同约定的重要环节，也是质量管理的重要手段和内容。

一、抽样检验技术

检查检验是对检查对象进行全数检查或抽样检查。

（1）全数检查费时费工，工作量大，由于数量庞大，也会有错误概率出现。而且对被检查对象没有震慑作用，不合格的检出来了就算了；而抽样检查则不一样，抽样不合格整个检验批不合格。全数检查有破坏性项目的产品，行不通，只能抽样检查。

（2）抽样检查的方法很多，结合工程质量的特点通常可选用：

1）计量、计数或计量计数的抽样方案；

2）一次、二次或多次的抽样方案；

3）对重要检验项目，当有简易快捷的检验方法时，可选用全数检验方案；

4）根据生产连续性和生产控制稳定性情况，采用调整型抽样方案；

5）经实践证明有效的抽样方案等。

（3）抽样检验的母群体与样本

对所要采取检验的对象，从中抽取部分样本进行测试或试验，并以此数据为依据，了解所需的情报，以便采取必要的行动。这种研究母群体与标本间关系的学问，称之为数理统计。

特定研究所关注的所有个体的集合，称为母群体或母体，为某种目的而由母群体中抽取的一部分称之为样本。

1）母群体、样本质量状态表示

① 母群体特性的数字表示

A. 母群体平均值；

B. 母群体标准差；

C. 群体变异。

② 样本特性的数字表示

A. 样本平均值；

B. 样本标准差；

C. 样本变异；

D. 样本范围（全距）。

2）平均值的计算及应用

① 表示分配的中心位置，应用最多、最广的是算术平均值。把所有数据加起来，除以数据个数即可。

② 中值的应用，表示分配的中心位置可以用中值来代替平均值来表示。是将数据依大小顺序排列，取其位于最中央的数值，即中值或中位数。

当数据个数为奇数时，中央数即为中值；

当数据个数为偶数时，中央的 2 个数据的平均值为中值。

通常情况下，表示分配的中心以平均值较中值为佳，但中值的特点：

A. 求法较简单；

B. 数据间差距较小时，较平均值为佳。

3）样本范围（全距）的数字表示

在样本范围内要知道管理质量的差异用数据来表示，样本范围内最大值（max）与最小值（min）的差用 R 来表示。

使用样本范围（全距 R）能充分表示出其变异程度，若要提高精确度，最好利用标准差。但标准差计算较为麻烦。

在同一群体中，全距值 R 越大其质量的离散性就越大，质量的均值性就越差。

4）标准差计算

变异的平方根称为标准差。

① 母群体的标准差 σ 计算

$$\sigma=\sqrt{\sigma^2}=\sqrt{\frac{S}{N}}$$

式中 σ^2——母群体的变异，也叫母变异 σ^2；$\sigma^2=\frac{S}{N}$。

S——母群体偏差平方和，即计算的各个数据与平均值。差的平方后全部加起来的总和，$S=\sum_{i=1}^{n}(x_i-\bar{x})^2$；

N——母群体的个体数；

母群体标准差 σ 数据越大，质量的匀质性就越差。

② 样本的标准差 S 的计算

$$S=\sqrt{s^2}=\sqrt{\frac{s^1}{n}}$$

式中 s^2——样本变异，s 为样本平方和；

n——样本个数。

样本平均差 S 数据越大，质量的均质性越差。

③ 标准差、变异的计算，母群体与样本均可计算，但在实际应用中母群体的计算在一定程度上不可能，一般只测定样本质量，以所得数据来推算群体的质量，这样较为经济简便。

标准差、平均值的计算方法较多，这里只是常用的方法。

（4）抽样检验方法

《建筑工程施工质量验收统一标准》GB 50300—2013 提出的抽样方案，有：计量、计数或计量计数的抽样方案；一次、二次或多次抽样方案；对重要的检验项目，当有简易快速的检验方法时，选用全数检验方案；根据生产连续性和生产控制稳定性情况，采用调整型抽样方案；经实践证明有效的抽样方案等。作一些简单介绍。

1）全数检验与抽样检验的比较

① 全数检验是对产品通过试验、检测，将结果与标准规定比较，区分符合标准和不符合标准的检验方法。

② 抽样检验是从一批产品中随机抽出一定比例数量的产品，进行试验、检测，以判定这批产品符合标准与否。

③ 全数检验费用比较高，费时间，全数检验由于检验个数和检验项目多，差错也跟着增加，全数检验没有威慑力，只将不符合标准的产品查出来了，只有在必要时才做全数检查。如产品要求全数检验时，或成本低廉时，以及出现不良品会造成大的危害时，或不能抽样时，才用全数检验等。

④ 抽样检验比全数检验数量少，费用也较少，但威慑力较大，一旦抽样检验的样品不符合标准规定，整个检验批就判为不符合标准，就得返工重做，或报废回炉。抽样检验比全数检验个数和检验项目少，检验费用也少。抽样检验允许在一定限度内存在不符合标准的产品，这要靠统计方法来控制。

⑤ 抽样检验的必须和有利于生产

A. 破坏性产品检验必须用抽样检验，如炮弹、产品的寿命试验等；

B. 连续体类的产品，如电线、盘元钢等无法进行全数检验；

C. 数量很多，检验费昂贵，全数检验费时、费工而又不是十分必要时；

D. 刺激生产者加强质量控制，提供合格的产品时；

E. 检验项目很多时，全数检验占时过多，不利于生产产品，也不利于检验的准确时。

2）抽样检验的分类

按数据性质分：

① 计数值抽样检验

A. 不良个数抽样检验

检查不符合标准个数的抽样检验，对母体中抽取样本检验，来判定产品母体的合格与否。

B. 缺点数计数抽样检验

从母体中抽取一定数量的样本，检验样本中的缺点数，来判定产品母体的合格与否。

② 计量值抽样检验

A. 计量值抽样检验（Ⅰ）（已知标准差 σ）

按规定从母体中抽取一定数量的样本，测定样本的平均值 $\bar{x}$，来判定母体的合格与否，平均值 $\bar{x}$ 大于等于规定平均值判定母体为合格；平均值 $\bar{x}$ 小于规定平均值，判定母体为不合格，并规定合格判定的下限值。

B. 计量值抽样检验（Ⅱ）（未知标准差）

按规定从母体中抽取一定数量的样本，测定样本的平均值及标准差，来判定母体的合格与否，并规定合格判定的下限值。

③ 按抽样形式分类

A. 一次抽样检验

在母体中，按规定随机抽取一定数量的样本，测定此样本中的不符合标准的数量，少于等于规定不符合格标准数量时，母体产品为符合标准；大于规定母体产品为不符合标准。这种只抽查一次，判定产品合格与否的形式为一次抽样检验。

B. 二次抽样检验

在母体中，按规定随机抽取一定数量的样本，测定此样本，样本中不符合标准的数量小于等于规定不符合标准数量时，判定母体产品为合格；大于规定的母体产品判为不合格，当不合格样本数小于某一规定时，可再抽取一定数量的样本，测定二次样本，如果一次和二次不合格样本之和小于等于规定二次抽样判定不符合标准数量时，判定母体产品为合格；大于规定判定母体产品为不合格。

C. 多次抽样检验和逐次抽样检验（工程检验中用的较少）

多次抽样检验就是将二次抽样检验次数增多，并规定各次的合格判定数与不合格判定数。

逐次抽样是从母体里每次只抽取一个样本，每抽取一个样本时，就要判断此母体合格与否，是否应该继续抽取下一个样本，依次一直能判定出母体合格或不合格为止。

④ 按检验的形态分类

A. 规准型抽样检验

同时考虑交货及验收者的利益和损失，来判定母体合格或不合格，规定判定允收与拒收的标准。

B. 选别型抽样检验

对被判断不合格的母体，采取整批检验，退回不符合品换取合格品，然后允收全部合格品。

C. 调整型抽样检验

正常抽样→严格抽样→正常抽样→减量抽样等的抽样检验。可调整检验的松紧程度。

（5）检验的作用

1）检验是产品管理的重要环节

规定期望的产品标准，生产符合规定的产品，检验生产的产品是否符合规定。这是产品生产的正规流程，在生产过程和生产的产品完成以后，对产品群体进行判断，达到规定的出厂，达不到规定的进行处理，检验和改善措施连接起来，形成质量管理环。检验是生产管理过程的重要手段，是贯穿于促进产品的设计、原材料管理、生产过程控制、售后服务和信息处理等全过程。

2）产品质量与检验

① 检验是评价产品质量，对产品质量进行选别或分级，判定符合规定与否，以及使产品符合消费者要求，但检验不能保证产品质量，产品质量是生产出来的，不是检验出来的。

② 检验是要有投入的，检验愈严，投入的费用愈高，在保证产品精度的前提下，选用正确的检定方法是十分重要的。

③ 检验的功能重要性，体现在检验所得的数据或信息，这些数据和信息来自产品生产的全过程，又将其反馈到生产全过程的各环节。使各环节都能参与质量管理活动。检验

是质量管理的评价活动。可以准确地评价产品达到规定标准与否，可以发现问题，可以对产品管理体系进行审查，可以将参与产品生产及质量管理的各部门的质量管理信息提供给相应部门，将生产过程的全面质量管理体系和措施联系起来，使产品生产过程的质量管理循环图顺利地运行。

④ 检验的结果，是正确判定产品质量能否达到规定标准，也是正确判定质量管理循环图各环节质量管理活动的效果，而且使后道工序的信息，及时反馈到前道工序，促进前道工序的质量符合标准要求，给后道工序创造条件，使产品质量管理的全面过程有机地联系起来，检验也是促进生产过程各环节各自做好质量控制和自检，做到交给下道工序的质量是符合标准的。

3）生产部门过程的自检

产品生产全过程设计、采购、制造，技术部门销售等全过程都要对产品质量负责，都要各自进行控制，都要把自己负责阶段的质量管理好，才能保证整个产品质量的成果，但重点还是在制造生产产品的环节要做好质量控制。制造环节的质量责任是关键。再好的设计，再好的材料还是要靠制造阶段生产好产品。产品质量是制造部门的责任，设计、材料等的质量管理，只是提供先决条件。产品制造部门应对产品质量负直接责任，生产过程中除了严格生产工艺操作外，还必须对生产过程进行自检，保证生产的产品符合标准。而检验部门只是对产品的质量检验及生产过程中产品质量自控进行核查，这样既能保证产品质量又能减少检验成本。

① 制造部门的自检主要是根据设计要求，对产品的特性尺寸、外观、使用安全等进行自检，达到设计要求，而检验部门则是站在市场或用户的角度做产品性能的检验，用数据或结论来向用户说明产品的性能、质量水平。

② 制造部门的自检与检验部门的检验。制造过程的自检是过程控制，是生产管理的内部事项，是提高操作技术来保证的，是生产者的工作职责；检验部门的检验是产品出厂的把关，是生产企业对社会负责，为市场提供合格产品，是生产企业的企业职责，两者是相辅相成的，制造部门自检做得好，检验部门的检验工作就会减轻，生产的成本就会减少，检验部门与制造部门应很好协调，检验部门对制造部门的自检工作有指导责任，对检验的活动、数据分析及信息的形成传递进行引导，尽可能方便生产部门的活动，建立标准化作业程序。

检验工作将随着生产部门质量管理的改进完善，标准化作业程序，逐步减少检验工作，检验工作也会变得简单。

③ 检验部门的检验工作必须严格按国家标准、产品标准的方法进行，从检验程序、检测设备、控制条件、检测人员的资格等，都必须经过审核认可，才能符合国家的标准，其检测的结果才有可比性，在生产的产品出厂时应标明产品标准及检测机构及人员，以明示检测责任，表示产品的合格性。这样做代表厂家的信誉、厂家的责任，是对社会负责的。

二、质量管理统计方法

1. 选用简单、适用有效的方法

（1）质量管理的方法很多，全面质量管理书籍推荐的方法有很多，我们选用简单有效的方法来使用。

在一些企业和地区有自己习惯的质量管理的方法，只要自己用习惯就好，都是有效的方法，不一定按有关书籍推荐的许多方法去进行质量管理。作为生产企业，是为生产服务的，什么方法简单适用有效果，就是好方法，就用它。

（2）全面质量管理推荐的方法，虽然各种方法都有各自的优点和用法，有各自的针对问题，但总体上都是检查或抽样检查，找出产品中的缺陷。经过统计分析找出问题，对缺陷数据进行整理归纳找出问题的原因，再从原因中找出主要影响质量的原因。首先，针对主要原因制定措施进行改进，下面介绍几种工程质量管理中常用的方法。

2. 因果分析图法是普遍使用的方法之一

（1）因果分析图的特点。这种方法简单、方便、有效、应用较广，可系统地掌握产生问题的原因，可分出主次问题的层次及相互间关系，如图 2-1 所示，可分出主要的原因、次要的原因、再次要的原因等多层次问题。

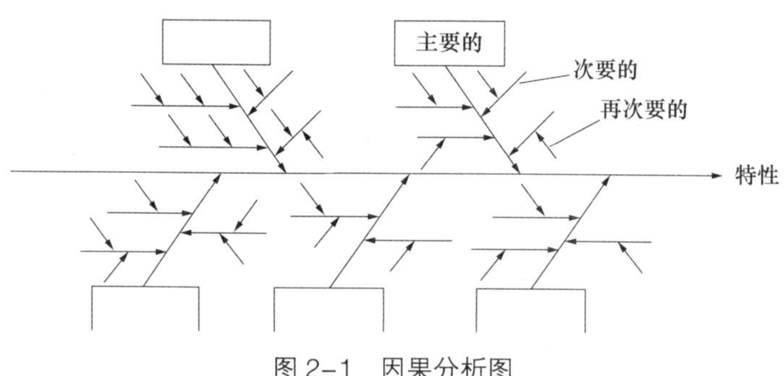

图 2-1 因果分析图

这种方法，简单、直观、使用方便。

因果分析图主要在弄不清问题时，用其进行全面分析，来找出原因；在找出的原因中，找出主要原因。

（2）因果分析图的制作

1）明确问题特性。

2）将特性项目写明，划一条箭头的粗直线，箭头处注明特性项目名称。

3）在粗直线上分别划出若干条较短带箭头的粗直线，箭头指向长粗直线；在一般情况下，通常划五条，代表造成质量问题的五个大的方面，人、机、料、法、环，即人、生产机械设备、材料、生产工法、生产环境等。也有的是人、机、料、法、环、检，即人、机械设备、材料、工法、环境和检验检测等。也可以是四条或六条，四条是主要的因素或叫大要素；六条，是人，机、料、法、环、测，有的书叫 5MIE。

4）在讨论各主要的因素时，每个主要的大要素中，还可以找出若干次要的中要素。用较细带箭头的短线，划在中要素短粗线上，箭头指向短粗线，即再次要的要素。

5）检查各因素，确认各层次有没有遗漏的因素。同时可把各层次影响较大的因素用图画出来，作为选重要的依次处理。

（3）注意事项

1）特性项目要有具体目标，如“减少不良品”“提高产品质量”等。

2）收集影响原因，不论原因大小都应收集，不要遗漏，可能在分样时认为当时不重要的成了重要原因。

3）分析要因时，要有再分析和全面分析、分层分析的思路，有时影响因素不止一个，有的影响因素也可能很重要，一定要有追根究底的思想准备。

（4）因果分析图除了分析造成问题的原因外，还可有多方面的用途：

1）改善和解决管理提升及产品质量提升。提高质量或工作效率，降低成本等目标的应用。

2）管理上作为管理图来应用，分析现状，发现问题进行改进，使产品生产维持稳定状态。

3）可用在教育职工上，教育职工不断改进工作，提高工作成效，提供改进的方法和思路，形成企业不断完善创新的格局。

4）通过影响特性项目的因素分析改进，教育职工获得新知，达到学习效果；除了对产品，企业的管理改进，或提出改进建议，还能对自己的工作进行改进和完善。

5）改善作业标准，随着要因的分析改进，产品质量改善了，企业的技术标准完善了，提高企业标准水平，来提升企业技术水平。

（5）因果分析图应用举例

因果分析图法，也称为质量特性要因分析法，其基本原理是对每一个质量特性或问题，采用如图 2-2 所示的方法，逐层深入排查可能原因，然后确定其中最主要的原因，进行有的放矢的处置和管理。

图 2-2 表示混凝土强度不合格的原因分析，其中，把混凝土施工的生产要素，即人、机械、材料、施工方法和施工环境作为第一层面的因素进行分析；然后对第一层面的各个因素，再进行第二层面的可能原因的深入分析。依此类推，直至把所有可能的原因，分层次地一一罗列出来。

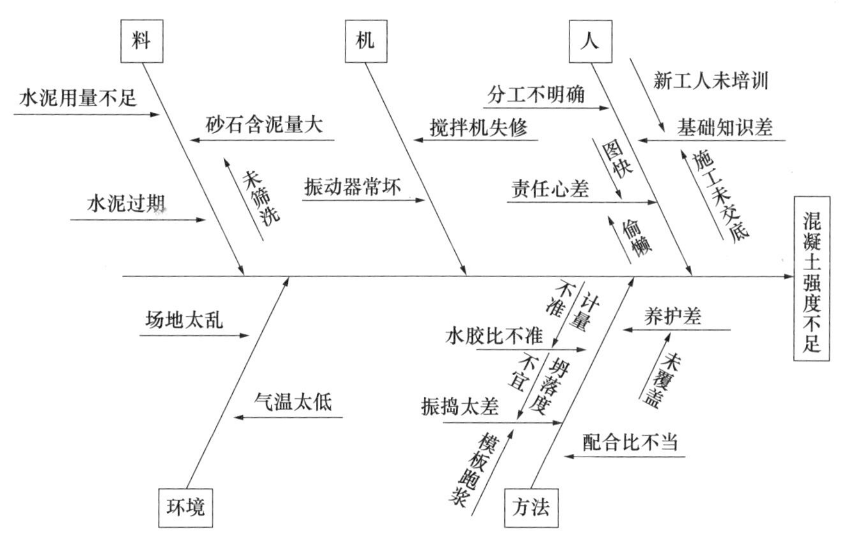

图 2–2　混凝土强度不合格因果分析图

1）一个质量特性或一个质量问题使用一张图分析。

2）通常采用 QC 小组活动的方式进行，集思广益，共同分析。

3）必要时可以邀请小组以外的有关人员参与，广泛听取意见。

4）分析时要充分发表意见，层层深入，排出所有可能的原因。

5）在充分分析的基础上，由各参与人员采用投票或其他方式，从中选择 1 ～ 3 项多数人达成共识的最主要原因。

3. 排列图法的应用介绍

在多数不良现象或原因之中，找出真正的重要的一个或几个现象或原因的方法，可以明显地展示出重要现象或原因。帮助掌握改善问题的重点。找重要原因的方法很多，如：层别法、散布图、直方图等，其功能大同小异。而这种方法简单明白，易掌握，下面就其做法说明：

（1）确定分类项目，将不良项目或影响原因，根据调查或检测结果进行归纳分类，分出 A、B、C、D、E、其他等。

（2）按归纳的项目，总计为100，计算其A、B、C、D、E、其他分别占的比例，见表2-1。

计算统计表 **表 2-1**

分类项目	数据数	累计数	占百分比（%）	累计百分比（%）
A	30	30	48	40
B	11	41	18	66
C	7	48	11	79
D	4	52	4	83
E	2	54	3	86
其他	8	62	14	100

（3）作图表

所谓排列图就是将找出的问题按大小顺序由大到小排列成图，并作排列曲线图，求得重点问题，能事半功倍解决问题。

设置横、纵轴坐标，表示各数据，水平轴表示特性项目，由大到小作排列图，其他项目放于最后，并作累计曲线，特性值项目总计为 100%，排列图如图 2-3 所示。

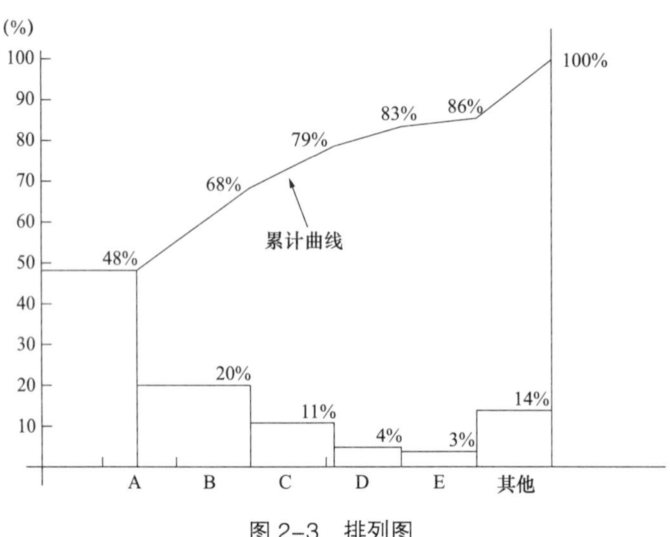

图 2–3 排列图

（4）找出重点项目，累计占 70% 及以上，依图所示，可以是 A、B 两项，也可以是 A、B、C 三项，也可抓住 A 项先制定措施治理，按排列图的优点就是一目了然，确定重点项目。

（5）注意事项

1）事前要明确收集数据的目的，归纳不良项目，明确影响因素的单位，如项数、个数、金额、问题大小等。

2）要明确收集数据的时间段、产品批或产品缺陷的范围。

3）作图表以能找出重点项目为目的，层次宜设 4 ～ 6 项为佳，太多了工作量太大，不宜找出重点项目；太少了也不能分清原因，制定对策针对性不强，也不宜重点项目的解决。

（6）使用范围

1）图表特点是可以找出影响大的因素，可以一目了然看出问题的大小，可以知道各项因素占整个因素的百分比，问题容易看出、理解，有说服力，计算及图表制作简单方便等。

2）使用方便，可以找出重点问题所在，进行改善解决；可以将改善前后进行效果比较，评价改善效果，改善前后用图表显示具有很直观的说服力。

3）找出最大的因素解决产生的效果会更好，可以组织进行攻关，协力研究解决。

4）用于不断改进，或定期改进，可以了解改善的效果，鼓舞士气。

5）通过定期制作图表，能随时了解影响因素改进的情况，坚持好的措施，不断完善其他措施等。

（7）排列图法应用举例

1）排列图法的适用范围

在质量管理过程中，通过抽样检查或检验试验所得到的关于质量问题、偏差、缺陷、不合格等方面的统计数据，以及造成质量问题的原因分析统计数据，均可采用排列图方法进行状况描述，它具有直观、主次分明的特点。

2）排列图法的应用示例

表 2-2 表示对某项模板施工精度进行抽样检查，得到 150 个不合格点数的统计数据，然后按照质量特性不合格点数（频数）由大到小的顺序，重新整理为表 2-3 的形式，并分别计算出累计频数和累计频率。

某项模板施工精度的抽样检查数据　　**表 2-2**

序号	检查项目	不合格点数	序号	检查项目	不合格点数
1	轴线位置	1	5	平面水平度	15
2	垂直度	8	6	表面平整度	75
3	标高	4	7	预埋设施中心位置	1
4	截面尺寸	45	8	预留孔洞中心位置	1

重新整理后的抽样检查数据　　**表 2-3**

序号	项目	频数	频率（%）	累计频率（%）
1	表面平整度	75	50.0	50.0

续表

序号	项目	频数	频率（%）	累计频率（%）
2	截面尺寸	45	30.0	80.0
3	平面水平度	15	10.0	90.0
4	垂直度	8	5.3	95.3
5	标高	4	2.7	98.0
6	其他	3	2.0	100.0
合计	—	150	100.0	—

根据表 2-3 的统计数据画出排列图，如图 2-4 所示，并将其中累计频率 0 ～ 80% 定为 A 类问题，即主要问题，进行重点管理，将累计频率在 80% ～ 90% 区间的问题定为 B 类问题，即次要问题，作为次重点管理；将其余累计频率在 90% ～ 100% 区间的问题定为 C 类问题，即一般问题，按照常规适当加强管理。以上方法称为 ABC 分类管理法。

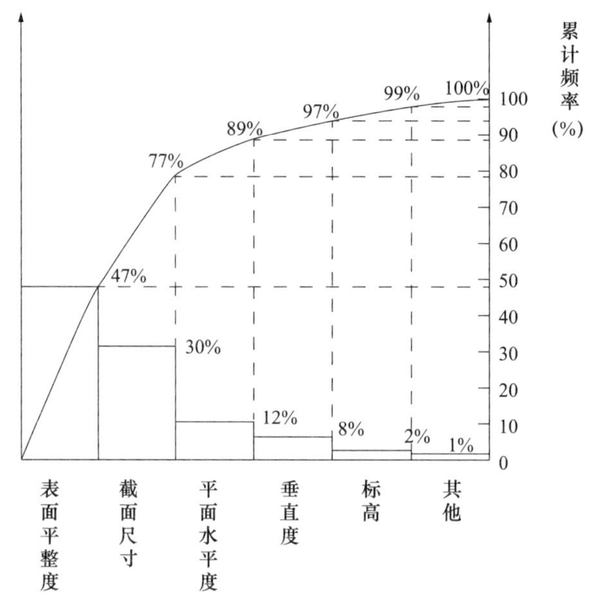

图 2-4 构件尺寸不合格点排列图

4. 直方图的应用介绍

（1）直方图法的主要用途

1）整理统计数据，了解统计数据的分布特征，即数据分布的集中或离散状况，从中掌握质量能力状态。

2）观察分析生产过程质量是否处于正常、稳定和受控以及质量水平是否保持在公差允许的范围内。

（2）收集数据

1）收集数据的目的有：了解生产过程状况，解释过程、管理过程、调节过程；判定合情况等；对收集数据加以分层；明确收集区域、时间、地点，何人收集；备好数据表或检查表，正确记录各项数据；明确收集人员或组织、收集标准等。

2）数据种类

计量数据，利用各种度量衡仪器测量得到的质量数据，如长、宽、厚度、重量、水分、纯度、寿命等，是连续数据。

计数数据：对产品好坏个数、产品缺陷点数来计算，所得到的个数、点数即为计数值，都以整数计，没有小数位，是非连续数据。

3）数据的特性

数据的差异：产品质量的数据，往往会受到时间、空间及其他因素影响而发生或多或少的不同叫差异性。

精密度与正确度：

用同一种测定方法，多次反复测定同一样本，或对同一群体反复作无限次的抽样，所得测定值一定会有差异，差异的程度为精密度。差异愈小表示精密度愈好，差异大表示精密度差。

测定值的平均数与真值之间的差的大小为正确度，通常差愈小表示正确度愈好。

（3）数据的整理

1）收集数据不少于 50 个。

2）将收集数据依一定标准分组，确定组数，通常组不少于 5 个，每个组的数据不少于 5 个。

3）确定组距，求每个组的最大值与最小值，求得全距 $a - b = R$。全距除以组数，求得组距，组距为测定单位的整数倍。R/ 组数＝组距。

4）决定组的组界，组界＝组距 /2 的组界单位。

5）求各组的中心值。

（4）作直方图法应用举例

首先是收集当前生产过程质量特性抽检的数据，然后制作直方图进行观察分析，判断生产过程的质量状况和能力。表 2-4 为某工程 10 组试块的抗压强度数据共 50 个，从这些数据很难直接判断其质量状况是否正常，以及其稳定程度和受控情况，如将其数据整理后绘制成直方图，就可以根据正态分布的特点进行分析判断，如图 2-5 所示。

1）收集混凝土强度数据 50 个，分为 10 组，每组 5 个数据，找出每组的最大值和最小值，见表 2-4。

2）求全距：10 组的最大值与最小值差，根据表 2-4，$R = 46.2 - 31.5 = 14.7$。

3）确定组的组距和组界。组距＝全距 / 组数＝ 14.7/10 ＝ 1.47，取 2 为组距。

组界＝组距 /2 ＝ 1。

数据整理表（N/mm^2）　　　**表 2-4**

序号	抗压强度					最大值	最小值
1	39.8	37.7	33.8	31.5	36.1	39.8	31.5
2	37.2	38.0	33.1	39.0	36.0	39.0	33.1
3	35.8	35.2	31.8	37.1	34.0	37.1	31.8
4	39.9	34.3	33.2	40.4	41.2	41.2	33.2
5	39.2	35.4	34.4	38.1	40.3	40.3	34.4

续表

序号	抗压强度					最大值	最小值
6	42.3	37.5	35.5	39.3	37.3	42.3	35.5
7	35.9	42.4	41.8	36.3	36.2	42.4	35.9
8	46.2	37.6	38.3	39.7	38.0	46.2	37.6
9	36.4	38.3	43.4	38.2	38.0	43.4	36.4
10	44.4	42.0	37.9	38.4	39.5	44.4	37.9

4）求各组的中心值，31.5、33.5、35.5、37.5、39.5、41.5、43.5、45.5，8 组。

5）作直方图，如图 2-5 所示，纵轴为次数分配频数，横轴为混凝土强度。

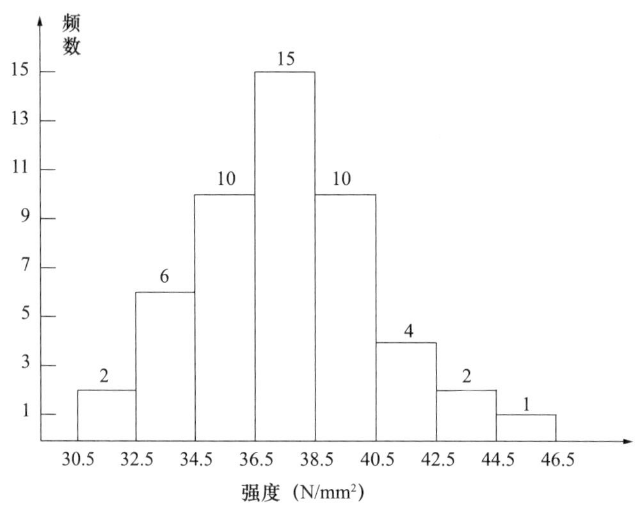

图 2-5　混凝土强度分布直方图

（5）直方图的观察分析

1）通过分布形状观察分析

① 所谓形状观察分析是指将绘制好的直方图形状与正态分布图的形状进行比较分析，一看形状是否相似，二看分布区间的宽窄。直方图的分布形状及分布区间宽窄是由质量特性统计数据的平均值和标准偏差所决定的。

② 正常直方图呈正态分布，其形状特征是中间高、两边低，对称的，如图 2-6（*a*）所示，正常直方图反映生产过程质量处于正常、稳定状态。数理统计研究证明，当随机抽样方案合理且样本数量足够大时，在生产能力处于正常、稳定状态，质量特性检测数据趋于正态分布。

③ 异常直方图呈偏态分布，常见的异常直方图有折齿型、缓坡型、孤岛型、双峰型、峭壁型，如图 2-6（*b*）～图 2-6（*f*）所示，出现异常的原因可能是生产过程存在影响质量的系统因素，或收集整理数据制作直方图的方法不当所致，要具体分析。

2）通过分布位置观察分析

① 所谓位置观察分析是指将直方图的分布位置与质量控制标准的上下限范围进行比较分析，如图 2-7 所示。

② 生产过程的质量正常、稳定和受控，还必须在公差标准上、下界限范围内达到质量合格的要求。只有这样的正常、稳定和受控才是经济合理的受控状态，如图 2-7（a）所示。

③ 图 2-7（*b*）中质量特性数据分布偏下限，易出现不合格，在管理上必须提高总体能力。

④ 图 2-7（*c*）中质量特性数据的分布宽度边界达到质量标准的上下界限，其持量能力处于临界状态，易出现不合格，必须分析原因，采取措施。

⑤ 图 2-7（*d*）中质量特性数据的分布居中且边界与质量标准的上下界限有较大的距离，说明其质量能力偏大，不经济。

⑥ 图 2-7（*e*）、图 2-7（*f*）中的数据分布均已出现超出质量标准上下限的上下界限，这些数据说明生产过程存在质量不合格，需要分析原因，采取措施进行纠偏。

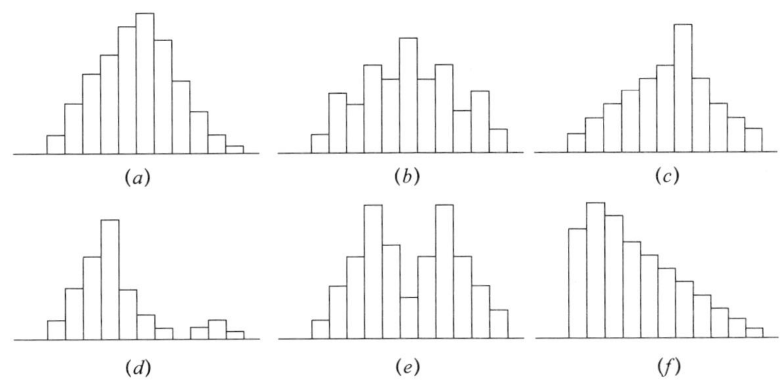

图 2-6　常见的直方图

（*a*）正常型；（*b*）折齿型；（*c*）缓坡型；
（*d*）孤岛型；（*e*）双峰型；（*f*）峭壁型

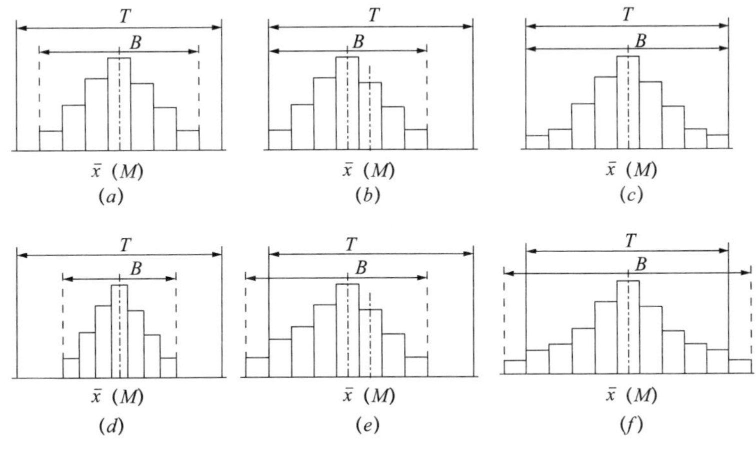

图 2-7　直方图与质量标准上下限

⑦ 直方图的形状受平均值及标准差的影响，正常的图形平均值应在中央，两边对称。图形瘦说明标准差小，否则标准差大。

⑧ 控制限界 *T* 是控制质量的标准，*B* 是实际达到的限界，超出控制限界就是不合格，

如果离限界太远，虽保证质量控制合格，但耗材、耗能，管理费用也较高，不经济。在正常管理水平下，限界设在标准差 4 倍之处，是比较理想的。

三、管制图的应用

1. 管制图的基本内容

生产过程中实施质量管理，找出特性值，并判断其动向是否正常，出现异常情况，及时查找原因，提出改进措施，使之回到控制范围，不再出现异常情况的管制手段。

管制图判断正常及异常情况，必须根据企业的管理水平或目标，制定一个合理的基准。基准必须以数据的分配情况来决定，可以用极限点或统计方法的统计值来判断，也可以用其他方法，判断基准线就是管制图的管制界限，管制图就是将管制效果或控制值记入图中，如图 2-8 所示。

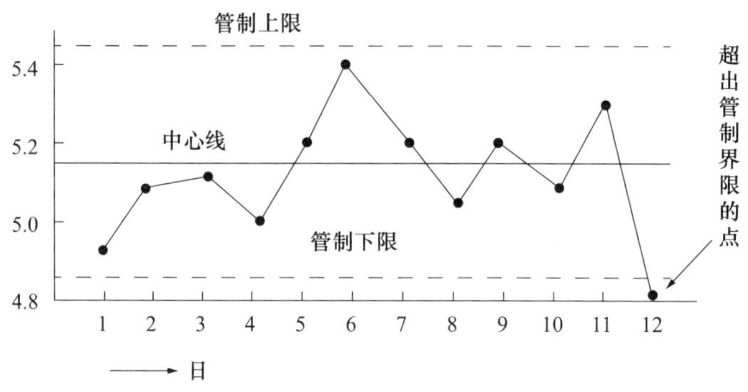

图 2–8　管制图

管制图有基准线（中心线）及管制上、下限值（也有单限值的），以管理点或统计数记入管制图，如点在管理界限内，没有特殊的排列，则可判断管制是在正常的状态，或管理是有效的；如果点在界限外侧或在中心线另一侧，有特殊的排列，则管理是异常的。管制图是让我们发现异常最简捷、最有效的方法之一。其计算简便，显示清晰，一目了然，方便使用，是各创业管理中使用最普遍的方法之一。

2. 管制图的种类及制作

（1）管制图一般分为计量值和计数值两类

计量值为长度、重量、时间等连续数值；

计数值为不良个数、缺实数、事故数等 1、2、3 的数值。

（2）管制图做法

1）管制值可以是平均值、设计值、全距值、标准差值等。管制图是将每个计量值，逐个依次绘在有中心线、上、下限值的管制图上。这样数据一出来就能绘在管制图上，便可看出管理的结果、有效性，出现偏差可立刻采取措施，这又是管制图的特征，在正常的工程质量管理中，应用最广。其中心线，上、下限值线工程质量验收标准都作出了规定，不必要进行专门的计算。

如现浇混凝土结构层高管制，中心线设计标高，上、下线值控制线为 10mm。如图 2-9 所示，$\overline{X}$ 为设计的结构层高，上、下限控制偏差为 ±10mm。横轴为时间天数，点为收集的层高数据值，每个数据点都可以看控制的效果。

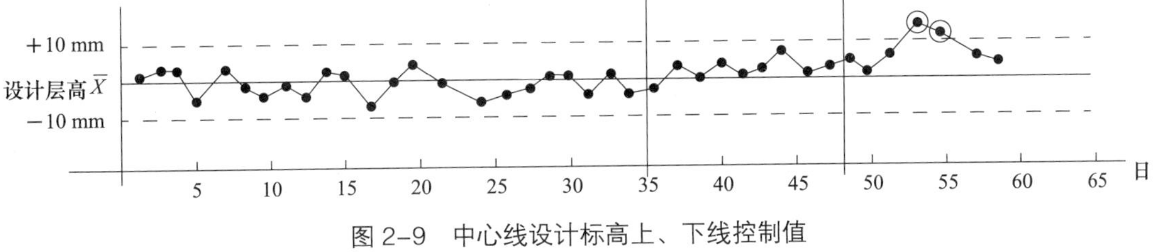

图 2-9　中心线设计标高上、下线控制值

2）平均值$\overline{X}$——全距 R 管制图

为了了解施工过程某质量指标的管理状态，对其管理数据进行收集整理，利用$\overline{X}$平均值及 R 全距值管制图进行控制。$\overline{X}$平均值是样本平均值，R 全距值是数据中最大值和最小值的差，叫全距。平均值$\overline{X}$、全距值 R 是控制质量指标最常用的方法。平均值的变化反映质量指标稳定水平的情况，全距则是看质量指标变异的变化。平均值变化越小则该质量指标的水平越好，全距值的数值越小则该质量指标的变异变化控制的越好。

3）$\overline{X}$平均值－R 全距值控制图。当样本数不大时，全距值控制较好；当样本数较大时，样本如 R 代表性较差，容易出现个别较大、较小值，其效能降低，不能正确反映这一批大数量样本的真实变异。

4）平均值$\overline{X}$－ S 控制图，R 和 S 管制图效果相同，当样本数较大时，用 S 标准差管制图效果较好。在一般情况下，使用平均值$\overline{X}$－ S 控制图较好。

（3）在用于了解一个工程施工过程某项质量指标管理情况时，可以利用平均值、全距值管制图。

我们用某框架结构柱的轴线位置的管制图，研究其管理控制。工程高 10 层，每层取 4 个柱子的两个坐标位置，共 8 个数据，每组 4 个数据，每层 2 组，共 20 组数据，其数据见表 2-5。

某框架结构柱轴线位置管制图　　表 2-5

N \ K	1	2	3	4	5	6	7	8	9	10	11	12	13	14	15	16	17	18	19	20
X_1	6	7	5	8	6	4	6	10	5	11	7	12	6	12	14	8	12	6	16	9
X_2	8	8	9	9	10	7	7	7	5	7	8	7	5	8	8	9	10	7	10	8
X_3	9	10	6	9	12	11	8	9	8	6	10	8	7	6	5	5	9	10	11	8
X_4	8	7	11	10	8	11	10	12	7	9	11	10	12	7	8	11	7	13	7	7
$\overline{X}$	7.8	8	7.8	9	9	8.3	7.8	9.5	6.3	8.3	9	9.3	7.5	8.3	8.8	8.3	9.5	9	11	8
R	3	3	6	2	6	7	4	5	3	5	4	5	7	6	7	6	5	7	9	2

1）计算平均值$\overline{x}$及 R 值，也列于表 2-5 上。

2）计算总平均值$\overline{\overline{x}}$，R 的平均值$\overline{R}$。

$$\overline{\overline{x}}=\frac{\sum\overline{x}}{组数k}=\frac{170.5}{20}=8.53 \qquad \overline{R}=\frac{\sum\overline{R}}{组数k}=\frac{102}{20}=5.1$$

3）计算管制界限

$\bar{x}$中心线：$CL=\bar{\bar{x}}=8.53$

管制上限：$\bar{\bar{x}}+A_2R=8.53+0.73\times5.1=3.7+8.53=12.2$

管制下限：$\bar{\bar{x}}-A_2R=8.53-3.7=4.83$

R 中心线：$CL=\bar{R}=5.1$

管制上限：$D_4\bar{R}=2.28\times5.1=11.43$

管制下限：$D_3\bar{R}=0\times5.1=0$（没有下限）

A_2、D_3、D_4 可查表 2-6。

表 2-6

N	A_2	D_4	D_3
2	1.880	3.27	0
3	1.023	2.58	0
4	0.729	2.28	0
5	0.577	2.12	0
6	0.483	2.50	0

注：N 为每组数据数；A_2 为平均值上下限系数；D_3 为全距下限系数；D_4 为全距上限系数。

根据$\bar{x}$、R 的中心线，上下管制线，绘管制图，用于过程控制用，其图样与图 2-9 相同。

4）分析该工程结构柱轴线管制的水平，四舍五入，取整数值。$\bar{x}$中心线为 9mm，上管制线为 12mm，下管制线为 5mm；R 中心线为 5mm，上管制线为 11mm，没有下管制线，即：该工程控制效果平均值 9mm，上限线 12mm。实际工程中最大位置偏差为 16mm，最小为 4mm，与标准规定限值 8mm，最大偏差 1.5 倍，基本相当。

对工程质量也可以不计算中心线上下限值，按规范规定，利用$\bar{X}$、R 控制图，即中心线为设计值（或 0），上下限值为 8mm。

（4）$\bar{X}-S$ 管制图

当样本数较大时，大样本的全距 R 代表性较差，因为容易出现少数较大或较小的数值，使其效能降低，不能反映这一批大样本的真实变异性。这时要用样本标准差 S 管制图就会好的多，因为 R 值只与最大值、最小值少数数据值相关联，而标准 S 值与每个数值都关联。$\bar{X}$ 平均值－S 标准差控制图的制作，与$\bar{X}$ 平均值 - 全 R 距值控制图制作程序一样。即收集数据，分组、列表计算每组的平均值及标准差，求全部组的总平均值及标准差的平均值，求管制图中心线及上、下限值。绘管制图。

另外，针对不同的管制内容，可以有不同的管制图，如计数值的不良品个数、工程缺陷点数等，也有针对性的管制图，来管制不良品个数及缺陷点数等。其管制图的制作都大同小异，如用时可参考相关专门书籍。

3. 管制图的判别及使用

（1）判别无异常原因

控制点在管制界限内；控制点是自然随机分布，在中心线两侧，无特殊的排列。这种状态表示“管制状态是正常的，在管制控制之中”。

（2）判别有异常原因

控制点在界线外或线上；点虽在管制线界限内，但点呈特殊排列，如点在中心线一侧出现的多，另一侧少；点值依次增大或成规律性出现等。

（3）异常原因的判别

1）控制点在中心线一侧连续出现 7 点以上时。

2）控制点连续 11 点中有 7 点以上在一侧；连续 14 点有 12 点以上在一侧，或连续 17 点中有 14 点在一侧。

3）控制点虽不在一侧，但点是依次上升或下降时，一般连续依次 7 点上升或下降时。

4）控制点出现在界限线近旁时，3 点中有 2 点，7 点中有 3 点，10 点中有 4 点及以上时，通常以 2 倍的标准差为基准。

5）控制点出现周期性变动时。

以上情况均可判别为管制中出现异常原因，应及时调整管制措施。

（4）管制图的使用

管制图是生产过程中统计质量管理的重要工具，用于生产过程质量管理情况的分析，以便掌握生产过程产品质量指标达到产品标准和规划要求的程度。管理使用的内容：

1）以最终产品质量特性作为管理特性。

2）也可以是中间过程半成品、中间另一部件部品的管理特性。

3）也可以收集其管理数值来作为管理特性，如某项特性的平均值、全距值、标准差等。

用管制图上所呈现的变异现象，来判断生产过程的正常与否。其步骤为：

1）确定管制特性值。

2）收集特性值的数据，绘制管制图；确定生产过程管制图的中心线及管制界限。

3）按规定收集生产过程的数据，并将相应的点标在管制图上。

4）生产过程的控制，按图进行检查和处理。点被判定为异常时，应追查原因，并确实采取措施加以处置，以防再次发生异常。

5）管制线的再计算。当作业标准改变，机械、装置的作业条件改变及生产过程发生变化时，管制图的中心线，上、下界限必须重新计算，直至符合当时的生产过程管制要求。

第三节　质量管理的主要方法

确定质量目标，明确标准，制定措施，落实责任，使生产活动有序进行，并得到渴望的结果称为质量管理。对工程质量而言，确定质量目标后，一是由责任者针对目标制定措施；二是实施措施；三是检查工程质量和落实措施的有效性；四是改进措施，直到措施能生产出符合质量目标的工程质量。

质量管理的方法有很多，各自只要选择自己使用方便有效的方法，都会得到理想的结果。本书推荐几种常用方法，供选择使用。

一、质量管理的基本要求

全面质量管理的理念和方法，是当前质量管理使用较多的方法之一，其基本原理是强调在企业或组织最高管理者的质量方针指引下，实行全面、全过程和全员参与的质量管理。其主要特点是：以顾客满意为宗旨；领导参与质量方针和目标的制定；提倡预防为主、科学管理、用数据说话等。当前世界各国的各行业的质量管理中，都体现了这些特点和思想。建设工程项目的质量管理，近年应用“三全”管理的思想和方法，也取得了好的效果。

1. 全面质量管理

（1）全面质量管理是指项目参与各方所进行的工程项目质量管理的总称，其中包括工程质量和工作质量的全面管理。工作质量是产品质量的保证，工作质量直接影响产品质量的形成。建设单位、监理单位、勘察单位、设计单位、施工总承包单位、施工分包单位、工程检测单位等，任何一方、任何环节的怠慢疏忽或质量责任不落实都会对建设工程质量造成不利影响。

（2）全过程质量管理

全过程质量管理，是指根据工程质量的形成规律，对施工准备、材料进场、施工过程、验收交付等全过程推进。我国质量管理体系标准强调质量管理的“过程方法”原则，要求应用“过程方法”进行全过程质量控制。要控制的主要过程有：项目策划与决策过程、勘察设计过程、设备材料采购过程、施工准备与实施过程、检测设施控制过程、施工生产的检验试验过程、工程质量的评定过程、工程竣工验收与交付过程、工程回访维修服务过程等。

（3）全员参与质量管理

企业或工程项目部应组织内部的每个部门和工作岗位都承担相应的质量职能，根据企业的质量方针和目标，组织和动员全体员工参与到实施质量方针目标的系统活动中去，发挥自己的岗位作用。全员参与质量管理的重要手段就是运用目标管理方法，将质量总目标逐级进行分解，使之形成自上而下的质量目标分解体系和自下而上的质量目标保证体系，发挥组织系统内部每个工作岗位、部门或团队在实现质量总目标过程中的作用。

2. 质量目标管理的过程

实现企业的质量方针和目标，要通过建立质量管理体系和实施质量管理的方法来实现，即质量管理 PDCA 循环的方法。每一次的滚动循环就上升一个台阶，不断增强质量管理能力，不断提高质量水平。每一次循环都围绕着实现预期的目标，进行计划、实施、检查、改进活动，逐步将存在的问题改进和解决。这四大职能循环活动互相联系，形成了质量管理的提高过程。

（1）计划 P

计划由目标和实现目标的手段组成，所以说计划是一个“目标—手段系统”。质量管理的计划职能，包括确定质量目标和制定实现质量目标的行动方案两方面。实践表明质量计划的严谨周密、经济合理和切实可行，是保证工作质量、产品质量和服务质量的前提条件。

工程项目质量目标，通常是由企业根据企业的质量方针，与建设单位的施工合同约定，来确定该项目的质量目标，包括实现目标的资源配置、检查测试方法及验收评价指标等。然后下达给工程项目部，组织落实。也有由企业与工程项目部共同进行而形成项目质量计划。

工程项目部在项目经理的组织下，进行质量目标分解，根据工程项目的质量计划，由项目参与各方根据其在项目实施中所承担的任务、责任范围和质量目标，分别制定各自的质量计划而形成质量计划体系。建设单位是工程项目质量计划确定的主要实施方之一，包括确定和论证项目总体的质量目标，制定项目质量管理的组织、制度、工作程序、方法和要求，以及资源保证等。项目其他各参与方，则根据国家法律法规和工程合同规定的质量责任和义务，在明确各自质量目标的基础上，制定实施相应范围质量管理的行动方案，包括技术方法、业务流程、资源配置、检验试验要求、质量记录方式、不合格处理及相应管理措施等具体内容和做法的质量管理文件，同时亦须对其实现预期目标的可行性、有效性、经济合理性进行分析论证，选择经济合理、有效的质量管理体系，并按照规定的程序与权限，经过审批后执行。

（2）实施 D

实施职能在于将质量的目标值，通过生产要素的投入、作业技术活动和产出过程，转化为质量的实际值。为保证工程质量的产出或形成过程能够达到预期的结果，在各项质量活动实施前，要依据确定的技术方法进行岗前培训，合格者持证上岗。要根据质量管理计划进行行动方案的部署和交底；交底的目的在于使具体的作业者和管理者明确计划的意图和要求，掌握质量标准及其实现的程序与方法。在质量活动的实施过程中，要求严格执行计划的行动方案，规范行为，把质量管理计划的各项规定和安排落实到具体的资源配置和作业技术活动中去。实施过程中，要强调工序质量目标的实现。班组自我控制，自我检查，达不到质量目标，不交予下道工序施工，使过程控制落到实处，职能部门按照规范标准规定进行过程检验测试，掌握质量目标实现情况。

（3）检查 C

指对计划实施过程进行各种检查，包括作业者的自检、互检和专职管理者的专检。各类检查也都包含两大方面：一是检查是否严格执行了计划的行动方案、措施的有效性及其落实情况，实际条件是否发生了变化，不执行计划的原因；二是检查计划执行的结果。产出的质量是否达到标准的要求，对此进行确认和评价。

（4）处置 A

对于质量检查所发现的质量问题或质量不合格，及时进行原因分析，采取必要的措施，予以纠正，保持工程质量形成过程的受控状态。处置分为纠偏和预防改进两个方面。前者是采取有效措施，解决当前的质量偏差、质量问题，后者是将目前质量信息反馈到管理部门，反思问题症结或计划时的不周，确定改进目标和措施，包括措施的不完善、针对性不强、进一步完善措施，以及措施落实不够等，为类似质量问题的预防提供措施，下次循环列入计划。

PDCA 循环示意图如图 2-10 所示。

四个阶段是质量改进的不断循环上升的管理形式。建筑产品质量是无止境的，好了还能好，广告语讲的好，“没有最好，只有更好”。这个原则对建筑工程工程质量而言，也是适用的。但工程质量的标准是国家有规范规定的，在制定技术措施能达到国家规范规定的质量后，或经过几次循环改进措施，能达到规范规定，这个技术措施就是最好的。可以用企业的施工工艺、操作规程将其形成企业技术措施标准，也可以用一定形式形成企业标准，代表企业技术水平，是质量管理的另一个成果。

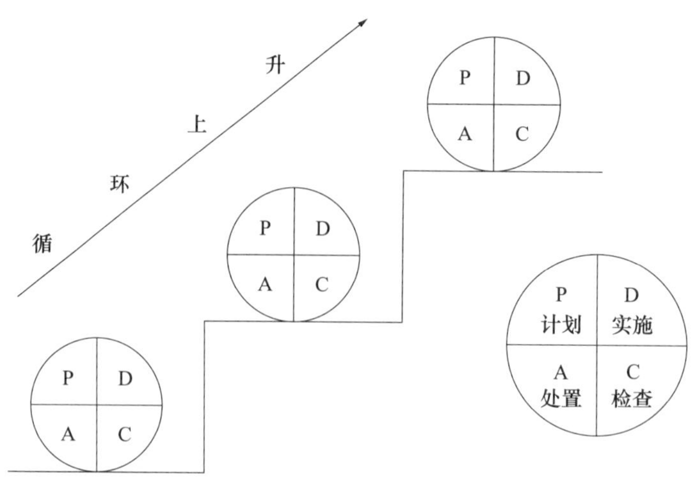

图 2-10 PDCA 循环示意图

3. 工程质量管理的步骤

工程质量管理与工业产品质量管理是不同的，工程是单一的，质量也是单一的，必须根据每一个工程来进行质量管理，其步骤：

（1）制定质量目标，工程质量管理必须针对每一个工程项目来制定质量目标，工程质量要满足国家规范标准的规定，这是统一的要求；同时，工程质量要满足设计文件的要求，还要满足施工合同约定和用户的要求，这就是专项要求。必须针对每一个工程项目制定质量目标，另外，还要结合企业自身的技术水平、管理水平，决定工程项目的质量目标，来进行管理。通常由企业经营管理目标来确定，经批准作为企业的管理目标，下达给工程项目部来具体落实，企业要在资源配置上给予保证，并监督执行。

（2）选择作业标准，来达到质量目标。以有针对性的施工操作标准、施工工艺来保证质量目标，要制定相应的质量验收标准。针对质量目标，有针对性地制定技术措施、作业标准、检查标准等，要结合企业的技术优势，发扬优势，选择经过改进已较完善的技术措施，重点解决质量比较差的工序项目，有针对性地制定措施，落实责任，实施有效的管理。

（3）教育和培训。明确了质量目标，再进行分解落实到各工序施工中去落实，各工序要选择和制定有针对性的技术措施，为了要让操作人员了解技术措施和达到的质量目标，就应在正式施工前，教育培训有关人员和技术交底，使其了解有关措施和达到的目标，并经考核合格，持证上岗，以保证质量目标的实现。

（4）实施。操作人员按制定的技术措施进行作业，专业技术管理人员进行技术复核，平行检查有关措施的有效性，班组应进行自我控制和检查，自行检查评定达到标准规定，达不到质量标准不交出检查。经专业检查人员检查评定达到质量目标，才交建设（监理）单位验收。

（5）检查工作内容。在实施过程中和实施完成后，在操作人员自我控制和检查的基础上，由专业工长、专业质量检查员、专业技术人员采取抽查、巡查的方法进行检查。检查技术措施的有效性和技术措施落实的情况；核查质量目标符合标准的情况。可以用有关质量管理图、因果分析图、排列图等方法，对质量特性值加以分析，弄明质量差异情况，找出主要原因。

（6）修正及处理。工程质量的控制重点应在工序施工过程（检验批）中，发现问题及时查明原因，及时加以修正和处理，使其达到质量目标要求，体现了管理的纠错能力和管理的有效性。若在工序（检验批）施工中，操作人员、专业技术管理人员不能及时发现问题，不能及时进行处理，说明管理是不完善的或无效的。

（7）在纠正质量问题的同时，对技术措施进行审核和完善，在后续的工程中，不再发生类似问题。

纠正及处理后的质量问题必须再次对其结果进行检查，确认其已达到标准的规定。

（8）在一个工序完工或一个系统、一个部位的施工完成后，要对其质量和技术措施进行检验和评价，确认质量符合目标要求，措施是有效的。或是需要改进完善措施的，进行改进完善，以便为今后再施工打下基础，这体现了管理的持续改进能力、管理的连续性。

质量管理的及时纠错能力和持续改进能力，是质量管理的核心。

以上这些都是工程质量管理活动的基本要求，管理是不断改进的、向前推动的，直到管理达到完善，在管理的有效控制下，质量都能达到所制定的质量目标。

二、质量管理的主要内容

1. 主要内容

工程项目施工是将设计文件形成工程实体的阶段，并最终实现工程项目使用价值的阶段。施工质量控制是一个工程项目质量控制的关键。

（1）工程项目施工质量达到的要求是：通过施工形成的工程项目实体质量经验收达到相应质量标准的合格规定。如果施工合同约定要达到优良工程质量时，应达到相应优良工程质量标准的规定。

（2）建筑工程的工程项目质量验收合格应符合下列标准规定：

1）符合工程勘察、设计文件的要求。

2）符合国家现行《建筑工程施工质量验收统一标准》GB 50300—2013 和相关配套的专业验收规范的规定。

3）如施工合同约定工程项目质量要求达到优良工程质量时，其质量验收应在验收合格的基础上，按国家现行《建筑工程施工质量评价标准》GB/T 50375—2016 的规定，抽查核验达到优良质量标准。

2. 施工质量影响因素控制

工程项目施工质量控制参与的单位多，影响因素多，控制的依据多，实施控制非常重要。

（1）为达到工程项目的质量要求，须参与控制的单位共同努力，项目的质量责任主体建设单位、勘察单位、设计单位、施工单位、监理单位应履行法定的质量责任和义务，在全部施工过程中，对影响项目工程质量的各项因素实施有效的控制，用工作质量来保证项目工程的实体质量，以及检测机构的依规保证，检测质量的规范性和准确性，以达到相同工程质量的可比性，还有政府主管部门督促和指导。

重点是施工单位质量控制措施的有效性和认真落实。

质量控制主要包括：

设定目标：按质量要求，确定需要达到的标准和控制的区间、范围。

检查测量：测量实际完成效果满足所设定目标的程度。

评价分析：评价实施控制的能力和效果，以及产生的偏差程度和原因。

纠正偏差：对不满足设定目标的偏差，及时采取有针对性的措施，纠正偏差并完善措施。

（2）工程项目施工质量的影响因素，主要是指在项目质量策划、决策和实现过程中影响质量形成的各种客观因素和主观因素，包括人的因素、机械因素、材料（含设备）因素、方法因素、环境因素及检测因素，通常简称人、机、料、法、环、测等影响因素。

1）人的因素控制

影响项目质量人的因素，包括两个方面：一是指直接履行项目质量职能的决策者、管理者和作业者个人的质量意识及质量活动能力；二是指承担项目策划、决策或实施的建设单位、勘察设计单位、咨询服务机构、施工单位等实体组织的质量管理体系及其管理能力。前者是个体的人，后者是群体的人。对建筑业企业实施经营资质管理制度，对人实施执业资格注册制度，对作业及管理人员实施持证上岗制度。

2）机械（工具）的因素控制

机械及各种工器具，包括施工过程中使用的运输设备、吊装设备、操作工具、测量仪器，以及施工安全设施等。施工机械设备是所有施工方案的工法得以实施的重要物质基础，多方案优化选择配置机具，落实管理制度，坚持使用过程的依规范操作，充分发挥机具的效率。

3）材料（含设备）的因素控制

工程材料和施工用料，包括各种组成工程实体的原材料、半成品、成品、构配件和设备等。其质量的优劣，直接影响到工程使用功能的发挥。所以，加强对材料设备的质量控制，是保证工程质量的基础。

4）工法的因素控制

工法的因素是技术因素和组织因素，是施工所采用的技术和方法，以及工程检测、试验的技术和方法等。对保证项目的结构安全和满足使用功能，对组成质量管理的产品精度、强度、平整度、清洁度、耐久性等物理、化学特性等方面起到良好的推进作用。

5）施工作业环境的因素控制

影响项目质量的环境因素，又包括项目的自然环境因素、社会环境因素、管理环境因素和作业环境因素，这是工程建设的特点，对工程质量影响大，施工前一定要做出预案，施工中正确执行。

① 自然环境因素

主要指工程地质、水文、气象条件和地下障碍物以及其他不可抗力等影响项目质量的因素。施工前，应针对当地气候环境及施工现场场地周边影响工程施工的因素及风险特性等，制定专项控制方案，当出现苗头时，也可及时按预先制定的预案得到控制。

② 社会环境因素

主要是对项目质量造成影响的各种社会环境因素，包括国家建设法律法规的健全程度及其执法力度；建设工程项目法人决策的理性化程度以及经营者的经营管理理念；建筑市场及交易行为的规范程度；政府工程质量监督及行业管理的程度；建设咨询服务业的发展及其服务水准的高低；廉政管理及行风建设的状况等。

③ 管理环境因素

主要是指项目参建单位的质量管理体系、质量管理制度和各参建单位之间的协调等确保工程项目质量保证体系处于良好的状态。

④ 作业环境因素及检测因素控制也十分重要。

三、项目质量控制体系的建立

工程项目的实施活动，必须建立有效的运行系统，全面控制质量形成的各方面因素。

1. 项目质量控制体系的特点

工程项目质量控制体系是项目目标控制的一个工作系统，是在建筑企业控制体系下的具体控制体系，与建筑企业或其他组织机构按照《质量管理体系 基础和术语》GB/T 19000—2016/ISO9000 族标准建立的质量管理体系相比较，有如下不同：

（1）建立的目的

项目质量控制体系以项目为对象，只用于特定的项目质量控制，而不是用于建筑企业或组织的质量管理。只对一个项目，项目完成了，控制体系也结束了。

（2）组成的范围

项目质量控制体系涉及项目实施过程所有的质量责任主体，而不只是针对某一个企业或组织机构，是参与项目建设的各方，涉及业主、勘察、设计、施工、监理、检测等各方。

（3）控制的目标

项目质量控制体系的控制目标是项目的质量目标，并非某一具体企业或组织的质量管理目标，目标是第一的，只为该项目的质量目标。

（4）作用的时效

项目质量控制体系与项目投资控制、进度控制、职业健康安全与环境管理等目标控制体系，共同依托于同一项目管理的组织机构，是一次性的质量工作体系，随着项目的完成和项目管理组织的解体而消失，并非永久性的质量管理体系，是一次性的控制体系。

（5）评价的方式

项目质量控制体系的有效性一般由项目管理的组织者进行自我评价与诊断，通常不需进行第三方认证。

2. 项目质量控制体系的结构

工程项目质量控制体系，一般形成多层次、多单元的结构形态，这是由其实施任务的委托方式和合同结构所决定的。

（1）多层次结构

多层次结构是对应于项目工程系统纵向垂直分解的工程项目的质量控制体系。在大中型工程项目尤其是群体工程项目中，第一层次的质量控制体系应由建设单位的工程项目管理机构负责建立；在委托代建、委托项目管理工程总承包的情况下，应由相应的代建方项目管理机构、受托项目管理机构或工程总承包企业项目管理机构负责建立。通常也可分别由项目的设计总承包单位、施工总承包单位等建立相应管理范围内的质量控制体系。第三层次是承担工程设计、施工安装、监理等各承包单位的现场质量自控体系，或称各自的施工质量保证体系。系统纵向层次机构的合理性是项目质量目标、控制责任和措施分解落实的重要保证。

（2）多单元结构

多单元结构是指在项目质量控制总体下，第二层次的质量控制体系及其以下的质量自控或保证体系可能有多个。这是项目质量目标、责任和措施分解的结果。

3. 项目质量控制体系的建立

项目质量控制体系的建立过程，实际上就是项目质量总目标的确定和分解过程，也是项目各参与方之间质量管理关系和控制责任的落实过程。为了保证质量控制体系的完善性和有效性，体系建立要明确目标、层次和主体。

（1）体系建立要落实责任

1）分层次规划

项目质量控制体系的分层次规划，是指项目管理的总组织者和承担项目实施任务的各参与单位，分别进行不同层次和范围的项目质量控制体系规划。

2）目标分解

项目质量控制系统目标的分解，是根据控制系统内工程项目的结构，将工程项目的建设标准和质量总体目标分解到各个责任主体，于合同中注明，由各责任主体制定出相应的质量管理细则，确定其具体的控制方式和控制措施。

3）落实质量责任制

项目质量控制体系的建立，应按照《中华人民共和国建筑法》和《建设工程质量管理条例》有关工程质量责任的规定及合同约定，界定各方的质量责任范围和控制要求。

4）建立系统质量控制网络

首先明确系统各层面的工程质量控制负责人，通常包括项目经理（或工程负责人）、总工程师、项目总监理工程师、专业监理工程师等，以形成明确的项目质量控制责任者的系统。

（2）制定质量控制制度

主要有质量控制例会制度、协调制度、报告及审批制度、质量验收制度和质量信息管理制度等，形成建设工程项目质量控制体系的管理文件或手册，作为承建实施任务各方主体共同遵循的管理依据。

（3）分清质量控制范围

项目质量控制体系的质量责任，根据法律法规、合同条件，组织内部职能分工，弄清项目实施过程中设计与施工单位之间和其他单位之间的衔接配合关系，并做好责任划分，分清质量责任，确定管理原则与协调方式。

（4）编制质量控制计划

项目管理总组织者主持编制建设工程项目总质量计划，各质量责任主体分别编制与其承担任务范围相符合的质量计划和细则，并按规定程序完成质量计划的审批，作为自身工程质量控制的依据。

4. 项目质量体系的运行

项目质量体系的建立，为项目质量控制提供了制度的基础，质量控制还必须做好质量体系的运行，完善体系内部的运行环境和运行机制。

（1）运行环境。主要是为体系运行提供支持的管理关系，组织制度和资源配置。

1）体系联系的各参与方，只有项目合同约定合理，质量标准和责任明确，质量控制体系的运行才能成为各方的自觉行动。

2）组织制度。项目质量控制体系内部各项管理制度和程序性文件，为质量控制各环节运行提供了行动指南、行为准则和评价依据，保证体系有效运行。

3）资源配置。质量管理的资源配置是体系运行的物质条件，必须保证运行的需要，主要包括：专业的技术人员和质量管理人员，技术管理和质量管理所必须的设备、设施、仪器、软件等物质资源配置，是保证体系运行的基础条件。

（2）运行机制。体系运行必须建立有效的动力机制、约束机制、信息反馈机制和持续改进机制等。

1）动力机制。对体系内项目各参与方及各层次管理人员公正、公平、公开的责、权、利的分配，以及适当的竞争机制而形成的内在动力，是体系运行的核心机制。

2）约束机制。体系的各质量责任主体内部的自我约束能力和内部的监控效力。约束能力表现为项目文化，主要展现组织及个人的经营理念、诚信理念、质量意识、职业道德及技术能力的发挥；还取决于项目实施主体外部对质量工作的推动和检查监督，主要是企业和政府的检查监督。两者相辅相成，构成了质量控制过程的约束机制。

3）信息反馈机制。体系运行过程状况和结果的信息应及时反馈，以便对质量控制过程体系的能力和运行效果的掌握及评价，为及时改进和处置提供依据。要保证质量信息反馈及时和准确。

4）持续改进机制。在项目控制体系实施的各阶段、各环节、各层面及各质量责任主体应用 PDCA 质量改进环节循环原理，不断循环开展质量控制，不断完善措施和不断改进质量，直至达到质量标准和设计要求；达到项目质量管理控制能力和水平。也是企业及时纠错能力和不断改进能力的体现。

5. 项目质量体系的建立与运行

项目质量体系的建立与运行是企业质量体系运行的子体系，也是落实企业质量体系的实践，企业质量体系的建立和运行必须按相应的质量管理体系标准执行。通过第三方认证机构的认证，成为有效力的质量管理体系。为保证质量管理体系维持情况，认证机构采取定期和不定期的监督检查。体系认证的主要内容：

（1）质量管理原则

1）以顾客为关注焦点

质量管理的首要关注点是满足顾客要求并且努力超越顾客期望。

2）领导作用

各级领导建立统一的宗旨和方向，并创造全员积极参与实现组织的质量目标的条件。

3）全员积极参与

整个组织内各级人员参与和胜任、经授权并积极参与的人员，是提高组织创造和提供价值能力的必要条件。

4）过程方法

将活动作为通过相互关联、功能连贯的过程组成的体系来理解和管理时，可以更加有效和高效地得到一致的、可预知的结果。

5）改进

成功的组织持续关注改进。

基于数据、信息的分析和评价的决策，更有可能产生期望的结果。

6）关系管理

为了持续成功，组织需要管理与相关方（如供方）的关系的协调和维系。

（2）企业质量管理体系文件

质量管理标准所要求的质量管理体系文件由下列内容构成，这些文件的详略程度无统一规定，以适合于企业使用，使过程受控为准则。

1）质量方针和质量目标

质量方针和质量目标一般都以简明的文字来表述，是企业质量管理的方向目标，应反映用户及社会对工程质量的要求及企业相应的质量水平和服务承诺，也是企业质量经管理念的反映。

2）质量手册

质量手册是质量管理体系的规范，是阐明一个企业的质量政策、质量体系和质量实践的文件，是实施和保持质量体系过程中长期遵循的纲领性文件。其内容一般包括：企业的质量方针、质量目标；组织机构及质量职责；体系要素或基本控制程序；质量手册的评审、修改和控制的管理办法。

质量手册作为企业质量管理系统的纲领性文件应具备指令性、系统性、协调性、先进性、可行性和可检查性。

质量手册要适用于工程质量安全标准化管理的要求，做到事事有标准、有程序、有要求、有结果。

3）程序性文件

各种生产、工作和管理的程序文件是质量手册的支持性文件，是企业各职能部门为落实质量手册要求而规定的细则。企业为落实质量管理工作而建立的各项管理标准、规章制度都属于程序文件范畴。要使工程质量安全标准化管理有标准、有要求、有评价依据。各企业程序文件的内容及详略可视企业情况而定。一般有以下六个方面的程序为通用性管理程序，适用于各类企业：

① 文件控制程序；

② 质量记录管理程序；

③ 内部审核程序；

④ 不合格品控制程序；

⑤ 纠正措施控制程序；

⑥ 预防措施控制程序。

除以上六个程序以外，涉及产品质量形成过程各环节控制的程序文件，如生产过程、服务过程、管理过程、监督过程等管理程序文件，可视企业质量控制的需要而制定，不作统一规定。为确保过程的有效运行和控制，在程序文件的指导下，尚可按管理需要编制相关文件，如作业指导书、具体工程的质量计划及细则等。

6. 质量记录

质量记录是产品质量水平和质量体系中各项质量活动进行及结果的客观反映，对质量体系程序文件所规定的运行过程及控制测量检查的内容如实加以记录，用以证明产品质量达到合同要求，并可描述质量保证的满足程度。如在控制体系中出现偏差，则质量记录不仅需反映偏差情况，而且应反映出针对不足之处所采取的纠正措施及纠正效果。

质量记录应完整地反映质量活动实施、验证和评审的情况，并记载关键活动的过程参数，具有可追溯性的特点。质量记录以规定的形式和程序进行，并应有实施、验证、审核等签署意见。

工程项目质量管理必须落实企业质量管理体系的规定，遵循企业质量管理体系的原则编制工程项目质量管理体系，来落实企业质量管理体系，或将企业管理体系的有关内容移置过来加以补充成项目质量管理体系。将企业质量管理体系的文件，适合的全部拿过来，并结合工程项目的具体情况补充完善，在工程项目质量管理中严格遵守执行。

第三章　施 工 准 备

施工准备是做好施工质量、进度和连续施工的保证，工程项目开工前要做好总体规划，每个分项工程施工前和施工中必须做好施工措施的准备，保证工程质量、安全和有序施工，对保证工程协调性，有计划有程序地施工，提高施工技术和管理水平，提高工程质量和施工经济效益都很重要。

第一节　工程项目概况

在投标之前应了解项目的概况、设计概况和项目建设场地的概况等。以便对项目有宏观的了解，有利于根据企业的情况，作出实事求是的决定。对投标的技术方案技术标和经济标都能有较好的展示，使适合企业优势的标更容易得到中标。同时，中标后自己也会有更好的技术准备。

1. 项目概况

（1）项目的性质：包括是否是企业的优势，是住宅工程还是公共建筑，自用还是代建。

（2）项目的规模：建筑面积、投资、层高、层数、跨度等。

（3）建设单位的经济状况、资信情况，以及技术力量情况，对工程质量的要求情况。

（4）工程是否是总承包建设、招标、建设单位是否有直接分包的。

（5）工期要求、工程质量要求，以及资金到位情况。

（6）其他情况。

2. 项目设计概况

（1）设计单位资质及技术状况，是否是专业设计单位，以及其常用结构类型。

（2）结构类型及主要设备和装饰做法是否是企业的优势，有条件时能否与其联系，参谋建议使用企业的优势方案。将自己的优势技术提供设计选用，如企业自己钢结构能力强并有加工厂，使用钢结构，或企业自己有构件加工厂、吊装设备，使用预制构件。或是在管线设备、装饰装修方面有优势，建议他们多选用这样的方案。

（3）这样既能及时了解工程设计方案要点，又能提供设计选用自己企业的优势技术。如果中标后就能更好发挥自己企业的特色优势，有利于保证工程质量和工期。

3. 工程场地及地区环境概况

（1）场地的地质状况，对工程的技术要求影响很大，如地基方案影响等。

（2）对施工平面布置的影响，以及施工安全影响等。

（3）对交通运输情况的了解，大的材料、设备进场影响；当地有无较好的运输力量。

（4）当地有关地方材料的供应、生产情况、混凝土搅拌场的距离情况等。

（5）当地劳务分包情况等。

上述情况都对投标有较大关系，如果了解情况较真实详细，对编制标书的技术标有好的针对性和争取中标会有大的好处。也对中标后施工组织设计编写、施工方案的选择及施工前的准备有好处。

第二节　施工组织设计编制

一、施工组织设计编写的内容和程序

1. 施工组织设计的任务

（1）施工组织设计是施工活动的总体部署

工程建设施工组织设计是指导施工的技术、经济和管理的综合性文件，对工程施工过程有统筹规划的作用。使施工过程做到有谋划、有准备，高效率连续施工，明确工程项目控制重点，工程质量及施工过程的主要环节和目标，施工顺序及空间组织、资源组织及施工组织安排等。以保证工程项目的质量目标、工期目标、成本控制目标、安全生产目标、环境保护目标等，做到有计划、有准备、有措施，保证目标的实现。做到事先选择施工方法、新技术应用，充分利用一切有效力量，实现项目施工规范化管理和有效管理，将质量目标、成本控制目标进行分解落实，做到精细化组织施工。

总之，通过施工组织设计的编写和实施，使施工方法优化选择，将材料、机械设备、劳动力、资金、时间、空间和场地等各方面得到有效利用，在有效的时间、空间和资源配置条件下，保证施工过程有组织、有计划协调有序的进行。实现工程质量好、工期短、消耗少、保护环境好、资金省、成本低的良好效果。

同时，施工组织设计编写和实施，是体现施工企业技术管理水平、经营水平的窗口，是企业质量保证能力的体现，是企业工程技术管理资料的重要内容，也是工程资料档案的重要组成部分。

（2）施工组织设计的对象

施工组织设计按编制对象可分为施工组织总设计、单位工程施工组织设计和施工方案等层次。施工组织总设计是以若干个单位工程组成的一个施工现场或一个标段的群体工程，成片建设工程或特大型工程项目为对象编制的施工组织设计，对整个施工现场工程项目的施工起统筹规划、重点控制的作用。对整个施工现场的工程质量、安全目标，以及技术要求作出原则规定，是单位工程编制施工组织设计的主要依据。

单位工程施工组织设计是以单位工程为对象编制的施工组织设计，对其施工过程起指导和制约作用，落实施工组织总设计的细化，是施工组织设计编制的重点，体现工程项目质量、安全目标、工期目标和经营管理目标的具体化，是对施工图设计文件、工艺技术、质量安全的技术管理的优化和集成，针对性强，计划周到，体现了施工组织设计的功能和效果。

施工方案是以分部工程、分项工程或专项工程为对象编制的施工技术与组织方案，用以具体指导其施工过程，是单位工程施工组织设计的重点环节，使技术措施的管理节点更细化和具体化，是单位工程施工组织设计的补充和完善。

2. 施工组织设计编制资料准备

施工组织设计编写必须掌握熟识施工项目的有关情况，包括编制依据、工程概况（工

程规模、工程性质、承包范围、工期质量要求、工程技术要求、工程难点、特点，以及安全到位情况等）、施工单位自身的技术力量（技术优势、装备优势、人员优势等）、施工场地及环境条件（现场内、现场外交通运输条件，地质水文条件等），以及施工质量、工期要求、绿化施工要求等，还有国家有关法律法规要求等。

（1）编制依据的法律法规资料

1）政府主管部门对工程项目的批准文件，上级主管部门对工程项目的立项、征地、规划，以及建设要求的文件，建设工期、质量、规划、文明施工、绿色施工等要求。

2）工程建设规范、标准等技术标准。包括相应的国家建设技术标准、施工规范、施工验收规范、质量标准、操作规程；相关的地方标准、地方施工定额、地方价目表等，以及质量管理体系、环境管理体系、安全职业健康管理体系等。

3）施工组织总设计。当该单位工程为整个建设项目中的一个单位工程时，必须按照施工组织总设计中的有关规定和要求进行编制，以保证整个建设工程项目的完整性。

（2）建设单位的意见和施工要求

1）施工合同中的相关规定，对该工程的开、竣工日期要求，质量要求，对某些特殊施工技术的要求，采用的先进施工技术，建设单位能够提供的条件。

2）建设单位可提供的条件，场地清理、搬迁三通一平协助工作，可提供的临时性工程用房，施工用水、用电的供应，地上、地下建筑物、管线搬迁协助及有关资料提供等。

（3）施工图设计文件资料

1）审查合格的施工图纸。包括该项工程的审查报告、全部施工图纸及文件、会审记录、设计单位的设计交底、设计变更、相关标准图和各项技术核定单等；对较复杂的建筑设备工程，还要有设备图纸和设备安装对土建施工的具体要求；设计单位对新结构、新材料、新技术和新工艺的要求。

2）工程预算文件。工程预算文件为编制施工组织设计提供了工程量和预算成本，为编制施工进度计划、进行方案比较和成本控制等提供依据。

3）工程地质勘探和当地气候资料。包括地质勘察报告、施工现场的地形图、地貌、地上与地下的障碍物、工程地质和水文地质情况、施工地区的气象资料，永久性和临时性水准点、控制线等施工现场可利用的范围和面积，交通运输、道路情况，场地地上、地下施工安全防范要求等。

（4）施工企业自身技术状况

1）企业技术、人才、技术状况资料，施工企业自身技术优势，设备优势的具体项目，可为工程项目发挥作用的项目资料。

2）企业自身执行质量标准的保证和做法，企业自身企业标准和种类及水平等；建筑施工企业年度施工计划。工程的施工安排应考虑本施工企业的年度施工计划，对本施工企业的材料、机械设备及技术管理等应有统筹的安排。

3）为能充分发挥施工企业的技术优势，施工企业应在设计单位阶段积极配合设计，为施工创造条件，主动与设计单位取得联系，使设计在保证设计任务要求、保证设计质量的前提下，为施工创造有利条件，尽可能发挥施工企业的长处、优势，有利于缩短工期，保证工程质量等。

4）类似工程的施工经验资料。调查和借鉴与该工程项目相类似工程的施工资料、施工经验、施工组织设计实例等。可以是自己企业的，也可参照有关别的企业的成功范例。

（5）工程协作单位的情况。如规划部门、土地管理部门、交通部门、环境卫生部门等政府部门对本工程的要求及协作，工程建设单位、监理单位、设计单位、本施工企业的其他部门等对本工程的协作以及能提供的条件。

（6）各项资源供应情况。包括各项资源配备情况，如施工中需要的劳动力、施工机械和设备，主要建筑材料、成品、半成品的来源及其运输条件、运输距离、运输价格等。

这些资料的收集，为编制施工组织设计创造条件，资料要标准、定量、具体、真实可靠。

3. 施工组织设计的主要内容

（1）编制依据：政府主管部门对工程项目的批准文件；建设单位的意见和施工要求、合同规定；施工图设计文件、地质气候条件；施工单位的自身的技术状况；资源供应情况；以及成区、成片的施工组织总设计的要求等。

（2）工程概况及工程特点：施工图设计文件及设计单位设计交底要求，重点注意保证内容。

（3）施工部署：总体进度、质量、安全、环保、成本，以及人、财、物的配置情况等。

（4）施工进度计划：达到施工合同约定和总组织设计的安排。

（5）施工技术准备：主要施工方法及施工机械选择，重点部位的质量保证。

（6）各种需用物资量及配置计划：资金、劳动力及各种材料。

（7）主要施工方法及生产安全保证措施，落实到工程各主要环节。

（8）主要施工管理措施：包括工期、质量、安全、环保、消防、成本及文明施工、绿色施工等。

（9）主要技术经济指标的确立。

（10）施工总平面布置及管理要求等。

4. 施工组织设计编制程序

（1）整理收集的有关资料、施工条件，熟识分析有关资料条件，深入学习施工图设计文件，领会合同文件要求，学习领会有关政府文件的规定要求。了解当地现场内外资料，分析交通运输条件，“三通一平”条件，并对现场实地调查，对照地形图分析场地布置等。

（2）划分施工层、段，分层、流水段计算每个施工过程的工程量，选用各项定额标准，分层流水计算各项用工量、工作台班及主要物资用量等，分别列出用量计划表。

（3）拟订施工方案进行优化比较，确定各主要施工过程的最优施工方案。根据实际情况选择适用的施工机械及机具配套设备，选择主要物资供货源等。

（4）确定采用新材料、新工艺、新技术的项目及技术措施和保证工程质量的措施，明确工程项目施工重点的目标及措施。

（5）根据合同约定和实际条件及方案比较，编制施工进度计划；列出施工机械、器具设备需用量计划表。

（6）根据施工进度计划，编制劳动力及各专业工种需用量计划表或分包计划。

（7）根据施工进度计划，择优选择合格材料，编制原材料、现制构件、成品半成品物资等需用量计划、选购方案及运输方案和供应计划。

（8）拟订现场组织机构及管理体系，计算临时性建筑面积，充分利用现场及周围已有建筑，研究利用可提前开工的永久建筑，以最大限度地减少临时性建筑的建设。最大限度地安排好仓储用房、工地办公室、临时生活用房及物资堆场等。

（9）计算和设计施工供水、排水、供电、供气、供暖的用量，布置各种管线和主要接口位置，确定电源及配电箱规格型号及位置。有条件时应充分将永久性管沟管线、道路等优先施工，先供临时使用，节约投资等。

（10）根据总进度计划、施工要求和实际条件设计施工总平面布置图，并可拟订不同期间总平面变更图及管理制度。

（11）拟订保证工程质量、施工安全、防火防灾、绿色施工、保证工期、降低成本等措施。对主要经济技术指标进行计算分析，提出控制指标。经济技术指标不同时期政府部门有要求，地方也有要求，企业自己也有要求，可根据要求提出控制指标。通常有工程造价、降低成本、机械化程度、单位面积用工量、工期指标、劳动生产指标，节能、节水、节材、节电的"四节一环保"绿色施工指标等。

5. 编写注意事项

（1）做好基本情况的调研

在施工组织设计编制之前，一定要做好调查研究，切不可闭门造车，纸上谈兵，想当然，凭经验办事。要使施工组织设计做到有计划性、有指导性、有创新、有突破，必须事前做好调查研究，做好准备，掌握有关的真实情况和拥有真实、可靠、完整的第一手资料，以及可进行优化比较的完整数据。这就要求编制之前要进行调研，收集资料做好准备，调查要深入，准备要充分。

（2）施工准备与施工实施并重

施工准备工作是多样的，贯穿在施工的全过程中。整个工程有施工准备，各道工序有施工准备，施工准备和施工实施是交替进行的，同时在一定时段，前道工序的施工实施也是后道工序的施工准备。施工准备工作是顺利完成施工任务的前提和保证，是施工管理的重要内容，在做好施工实施的程序和措施的同时，对施工准备要特别引起重视。

（3）建筑结构与设备安装要协调兼顾密切配合，施工顺序安排要合理，建设工程施工工种多、专业多，各工种专业施工交叉作业是必不可少的，处理好交叉作业是组织设计的重要任务。按照工程施工规律和建设产品的工艺要求，合理安排施工顺序是组织设计编写的重要内容。先地下后地上，先结构后装饰安装，先准备后施工等是必须遵守的。但必须在细节安排上，注重统筹安排，合理安排工序交叉施工，建筑结构施工为设备管理安装创造条件，有机衔接，也要为装饰装修打好基础。建筑结构施工过程设备管道安装预埋件、预埋管道、预留洞口密切配合。施工组织设计周密组织分层、分段施工，搭接流水交叉作业的安排，以缩短施工工期、提高经济效益为目的。

（4）体现施工技术与施工组织管理的先进性和不断完善性。

通过采用先进的施工技术和管理，来提高工程质量，确保施工安全，加快施工进度和降低工程成本，提高劳动生产率。在工程施工中，有计划地应用新技术、新材料、新工艺、新设备，有效地采用先进机械和先进管理技术，创新管理体系，采取分层、分段交叉流水施工方法，运用网络技术，保证工程均衡、连续、绿色施工。合理组织使用人力、物力、财力，多、快、好、省完成工程建设任务。

同时，要将企业的综合施工质量水平评定考核制度，对以往施工工程的经验充分应用。对以往工程施工的施工组织设计进行审核评估，将成功的经验应用到本组织设计中来，将有不足的进行改进，使本施工组织设计有连续性，将企业的施工管理水平、质量保证水平，有创新、有突破。使针对性、指导性更好，是本企业最好的施工组织设计。

（5）要因地制宜、就地取材、节约成本、注重环保

在充分调研的基础上，尽量利用当地资源，就近选择大宗地方材料，就近择取协作单位等；充分利用现场场地，合理安排物资堆存、运输、装卸等作业，减少临时用房搭建，精心进行场地规划布置，缩短运输距离，减少或消除材料、构件物资二次搬运，杜绝土方二次或多次搬运等。节约施工用地、搬运费用，不占或少占农田、绿地及公共场地。尽量利用规划建筑先建作为临建利用。

注重节能环保，合理安排充分利用建筑剩余材料，采取雨水、中水、可利用水收集利用、循环用水系统，精心选择机械设备，减少或防止低负荷、大马拉小车运行等。保护自然环境，制定减少渣土、建筑废料措施，防尘、防噪声措施，建筑物资重复利用和再利用制度等。大力推行绿色施工。

（6）确保工程质量、施工安全及降低工程成本

保证工程质量和施工安全是工程建设的重中之重，施工组织设计中必须提出相应的措施，确立保证工程质量、施工安全的保证体系和组织机构，落实质量、安全目标责任制度。

提出切实可行的节约施工费用、降低工程成本的具体措施和项目目标。

（7）多方案的技术经济分析比较，选择优秀方案

一个工程中的施工方案有多种，一种材料供应商有多家，一种施工机械有多种规格、型号等，都应经过分析比较选择，在确保工程质量、施工安全、工期成本、环保等条件下，应选择经济适用的方案。在选择中要进行多方案比较，根据工程的实际情况，充分进行论证，以选择经济合理、技术先进、安全可靠，符合施工现场实际，适合施工企业的技术能力，能充分发挥企业优势的施工方案。

6. 突出编制重点

施工组织设计编制是将工程建设过程的人、财、物充分组织起来，合理调配，充分发挥作用，以“组织”为中心来突出施工“组织”设计的重点。应重点注意以下几方面内容:

（1）施工组织设计中的施工方案和施工方法，是解决施工中的组织指导思想和技术方法的中心问题，在编制时，要进行多方案比较、优化，选择更经济合理的方案和技术先进更有效的方法。

（2）保证工程质量和施工安全是工程建设的重心，必须保证。选择保证质量安全的措施必须可靠，具有针对性和可操作性。技术措施和组织保证必须完善、有效。

（3）施工进度计划是工程建设的主线，要按照工程施工进度计划配置人力、物力和财力，要协调有序，其中工序衔接和进度搭接及各阶段作业时间控制，要在有效的作业时间

和空间内，保质、保量地完成必要的工作内容，这是“组织”的中心任务，一定要规划和组织好，精细地应用横道图、网络图表现出来并进行落实。

（4）施工现场总平面图设计，这个图涉及技术性、经济性以及政策性等政策的问题，是施工组织设计必须重视的，关系到施工组织、技术管理、占地、安全、环保、消防、用电、交通、运输、文明施工、绿色施工等方面。在有限的可利用场地上和空间里，在有限的时间里，有效地将各种因素进行平衡处理，布置出施工总平图，做好规划和安排。达到场地、空间科学利用，并进行动态管理，定期更新总平面图的布置及立体空间的利用布置，是组织设计管理的又一个突出重点。

（5）施工组织设计要进行动态管理。施工时间长，情况变化多，施工组织设计编制不可能将所有情况都考虑得十分准确，同时施工条件是在变化的，必须根据变化情况及时对施工组织设计进行修改和补充。

1）工程施工前，工程项目技术负责人应组织有关施工人员进行施工组织设计交底。项目施工过程中，要进行施工组织设计执行情况的检查、分析，并适时进行调整。

2）工程设计有重大修改时，法律法规、工程标准修订成废止，施工方法重大调整及环境变化时，施工组织设计要及时进行修改、调整，必要时施工组织设计应修改，重新审批后实施。

总之，在全面规划好施工组织设计的时候，必须将上述五个重点方面优先解决好，这样才抓住了施工组织设计编制的核心。

二、施工组织设计编制与审批

1. 施工组织设计编制基本要求

（1）按《建筑施工组织设计规范》GB/T 50502—2009 的规定，施工组织设计按编制对象，有施工组织总设计、单位工程施工组织设计和施工方案。

施工组织总设计的对象是以若干个单位工程组成的群工程（住宅小区、成片、成区的城市改造，或是一个标段工程）或特大型项目为主要对象编制的施工组织设计，对整个工程项目的施工过程起统筹规划、重点控制的作用。施工组织总规划通常是比较原则的规划，对该项目提出总目标、原则和总的要求，包括质量、工期、安全及成本，以及主要技术、新技术应用等。对重点难点工程或工程的部位提出控制要求，是单位工程施工组织设计编制的依据之一。

（2）单位工程施工组织设计是以单位工程为主要对象编制的施工组织设计，对单位工程的施工过程起指导和制约作用。是施工组织总设计的具体化，是建筑企业进行科学化、规范化、标准化管理的基础，也是施工单位具体对单位工程的施工技术、经济和管理的综合性条件。单位工程施工组织设计编制是对单位工程施工过程具体安排人力、物力，以及各项施工过程、施工技术和作业计划（含进度计划、进度管理计划、质量计划、安全计划、成本计划、环境管理计划等），以确保单位工程按计划保质保量按期顺利完成，达到预期的各项技术经济指标。单位工程施工组织设计是施工组织设计编制的重点。多数情况下，没有施工组织总设计及施工方案。只有群体工程或特大型项目建设时才编制施工组织总设计，也只有大型工程项目或技术复杂工程或新技术应用等工程才编制施工方案。

（3）施工方案是以单位工程的分部、子分部或分项（工序）工程或专项工程为主要对象编制的施工技术与组织方案，用以具体指导其施工过程。是单位工程施工组织设计的重要节点。也可以说是单位工程施工组织设计的一部分。施工方案通常是对单一工程编制的专项施工技术方案，详细、具体，技术性、管理性很强，能很好地指导施工过程，有的是某施工企业的专利或特长。一个单位工程按其复杂程度可以有若干个施工方案。

2. 施工组织设计编制与审批的程序

（1）施工组织设计的编制必须满足下列要求：

1）符合施工合同或招标文件中有关工程进度、质量、安全、环境保护、造价等方面的要求。

2）积极开发、使用新技术和新工艺，推广应用新材料和新设备。

3）坚持科学的施工程序和合理的施工顺序，采用流水施工和网络计划等方法，科学配置资源，合理布置现场，采取季节性施工措施，实现均衡施工，达到合理的经济技术指标。

4）采取技术和管理措施，推广建筑节能和绿色施工。

5）与质量、环境和职业健康安全三个管理体系有效结合。

（2）应满足国家政策要求和建设实际情况的施工组织设计包括：

1）与工程建设有关的法律、法规和文件；

2）国家现行有关标准和技术经济指标；

3）工程所在地区行政主管部门的批准文件，建设单位对施工的要求；

4）工程施工合同或招标投标文件；

5）工程设计文件；

6）工程施工范围内的现场条件，工程地质及水文地质、气象等自然条件；

7）与工程有关的资源供应情况；

8）施工企业的生产能力、机具设备状况、技术水平等。

（3）施工组织设计主要内容有：编制依据、工程概况、施工部署、施工进度计划、施工准备与资源配置计划、主要施工方法、施工现场平面布置及主要施工管理计划等。

（4）施工组织设计的编制和审批

1）施工组织设计由项目负责人主持编制，可一次编制审批，也可根据需要分阶段编制和审批。

2）施工组织总设计由总承包单位技术负责人审批；单位工程施工组织设计由施工单位技术负责人或技术负责人授权的技术人员审批；施工方案由项目技术负责人审批；重点、难点分部（分项）工程和专项工程施工方案由施工单位技术部门组织相关专家评审，施工单位技术负责人批准。

3）由专业承包单位施工的分部（分项）工程或专项工程的施工方案，应由专业承包单位技术负责人或技术负责人授权的技术人员审批；有总承包单位时，应由总承包单位项目技术负责人核准备案。

4）规模较大的分部（分项）工程和专项工程的施工方案按单位工程施工组织设计要求的原则进行编制和审批。

（5）施工组织设计实施中实行动态管理并不断调整

1）项目施工过程中，当情况有下列变化时，施工组织设计要及时进行修改或补充。

① 工程设计有重大修改；

② 有关法律、法规、规范和标准实施、修订和废止；

③ 主要施工方法有重大调整；

④ 主要施工资源配置有重大调整；

⑤ 施工环境有重大改变。

2）修改或补充变化较大时施工组织设计重新审批。

3）项目施工前，要进行施工组织设计逐级交底；项目施工过程中，要对施工组织设计的执行情况进行检查、分析并适时调整。

（6）施工组织设计在工程竣工验收后要进行综合评估，提出它的优缺点，为今后工程利用提供经验。

3. 施工组织设计编制要点

施工组织设计编制以单位工程施工组织设计其编制要点，施工组织总设计和施工方案只列出其重点内容。按照施工组织设计的主要内容分别介绍各项内容。

（1）编制依据的汇总与学习

编写依据要遵照有关法规达到目标要求。组织设计就是在有关法规制度制约下，创造条件达到希望的目的。施工组织设计编制前，首先要把工程建设的法规、规范等有关依据和政策了解清楚并收集有关信息。主要有法规、条例、管理办法及政府部门文件；工程的招投标文件及施工合同；工程相关国家、企业、地方规范、标准、图集等；工程施工图设计文件，工程勘察资料，场地及周边地上、地下建筑管线资料；企业的技术力量及管理水平等。

1）主要工程建设的法律、法规和主管部门管理办法等。要在熟知工程施工图设计文件的基础上，与工程项目相关的，要遵循和参照有关法律、法规、管理办法。可以列表，将法规名称编号、年号写明。有些是要遵照执行的，可列出其条款，有些是参照其精神原则的。通常的法律法规有《中华人民共和国建筑法》《中华人民共和国合同法》《中华人民共和国安全生产法》《中华人民共和国消防法》《中华人民共和国环境保护法》《建设工程质量管理条例》《建设工程勘察设计管理条例》《建设工程安全生产管理条例》《民用建筑节能条例》《安全生产许可证条例》等。

部门规章和管理文件有建设部令及各种管理文件。部门规章如《建设工程施工许可证管理办法》《房屋建设工程质量保修办法》《房屋建筑和市政基础设施工程施工图设计文件审查管理办法》《建设工程质量检测管理办法》《房屋建筑和市政基础设施工程质量监督管理规定》等建设部令。部门文件比较多的是落实法律法规和部门规章的具体要求或当前工程建设中出现问题及时采取的措施等。如《关于加强住宅工程质量管理的若干意见》（建质〔2004〕18号）、《建设部建筑业新技术应用示范工程管理办法》（建质〔2002〕173号）、《民用建筑工程节能质量监督管理办法》（建质〔2006〕192号）、《绿色施工导则》（建质〔2007〕223号）、《危险性较大的分部分项工程安全管理办法》（建质〔2009〕87号）、《建筑节能工程施工技术要点》（2009）、《建筑业10项新技术（2010）推广应用的通知》（建质〔2010〕170号）、《住房城乡建设部关于深入开展全国工程质量专项治理工作的通知》（建质〔2013〕149号）、《工程质量治理两年行动方案》（建质〔2014〕130号）的通知等。部门文件具有针对性和指导性，在当前是必须执行的。在制定建筑工程施工组织设计时，要注意当前工程建设的要求。部门文件是当时有针对性的措施，应落实到施工组织设计中具体执行。如：开展全国工程质量专项治理工作的通知，要求新建住宅工程质量常见问题预防和治理覆盖率达到 100%，推行质量管理标准化等，编制施工组织设计时，必须有常见质量问题治理的具体措施。

法律、法规、部门规章要认真领会精神，将其规定落实到施工的全过程。

2）招投标文件及施工合同学习

简要写明招标文件名称、相关要求及相关承诺。要将施工合同的名称、合同编号、签订日期、合同的主要内容、工期、质量目标、安全措施、工程造价、主要施工方案和技术措施等，在施工组织设计中具体体现和落实。有总承包合同、主承包合同时，也可列表说明。施工合同是工程建设的一个主要文件，是施工组织设计的一个主要依据，相关内容要求是施工组织设计必须落实的。

3）施工图设计文件的学习（含图纸会审纪要、设计交底记录、设计变更）

施工图设计文件应是经过施工图审查机构审查合格的施工图设计文件，有正式审查报告。

施工图设计文件，用表列出图纸类别名称、图纸编号、出图日期，按建筑图、结构图及专业图顺序排列，图纸会审纪要、设计交底记录、设计变更依次排列。施工必须采取有效的技术措施体现设计意图，将图纸变为实体工程，保证设计的可靠度、强度、空间、构件位置、尺寸等，使工程达到设计的寿命和使用功能，是工程施工组织设计要达到的具体目标。编制工程项目施工组织设计前，应认真学习图纸及相关资料，经过优化比较，有针对性地采取技术措施。

（2）主要规范、标准的学习

工程建设规范、标准是施工组织设计编制的具体依据，是必须遵守的。规范、标准按层次有国家标准、行业标准、地方标准和企业标准，按种类有质量验收标准，有施工规范技术方法标准。通常国家标准、行业标准应执行，同一工程有地方标准的应先执行地方标准，在合同及施工单位承诺用企业标准的，应执行企业标准。应把相应的本企业的企业标准名称列出来。工程中适应的强制性条文应摘录出来，重点采取措施执行。

建筑工程应执行的工程质量验收规范主要有:《建筑工程施工质量验收统一标准》GB 50300—2013、《建筑地基基础工程施工质量验收标准》GB 50202—2018、《砌体结构工程施工质量验收规范》GB 50203—2011、《混凝土结构工程施工质量验收规范》GB 50204—2015、《钢结构工程施工质量验收规范》GB 50205—2001、《屋面工程质量验收规范》GB 50207—2012、《地下防水工程质量验收规范》GB 50208—2011、《建筑地面工程施工质量验收规范》GB 50209—2010、《建筑装饰装修工程质量验收标准》GB 50210—2018、《建筑给水排水及采暖工程施工质量验收规范》GB 50242—2002、《通风与空调工程施工质量验收规范》GB 50243—2016、《建筑电气工程施工质量验收规范》GB 50303—2015、《电梯工程施工质量验收规范》GB 50310—2002、《智能建筑工程质量验收规范》GB 50339—2013、《建筑节能工程施工质量验收规范》GB 50411—2007、《混凝土强度检验评定标准》GB/T 50107—2010 及《建筑工程施工质量评价标准》GB/T 50375—2016 等。

同时、应参照的相应的施工规范、技术规范和检测标准等，也应尽量列出来。

这些标准、规范可用表格将名称、编号、年号等列出来，见表 3-1。

表 3-1

类别	名称	编号（年号）
国家		
行业		
地方		
企业		

（3）其他依据性文件的学习

如地质勘察报告、企业的各项管理手册和程序文件、施工组织总设计、工程预算文件、建设单位提供的有关信息等；也可以列出本工程的施工依据的企业工艺流程、施工等技术要求，编制依据实例摘录，供编制时参考。

4. 工程概况

全面学习领会施工图设计文件、设计交底、图纸会审记录、招投标文件及施工合同的要求等，对工程名称、规模、性质、地理位置、地址，总承包单位、分包单位，工程承包范围和分包工程范围相关参建单位的名称及情况，有一个全面的简明扼要的突出重点的介绍，可以分为几部分来写。

（1）工程建设主要情况

1）工程情况及工程参建单位可列表，见表 3-2。

工程建设概况表 表 3-2

工程名称		工程地址	
建设单位		勘察单位	
设计单位		监理单位	
质量监督部门		总包单位	
主要分包单位		建设工期	
合同工期		总投资额	
工程面积		质量目标	
工程功能或用途		施工图设计文件审查	

2）工程承包范围和分包工程范围。可用文字叙述，同时可将分包单位及各参建单位的情况说明。

3）施工合同、招标文件对工程施工的重点要求，以及总包单位对分包单位的重点要求。这里特别要注意承包单位在投标的技术标中承诺的施工方案要列出项目来进行逐项落实。

4）其他应说明的情况，如地方政府对施工场地的环保、环境要求等。

（2）各专业设计情况介绍

1）建筑设计简介依据建设单位提供的建筑设计文件进行描述，包括建筑规模、建筑功能、建筑特点、建筑耐火、防水、节能要求，并简单描述工程的主要装修做法等。

2）结构设计简介。依据建设单位提供的结构设计文件进行描述，包括结构形式、地基基础形式、结构安全等级、抗震设防类别、主要结构构件类型及要求等。

3）机电设备安装专业设计简介。依据建设单位提供的各相关专业设计文件进行描述，包括给水排水及供暖系统、通风与空调系统、电气系统、智能化系统、燃气系统、电梯等各个专业系统的做法要求等。

4）各专业设计介绍可用表格表示。

建筑设计概况、结构设计概况、专业设计概况可分别列表。工程概况还应对工程难点与特点等因素进行分析。

为了补充文字表格介绍的不足，可附上有关示意图。

① 周围环境条件图，用以说明四周建筑物与拟建建筑的尺寸关系、标高、周围道路、电源、水源、雨污水管道及走向、围墙位置等。

② 工程平面图，用以说明建筑物的平面尺寸及围护结构等情况；工程结构剖面图，用以介绍工程的结构高度、楼层标高、底板厚度等。

③ 单位工程施工组织设计，利用各种方式重点介绍工程的特点。

5）建筑设计概况

单位工程建筑设计的总体情况、装饰材料要求构造做法可用表格说明，并可附上工程和周围环境示意图、平面图及剖面图，见表 3-3。

建筑设计概况表 **表 3-3**

<table>
<tr><td colspan="2">占地面积</td><td>m^2</td><td colspan="2">首层建筑面积</td><td>m^2</td><td>总建筑面积</td><td>m^2</td></tr>
<tr><td rowspan="3">层数</td><td>地上</td><td></td><td rowspan="3">层高</td><td>地下</td><td>m</td><td>地上面积</td><td>m^2</td></tr>
<tr><td rowspan="2">地下</td><td rowspan="2"></td><td>首层</td><td>m</td><td>地下面积</td><td>m^2</td></tr>
<tr><td>标准层</td><td>m</td><td></td><td></td></tr>
<tr><td rowspan="9">装饰</td><td>外墙面</td><td colspan="6"></td></tr>
<tr><td>楼地面</td><td colspan="6"></td></tr>
<tr><td>厨卫间地面</td><td colspan="6"></td></tr>
<tr><td>内墙面</td><td colspan="6"></td></tr>
<tr><td>厨卫间墙面</td><td colspan="6"></td></tr>
<tr><td>顶棚</td><td colspan="6"></td></tr>
<tr><td>楼梯</td><td colspan="6"></td></tr>
<tr><td>电梯厅</td><td colspan="6"></td></tr>
<tr><td>大厅、门厅</td><td colspan="6"></td></tr>
<tr><td rowspan="6">防木</td><td>地下</td><td colspan="6"></td></tr>
<tr><td>外墙面</td><td colspan="6"></td></tr>
<tr><td>屋面</td><td colspan="6"></td></tr>
<tr><td>卫生间</td><td colspan="6"></td></tr>
<tr><td>阳台</td><td colspan="6"></td></tr>
<tr><td>雨棚</td><td colspan="6"></td></tr>
<tr><td rowspan="2">保温节能</td><td>屋面</td><td colspan="6"></td></tr>
<tr><td>外墙面</td><td colspan="6"></td></tr>
</table>

续表

保温节能	门窗及幕墙	
	通外墙的地面	
绿化		
环境保护		

可附平面图、剖面图。

6）结构设计概况

结构设计用文字及表格说明其主要情况，包括基础类型、埋深、桩基类型、桩长；主体结构形式、特点；预制构件类型、最大单位重量、数量、安装形式；柱墙、梁板主要材料及要求等。常用表格见表3-4。

结构设计概况表 **表 3-4**

地基	结构类型：	埋深：	桩基：	桩长： m	桩径： mm
基础	结构形式：		整板板厚		
主体	结构形式				
	主要结构尺寸	柱子：		梁：	
	楼梯结构形式				
抗震设防等级	级		人防等级	级	
主要构件混凝土强度等级及抗渗要求	桩基		整体基础		
	墙体		梁		
	板		柱		
	楼梯		构造柱		
主要钢筋种类级别					
特殊结构					

7）建筑节能概况

包括外墙面、屋面、接触室外地面、架空层、外挑楼板、地下室外及接触室外的地面顶楼板等外墙围护结构。可列表说明，见表3-5。

建筑物围护结构势工性能要求 **表 3-5**

围护结构部位	主要保温材料名称	厚度（mm）	传热系数［W/（m^2·K）］	
			工程设计值	
屋面				
墙体（包括幕墙）				
地面接触室外空气的架空层或外挑楼板				
地下室地面及顶面				
地下室外墙				

8）机电设备安装设计概况

依据建设单位提供的各相关专业设计文件进行描述，包括给水排水及供暖系统、通风与空调系统、电气系统、智能系统、电梯系统及燃气系统等各专业系统的做法要求、节能要求、监控控制要求等。也可分专业系统列表说明。以给水排水及供暖系统为例列出参考表，见表 3-6。

给水排水及供暖设备安装概况表　　表 3-6

<table>
<tr><td rowspan="3">设计概况及
设计交底情况</td><td>图纸完成程度</td><td></td></tr>
<tr><td>各系统数量</td><td></td></tr>
<tr><td>主要要求</td><td></td></tr>
<tr><td rowspan="7">各系统工程量</td><td>室内给水</td><td></td></tr>
<tr><td>室内热水</td><td></td></tr>
<tr><td>供暖</td><td></td></tr>
<tr><td>中水</td><td></td></tr>
<tr><td>室内排水</td><td></td></tr>
<tr><td>卫生器具</td><td></td></tr>
<tr><td>其他</td><td></td></tr>
<tr><td rowspan="2">主要管材及配件</td><td>给水管规格数量</td><td></td></tr>
<tr><td>排水管规格数量</td><td></td></tr>
<tr><td rowspan="2">设备</td><td>供水设备</td><td></td></tr>
<tr><td>供暖设备</td><td></td></tr>
<tr><td colspan="2">卫生器具套（件）数</td><td></td></tr>
<tr><td>其他</td><td colspan="2"></td></tr>
</table>

通风与空调系统、电气系统、智能系统、电梯系统及燃气系统等都可根据实际情况，列表说明专业设计情况。表的内容以能说明设计情况，为施工组织设计提供素材为目的。

5. 主要施工条件和自然环境

（1）项目建设地点气象状况。收集当地气象站的资料及工程地质勘察报告提供的资料汇总，将预期施工期间的气象状况列出时间表来。供施工部署及防灾做防范预案。

（2）项目施工地域地形和工程水文地质状况。可详细列出有关平面图、剖面图，供制定施工部署、施工方案参考。

（3）项目施工区域地上、地下管线及周边相邻的地上、地下建筑物、构筑物情况，有详细的图纸及说明。

（4）与项目有关的道路、河流等情况，附有关交通图及说明。

（5）当地建筑材料、设备供应和交通运输等服务能力情况附材料清单、规格性能、交通运输工具种类及能力说明。

（6）当地供电、供水、供热和通信能力状况，包括供应方式、供应量等。

（7）其他与施工有关的因素等。

三、施工部署

工程项目施工部署要满足施工合同、招标文件以及本单位对工程项目管理目标的要求，主要包括进度、质量、安全、环境和成本等目标。若是群体工程各项目标还要满足施工组织总设计中确定的总体目标。

1. 明确总体目标

（1）工程进度安排和空间组织安排。工程主要施工内容和进度安排应用图表或网格图形象地表示出来。重点环节要明确说明；施工顺序要保证工程质量、施工安全、合理交叉作业、劳动力、机具设备均衡施工、进度等逻辑关系，可用框图表示出来。

（2）施工流水段划分要结合工程的具体情况，考虑工程进度、材料配置、劳动力、机具设备均衡施工。工程质量管理、经济合理等因素分阶段进行划分。这个划分对施工管理、保证质量、安全和经济都有重要影响。这是体现施工管理水平的重要方面，应予以重视，细心安排。

一个单位工程的施工阶段通常划分为地基与基础、主体结构、装饰装修和机电设备安装工程四个阶段。装饰装修与安装工程多有交叉，要详细安排穿插施工，有些装饰装修、安装工程也可穿插在主体结构施工段，要注意保证安全和工程质量。可用网格图或直方图表示出来，并加以说明。也可以分地基与基础、主体结构、装饰装修和设备安装，分阶段分别用图表表示出来。

（3）流水段的划分要考虑质量管理和验收，将质量验收的检验批划分好，能形成分项工程的质量指标，便于质量管理和验收，验收批大小相对均衡，使验收的结果有可比性，又便于抽样等。

（4）对工程施工的重点、难点进行分拆，从重点施工技术和组织管理两个方面进行。

施工技术，难点重点分析要考虑技术的成熟性、可靠性、安全性及经济性，以保证工程质量、施工安全和工期为重点选择。要列出主要设备选择明细表，注明性能及经济性，技术要优先考虑综合工艺技术，全面考虑质量、安全、进度。

组织管理分析，首先要考虑质量、安全管理，以及劳动力、机具设备均衡施工及经济有效性，要应用网络系统管理等手段。用数据来表明组织管理的效果和效益。

（5）对工程施工中开发和使用的新技术、新工艺、新材料要作出部署，对其应用要提出技术及管理的要求，对新开发的新技术、新材料等要有技术鉴定资料，对涉及结构安全、重要使用功能、环保、节能的项目，要有当地主管部门的认可文件；对国家及建设主管部门推广应用的新技术、装配式结构、新材料、绿色施工技术等，在可能的情况下应优先选用，对创新的项目要提出技术及管理措施，经项目技术负责人批准，列入管理制度。

（6）工程管理组织机构。总承包单位应明确组织管理机构的形式，用框图的形式表示出来。对项目经理部和工作岗位及其职责划分明确。

项目经理部是施工企业的派出机构，是施工企业的窗口，代表施工企业工程建设管理水平，其管理应达到企业的管理水平。

对分包企业的项目管理机构应适应总包单位要求，接受总包单位的技术安排。总包对分包项目施工企业的资质和能力要提出明确的要求，要保证工程项目的质量、安全和工程进度的安排，共同保证协调施工。

（7）施工部署。施工部署是单位工程施工组织设计的主要内容，应把施工过程的主要控制目标合理地规划出来，主要有施工目标、施工组织、任务划分及重点施工工艺等。

施工目标要列出本工程的质量目标、安全目标、工期目标、成本控制目标、安全目标、文明施工目标、科技工作目标等。

1）质量目标：工程质量根据合同约定、投标承诺的质量目标进行落实。一定要结合企业的技术水平，实事求是的承诺，承诺了就要千方百计努力完成。正常情况下，最好承诺创优良工程的目标。有条件时，可承诺创 ×× 优质工程，不要鲁班奖、国优工程的无把握的承诺，不光是做到做不到，就是能做到，没有指标也不行，承诺不掌握在自己手中。要讲诚信，说到一定要做到。

也可将质量目标分解承诺和落实，按分部子分部工程列出分解目标，逐项进行落实。重点分部工程达到优良标准，见表 3-7。

单位工程质量目标分解 表 3-7

序号	分部（子分部）工程	质量目标	目标指标、标准
1	地基与基础工程	合格	各分项工程达到《建筑地基基础工程施工质量验收标准》GB 50202—2018 的规定，承载力一次检测合格
2	主体结构	优良	达到《建筑工程施工质量评价标准》GB/T 50375—2016 优良工程规定
3	屋面工程	优良	达到《建筑工程施工质量评价标准》GB/T 50375—2016 优良工程规定
4	装饰装修工程	优良	达到《建筑工程施工质量评价标准》GB/T 50375—2016 优良工程规定
5	建筑给水排水及供暖	合格	各分项工程达到《建筑地基基础工程施工质量验收标准》GB 50202—2018 的规定
6	电热电气	合格	各分项工程达到《建筑电气工程施工质量验收规范》GB 50303—2015 的规定
7	通风与空调工程	合格	各分项工程达到《通风与空调工程施工质量验收规范》GB 50243—2016 的规定
8	电梯工程	优良	达到《建筑工程施工质量评价标准》GB/T 50375—2016 优良工程规定
9	智能建筑工程	合格	各项工程达到《智能建筑工程质量验收规范》GB 50339—2013 的规定
10	燃气工程	合格	各分项工程达到相关规范的合格规定
11	建筑节能工程	合格	各分项工程达到《建筑节能工程施工质量验收规范》GB 50411—2007 的规定

2）安全目标：安全生产样板工地，安全达标 100%。安全控制：死亡 0，无重伤、无大的设备事故，无火灾事故；并落实分解到各施工阶段的施工中。

3）工期目标：总工期日历天数 710 天，从施工许可证开工日期起。工期分解到各主要工序中，如图 3-1 所示。

4）工程文明施工目标：工程开展绿化施工，创文明施工样板工程，可列出开展绿色施工的项目及文明施工项目细则。从节能、节材、节水、节地四节及控制扬尘、建筑垃圾、活水排放等环保措施作出规划。

5）施工组织机构：以能落实职能分工、落实工作责任为主，各项工作责任落实到位，重点是项目经理，项目技术负责人要按投标文件落实到工地上，进入岗位。

6）任务分工：根据承包合同，落实任务范围及责任。主要是总承包范围业主自行负责的范围、分包单位的任务范围，包括施工工程项目、工程物资设备采购、工程使用的大型设备装备等，将任务划分清楚，在施工承包合同中明确，并在协调会议纪要中，再次确认，以便各自按时完成任务。

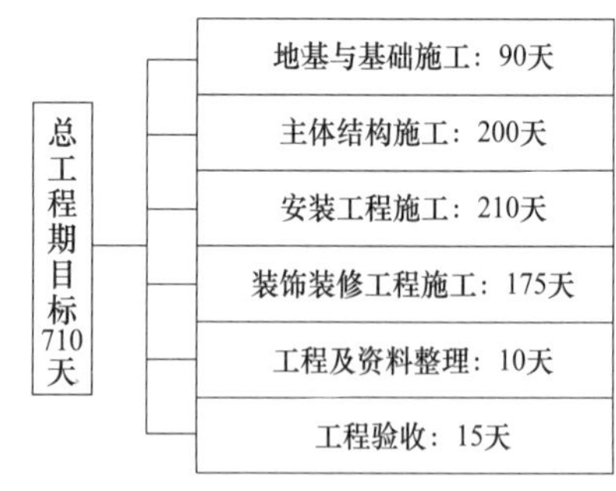

图 3-1 工期目标

注：装饰装修与主体结构、安装工程可适当交叉施工。

7）重点工序施工工艺安排：明确原则，规划整个工程施工程序，规定各阶段施工起点及节点期限，明确主要工序的施工顺序等。

2. 主要分项、分部工程施工方法

各种施工方法和机械性能在《建筑施工技术》中及有关资料中已有较详细介绍，这里是根据工程特点及自身的技术优势进行选择，能保证工期、工程质量、提高经济效益，减少重体力劳动和环境污染，实施绿色施工等条件逐项选择确定。尽量能充分发挥企业自身的技术优势和利用新技术及综合工艺技术，要确保施工部署总体目标的实现。

（1）主要施工方法选择

1）测量放线

测量放线的要求是按照图纸设计要求，准确地将建筑物放在城市规划的位置，并使建筑各层的平面位置、标高控制在规定允许偏差范围内，并尽可能提高其准确水平。要求人员必须经过培训考核合格，使用精确度符合要求的测量设备及经过检查验证其有效性。按操作程序、操作规程进行操作，做好测量放线记录，放线、审核、核验人员签字认可。并要建立测量放线技术验证制度，保证测量放线的保证率，以展示企业技术管理的完善性。

① 建筑红线控制放线。临街建筑或城市规划有要求的建筑位置控制放线应由城市测量队来测量放线，订出压标控制桩。或经过城市规划部门同意自行测量由其验证认可的建筑红线位置。要有有效的测量控制桩、图，依其确定建筑物的轴线及位置。

② 建筑物的轴线控制。确定建筑物基础首层及各层平面位置测量方法及控制要求精度；每层放线要有技术复核，施工后要验证其准确度，做好记录。

③ 建筑物垂直度控制。包括外围护结构的垂直度和各层内部墙、柱的垂直度的控制方法，控制上下层柱墙的对应位置，测量方法能控制偏差在规范允许偏差的范围内。

④ 沉降观测。按照设计要求，选择沉降观测的方法设点和精度要求。对设置观测点数量、位置做出布置，设置完成后，进行第一次观测，设计好记录表格由专人负责。完工后每 2 个月观测一次，直到稳定为止。并保护好观测点和控制标高桩。出现超规范或设计要求的过大沉降或不均匀沉降，要及时报告设计单位进行研究处理。

2）地基挖土及土石方运输

① 场地清除和平整。按设计标高，进行方格网土方计算，选择施工及运输车辆。在

经验的基础上，根据地基、地下室挖土情况，可控制负标高。

② 挖土方法选择。根据土质情况、水位高低、周边及地下建筑物及管线的情况等选择人工、机械施工及支护方法等，确定人员配备、机械种类及型号。

③ 地表水、地下水的排水方法及降水、基坑围护方法选择，以及防排雨水方法的设置，要保证安全，多方案比较。

④ 深基坑开挖，周围土壁支撑形式，设置方法选择，要经过当地卖家论证认可。

⑤ 石方开挖方法、表面及深层破碎方法选择，要结合周围环境及安全要求确定。

⑥ 土方搬运的设计，要考虑回填用土，能错开分段施工最好，挖土及回填一次完成，或尽量放在近距离地方回填取土方便，选择土方运输方式。

3）地基基础工程

① 首先确定设计是浅基础还是深基础，有无地下室，基础标高设置高度一致与否，有无施工段施工缝及变形缝、有无地下防水要求等。

② 浅基础、深基础主要是基土处理，挖方、填方夯实，选择施工方法，达到承载力要求。有筋扩展基础、无筋扩展基础要按混凝土工程、砌体工程施工，达到质量要求。

③ 桩基础。按设计要求的桩基础进行施工方法选择，详细了解地质勘察报告，掌握地质水文情况。

预制桩时，做好桩体质量验收，选择打桩施工机械，事前做好试桩，做好接桩试验，桩体及深度符合质量要求后，正式开始施工。打桩施工过程做好施工记录，形成施工工艺，验证打桩质量。

灌注桩时，要选择好成孔方法，人工、机械、护壁方法，桩底土质鉴定，明确桩孔验收方法及质量要求。做好钢筋笼质量控制、混凝土强度等级质量验收及灌注质量控制记录，记录桩体质量。

地下有地下室或没有地下室有防水要求时，做好防水防护的质量。按设计要求，控制混凝土质量验收，达到强度、防水等级要求；灌注施工按程序保证墙体混凝土自身防水质量；有卷材、砂浆、板材等防水层时，有防水层施工控制要求。对于施工缝、穿墙管线后浇带等防水细部做法要预先制定措施，并按措施进行落实。防水施工的各环节都应做好施工记录，包括照片、录像等隐蔽工程记录。完工后一定时间内要有施工、监理、设计等，对防水效果进行检查验收。

4）混凝土工程

① 模板工程

选择好模板类型和支模方法。根据工程结构类型、现场施工条件、企业的技术能力水平和施工装备水平，选择有效的模板体系种类和支架体系。

A. 模板要根据混凝土表面质量的要求进行选择，装饰清水墙模板选择要保证清水装饰混凝土墙的线条、色泽质量、阴阳角顺直、方正、无毛刺；只刮腻子刷涂料的半清水墙面混凝土的模板要保证墙面的平整度、阴防角的方正顺直、接槎处的错台偏差，以及表面质量有一定的粗糙度，保证腻子厚度一致，粘结牢固，不使腻子起壳、爆皮；要抹灰贴面砖的混凝土墙面的模板要保证墙面有较好的粗糙度，使抹灰层粘结牢固；楼板的模板要与模板支架体系配合，模板有一定的刚度，接受混凝土后不会变形，不影响楼板底面的平整度。模板拼装接缝严密、无漏浆，安装牢固、无变形跑位及胀模、鼓肚；梁柱接头处及梁梁交叉处形状规矩，接缝严密等。

B. 模板支撑体系选择要按安装、使用拆除工况经过设计计算，保证模板安装、使用和拆除时整体稳定性。优先选用可进行微调成套的支撑体系。根据不同部位确定细部的支撑方法和精度控制。工况设计分不同项目、部位、数量，明确加工制作、安装、使用和拆除的要求，对于比较复杂的部位，模板设计应绘制模板构造图或放大样图。

C. 对于模板精度控制要体现在支撑立柱的高度微调，柱墙的侧模、梁的底模及侧模、楼板的底模、大模板的位置垂直度微调控制，以保证混凝土构件的位置、标高和断面尺寸。

要明确用模板的精度控制上、下层柱、墙轴线位移的相关性的控制要求，可设置上、下层柱、墙位移的验证措施。要明确模板支架柱上、下层对中的控制方法。对于变形缝、后浇带、错层、高低跨的连接处的细部构造，要有专门设计，保证其与整体工程的精度要求。

D. 设计模板构造要保证安装牢固、可靠，浇筑混凝土过程不变形走样，模板使用维护措施，尺寸偏差控制在允许范围内，还要保证拆除方便、快捷，先安的后拆，后安的先拆，不损害混凝土构件质量。

E. 根据模板不同使用要求，选择隔离剂，隔离剂不能影响装饰清水混凝土的色泽，不能影响墙面抹灰、刮腻子等后续工序质量，不能污染钢筋及混凝土构件等。

② 钢筋工程

A. 保证进场钢筋质量。建立有关制度，按设计要求进行钢筋采购订货，进场验收保证钢筋质量。合格证、进场验收记录，抽样复试报告，符合设计要求。进场钢筋与工程使用数相一致。现场堆放有序，标识清晰。保证合格材料用在工程上。

B. 钢筋加工。明确机具设备性能要求，加工机具、人员要有资格证。根据设计图纸按工程部位、楼层、施工项目、流水段编制钢筋加工表，成套进行加工。加工表见表 3-8。

×××流水段钢筋加工表 **表 3-8**

钢筋编号		钢筋规格		直径（mm）	数量	钢筋形状及尺寸
大梁（4榀）	1	HRBF400E		ф F32	8	1100　1120　5100　1120　1100
	2	HRBF400E		ф F32	16	8900
	3	HRBF400E		ф F16	16	8900
	4	HRB335		ф 8	178	800　390　80
次梁（16榀）	1	HRBF400E		ф 25	48	3600
	2	HRBF400E		ф 16	32	3600
	3	HRB335		ф 8	210	540　290　80

明确除锈、调直、切断、弯曲的成型方法及质量要求，明确除锈为非延长性加工方法、钢筋接长连接方法（电弧焊、对焊等）及钢筋现场施工连接方法（电渣压力焊、机械连接等），有条件时最好选用专业钢筋加工，多用成型钢筋、连续箍筋，以及加工成型钢筋的运输方式及质量要求。

C. 钢筋笼、钢筋骨架成型要求。有条件时，梁、柱钢筋骨架最好在工厂加工成型，现场安装，对钢筋骨架的尺寸、形状质量进行检查验收，合格后再行安装，对保证质量有好处。加工前对尺寸偏差、形状偏差提出要求，进场时检查验收，达到要求，以保证钢筋骨架在模板内的尺寸偏差和骨架整体尺寸质量。

D. 现场钢筋安装绑扎。明确构件受力主筋的位置及方向、搭接部位、接头位置、接头形式、方法、接头错位要求：要明确安装绑扎顺序，墙、柱竖向钢筋连接生根形式、定位、间距控制要求等，现场墙、柱变截面钢筋过渡做法及要求；预制钢筋骨架安装连接要求，以及垫块、保护层要求，拉结筋、预埋件等的设置要求等，都应将质量要求说明白。

③ 混凝土工程

A. 预拌混凝土配合比、强度等极、工作度、初凝时间控制要求，以及掺合料、外加剂等订货合同明确要求开盘鉴定符合合同要求认可。确定进场拌合物验收要求，保证混凝土拌合物质量。

B. 确定施工现场水平、垂直运输方式（泵送、吊车加吊斗、运输车）。

C. 混凝土浇筑。根据工程量的大小，确定工作班制，浇筑段划分、浇筑起点流向、浇筑顺序、分层高度、浇筑高度的控制措施，振捣方法、养护方法及制度，施工缝、后浇带留置位置，以及相应的施工措施及施工机械、工具的性能要求等。

D. 大体积混凝土、有防水要求等的特殊混凝土应将配合比、掺合料、外加剂等，在试验的基础上提出要求，并提出实施中的控制要求。

5）砌体工程

砌体工程分承重的砌体和填充墙的砌体。承重砌体要重视砌体的强度及构造柱、图梁的位置等整体质量要求；填充墙要注意与周围结构连接质量，在宽度较大时或高度较高时，注意设置连系柱和连系梁，外墙有门窗时，要有窗、门固定连系构件，以保证门窗的固定质量。通常要注意：

① 明确工程中所采用的砌体材料、砂浆强度、使用部位；明确砌筑工程施工工艺、施工方法、墙体压顶的施工方法和墙体拉筋、压筋的留置方式。

② 明确砌体的组砌方法和质量要求，皮数杆的控制要求，流水段和劳动力组合，砌筑用块材、块浆等的垂直和水平运输方式等。

③ 明确砌体与钢筋混凝土构造柱、梁、圈梁、楼板、阳台、楼梯段等构件的连接要求。

④ 明确配筋砌体工程的施工要求。

6）装配式结构安装工程

① 确定吊装工程准备工作内容。主要包括起重机行走路线、各种索具、吊具和辅助机械的准备，临时加固、校正和临时固定的工具、设备的准备，吊装质量要求和安全施工等相关技术措施。

② 选择起重机械的类型和数量。根据建筑物外形尺寸，所吊装构件外形尺寸，位置、重量、起重高度，工程量和工期，综合确定起重机械的类型、型号和数量。

③ 确定构件运输要求。主要包括：构件运输、装卸、堆放办法、所需的机具设备（如平板拖车、载重汽车、卷扬机及架子车等）型号、数量，对运输道路的要求，装卸次数要求，堆放场地要在吊臂范围内，尽量不发生二次搬运。有条件的可组织随运随吊的施工方法。

④ 确定构件的吊装方案。确定吊装方法（分件吊装法、综合吊装法），吊装顺序，起重机械的行驶路线和停机点，确定构件预制阶段和拼装、吊装阶段的场地平面布置。

⑤ 确定构件吊装的绑扎和加固方法、吊点位置的设置、吊升方法（旋转法或滑行法等）、临时固定方法、校正的方法和要求、最后固定的方法和质量要求。尤其是对跨度较大的建筑物的屋面吊装，应认真制定吊装工艺，设定构件吊点位置，确定吊索的长短及夹角大小、起吊和扶直时的临时稳固措施、垂直度测量方法等。

7）屋面工程

屋面工程的重点有两个：一是防水；二是保温。

① 防水工程的做法有多种，防水等级要求不同，有卷材防水层、复合防水层、瓦板屋面等，并且细部构造对防水效果至关重要；要选好材料，明确工艺构造，保证防水效果，经过检验达到标准要求。施工技术措施制定和落实是重点。

② 保温工程的保温材料也有多种，要把好选材关，施工中达到设计厚度，并保证铺设均匀，达到保温设计要求。对种植屋面、架空屋面、蓄水屋面等做法要达到设计要求。

③ 细部构造工程。防水保温工程的细部都很重要，防水细部更重要。要有精细的施工技术措施，并做好施工过程检查验收工作，使质量达到规范规定，做好验收记录备查。

④ 为保证防水、保温工程质量，制定的施工技术措施，要先做样板，验收合格后，再正式开始施工，保证制定的技术措施是有效的。

8）装饰装修工程

装饰装修工程在结构质量得到保证下进行，装饰装修质量影响到使用功能、环境质量及工程的整体质量，故应做好装饰装修。

① 装饰装修工程种类多，可以用表格形式分别以外墙面、内墙面、地面、顶棚、门窗、油漆涂刷工程等列出各楼层房间的装修做法明细表；确定总的装修工程施工顺序；表明专业施工相互穿插、配合；绘制内、外装修的工艺流程图。

② 外墙饰面工程。明确外墙饰面材料的要求、施工方法、质量要求、成品保护、控制要点及与室外垂直运输设备拆除之间的时间关系等。

③ 内墙饰面工程。明确饰面材料要求、施工方法、成品保护、控制要点、施工方法及质量要求。

④ 楼地面工程。明确材料要求、做法及控制要点、质量要求、施工时间、保养和成品保护。

⑤ 棚面及内隔墙。明确施工方法、棚面及内隔墙的做法、材料选用、质量要求及与水电专业之间的协调配合。

⑥ 门窗安装。明确门窗进场验收、施工工艺、固定方法、外金属窗的防雷接地做法。

⑦ 木装修工程。明确木装修内容及材料、质量标准、控制要点及注意事项。

⑧ 油漆、涂料工程。明确材料选用及施工方法、质量要求、成品的保护、注意事项等。

9）对采用的新的项目及有特殊要求的工程以及重点环节的施工方案应重点制定措施。

① 对四新项目——新结构、新工艺、新材料、新技术的项目，要根据技术特点制定有针对性的技术措施，没有现行规范标准的新技术，其技术措施要经过专家论证。并尽可能做出样板，能达到规定的质量指标之后，再大面积施工。原材料质量控制措施、施工方法、施工工艺、专用施工机具、施工准备、操作流程、质量标准、检查方法以及材料运输方法等作出详细规定。

② 有特殊要求的工程项目，高耸、大跨、水下、深基础及有专门要求的项目，要单独编制施工方案，选择有针对性的施工方法、工艺流程、专门的技术要求，有保证质量、安全的措施，机具设备的要求等，必要时绘制平立剖示意图及写出说明。其方案应经企业技术负责人审查批准才能施行。

③ 工程中的重点环节、重点工序在方案中单独列出，制定有针对性的措施，要制定专项质量要求，用图示表明与相关环节的关系，要有专门的质量检查方案。

10）做好辅助项目的方案，脚手架、现场水平垂直运输方案等。

① 脚手架虽不是工程直接内容，但对保证工程质量、施工安全有重要影响，应事前结合工程特点及企业的技术条件，选择适用的脚手架的种类，分清安全责任，落实责任单位及责任人。搭设、验收、使用都要按相应规范进行，达到规范要求才能投入使用。

② 现场水平、垂直运输。选择合适的运输方案，对机械型号、数量、布置位置、安全装置、使用、防护等落实责任。用图表分层列出运输量、运输路线、挂牌标明责任单位、责任人，对运输设备进场、安装、移位、升高都要检查验收，符合要求后才能使用，运输过程中，必须按相应规范操作。

3. 主要施工机械选择

选择施工机械要本着切实需要、经济合理、客观条件和实际情况决定。根据已确定的施工方法选择施工机械的型号、性能、数量，这些施工机械要根据工期、工程量大小、工作班数、机械生产率等因素经过计算来确定，以免造成浪费和影响工期。

在一些机械选用时还要考虑机械的起重量、作用半径、臂长、起重高度、安装要求、安装位置、经济效果以及安全性能等因素。各种机械选择后，可列出机械设备选用表，见表 3-9。

主要施工机械设备选用表 **表 3-9**

序号	名称	型号	功率	产地	台数	计划使用起止时间

四、施工进度计划

（1）单位工程进度计划是控制工程施工进度和工程竣工期限的各项施工活动，是规划施工过程的施工顺序、施工持续时间、互相衔接、合理配合的重要技术文件。施工进度计划是工程项目施工组织设计的主线，是落实施工部署的重点措施，是满足施工合同工期，将施工日程、技术措施、物资及资源供应等实际施工条件，有效组织起来的措施，落实施工过程时间控制、物资供应、工序交叉搭接的关系。要以工程项目地基与基础、主体结构、装饰装修和机电设备安装四个阶段为主安排进度计划，在工程量、工效的计算后，合理分配工期，并留有一定的余地。能采取措施缩短工期的工序，不占有效工期的工序，进行合理交叉施工，能预加工现场安装的工序尽量预加工，但要在施工进度计划中表示出来，以保证适时安装进入工程。

（2）施工进度计划采用网络图或横道图表示出来，交叉作业、能预加工不占有效工期的工序，要用不同线条表示在图中，工程规模较大或较复杂的工程宜用网络图表示，也可用计算机网络技术表示更好。并配以必要的文字和图示说明。

施工进度计划的网络图可以是总进度计划，阶段进度计划和重点环节的计划互相配合，还可以绘出专业工程或工程阶段的子施工进度计划。以便于参加施工的有关方面人员掌握施工进度计划，安排好自己的工作。

（3）施工进度计划是工程的施工部署的重点，参与建设方都要遵守，都要了解。安排时征求各方意见，确定后要宣传落实，使各方都了解自己的进度安排、进出场的时间和期限，以做好施工准备，保证按时、保质保量完成施工任务。总施工进度计划和分施工进度计划编制要满足落实的需要。文字说明既要有针对性，特别是重点工序、关键环节和新技术项目等，要把完成进度计划的要求和技术措施提出来。

（4）施工进度计划，是在施工方案确定的基础上，将施工合同工期和技术措施、物资资源供应等实际施工条件，对单位工程的施工过程，从开始施工到竣工验收全过程，按工程的各分部分项工段，科学合理地确定其在时间上的安排和互相间搭接、交叉施工关系。进度计划是控制施工进度和工程施工期限及各项施工活动、指导单位工程施工过程的施工顺序、起止时间、持续时间，以及各工序间互相衔接和合理配合的重要技术文件；是确定劳动力和各种物资资源需要量计划的依据，也是施工年计划、月计划的编制依据。

施工进度计划编制注意事项：

1）单位工程施工进度计划，要满足建设单位和施工合同的约定工期要求，满足经上级主管机关批准的开工、竣工时间及工期要求。若有施工组织设计尚要满足其施工进度计划的要求。

2）施工进度计划要根据工程所在位置的地形图、施工图、工艺设计图、标准图集及工程技术规范标准等技术资料，以及劳动定额、机械台班定额、工程用料定额及工期定额等。

3）要依据施工预算及施工图预算中的工程量、工料分析等资料来计算用工时间等。

4）要满足单位工程的施工程序、施工起点流向、施工顺序、施工方案、施工方法及施工机械、各种技术组织措施等。

5）要满足有关施工条件的要求：施工气候条件、环境条件、施工现场条件、施工管理和施工人员的技术素质、主要设备材料的供应能力和交通运输能力等。

6）其他相关要求。

（5）单位工程施工进度计划编写过程，以分部分项工程施工过程作各施工进度计划的基本单元进行编制。首先将各主要施工过程列出，再结合施工方法、施工条件、各基本单元小工程量、劳动组织形式等因素进行整合理顺。施工项目按施工顺序依次排列，其名称可参照定额手册的项目名称，也可参照工程质量验收规范的分项分部（子分部）工程，以方便工程量的计算和套用相应定额计算工时及工程质量管理及评定验收等。施工项目的划分主要取决于施工进度的使用对象和对施工进度控制的需要，来划分粗细程度。直接用于施工控制的可细一些，作为指导性的可粗一些。对于分包的项目，只列出项目名称和时限控制，反映出进度配合关系即可，具体由分包去细化该分包施工项目的进度计划。施工项目或施工流水项的划分要与施工方案的要求取得一致。施工进度计划要简明清晰、突出重点，划分的施工项目或施工流水段要便于劳动力均衡，材料配给协调，机械设备应用运行有序，以及便于质量安全管理等。

（6）施工流水段划分

施工进度计划除了保证工期、有序施工外，还要为施工组织创造合理均衡施工，为保证工程质量、保证工期、有效节约施工成本创造条件，重点是划分好施工流水段。将施工对象划分为工程量大小相当的若干个工作面，能使各施工队（组）在不同的工作面平行或交叉连续进行作业，通常以不少于3个不多于6个为好。给各施工队（组）依次进入相同工作面进行流水作业施工创造条件。

施工段、流水段的划分对合理施工、均衡施工及工程质量管理验收都有密切关系，划分的好坏体现了一个施工单位的技术管理水平。同时，施工段、流水段的划分，要特别注意保证工程质量和施工安全。

（7）计算工程量

在划分各施工项目、施工流水段后，依据施工图设计文件分别计算各施工段的施工工程量，为配备劳动力、机械设备及各种物资创造条件。对已有施工预算或施工图预算，也可直接利用其数据，但必须按施工段分别列出其工程量，并要与已划分的施工层、施工段对应。计算时要注意以下问题：

1）结合施工要求，按流水段分段、分层计算各项工程量。当利用已有预算文件中的工程量时，要按施工项目的划分将预算文件中的有关工程量进行分配，并按照不同强度等级、不同质量要求、不同施工方法等分别计算工程量。施工进度计划在此基础上分段、分层汇总工程量。计算工程量要能满足施工流水段的要求。

2）工程量计算要与选择的施工方法、结构形式和安全技术要求协调，以满足施工过程的管理要求。如土方工程量计算，要根据开挖方法不同，分为人工开挖、机械开挖、独立基坑独立开挖还是大开挖、周边边坡安全示范方法等不同情况，以及施工场地、施工工作面大小的影响等，都应按施工方法不同，分别计算工程量，还有不同结构形式、吊装方法、施工机械各类性能影响等都应考虑到各种工程量的计算要求。

3）工程量计量单位。各分项、分部工程的工程量计量单位与工程定额手册中所用的计量单位一致，以方便计算劳动量、材料需用量、机械使用量，质量验收、预算工程决算、使用时直接套用，防止因计量单位不统一换算耽误时间或发生差错。

（8）劳动量和机械台班量计算

在确定了施工项目（施工段、流水段）、工程量和施工方法及施工机械种类和性能后，即可套用施工定额（各地施工定额不尽一致），以计算各施工项目的劳动量和施工机械台班数量：

1）劳动量和机械台班数量计算公式

$$P=\frac{Q}{S}\text{或}\quad P=Q\cdot H$$

式中 P——完成某施工项目所需的劳动量（工日）或机械台班数量（台班）；

Q——某施工项目的工程量（m^3、m^2、m、t、件……）；

S——某施工项目的产量定额（m^3、m^2、m、t、件……/工日或台班）；

H——某施工项目的时间定额（工日或台班/m^3、m^2、m、t、件……）。

时间定额是指为完成单位合格产品所需的时间。

产量定额和时间定额指标可在施工定额中查到（注：有的地区施工定额不尽一致）。

将工程量除以产量定额，即可求得所需劳动量或机械台班数量；

将工程量乘以时间定额，即可求得所需劳动量或机械台班数量。

2）注意事项

① 全国各地的环境不同、气候不同，以及施工方法和工程质量的要求差异，施工定额不同，套用时注意。

② 在同一施工项目中经常发生同一性质不同类型的分项工程，当工程量相等或相当时，一般可采用其算术平均值计算平均时间定额或产量定额，当同一性质施工项目不同类型的分项工程工程量不相等时（差别较大时），包括同一施工项目由同一工种班组施工，但材料、做法或构造不相同时，可采取加权平均定额值计算。

③ 在同一施工项目中，不同类型的分项工程工程量不相等或材料、做法构造不相同时，或不由同一个工种施工班组施工时，可分别计算其劳动量或机械台班数量。

④ 采用国家或地方施工定额计算劳动量或机械台班量时，要对劳动定额水平，结合自身工人的实际操作水平、施工机械使用情况、工程结构情况和现场施工条件因素，以及技术革新成果等对定额水平进行评估，确定实际定额水平，以保证工程进度的实现，对采用的新技术、新工艺、新材料、新结构和新的施工方法的项目，尚未施工定额的项目，可参照类似的项目定额、经验资料编制施工定额，来计算劳动量和机械台班，注意总结自身的经验资料。

⑤ 在确定劳动量或施工机械台班量时，通常只对主要的施工项目、影响工期的项目进行定额计算，对工期影响不大的不必进行计算，如各阶段的施工准备、场地清理，脚手架搭设、拆除，与建筑结构施工相配合的水、卫、电、暖的设备管道安装不必计算，凭经验给出相配合的工期、起止时间等即可。

（9）确定各施工项目的施工天数（持续作业时间）

在计算单位工程各分项、分部工程施工项目及流水段的劳动量及施工机械台班数量后，计算各分项、各分部工程施工项目或流水段的施工天数。

$$t=\frac{P}{R\cdot C}$$

式中 t——分项、分部工程施工天数；

P——劳动量（工日）或机械分班量（台班）；

R——拟配备人数或机械台数；

C——工作班制。

注意事项：

1）计算各分项、分部工程施工项目、流水段的控制工期相配合和协调。还要与相邻分项、分部工程施工项目、流水段的作业时间相搭配协调，减少或防止劳动力、机械窝工或临时找劳动力机械等缺陷。以保证工期及均衡施工。

2）为取得好的均衡施工及好的经济效果，如计算的持续作业时间（天数）不协调时，可增减工人数、机械数量及每天工作班数来调整。

（10）编制施工进度计划

在各分项、分部工程以及流水段工程的技术作业时间确定以后，根据工程施工布置、施工合同约定工程工期或施工组织总设计对本单位工程工期的安排，编制施工进度计划。在工期控制范围内，要充分考虑各分项、分部工程、流水段的合理施工顺序，尽可能安排组织流水段施工和立体交叉施工，以节约工期，保证主要施工项目流水段及主要施工操作工种的连续施工和工作时间。

进度计划，可以用横道图或网络图绘制，并加以文字说明，对工程规模较大或工程较复杂的，宜采用网络或分级进度计划图。

1）横道图施工进度计划图表，见表3-10。

×××工程施工进度计划图表 **表3-10**

序号	分项分部工程名称	工程量		定额	工日数	施工人数	工作班次	工作天数	施工进度（天）	
		单位	数量						××年×月	×月

劳动资源动态图

调整优化计划，为了使初排的施工进度计划满足规定的目标，应认真进行检查和调整。重点检查各施工项目间的施工顺序是否合理、工期是否满足要求、资源供应是否均衡等，然后进行必要的调整和进一步的优化。用分段进度计划图时，要核对总进度计划图与各段计划图是否均衡合理、协调。

2）网络图表示施工进度计划（略）。

五、施工准备与资源配置计划

1. 施工准备

施工准备通常包括技术准备、现场准备和资金准备等。

（1）施工技术准备包括施工技术资源的准备，重点工序施工方案分别编制计划、进场材料及构配件进场检验制度、进场材料及工程试验检验设备配置及调试工作计划，新技术、新工艺及重点工序施工技术的论证计划，重点工序样板制作计划等。

1）主要分项、分部工程新技术项目和专项工程在施工前应单独编制施工方案。各施工方案可根据工程进度计划或工程进展情况，分别在施工之前分段编制完成，并列出需要编制的施工方案分项、分部工程的编制计划。

2）配备与施工工程相关的质量验收标准有效文本、各工序的操作规程（企业标准）。并在施工前对施工班组进行技术交底，落实操作规程的计划安排。

3）对采用新技术、重点工序的施工技术方案应有工程项目技术负责人批准，首次使用的施工技术方案，应制作样板工程，以验证施工技术的有效性。满足合同和投标文件的要求，并达到施工的实际要求。

4）制定材料、构配件、设备的进场验收制及分项、分部工程质量检验检测项目计划和检测设备的配置与调试工作安排计划。满足规划、规范、标准有关要求，按工程质量要求、进度等实际情况，需要配置到现场。

（2）现场准备

正式施工前应将施工现场生产、生活条件，结合现场施工条件和工程实际需要进行准备，以保证开工后的生产、生活的正常活动。

1）生产条件准备要以方便生产、满足需要、保证质量安全为原则，以施工现场总平面布置为基础，划分生产安全区域，设置施工围挡，施工现场设置出入管理设施、生产临时施工用房、生产指挥站点等。

2）生活设施保障，是以保证工人吃、住及方便工作为主的生活保障，住、吃用房若在施工现场，一定要划分好生活与施工区的界线，保证安全。非生产时，施工区域不得出入，工人的吃、住及生活活动的生活区的安全、卫生要保证。

（3）施工所需资金应根据施工进度计划编制资金使用计划。按施工合同安排落实资金到位，满足材料订货、购置及施工要求，以保证工程质量及工程进度。

2. 资源配置计划

资源配置主要是劳动力，物资配置等。

（1）劳动力配置计划重点做好：

1）确定各施工阶段的用工量，并将工种及技术工人的数量标明。

2）按施工进度计划确定各施工段劳动力配置计划，并按工种所需要工人的技术要求，进行培训考核合格，才能上岗操作。

（2）物资配置计划重点做好：

1）工程用主要材料、设备的配置计划，应根据施工进度计划确定进场时间，保证工程用料，要明确各施工阶段所需主要材料、设备的种类和数量，以及质量要求。要有明确的物资采购管理制度和进场验收制度。

2）工程施工主要周转材料的施工机具配置计划，要满足施工布置和施工进度的使用，并按各施工阶段（施工段、流水段）所需要的主要周转材料、施工机具的种类和数量配置。

3）劳动力、物资配置要有专人管理、落实责任，并保证及时调配和供应。

3. 施工现场平面布置

（1）施工总平面的规范的有关规定

1）施工总平面布置应符合下列原则：

① 平面布置科学、合理，施工场地占用面积少。

② 合理组织运输，减少二次搬运。

③ 施工区域的划分和场地的临时占用应符合总体施工部署和施工流程的要求，减少相互干扰。

④ 充分利用既有建（构）筑物和既有设施为项目施工服务，降低临时设施的建造费用。

⑤ 临时设施应方便生产和生活，办公区、生活区和生产区宜分离设置。

⑥ 符合节能、环保、安全和消防等要求。

⑦ 遵守当地主管部门和建设单位关于施工现场安全文明施工的相关规定。

2）施工现场平面布置图应包括下列内容：

① 工程施工场地状况；

② 拟建建（构）筑物的位置、轮廓尺寸、层数等；

③ 工程施工现场的加工设施、存贮设施、办公和生活用房等的位置和面积；

④ 布置在工程施工现场的垂直运输设施、供电设施、供水供热设施、排水排污设施和临时施工道路等；

⑤ 施工现场必备的安全、消防、保卫和环境保护等设施；

⑥ 相邻的地上、地下既有建（构）筑物及相关环境。

3）施工总平面布置图应符合下列要求：

① 根据项目总体施工部署，绘制现场不同施工阶段（期）的总平面布置图。

② 施工总平面布置图的绘制应符合国家相关标准要求并附必要说明。

4）施工平面布置示例（略）。

第三节 施工现场准备

一、施工技术准备

1. 施工许可证领取

建设单位在签订施工合同后应及时申请向当地建设主管部门领取施工许可证，得到政府对施工项目的行政许可，成为合法的施工工程，列入当地施工项目年度计划。施工许可证是政府为了加强对建筑活动的监督管理，维护建筑市场秩序，保证建筑工程质量和施工安全。为此，工程项目应该具备下列条件：

（1）已经办理该建筑工程用地批准手续。

（2）在城市规划区的建筑工程，已经取得建设工程规划许可证。

（3）施工场地已经基本具备施工条件，需要拆迁的，其拆迁进度符合施工要求。

（4）已经确定施工企业。施工企业是按规定公开招标，具备相应的资质条件，没肢解发包工程。施工企业是正式选取的、有效的。若按照规定应该招标的工程没有招标，应该公开招标的工程没有公开招标或者肢解发包工程，以及将工程发包给不具备相应资质条件的，所确定的施工企业无效。

（5）有满足施工需要的施工图纸及技术资料，施工图设计文件已按规定进行了审查。

（6）有保证工程质量和安全的具体措施。施工企业编制的施工组织设计中有根据建筑施工特点制定的相应质量、安全技术措施，专业性较强的工程项目编制了专项质量、安全施工组织设计，并按照规定办理了工程质量、安全监督手续。

（7）按照规定应该委托监理的工程已委托监理。

（8）建设资金已经落实。建设工期不足一年的，到位资金原则上不得少于工程全合价的 50%；建设工期超过一年的，到位资金原则上不少于工程合同价的 30%。建设单位应当提供银行出具的到位资金证明，有条件的可以实行银行付款保函或者其他第三方担保。

（9）法律、行政法规定的其他条件。

建设单位领取施工许可证后，施工单位才可以办理正式进入施工现场的手续，与建设单位办理交接手续，开始施工现场的准备，承担施工现场的技术、安全管理责任。

施工许可证应放置在施工现场备查。

施工用的施工图设计文件是按规定已进行审查的。

施工单位可以正式按已批准的施工组织设计的规划，进行施工准备，施工现场可以按施工组织设计的施工总平面图，进行施工现场的布置、施工围挡、施工道路、安全措施等准备。

2. 施工现场质量管理技术准备

施工单位进入施工现场，施工场地、材料物资、人员设施准备要满足施工技术需要，划分好工程分工，符合安全文明施工绿色施工的要求。同时，在正式开工前，应按《建筑工程施工质量验收统一标准》GB 50300—2013 的要求，做好施工现场的质量管理技术准备。第 3.0.1 条规定，施工现场应具有健全的质量管理体系、相应的施工技术标准、施工质量检验制度和综合施工质量水平评定考核制度。施工现场质量管理可按本标准附录 A

的要求进行检查记录，见表3-11。

施工现场质量管理检查记录　　　　表3-11

<table>
<tr><td>工程名称</td><td colspan="2"></td><td>施工许可证号</td><td colspan="2"></td></tr>
<tr><td>建设单位</td><td colspan="2"></td><td>项目负责人</td><td colspan="2"></td></tr>
<tr><td>设计单位</td><td colspan="2"></td><td>项目负责人</td><td colspan="2"></td></tr>
<tr><td>监理单位</td><td colspan="2"></td><td>总监理工程师</td><td colspan="2"></td></tr>
<tr><td>施工单位</td><td></td><td>项目负责人</td><td></td><td>项目技术负责人</td><td></td></tr>
<tr><td>序号</td><td colspan="2">项　　目</td><td colspan="3">主要内容</td></tr>
<tr><td>1</td><td colspan="2">项目部质量管理体系</td><td colspan="3"></td></tr>
<tr><td>2</td><td colspan="2">现场质量责任制</td><td colspan="3"></td></tr>
<tr><td>3</td><td colspan="2">主要专业工种操作岗位证书</td><td colspan="3"></td></tr>
<tr><td>4</td><td colspan="2">分包单位管理制度</td><td colspan="3"></td></tr>
<tr><td>5</td><td colspan="2">图纸会审记录</td><td colspan="3"></td></tr>
<tr><td>6</td><td colspan="2">地质勘察资料</td><td colspan="3"></td></tr>
<tr><td>7</td><td colspan="2">施工技术标准</td><td colspan="3"></td></tr>
<tr><td>8</td><td colspan="2">施工组织设计、施工方案编制及审批</td><td colspan="3"></td></tr>
<tr><td>9</td><td colspan="2">物资采购管理制度</td><td colspan="3"></td></tr>
<tr><td>10</td><td colspan="2">施工设计和机械设备管理制度</td><td colspan="3"></td></tr>
<tr><td>11</td><td colspan="2">计量设备配备</td><td colspan="3"></td></tr>
<tr><td>12</td><td colspan="2">检测试验管理制度</td><td colspan="3"></td></tr>
<tr><td>13</td><td colspan="2">工程质量检查验收制度</td><td colspan="3"></td></tr>
<tr><td>14</td><td colspan="2"></td><td colspan="3"></td></tr>
<tr><td colspan="3">自查结果：

施工单位项目负责人：　年　月　日</td><td colspan="3">检查结论：

总监理工程师：　年　月　日</td></tr>
</table>

施工单位施工准备工作应包括《建筑工程施工质量验收统一标准》GB 50300—2013附录A的各项内容，并在有关施工方案、施工现场准备工作中，落实有关要求。施工单位对《建筑工程施工质量验收统一标准》GB 50300—2013附录A的各项目落实的主要内容进行说明，并经项目负责人自查后，附上落实的相关资料交监理单位的总监理工程师审查，审查认可后，才可正式开始施工，这个附录A的内容，是督促施工单位做好施工前的技术准备工作及施工现场施工准备工作，保证施工项目开工后的连续施工、施工工程质量及施工安全。可以说这是施工现场的技术施工许可证。建设单位向行政主管部门申领的施工许可证，是行政许可证，说明工程项目是合法的，是符合建设程序的，说明工程项目是符合开工条件的。而附录A的准备落实，说明施工准备为今后施工过程的技术管理创造了条件，一些相关施工现场准备及技术措施的编制是满足了施工过程安全及工程质量的基本措施要求的。

施工单位应将有关制度文件按目录顺序附在表A的后边，对地质勘察报告等资料在施工方案中的落实情况、施工现场总平图布置中的落实情况，重点说明；对施工技术标准应列出清单备齐标准。

监理单位的总监理工程师应在专业监理工程师审查的基础上进行核查批准。

3. 进行图纸会审和规范学习

（1）组织图纸会审

1）在收到通过审查的施工图设计文件后，项目经理部项目总工程师（项目技术负责人）组织各专业施工工长、质量员、标准员、安全员、材料员等有关人员进行详细的施工图设计文件会审和分析，了解设计意图和相关要求，相关技术人员认真查对了解，设计工程的重点难点，发现问题形成文字记录，及时与有关人员联系，尽快取得设计人员的解决方案，与设计单位、建设单位办理有关设计变更、补充及洽商。施工单位的一些问题还可在设计交底时进行研讨。

2）与建设单位、设计单位、监理单位有关方面研究确定设计图交底时间，在正式开工前，由建设单位项目负责人组织设计、监理、总包、机电分包单位进行正式设计交底，施工各方掌握领会设计意图及重点技术与质量要求等，并形成设计交底纪要。

3）总承包单位、机电分包单位的总工程师、技术负责人，该工程的项目经理及项目总工程师（项目技术负责人）都应参加图纸会审。

4）施工企业对一些大的工程项目、技术要求高的项目及创优良工程的项目，施工企业还可对工程项目部的项目经理、项目总工、专业工长、质量员等技术人员进行技术交底。由企业总工程师将图纸会审的情况、设计交底的要点及企业对工程项目的质量要求和技术管理工期等的要求，向项目部进行交底，将企业的管理目标进行落实，对工程项目部提出要求。

5）工程项目部应根据工程项目的质量计划及企业技术交底的要求，将技术要求及质量目标落实到各专业工长，各专业工长要制定好各专业的施工技术措施、工艺标准或企业标准及重点说明，并向操作班组进行技术交底，将技术措施的重点难点、注意事项、设计要求、企业的质量目标、具体的技术要求和质量要求进一步向操作班级进行落实。技术交底文件要经监理工程师审查认可。并形成交底记录，交底双方签字认可。

（2）图纸、规范、规程、图集的准备及学习

1）施工现场的技术人员要根据施工图设计文件总说明及施工质量目标等认真准备工程项目所需要的各种标准、规范、规程、图集及有关技术资料。分别用表格列出国家、行业、地方的标准、规范、规程、图集及有关资料及文件规定。项目部组织学习施工图设计文件及有关标准、规范、规程及图集等。

2）现场管理人员分别学习各专业图纸，对照设计交底、图纸会审纪要，仔细查对图纸及有关设计变更、洽商，并将变更内容标注到图纸上，形成统一的设计要求。

3）组织学习标准、规范、规程、图集，并结合图纸要求，将工程项目的施工技术措施进一步完善，针对设计要求及工程项目创优目标，使施工质量达到设计要求和规范规定的质量目标。也可应用样板项进行预施工或首道工序施工来确认工程质量及技术措施的有效性。从而提高管理人员的技术水平，检查操作人员掌握技术措施的水平，使工程质量得到确实的保证。

4）对图纸中的一些重点大样、构造等图纸及图集表示不具体时，现场技术人员应根

据工程标准的原则进一步深化细化设计，将重点构造大样或做成样板项来具体落实，标明构件或钢筋的相互关系。并得到相应技术领导的批准，创出企业工程技术和工程质量的亮点。

4. 施工方案编制计划审批

根据设计图纸要求及企业技术条件和施工条件组织各分项工程施工方案编制，落实施工组织设计技术方案的要求，落实投标技术标及施工合格质量承诺以及施工安全，编制各分项工程及临时施工设施的专项施工方案，保证工程质量目标的实现。专项施工方案编制审批要落实到人，并在施工前完成，有相应企业标准的施工企业，要充分利用好企业标准，将企业标准作为专项施工方案的基本内容加以补充即可，并不断完善企业标准的内容。

计划编制专项施工方案一览表。编制人要有相应的空格，并由项目技术负责人批准，在项目施工前完成，见表3-12。

专项施工方案一览表 **表3-12**

序号	方案名称	编制人	完成时间	审批人
1	施工组织设计			
2	基坑挖土及地下防水施工方案			
3	基础施工方案			
4	模板设计及施工方案			
5	钢筋工程施工方案			
6	混凝土工程施工方案			
7	基础回填土施工方案			
8	施工测量专项方案			
9	屋面施工方案			
10	装饰装修施工组织设计			
11	外墙体保温施工方案			
12	水暖施工方案			
13	电气施工方案			
14	冬期、雨期施工方案			
15	试验检测计划方案			
16	临时用水用电方案			
17	塔吊安装及使用方案			
18	外脚手架、卸料平台施工方案			
19	安全施工专项方案			

5. 施工试验测量工作计划

（1）配备工程所需的测量、计量等器具。

工程施工过程的质量控制要靠相应的检测、计量、试验等手段，配备相应仪器、设备等器具是必不可少的。一般工程配备的测量器具见表3-13。

测量、试验、检测仪器配备表　　表 3-13

序号	用途	设备名称	型号及精度	数量	备注
1	一、测量仪器	经纬仪	BTD－2	2	
2		水准仪	DZS3－1	3	
3		全站仪	R－322SX	1	
4		激光垂直仪	DZJ－3	2	
5		塔尺	5m	2	
6		钢卷尺	50m、100m	各 2	
7	二、试验器具	恒温恒温自动控制仪	WSM－22	1	
8		架盘天平	JP－A	1	
9		混凝土试模	100mm×100mm×100mm	60	
10		砂浆试模	70.7 mm×70.7 mm×70.7 mm	10	
11		坍落度筒	300 mm×200 mm×100 mm	2	
12		取土环刀	200cm^2	5	
13		温度计	－30N＋50℃	2	
14	三、施工检测用具	游标卡尺	0～200	2	
15		靠尺	JZC－2	3	
16		线坠		4	
17		塞尺		3	
18		测力搬手	21000DBE	2	
19		卷尺	2m、5m	各 10	
20		激光测距仪		2	

（2）试验测量工作是施工过程技术管理和工程质量管理与验收的重要手段，是科学管理的方法，将工程质量管理提升，用数据展示工程质量，将工程质量管理由定性转移到定量管理，提高了工程管理的精准性。改进了工程质量管理和工程质量水平的规范性、可比性。在试验测量工作中，还必须加强管理，注意试验、检测方法的规范性、科学性，试验测量数据真实可靠，试验测量的资料完整，具有可追溯性。

1）施工现场提供基本试验测量条件：

① 施工现场应设立必须的试验室，能满足一般试验要求，按工程项目内容设置。

② 设置养护室，供有关试件的养护。

③ 按规范及有关各地规定，划分的施工单位自行试验和委托有资质的单位检测试验的目录，在“检测试验计划”中标明分工。

2）各种原材料按工程项目、招标段或承担的成区、成片建设项目进行统一订货、进场验收，统一取样试验，将试验结果分别分发试验取样覆盖的各单位工程。

3）有见证验收的试验项目，按各地建设主管部门规定的项目及比例进行，委托见证取样及试验机构进行。有见证取样人见证对工程安全、使用功能重要部位、系统完成项目的取样和送检。

4）结构实体验证

各质量验收规范对各自工程质量验收规定了实体工程质量检验，来保证各项工程的安全及使用功能，这些项目多数是分部子分部工程最终质量的检验，是工程质量管理的重点，如地基基础的地基承载力、桩基承载力、地基沉降观测；混凝土结构的结构实体混凝土强度、结构实体钢筋保护层厚度、结构实体位置与尺寸偏差；钢结构的焊缝内部质量、高强度螺栓连接副紧固质量、防火涂装、防腐涂装等。有些项目应委托有资质的检测机械检测，有些施工企业可自行检测，形成相应的检测报告。在“施工测量专项方案”中进行明确规定，并提前委托相应检测机构。

5）检测工作注意事项

① 原材料的取样及试验方法以及判定材料合格应按原材料的相应标准进行。

② 工程施工过程的施工试验应按工程质量验收规范规定指定的专项检测方法标准进行。

③ 有关综合性的工程质量检测，检测机构应事前编制专项检测方案，经监理工程师审查认可后施行。

④ 检测项目完成后必须形成有效的检测报告或检测记录，检测报告应有检测人员、审核人员签字负责，批准人员签字批准，并加盖相应检测机构的检测专用章，才算正式的检测报告。

⑤ 有见证取样和送检的检测项目检测报告必须标明见证取样检测的专用标记或专用章才有效。

⑥ 检测资料按“检测计划”要达到完整的要求。

6. 样板项计划

（1）样板项的作用

为落实工程项目质量规划，确保工程质量目标的实现，在大范围工程全面施工前，做好施工现场的样板项或首道工序质量的验收，是一项落实工程质量目标的有针对性和可靠性的有效技术措施。为做到有计划的实施，可在施工组织设计中，专门列为一项具体内容，将工程质量控制的重点项目、技术难度相对大的项目，以及创优工程中要做出亮点的项目，在工程施工前，对这些项目提出质量目标，用样板项或首道工序施工质量验收措施，将质量目标具体化、实体化。在样板项或首道工序施工完成后，经建设单位、监理、技术负责人、质量负责人、专业工长等有关人员联合进行检查，需要检测的应进行检测，经检查认可达到本工程规定的质量目标后，认可施工相应的措施方可按其进行全面施工，后续施工质量不能低于样板项或首道工序施工质量。样板项目确立实体质量校准，是验证施工方法和质量控制措施的有效方法。

（2）样板项项目计划。工程项目的质量目标确定后，应根据质量目标提出样板项或首道工序施工质量验收项目计划。计划可用表格形式列出，见表 3-14。

样板项、首道工序认可项项目计划 **表 3-14**

序号	样板项、首道工序认可项	代表部位及项目	备注
1	基础垫层混凝土	全部基础垫层	
2	底板卷材防水层	全部底板卷材防水层	

续表

<table>
<tr><th>序号</th><th colspan="2">样板项、首道工序认可项</th><th>代表部位及项目</th><th>备注</th></tr>
<tr><td>3</td><td colspan="2">地下外墙卷材防水层</td><td>全部外墙</td><td></td></tr>
<tr><td>4</td><td colspan="2">基础底板、地梁钢筋绑扎</td><td>全部基础</td><td></td></tr>
<tr><td>5</td><td colspan="2">框架柱梁交叉节点</td><td>相应的交叉节点</td><td></td></tr>
<tr><td>6</td><td colspan="2">剪力墙暗柱暗梁钢筋</td><td>墙体</td><td></td></tr>
<tr><td>7</td><td colspan="2">框架柱模板支设</td><td>框架柱</td><td></td></tr>
<tr><td>8</td><td colspan="2">梁、顶板及支撑体系支设</td><td>梁顶板支撑系统</td><td></td></tr>
<tr><td>9</td><td colspan="2">框架柱混凝土浇筑</td><td>框架柱梁</td><td></td></tr>
<tr><td>10</td><td colspan="2">剪力墙混凝土浇筑</td><td>剪力墙</td><td></td></tr>
<tr><td rowspan="3">11</td><td rowspan="3">混凝土保温养护</td><td>框架柱</td><td>全工程</td><td></td></tr>
<tr><td>剪力墙</td><td>全工程</td><td></td></tr>
<tr><td>顶板</td><td>全工程</td><td></td></tr>
</table>

这里只以主体结构为例，具体工程时可更具体一些，机电安装、装饰装修的样板项，可另外列出。

样板项完成后，要与质量目标要求和规范规定进行比较，并用数据文字说明与质量目标、规范规定的符合性和达到的程度。

7. 科研与新技术推广应用计划

科研和新技术推广应用是建筑施工创新、保证工程质量安全的基本手段，也是改进施工技术水平的有效方法。这其中，大致包括三方面的内容。

（1）设计文件推广使用的新结构、新材料、新技术等创新项目，施工中要落实装配式结构、新的防水材料、节能技术等。

（2）国家、地方建设主管部门提倡推广的创新项目，可加快科技成果转化为生产力，是改变建筑工程的施工技术，推广应用新材料、新的施工方法，控制施工质量安全，加快工程进度的一些好的经验和做法，如“建筑业 10 项新技术”（深基坑支护技术、高强高性能混凝土技术、高效钢筋和预应力混凝土技术、粗直径钢筋连接技术、新型模板和脚手架应用技术、建筑节能和新型墙体应用技术、新型建筑防水和塑料管应用技术、钢结构技术、大型构件和设备的整体安装技术、企业的计算机应用和管理技术）、危险性较大的分部分项工程范围的十项规定的安全防范技术等。对拟使用的项目列出计划表进行逐项落实。

（3）企业的自行创新项目。前两项是被动的，这项是企业自己发展的计划，企业创新是企业发展之路，是创业发展之路，也是社会发展的基础。企业创新的形式多种多样，首先，最基本的创新是施工中遇到困难进行小改小革，针对工程中技术标准执行不到位，质量问题的解决，在企业总工程师带领下，对企业施工中的难点、经常易出问题的环节，落实国家工程技术标准的措施列出改进题目，有关人员组成技术人员、工人及管理人员攻关小组进行改进，列出攻关计划，列入企业创新计划，提供资金、时间及有关条件保证，完成后进行验收，是提高企业技术水平的基本形式；其次，是有计划地改进综合的施工方法，提高企业工程质量和经济效益，针对工序施工将各种子工序施工环节进行统一协调，科学配合交叉穿抽施工，经过有效的试验和不断改进，形成有效的能保证工程质量、加快施工进度、提高经济效益的综合施工工艺标准；第三，要根据企业发展计划，提出企业创新施工方法、施工技术的课题，由企业组成科研组，进行科技创新，创出有自己企业特色的新技术，成为企业的技术优势，形成企业专利技术，把企业建成小而专、精、高的企业，更多去占领市场份额。

企业创新要成为企业的一项经常性的工作，由企业总工程师负责组织，编出年度创新计划表，经企业领导研究批准后执行。这是企业不断发展、不断提高企业技术水平的正常技术工作。一个企业缺少了技术发展，就会停步不前，就会落后。

8. 施工组织管理的落实

（1）项目部组织机构确定

根据质量目标及施工合同、投标书确定的项目经理主要技术负责人到位，落实工程项目的质量责任。项目领导班子组成人员见表 3-15。

项目领导班子组成人员 **表 3-15**

序号	岗位	姓名	执业资格及技术职称
1	项目经理		一级建造师、高级工程师（标书中）
2	生产经理		高级工程师
3	项目总工（技术负责人）		高级工程师（标书中）
4	项目副总工		工程师
5	质量安全经理		工程师
6	经营经理		经济师
7	专业工长（主要工种的项目）		工程师
8	专业质量员		质量员
9	安全员		安全员

注: 1. 项目经理、项目技术人（项目总工）等在投标书中承诺的人员必须与其是一致的。其执业资格、技术职称应满足工程项目管理的规定。

2. 人员配置应满足工程管理需要，以确保工程项目的安全、质量、工期、功能成本等目标的落实。现场八大员可以适当兼职，但工作任务必须落实。

3. 有分包单位时，要求分包单位的组织机构必须配齐，保证管理工作的落实。

4. 管理人员应在现场门口标志栏中公布其姓名，并应在岗坚持工作。公布栏除施工单位的管理人员，对参与建设的建设单位、勘察设计单位、监理单位的项目负责人（总监理工程师）也应公布。

（2）各部门和主要管理人员岗位职责表

工程项目根据工程实际情况进行管理分工，各项管理工作都必须落实到有关部门和人员。建立岗位责任制和质量、安全监管制度，分工明确，落实质量、安全控制责任，事前应完善各项控制措施，事中严格落实，各负其责，事后检查评价。其岗位职责可列表分布出来。

分包单位的资质要符合工程项目管理的规定，管理人员也应要求其符合工程项目管理工作规定，资质证书、营业执照、安全生产许可证、人员的资格证书符合规定。能按 ISO

9002 标准，对工作施工过程进行规范化、标准化管理。

（3）总分包的任务划分

根据施工合同约定，总包单位负责对工程项目的全部施工管理进行组织协调，对施工现场的安全、工程项目的质量全面负责，包括对建设单位直接分包的建筑智能系统、区域配电室、电梯安装分部工程等。任务划分可列表说明，见表 3-16。

总包分包任务划分表 **表 3-16**

序号	项目名称	承包具体内容
1	工程项目全部	建筑结构、装饰装修、水暖卫、电、空调通风、建筑智能系统、电梯安装、燃气工程、搅拌混凝土、人防安全门安装、工程竣工验收等
2	总包负责项目	建筑结构工程、装饰装修工程、电气工程、人防门安装等外墙外保温工程
3	水暖工分包项目	给水排水、供暖工程、消防工程
4	空调通风分包项目	通风与空调工程、热力站设备安装、人防通风系统
5	燃气工程分包项目	燃气管道及室内燃气器具、灶具仪表、报警系统安装
6	建筑智能系统、电梯安装、区配电室安装（建设单位直接分包）	负责监促检查
7	总承包负责	施工现场文明绿色施工、安全、消防、安全防范等

（4）施工组织管理的原则

施工部署应考虑的因素很多，通常主要应注意以下几点：

1）满足合同工程质量、安全、工期、功能的要求；满足企业经营管理、成本经济效益、环保、绿色施工、文明施工及服务的要求，达到合理、经济、有效的按预定目标对人力、机械、机具、物资、工艺流程组织施工。

2）以综合协调充分发挥企业综合优势，形成综合工艺，显示企业技术能力，确保工程项目的质量、安全、进度、效益的实现。

3）以科技创新为先导，推广新技术、新材料、新工艺的应用，创新发展企业的技术能力，向创新科技要效益、要质量、要速度、要企业发展。

4）加强成本控制、工程建设全过程的有效控制，通过优化施工组织，对班组人员合理配备，用料精细，管理控制工程精度（允许偏差管理），科技攻关创新，改进施工程序、工具器具，使用先进科学的管理方法，在保证工程质量的前提下，最大限度降低成本。

5）连续施工，空间占满，提高组织效能，减少工人流动及施工期限，缩短工期，减少不必要的流动费、工期占用浪费等。使流水段的划分合理，人员配置合理，在全过程时间连续、空间占满。结构施工在质量允许、安全保证的前提下，分段验收，适当插入二次结构施工、装饰装修施工和管道线路及机电设备安装施工，合理交叉流水施工。

6）做好工序施工、流水作业的连接及有效性。通过精细安排工序施工空间及时间占用，组织有效的施工区域内全过程的流水作业。防止中间过程出现人员增减更换、抢工或工序倒置，前道工序影响后道工序进入及后道工序成品保护不到位，穿插污染现象出现，要达到施工一次到位，一次成活，一次成优，达到优良工程标准。

7）多个单位工程施工时，应在施工区内组织大流水，使施工分区更合理，发挥整体优势。在多个单位工程施工区以单位工程划分流水段的基础上，可以施工区内的多个单位工程统一划分流水段进行施工。可在大范围内平衡人力、设备及有关资源，更能取得好的组织效果和理想的均衡施工及经济效益。也可以组织多条流水线进行平行施工。

8）创优良工程质量标准，严格一次成活，一次成优良的控制措施，保证施工不超工时，不打乱施工流水秩序，按照施工组织设计、施工合同或施工企业自行确定的质量要求，各分项工程质量均执行《建筑工程施工质量评价标准》GB/T 50375—2016 中优良工程标准，制定质量控制措施，在开工前的技术培训考核合格，样板项或首道工序质量验收合格，达到质量计划目标的要求，正式施工中严格控制不得出现返工重做，更不能出现达不到质量目标的情况。

9）预先安排好季节性施工的影响。影响正常施工的自然气候有冬、雨季，高温及大风等气候。冬季是可以预计的，尽量安排不影响工程质量和不增加措施费用的项目，在冬期施工，以节约投资成本和工期，对雨期、高温、大风的影响，要做好施工预案，在风、雨、高温季节有专人关注天气预报，遇到情况能及时投入使用施工预案，保证工程质量和施工安全。

二、施工部署落实

本工程项目总建筑面积 108506m^2，地下结构 20010m^2，地上结构 88496m^2，包括 1 号楼、2 号楼、3 号楼、4 号楼、5 号楼及地下车库工程（案例说明）。

（1）划分为两个施工区域，根据部署原则，为便于组织施工管理和资源调配，使总工期最短，最省材料，效益最好，将本工程划分为两个施工区域，组成两个施工队伍来分别流水施工，完成施工任务。

第一施工区域: 1 号楼及 4 号楼。

第二施工区域: 2 号、3 号、5 号楼及地下车库。

（2）施工总顺序

1）施工准备→土方开挖及护坡支护→垫层及底板防水层施工→筏板及地下结构施工→通道及出入口施工→地下室外墙防水及保护层施工→基槽及车库顶板填土施工→主体结构施工→二次结构施工→装饰装修施工→机电设备安装→精装饰施工→收尾清理及室外绿化及室外小市政施工→竣工验收。

2）土方开挖顺序由浅入深依次而进，2 号→ 1 号→ 3 号→ 4 号→ 5 号→车库。

回填先清理再由深到浅，依次进行。

3）地下结构：主体结构施工顺序按施工方案的施工流水段进行，前道工序为后道工序创造条件，后道工序注意对前道工序的成品保护。中间有交叉时要做好交接，检查记录，分清质量责任。

4）地下结构车库及低跨结构施工完成后，其装饰装修及机电设备安装应及时跟进，屋面防水、外墙外保温及涂料施工应及时进行，以便对能达到使用条件的子单位工程给予验收，交付建设单位使用或作为临建使用，节约临建费用或提高建设效益。

（3）施工进度计划安排

列表进行安排，见表 3-17。

总施工进度计划表 表 3-17

序号	项目内容	计划完成时间
1	基坑土方挖运	年 月 日—— 年 月 日
2	垫层完成时间	
3	±0.000 完成时间	（具体可准确到日）
4	车库验收时间	
5	6 层以下结构验收	
6	13 层以下结构验收	
7	1 号、5 号楼结构验收	
8	结构优良工程验收	
9	二次结构施工验收	
10	装饰装修工程验收	
11	机电设备安装验收	
12	初装饰部分的验收	
13	精装饰部分的验收	
14	收尾清理竣工验收	
15	室外园林绿化完工验收	
16	单位工程优良工程验收	

计划编制要全面考虑各方面的因素，总施工计划列出后，一经确定，就必须要进行落实。各阶段还应分别按表 3-17 将各阶段及重点控制项目列出详细进度计划表，并检查实施情况。通常情况不应变更计划。按安排计划进行施工，是一个企业组织能力和技术能力的体现。

（4）督促按计划实施

施工现场的组织管理是保证工程施工计划完成的主要因素，施工现场影响施工进度的因素很多，必须建立有效的制度，及时进行协调和组织，从内部和外部进行管理协调，解决影响进度和工程质量的矛盾。

总承包单位内部协调：

1）生产例会：是施工企业普通使用的一种有效方法。每天下午下班前的 1.5h，由生产经理组织召开生产例会，由有关专业工长及人员参加，研究一天的生产情况，对影响施工进度、工程质量、安全生产等进行分析，研究改进措施，协调各专业施工之间的交叉作业，做好会议记录。

2）施工方案讨论会：各项施工方案正式施行前，由项目技术部门负责人，组织生产、物质、预算、专业工长、质量员、标准员、安全员等有关人员，对方案进行讨论，对方案的可行性、经济性、保证工程质量、安全生产及工期等效果进行讨论评估，各方达到一致意见后，下达给各部门执行，各部门应做好各自的工作，使施工方案正确执行。监理、建设单位认为重要的工序和环节，他们可派人参加讨论，并进行签字认可。

3）质量分析会：由项目质量技术部门负责人，每月召开一次会议对工程施工过程的质量状况，进行一次分析，对出现的质量问题进行纠正或返工重做，找出原因，制定相应的纠正措施，并对责任单位、责任人进行教育批评。

4）工程进度协调会：由总包单位项目负责人或生产经理组织召开，各专业工长，各分包方项目生产经理参加，对各专业工程和分包工程进度、工程质量、安全控制情况进行研究。对出现的进度、质量、安全问题，督促和协助各专业、各分包找出原因进行改进，为工程项目各参与方协调施工创造必要条件，保证质量、安全，保证工程进度。总包进度协调会每周不少于一次，如有分包单位提议，或进度达不到进度计划时，可临时召开。

外部协调：

1）建设单位：全面履行与建设单位签订的施工总承包合同，按合同要求的工期和质量目标，制定施工组织设计方案、施工进度计划，按施工方案及工期计划组织施工，保质保量完成全部工程内容，交给建设单位一项满意的工程。项目部生产计划部门要随时与其联系协调，可以设置专人与建设单位联系，将建设单位对建设过程的一些要求进行研究落实，也要将建设过程中遇到的问题困难及时与其通报，取得支持，由建设单位负责的事项及时提醒其做好，将建设单位的要求等，传达给分包单位，组织现场各分包单位进行精细管理，共同协调作业，各分包单位都要按施工总进度计划和管理要求进行施工，全面履行合同约定。

2）召开监理例会，做好施工现场的综合协调。施工参与单位及人员多，及时协调有关事项非常重要。监理例会是监理单位的调节手段。每周一次，协调建设单位与各参建单位，总包与分包单位之间的工作配合、进度、质量、安全等事项。施工单位特别是总包单位要应用这个平台做好施工进度、质量安全工作的协调。监理单位在施工现场是代表建设单位的，它的协调比施工单位自行协调效果更好，更能掌握到重点。

3）与设计单位联系

施工中与设计做好配合很必要，施工单位应主动与设计单位建立融洽的工作配合关系。施工现场要与设计驻场代表建立联系制度，项目部技术质量部门应设专人与设计单位联系，及时将施工中的问题与设计图纸不详尽的问题，与设计人员协调，办理变更与洽商，做好各专业图纸的交叉配合协调、设计交底。对涉及多个专业之间或建筑结构与安装专业之间的设计变更洽商应由总包单位统一办理。积极做好设计的深化，主动与设计、建设单位配合，做好施工图纸深化工作，使工程的设计更合理，构造更完善，各专业之间配合更方便，效果更好。

4）与监理单位联系

监理单位是代表建设单位在施工现场进行管理的，主动接受监理人员的监督认可，对施工顺利进行，保证工期、质量、安全都是有利的。监理提出的措施、材料、人员资格等的认可，施工单位应主动、及时提供文件资料取得认可，对监理提出的问题，总包单位应负起责任，不论总包、分包的问题，总包单位都应有专人负责落实，进行整改，直到整改达到要求。总包项目经理的负责人或项目生产经理、技术负责人应按时参加监理例会，及时向建设单位、监理单位报告工程当前的进度、质量、安全及经济情况，以及影响工程正常进行的问题，以便协调解决。

5）质量、安全监管部门联系

质量安全是工程建设的基本目标，是施工必须保证的，是政府管理的重点，政府设立专门的监管部门，工程项目部应与其取得很好的沟通，开工之前应向政府质量、安全监管部门申报登记，列入当年监管计划；了解当地当前质量、安全形势和政府对质量安全的要求及管理的目标；遵守国家、地方的各项规定和要求；主动争取监管部门的质量安全检查指导，将质量安全工作做到有效预防，与政府一致努力做好质量、安全工作；及时落实监管人员指出的质量安全问题整改，并举一反三查找质量安全缺陷，自觉改进。

6）建筑物平面定位及高程引测

建筑物平面定位及高程控制，是工程建设的基本控制内容，是协调城市建设和实现城市规划的基本要求，必须控制在标准规定的范围内。

① 为保证测量依据的正确，应对建设单位提供的测量成果的高程点进行校核。并对平面点位桩、高程点位桩进行妥善保护。

② 遵守先整体后局部、高精度控制低精度的工作原则，依据工程测量成果表和工程水准测量成果表的点位，在现场周测设建筑物的平面控制网和高程控制网，并考虑控制网的点位能满足建设区内各单位工程的平面和高程控制的要求。

③ 依据平面控制网沿各基坑四周测设平面控制网，以便向各施工部位投测轴线；依据高程控制网将标高点引测到基坑内，作为建筑物高程控制的依据。对向基坑投测轴线及标高引测要进行技术复核，以避免错误。

④ 临街建筑的“红线”引测，城市有规定要专业测量队测量时，要请专业测量队进行测设。施工单位自行测设时，要做好“红线”控制点位桩的设置，能对建筑“红线”进行核对，直到工程竣工验收。

⑤ 施工图设计要求进行沉降观测的建筑物，其高程控制网标高点设置要考虑沉降观测的要求。

⑥ 做好控制网控制点和水准点的保护工作。

三、施工现场生产准备

1. 施工现场、周边环境及交通状况

（1）施工现场的环境：在施工现场范围内，对已有建筑、树木、道路、水电设施等了解清楚，能利用的尽可能利用，来考虑施工总平面的布置。

（2）施工区域四周环境：是否有怕尘土、噪声的单位及学校等，对其乘取预防措施；是否有可利用房屋或场地可代用等情况。

（3）施工现场周边交通情况：道路桥梁的数量、宽度承载量等，能否满足施工运输的需求，是否需改造、加固、拓宽等。

（4）施工现场附近有无可借用的水源、电源及其他资源等可协调利用。

（5）地上、地下障碍物情况：建设单位提供的资料是否准确、完善，是否需要移动、保护或临时防护措施等。能否满足基础开挖及施工条件等。

（6）土方开挖需要的防护措施：有边坡支护、降水、防水方式、开挖方式、运输方式、土方堆放场地及距离、基槽修整清理方式等，运出土方量要考虑基槽回填土方的需要量等。

（7）地基基坑施工的预防突发事件的预案准备等。

2. 施工用水、用电设计

（1）临时用电准备

1）临时用电设计。施工用电量计算及布线应按施工现场整体工程考虑，统一进行设计，按照主要用电设备计算用电量，按最大叠合用电量设计，施工区域用电约600kW。可按照其选择变压器，按照各区域用电量在施工现场布置配电箱。要满足“施工现场工程临时用电施工方案”的需要，配电箱的容量及位置要满足用电设备的要求，并尽可能缩短距离。如果建设单位有条件的话，建设单位提供电源会更好，现场只要布置好配电箱的位置就行了。

最好按“施工现场临时用电施工方案”列出“施工用电设备一览表”，按生产用电设备所在位置进行配电箱及电缆布置。

2）列出“施工用电设备一览表”（略），或见“施工现场临时用电方案”的“生产动力用电表”。

3）施工用电的统计

① 施工生产动力用电量:生产动力用电的范围、土方开挖、基坑回填、建筑结构工程、机电安装工作、施工机械用电、施工期间的消防系统的消火栓系统等。要考虑有关设备的组合用电量。同一时期的可能最大用电量为560kW。

② 现场照明用电量：按施工总平面布置及夜间施工要求，需要设置的总照明灯源，进行综合计算，如现场布置20个3kW的照明灯，夜间施工最多可能用10个3kW的灯，共30个灯，30×3 ＝ 90kW。

③ 办公区照明及办公用电量：计算比较难，一般按生产动力用电的5%考虑。

④ 按施工用电统计来选择变压器或提出用电量要求：以施工全周期内用电高峰时的用电量来选择变压器或需电量计划，不要太大的变压器，以防大马拉小车，造成不必要的浪费。

⑤ 形成施工现场临时用平面布置图。

（2）临时用水准备

1）工程用水量计算

要考虑预计施工用水量系数，一般取1.1，用水不均衡系数，一级取1.5，综合每项工程施工用水定额，可查当地定额标准。

2）机械用水量计算

要考虑施工选用的施工机械的种类、台数，按施工组织设计选用的施工机械进行综合记录，同时要考虑预计施工机械的用水量乘以1.1系数，考虑施工机械使用不均衡系数，乘以2.0系数。要考虑绿色施工重复使用的情况，以推行节水节能措施。

3）施工现场生活用水量计算

按施工高峰时昼夜人数，施工组织设计人数表的高峰值，乘以生活用水定额，通常不少于40人，再考虑生活不均衡系数1.4，如果考虑每天工作班数，可除以工作班数。求得生活用水量。

4）消防用水量通常按不少于15L/s计算。

5）总用水量为：工程用水＋机械用水＋现场生活用水＋消防用水之和。考虑绿色施工节约用水。同时，考虑工程用水还可以减去因机械用水、生活用水时差性减少的用水量，也应考虑总用水量不能小于消防用水量。

6）选用供水管网的直径:

$$d^2 = 4Q/n \cdot V1000$$

7）施工现场临时给水排水管道、用水点及消火栓布置图，形成施工现场临时给水排水管道布置图。

① 现场临时用水，应在正式施工前做好给水排水管网，按图施工完毕，布置时满足消防需要，并应考虑高层区建设过程消防的需要。各拟建工程应当接口引进各建筑区，形成给水平面管网布置图。

② 施工区临时用水管网布置的注意事项：一是消火栓的位置要能满足施工现场各防火点的要求，消防水能达到各防火位置；二是各拟建高层建筑建设进度升高，消防管道也能随建筑升高，满足防火要求；三是消防点的水量要满足消防用水量，水的压力应保证消防水头喷射高度。由于城市供水或管网沿程水头损失水压不够时，应设符合要求的加压水泵，做好水泵造型，满足消防需要；四是供水管道的埋设应考虑埋置深度，不会受到冻害，不会受到地面车辆或堆放物品而压坏。

③ 排水管道的设置。各用水点的水应排到排水管网中流走，不能随便排放。其管理应经过计算，同时应考虑雨水的影响，有食堂等生活污水时，应考虑生活水、生活污水分流，或对生活污水进行处理后排放。

（3）有条件时，能将临时用电、用水与建设永久性用电、用水一并设计，先将永久性电、水管网按设计要求建设好，同时又满足临时建设用电、用水要求，是一件好、快、省的好做法。将永久电送到施工现场和永久性配电室，再由配电室引出有关临时用电线路到用电位置。

临时用水也同样，将永久性给水排水的主干管按永久性设计施工好，再适当引出临时用水管道，满足施工用水需要，压力不够时可加临时水泵加压。

施工完工后，对电、水管网稍加整理完善，达到永久性供电、供水设计要求后，在竣工验收时一并交付验收使用。是节约建设资金、节约临时设施费用、节约国家能源、原材料的好方法。

3. 临时道路、围挡及临设

道路、围墙是保证施工现场安全生产、顺利施工和文明施工的重要条件，一定要加以重视，在施工之前、施工过程中将其设置好，保持好。

（1）施工区域的一些主干道路与永久性道路结合的，在施工总平面布置时就应统一考虑。如不能时，应按基础施工阶段和地上工程施工阶段，按施工总平面布置图及时转移修好。保证满足材料进场，主要交通车辆、施工机械设备进出，道路能到达主要材料堆放点及施工工地。

道路依据施工现场要求，主要干线能满足消防车、施工机械及车辆错车通行的双车道，为 6m 宽，一般单车道 3m 宽，全部用混凝土硬化处理。

（2）围墙施工，能一次保留至施工完毕的围墙，可用砌块等砌筑围墙，能使用短时间，可用薄钢板等临时围挡，通常为 2m 高。进出施工区的大门要能开闭，并有专人看管。

（3）施工现场随着基坑开挖、基础回填的进行，应及时进行道路及围挡的更换，满足车辆、施工机械的通行，是施工现场安全防范及文明施工的体现。

（4）施工现场的管理标牌，场内路标，材料、设备堆放场地位置及栋号位置，消防位置等，指路标、危险区域的标识等，要明了清晰，与施工总平面保持一致，便于管理和识别。

（5）施工现场的办公用房、试验室、值班室、现场图像、视频监控室、库房、卫生间、消防用具棚、消防泵房等，都应在开工前做好安排，保证生产正常进行和施工现场安全管理需要。

（6）施工现场应设置有防尘喷洒、清洗车辆及车辆出入现场门口的洗车池等，施工时间较长的施工现场应考虑进行绿化，提高施工场地的环境质量。

（7）施工现场的办公用房、试验室、库房等临时用房应尽量考虑已有房间的利用、周边房屋的借用、租用，以及拟建房屋可提前建设的栋号先建，减少建设，节约临时费用及占用场地。

4. 加工订货计划的落实

加工订货计划应按工程施工进度安排，保证施工进度需求，略留有余地，一般的大宗的通用的材料配件，可分期进场，大型的专用的材料、构配件可紧密结合施工进度，以避免在现场堆放占用场地、多次搬运的浪费，做好加工订货计划也是保证工程质量、工期和节约资金的一项重要环节。各个企业对加工订货有统一要求的，应遵守其规定。

（1）加工订货人员要充分了解材料计划的内容和要求，包括材料的规格品种、性质及质量要求、需用时间、施工现场的保管条件等，使加工订货做到精准细化管理。

（2）施工单位有统一加工订货的大宗通用材料制度的，应遵守公司规定进行大宗统一订货，这样可统一由公司从有质量保证的生产厂直接进货，质量有保证，价格有优惠。如钢筋、水泥、防水材料、保温材料、构配件及机电设备等。

（3）需要加工翻样确定的材料，放样人员应提前完成加工翻样工作，提出材料清单经审核后交预算，材料部门进行加工订货。

（4）钢筋、钢材、水泥、防水材料、保温材料、砌块等需要进场复试的材料，要有专人管理进场后立即取样送试，试验合格后才能用在工程上。试验不合格的退场，并做好去向记录。还要查清是什么环节出的问题，在公司订货规定中完善措施。

（5）对一些配套的材料一定要主件、配件配套，同时进货，进场检验要专项检查。如钢筋的各种规格、型号、高强螺栓的螺杆、螺母连接副、模板的支架、柱梁模板、楼板模板及紧固和支撑件等。

（6）进场后需要保管条件的材料，进场前应预先按要求条件做好准备，如水泥库、保温材料、玻璃的保管库或场地等，使进场的材料在使用前能保持材料的质量，使合格的材料用在工程上。

准备各类材料，分别列出清单，包括数量、时间、配套、要求、质量标准等。使材料加工订货责任明确，管理标准化、规范化。

5. 施工现场总平面的落实

（1）依据施工组织设计总平面布置图和有关说明，综合施工现场的实际，在施工现场进行落实，如有不同阶段的总平面布置图时，首先是布置落实第一阶段的总平面布置图。若施工现场的状况与施工组织设计有差异时，应按施工总平面布置的原则进行调整和改进。有不同阶段的总平面布置图时，应按施工进度及时调整。

（2）施工总平面布置的原则

1）平面布置科学合理，施工场地占用面积少。

2）合理组织运输及存放物资，减少二次搬运。

3）施工区域的划分和场地的临时占用应符合总体施工部署和施工流程的要求，减少相互干扰。

4）充分利用既有建（构）筑物和既有设施为项目施工服务，降低临时设施的建造费用；也可有计划地将拟建建筑物中简单可早建利用的，提前建设为临时设施利用。

5）临时设施应方便生产和生活，办公区、生活区和生产区宜分离设置。

6）在布置临时道路时，尽可能与永久性道路一致，有利于地上地下管线的施工铺设，对路基进行预压，减少后续的碾压工作。

7）遵守当地主管部门和建设单位关于施工现场安全文明施工的相关规定。

8）有计划利用地势做好施工现场的排水沟渠，防止雨水流入基坑。

（3）施工总平面实地布置时要注意的事项

1）若施工组织设计有几个不同阶段的施工总平面布置时，在第一阶段布置时要考虑后边各阶段要求，尽量把各阶段相同或接近的部分统一起来，以减少每次布置时的大拆大搬的浪费。

2）在施工总平面图实施布置时，要根据使用时间长短、使用情况选择相应的材料，既保证使用要求又不造成浪费，尽可能一次建成使用到结束，减少中间维修事宜。

3）要按国家有关标准要求设置交通指示牌、防火标志、危险标志及现场管理栏等标识。

4）施工总平面布置要考虑项目施工用地范围内的地形情况，要充分考虑地形状况的利用，尽量减少土方搬家及大挖大填及地形状况的破坏。

5）严格标示拟建的永久性建筑物、构筑物和基础设施位置，要精细计划，在保证建设计划用地的情况下，充分利用其短期土地的效益，将一些临时的短期或宜搬迁的用地事项，布置于短期土地范围，以减少施工占地。

6）项目施工用地范围内的工地加工设施、贮存设施，供电、供水、供热设施，运输设施及道路、排污排水设施，尽可能与永久性的位置一致，以方便永久性设施系统的施工；生产区、办公区及临时生活区安排，要注意安全、卫生及不同区域的分开管理。

7）施工现场必备的卫生、安全、消防、保卫及环保措施等设施，要保证使用功能、标明位置，以保证使用方便，消防设施位置要用明显的标示。

8）既有建筑物、构筑物的充分利用和保护。

第四节 人员培训及技术标准学习

建筑行业尽管机械化程度高了，但还有约 50% 的工作要靠手工操作来完成，何况机械也要人来操控。

所以建筑行业必须重视操作工人的培训，建筑行业必须有一批高技术的工匠，在一定意义上讲，工人的技术水平就是工程质量的水平。

施工前对上岗操作的技术工人，要经过培训或考核合格达到工程项目制定的质量目标要求后，才能正式上岗操作，这是保证工程质量的最基本的道理。

一、多种方法提高操作层面的技术水平

（1）操作人员培训的要求因工程项目的工序不同、工序质量的要求不同而不同，施工企业每个工种应用少数会操作、会管理的复合型人才，即高等级技术工人或技师在工程项目的质量目标确定之后，工程项目班子就要对每个工序的质量有明确的质量标准，要采取有效的措施来保证，除了材料质量、工具机械、施工环境等物质资源保证外，最必需的保证条件就是操作工人的技术条件。所以，在工程的每个工序工程正式施工前，必需对操作工人进行培训考核，做出样板工程，经过各方人员共同检查认可达到制定的质量目标，发给上岗证书，才能正式开始施工。

（2）施工企业必需建立上岗培训考核制度，各工程项目班子必需严格执行，建设单位或监理单位必需认真核查，不经考核认可合格，不得正式施工。这是工程质量达到施工合同约定质量要求的最基本的技术措施，舍此质量保证就是一句空话。

（3）建设单位或监理单位，尤其是房地产开发企业或建房人员不是自己住和使用的房屋工程，政府监督管理部门必需要求其施工前，对操作工人进行培训考核，做出样板工程达到合同约定的质量标准，发给上岗证书，才能正式开始施工。

（4）政府建设主管部门要加强监督管理，严格持证上岗，没有上岗证书或有上岗证书，施工的工程质量达不到规定标准的要求，要对施工企业、监理单位或建设单位按规定进行处罚，并停工整改，重新培训，做样板工程，达到质量标准后再正式施工。

（5）施工企业要建立相应固定的劳动合同队伍关系，不能来一个工程再盲目到建筑市场临时招顾，每个工程都是不知底细的操作工人，工程质量干成什么样算什么样，工程质量始终在低水平上重复，目前可采取的措施有：

1）施工企业要对相对固定的劳务队伍建立技术档案，建立相对固定的合同关系，根据确定的工程项目质量目标，选派技术有保证的队伍去干，使人员培训考核的工作量减少，工序工程样板工程一次成活，一次成优，从而保证工程质量的概率提高。

2）施工企业或项目班子要关心劳务队伍的建设，帮助他们提高技术水平，为他们提供好的生产、生活环境，在他们困难的时候提供一些必需的帮助，在技术上进行必要的指导、培训，在为工程质量提高作出贡献时，给予相应的奖励和表扬，使他们成为工程创优的力量之一，提高其成就感，关心劳动队伍，重点要关心技术骨干，每个工种能有几个骨干，就能带动整个一个班组。

3）大的建筑安装企业，如特级企业、一级企业可建立自己相应的劳务队伍，作为企业的一个独立的部门，队伍主要为自己企业的各工程项目服务；相对固定，减少无为的流动和盲目的发展。企业的劳务队伍部门，可以保留必需的少数会操作懂管理的高级技师，可以针对各工程项目培训需要的施工队伍，做出样板工程，提供给有关人员检查认可，必需的时候还可以由高级工人或技师带领劳务队伍到工程项目施工现场进行传帮带，使样板工程质量标准，落实到工程项目上，提高施工企业的总体质量，保证能力和工程质量管理水平。

4）有条件的施工企业可建立技术工人人才库，这是保证工程质量和企业技术水平的一个成功经验。根据各专业工种的不同，每个工种可保留 2 ～ 3 名高级技术工人，作为固定职工，这些技术工人，代表了企业的工艺标准水平和工程质量水平。由他们培训和考核

新的工人能达到企业要求的质量标准，代表企业的质量技术水平。这些高等级技工，他们可把进场的工人经过培训，满足工程质量要求，也可以带领队伍进行操作，达到企业的质量技术水平，作为企业的技术质量招牌。

二、工程技术标准准备和学习

在工程施工图设计文件学习后，对工程的技术要求和质量要求有了基本的了解，编制好施工组织设计的同时，要学习与工程相应的工程技术标准。

要收集和配备与工程相应的规范标准，包括相应的质量验收规范、施工技术规范、国家标准、行业标准等相应的标准规范以及企业的工艺标准及操作规程。这些技术标准要选择配备到工程项目部各相关部门和有关人员。制定施工方案和正式施工前项目部要组织现场技术管理人员进行技术标准、规范的学习，要针对有关质量重点、质量验收的主控项目、强制性条文，以及创优列出的重点项目，制定专门的操作措施，列入施工方案。

1. 工程技术标准的作用和重要性

工程建设是以国家工程技术标准为依据进行的，其质量要求不能低也不能高，必须在国家工程建设技术标准规定的范围之内；否则，就不符合国家的规定。包括工程勘察、工程设计、材料选用，施工质量、施工程序等都要按技术标准进行，工程建设是国家管理的重要内容，从工程的立项、建设标准、建设过程国家都有规定，必须遵守，这是国家为了社会安定、人民生产、生活安全、社会稳定安居乐业，根据国家的经济力量制定的建设标准，低于标准就保证不了工程的质量，就会不安全，高于标准就会脱离国家经济力量，保证不了大多数人民的利益。所以，工程建设是依据国家工程技术标准进行的，各个阶段都必须按相应的工程技术标准进行。

2. 工程项目必须配备相应的规范标准

工程建设技术标准是工程建设全过程都必须遵守的，不执行规范标准就是违规；建设的工程达不到规范标准的规定的质量标准就是不合格工程，施工单位就没有完成任务，工程就不能验收，验收不合格的工程不能投入使用。工程技术标准、管理标准种类比较多，内容比较多，每个工作人员是记不住的，记不全面的，也不需要把规范标准的条文全记住，只将一些常用的、重要的记住就行了，具体内容用时可查规范标准。把相应的规范标准配备齐全，以备使用。重点规范标准在工程项目部是必备的，各专业工长、质量检查员是必须随时带在身上的，各操作班组的操作规程、施工措施及施工技术交底必须带在身上，这应是施工现场不可缺少的基本要求。

3. 强制性标准条文是执行规范标准的重点

（1）法律法规确立了强制性标准条文，国务院《建设工程质量管理条例》规定各质量责任主体应按强制性标准进行勘察、设计、施工、监理，对自己承担的质量负责落实，所称工程建设强制性标准是指直接涉及工程质量、安全、卫生及环境保护等方面的工程建设标准强制性条文。

（2）明确了工程建设中，以强制性条文为主的执行及监督检查，加强工程建设强制性标准实施监督检查。强制性标准监督检查的主要内容有：

1）有关工程技术人员是否熟悉、掌握强制性标准；

2）工程项目的规划、勘察、设计、施工、验收等是否符合强制性标准的规定；

3）工程项目采用的材料、设备是否符合强制性标准的规定；

4）工程项目的安全、质量是否符合强制性标准的规定；

5）工程中采用的导则、指南、手册、计算机软件的内容是否符合强制性标准的规定。

同时规定了对建设、勘察设计、施工、工程监理单位执行强制性标准不到位的罚款额度、赔偿责任及降低资质、吊销资质等处罚。

这些法律、法规的规定，将工程建设强制性标准列入了执法的范畴，突出了工程建设技术标准的执行重点。

从此，工程建设执行规范标准有了重点，工程建设活动的监督检查，以强制性标准条文为主的检查内容的制度就建立起来了。

（3）强制性标准条文的贯彻执行方法

法律法规指出工程建设中必须执行规范标准，首先应执行强制性标准，如何落实法规的规定，经过10多年的努力，有了一个基本的做法，其做法是：

1）应执行标准中的强制性条文首先摘录出来。

2）逐条学习领会条文的内容，用图解等方法将条文涉及的内容列出来。

3）为保证各项内容落实制定控制措施。

4）执行措施检查落实情况。

5）改进措施，直到措施能完全满足强制性条文的规定。

（4）巩固和扩大执行强制性标准条文的成果

每个单位的情况不同、措施不同，落实的程度也不同，但方法是相同的，坚持执行强制性标准条文，经过几个工程即能将相关条文的措施完善，施工出好的工程，一些工程项目要创优良工程的还可以不止是强制性条文，也可以自行选择一些其他重要条文，如此进行贯彻落实，就能达到更好的工程质量和经济效益。

有条件的企业在执行强制性条文中，完善了控制措施达到规定的质量目标后（合格或优良），还可以用企业标准的形式，通过程序形成企业标准。如果一个企业形成的企业标准达到一定的数量，就会使企业的技术管理达到更高的水平。所以，坚持正确的方法执行强制性条文，是改变和提高企业技术管理水平的一个有效的方法。

第五节　强制性标准条文的执行

一、备齐工程相应使用的主要规范、标准

1. 主要规范标准

工程标准应按质量验收规范、技术规范、检测规范、操作规范、材料标准规范、安全技术规范及有关管理文件等进行备查，包括国家、行业、地方及企业标准等备查。工地使用的主要规范、标准（举例）列表见表3-18。

主要规范、标准表（常用的主要的） **表 3-18**

规范类别	标准名称	编号
1. 质量验收规范	《建筑工程施工质量验收统一标准》	GB 50300—2013
	《建筑地基工程施工质量验收标准》	GB 50202—2018
	《砌体结构工程施工质量验收规范》	GB 50203—2011
	《混凝土结构工程施工质量验收规范》	GB 50204—2015
	《钢结工程施工质量验收规范》	GB 50205—2001
	《屋面工程质量验收规范》	GB 50207—2012
	《地下防水工程质量验收规范》	GB 50208—2011
	《建筑地面工程施工质量验收规范》	GB 50209—2010
	《建筑装饰装修工程质量验收标准》	GB 50210—2018
	《建筑给水排水及采暖工程施工质量验收规范》	GB 50242—2002
	《建筑电气工程施工质量验收规范》	GB 50303—2015
	《通风与空调工程施工质量验收规范》	GB 50243—2016
	《电梯工程施工质量验收规范》	GB 50310—2002
	《智能建筑工程质量验收规范》	GB 50339—2013
	《建筑节能工程施工质量验收规范》	GB 50411—2007
	《建筑工程施工质量评价标准》（评优良工程标准）	GB/T 50375—2016
2. 技术规范	《地下工程防水技术规范》	GB 50108—2008
	《屋面工程技术规范》	GB 50345—2012
	《工程测量规范》	GB 50026—2007
	《钢筋机械连接技术规程》	JGJ 107—2016
	《钢筋机械连接用套筒》	JG/T 163—2013
	《钢筋焊接及验收规程》	JGJ 18—2012
	《工程建设标准强制性条文》（房屋建筑部分）	2013 版
	《建筑装饰装修工程质量验收标准》	GB 50210—2018
	《建筑给水排水及采暖工程施工质量验收规范》	GB 50242—2002
	《通风与空调工程施工质量验收规范》	GB 50243—2016
	《建筑电气工程施工质量验收规范》	GB 50303—2015
	《电梯工程施工质量验收规范》	GB 50310—2002
	《智能建筑工程质量验收规范》	GB 50339—2013
	《建筑节能工程施工质量验收规范》	GB 50411—2007
	《建筑工程施工质量评价标准》	GB/T 50375—2016
3. 检测规范	《房屋建筑和市政基础设施工程质量检测技术管理规范》	GB 50618—2011
	《民用建筑工程室内环境污染控制规范》	GB 50325—2010
	《混凝土强度检验评定标准》	GB/T 50107—2010
	《土工试验方法标准》	GB/T 50123—1999

续表

规范类别	标准名称	编号
3. 检测规范	《普通混凝土力学性能试验方法标准》	GB/T 50081—2002
	《建筑基桩检测技术规范》	JGJ 106—2014
	《建筑工程检测试验技术管理规范》	JGJ 190—2010
	《钢筋焊接接头试验方法标准》	JGJ/T 27—2019
4. 操作规范	《高层建筑混凝土结构技术规程》	JGJ 3—2010
	《混凝土结构工程施工规范》	GB 50666—2011
	《混凝土泵送施工技术规程》	JGJ/T 10—2011
	《混凝土小型空心砌块建筑技术规程》	JGJ/T 14—2011
	《建筑防水封堵应用技术规程》	CECS 154:2003
	其他有关操作规程、施工工艺、企业标准、施工方案、技术交底等	
5. 材料标准	《钢筋混凝土用钢　第 1 部分：热轧带肋钢筋》	GB/T 1499.1—2017
	《钢筋混凝土用钢　第 2 部分：热轧光圆钢筋》	GB/T 1499.2—2018
	《通用硅酸盐水泥》	GB 175—2007
	其他有关规范	
6. 安全技术标准	《施工现场临时用电安全技术规范》	JGJ 46—2005
	《建筑施工高处作业安全技术规范》	JGJ 80—2016
	《龙门架及井架物料提升机安全技术规范》	JGJ 88—2010
	《塔式起重机安全规程》	GB 5144—2006
	《建筑基坑工程监测技术规范》	GB 50497—2009
	《建筑施工安全检查标准》	JGJ 59—2011
	《建筑工程绿色施工评价标准》	GB/T 50640—2010
	其他有关脚手架规范	
7. 有关地方标准	可以是按技术规范、质量验收规范或专项工程要求等	
8. 有关管理法规文件	《中华人民共和国劳动法》	
	《中华人民共和国安全生产法》	
	《建设工程质量管理条例》	
	《工程地质勘察报告》	
	其他地方有关专门规定等	

2. 摘录相应的强制性标准条文（表 3-19）

强制性条文摘录表　　表 3-19

分部工程	工程内容	标准名称、编号	条文号	内容摘要	备注
质量验收统一规定		GB 50300—2013	第 5.0.8 条	不能保证安全和使用功能严禁验收	
			第 6.0.6 条	收到验收报告建设单位应组织验收	

续表

分部工程	工程内容	标准名称、编号	条文号	内容摘要	备注
地基基础	筏板及现浇灌注桩	GB 50202—2018	第 5.1.3 条	桩基 $50m^3$ 混凝土为一组试块，不足 $50m^3$ 也为一组	
		JGJ 106—2014	第 3.1.1 条	单桩承载力、桩身完全性检测	
主体结构	剪力墙结构	GB 50204—2015 GB 50666—2011	GB 50204—2015 第 4.1.2 条	模板设计	
			GB 50666—2011 第 4.1.2 条		
			GB 50204—2015 第 5.2.1 条	钢筋进场验收复试检测	
			GB 50666—2011 第 5.2.2 条	抗震构件钢筋检测	
			GB 50204—2015 第 5.2.3 条		
			GB 50204—2015 第 5.5.1 条	水泥进场验收	
			GB 50204—2015 第 7.2.1 条	混凝土试块制作	
			GB 50666—2011 第 7.6.3 条		
			GB 50204—2015 第 7.4.1 条	海水处理	
			GB 50666—2011 第 7.2.10 条	细备料氯离子含量 0.06%、0.02%	
			7.2.40 条 50666	钢筋代换	
			GB 50666—2011 第 5.1.3 条	水泥三个月复试	
			GB 50666—2011 第 7.6.4 条	混凝土拌合料运输及管理	
			GB 50666—2011 第 8.1.3 条		
屋面工程	屋面防水层、屋面保温层	GB 50207—2012	第 3.0.6 条	防水材料质量检测	
			第 3.0.12 条	防水工程完工后，观感检测及淋水试验	
			第 5.1.7 条	保温材料性能检测	
防水工程	地下室防水混凝土施工缝等细部处理	GB 50208—2011	第 4.1.16 条	防水混凝土施工缝、变形缝、后浇带、穿墙管、埋设件等构造处理	
装饰装修	基本规定门窗吊顶	GB 50210—2018	第 3.1.4 条	保护结构安全	
			第 6.1.11 条	外门窗安装固定要求	
			第 6.1.12 条	门窗玻璃安全要求	
			第 7.1.12 条	灯具电扇等重设备（3kg）不得安装在龙骨上	

续表

分部工程	工程内容	标准名称、编号	条文号	内容摘要	备注
建筑设备安装工程按同样方法摘录	可由分包单位摘录				

注：在强条摘录时，有质量验收、施工方法、检测方法等强条时，同一内容中可以质量验收的强条为主，其他强条可作为质量条文的控制措施进行处理。如将钢筋工程的钢筋安装 5.5.1 条（GB 50204—2015）、钢筋进场 4.1.2 条（GB 50204）（GB 50666）、钢筋代换 5.1.3 条（GB 50666—2011）相互联系起来处理。

二、强制性标准条文的执行

在本工程应用的规范、标准准备齐后，应对照工程设计学习规范、标准，首先从强制性条文为主进行学习。对每条进行落实，其程序是条文、释文、措施、检查、判定。下面以结构工程的强条为例举例说明。

（1）模板设计

【条文】

第 4.1.2 条：模板及支架应根据安装、使用和拆除工况进行设计，并应满足承载力、刚度和整体稳固性要求。《混凝土结构工程施工质量验收规范》GB 50204—2015

第 4.1.2 条：模板及支架应根据施工过程中的各种工况设计，应具有足够的承载力和刚度，并应保证其整体稳固性。《混凝土结构工程施工规范》GB 50666—2011

《混凝土结构工程施工质量验收规范》GB 50204—2015 及《混凝土结构工程施工规范》GB 50666—2011 都有规定。其文字表述虽不相同，但其内容要求基本相同，所以，统一进行落实。

【释义】

为保证施工安全和工程质量，本条提出了对模板及支架应进行设计的基本要求，并要求通过设计来保证模板及支架有足够的承载力、刚度和整体稳固性的要求。模板及支架虽是施工过程中的临时结构，但其受力情况复杂，在施工过程中可能遇到多种不同的荷载及其组合，一些荷载具有不确定性，因此，必须按建筑结构设计的基本要求进行设计。考虑结构形式、材料种类、荷载大小及其不利组合等，又要结合施工过程的安装、使用及拆除等各种主要工况进行设计。以保证安全可靠，在各种工况下仍能具有足够的承载力、刚度和整体稳固性。

结构的整体稳固性在《工程结构可靠性设计统一标准》GB 50153—2008 中规定：结构的整体稳定性系指结构在遭遇到偶然事件时，仅产生局部损坏而不致出现与起因不相称的整体性破坏。模板与支架的整体稳固性破坏系指在遭到不利施工荷载工况时，不因结构不合理或局部支撑杆件缺失造成整体坍塌。模板及支架设计时应考虑模板及支架的自重、新浇筑混凝土自重、钢筋自重、施工人员及施工设备荷载、混凝土及钢筋下料的冲击荷载、材料及设备不均匀堆放产生的局部荷载，以及新浇混凝土对模板的侧压力和风雪荷载等。

各种工况可以是各种可能达到的荷载及其组合。本条模板及支架的安全，对混凝土质量密切相关。

模板及支架设计时，将模板及支架拆除工况也列为重点，因模板及支架拆除如果措施不当，也会影响混凝土的质量，以及造成坍塌等安全事故。《混凝土结构工程施工质量验收规范》GB 50204—2015 第 4.1.3 条规定：模板及支架拆除应符合现行国家标准《混凝土结构工程施工规范》GB 50666 的规定和施工方案的要求。《混凝土结构工程施工规范》GB 50666—2011 第 4.5 节规定了拆模的顺序；采取先支的后拆，后支的先拆，先拆非承重模板，后拆承重模板的顺序，并从上而下进行拆除；模板及支架应在混凝土强度达到设计要求后再拆，设计无具体要求时，应按同条件养护混凝土强度试块值达到规定时再拆，见表 3-20。

底板拆除时的混凝土强度要求 **表 3-20**

构件类型	构件跨度（m）	达到设计混凝土强度值的百分比（%）
板	≤ 2	≥ 50
	＜ 2、≤ 8	≥ 75
	＞ 8	≥ 100
梁、拱、壳	≤ 8	≥ 75
	≤ 8	≥ 100
悬臂结构		≥ 100

同时规定，拆模时要保证混凝土表面及棱角不受损伤时方可拆除侧板，多个楼层连续支模的底层支架拆除时，应考虑楼层间荷载分配及混凝土强度的情况，快拆支架体系，应保留立杆并顶托支撑楼板。

【措施】

模板及支架应进行正规设计，要考虑工程结构形式，应分别计算模板自重，新混凝土重量、施工机械设备重量、混凝土等下料产生的冲击、材料杂物等堆放不均的局部重量、新混凝土产生的侧压力、覆盖物及浇水的附加荷载，以及风、雪的影响因素及其荷载组合，分别列出荷载值，按相关标准规定进行设计。应具有各相关荷载取值及计算书、结构图、施工顺序及拆除顺序的规定，设计人签认，项目技术负责人审核批准，监理工程师核查认可。并形成以设计文件为主的模板及支架施工技术方案，并按规定对操作人员进行了技术安全交底，方可施工。

施工过程中正确按施工方案和设计文件的结构图、施工顺序施工，完工后模板及支架验收符合设计及规范规定。混凝土浇筑施工过程中，有专人看守模板及支架的受力情况，发现异常情况应及时停止浇筑，纠正模板及支架后，再继续施工。措施归纳为：

1）模板设计，设计人有资格，考虑使用、安装、拆除工况，模板自重，新混凝土重量、钢筋重量、施工机具及人员重量、物料堆集及下料冲击重量、风雪等重量，及组合荷载。

2）进行了模板及支架设计，承载力、刚度、整体稳固性有保证措施，有计算书并经项目技术负责人审查批准，监理工程师核查认可，并形成了施工技术方案。

3）施工并进行了技术交底，施工中按施工技术方案和模板及支架设计进行施工，完工后检查验收符合规范规定及设计文件要求。

4）模板及支架检查验收符合规范规定，并形成验收资料才进行钢筋安装及混凝土浇筑施工。

5）混凝土浇筑施工中，派专人看守模板及支架的受力情况，发现异常及时纠正，并做好记录。

【检查】

施工前检查设计文件并经过设计签认技术负责人审核批准，监理工程师核查认可。施工中的结构形式、安装顺序等符合设计规定，模板及支架完成后，应按设计文件进行验收符合设计要求，才能开始绑钢筋浇筑混凝土等模板上的施工，并按设计规定控制各种荷载的正确浇筑和放置。

【判定】

按施工技术方案施工，模板及支架施工过程中按模板安装程序施工，模板验收标高及尺寸偏差符合设计要求。混凝土浇筑及模板上荷载控制符合设计要求。浇筑后模板的标高及尺寸偏差符合规范规定。模板拆除时，严格控制混凝土强度值，其拆除顺序符合规定，保证了工程施工安全及工程质量。

【改进】

根据判定的不足问题，即没有达到施工技术方案和设计要求的应按有关规定处理达到要求，同时重新修改措施，补充完善措施后，再次在下一道工序上应用。检查时作为重点，如果达到了规范规定和设计要求，就把措施修改固定下来，作为以后工序施工技术措施使用。

（2）钢筋进场验收复试检验

【条文】

《混凝土结构工程施工质量验收规范》GB 50204—2015 第 5.2.1 条规定：钢筋进场时，应按国家现行标准的规定抽取试件作屈服强度、抗拉强度、伸长率、弯曲性能和重量偏差检验，检验结果应符合相应标准的规定。

检查数量：按进场批次和产品的抽样检验方案确定。

检验方法：检查质量证明文件和抽样检验报告。

【释义】

钢筋对混凝土结构构件的承载力至关重要，钢筋安装要求其牌号、规格数量必须符合设计要求。

1）钢筋的牌号、规格、数量要按施工图编制钢筋表，按其牌号、规格、数量进行汇总，经过审查，按其进行订货。

2）钢筋进场时，按进场的实物产品、合格证及出厂检验报告进行对照检查，按订货合同进行验收。并按产品合格证出厂检验报告代表数量，不得小于实物数量，同时应注明实际代表数量，并形成进场验收报告，附上产品合格证和出厂检验报告。

3）按规定进行抽样复试，抽样复试检测报告应符合设计要求及钢筋产品标准要求。

主要钢筋产品标准有:《钢筋混凝土用钢　第 1 部分：热轧光圆钢筋》GB/T 1499.1—2017、《钢筋混凝土用钢　第 2 部分：热轧带肋钢筋》GB/T 1499.2—2018、《钢筋混凝土用钢　第 3 部分：钢筋焊接网》GB/T 1499.3—2010 等。钢筋性能及其试验方法都应符合相关钢筋产品标准的规定。

钢筋进场时，应检验产品合格证和出厂检验报告，并按相关标准规定进行抽样复试验证。通过复试确认钢筋为合格产品，作为在工程中应用的判断依据。并防止名实不符或混料错批。抽样批确定：

① 对同一厂家、同一牌号、同一规格的钢筋，当一次进场的数量大于该产品的出厂

检验批量时，应划为若干个出厂检验批，并按出厂检验批的抽样方案执行。

② 对同一厂家、同一牌号、同一规格的钢筋，当一次进厂的数量小于或等于该产品的出厂检验批量时，应作为一个检验批，并按出厂检验批的抽样方案执行。

③ 对不同时间进场的同批钢筋，当确有可靠依据时，可按一次进场的钢筋处理。

质量证明文件包括产品合格证、出厂检验报告，有时可合并，当用户有特殊要求时，可列出某些专门的检验数据。

对热轧钢筋每批抽取 5 个试件，先进行重量偏差试验，合格后，再取其中两个试件进行拉伸试验检验屈服强度、拉伸强度、伸长率；另取其中两个试件进行弯曲性能检验。对钢筋伸长率，牌号带“E”的钢筋必须检查最大力下总伸长率。

【措施】

将释义的内容，用几条规定将其实现。

1）根据施工图设计文件，列出钢筋表，分别按品种、规格汇总钢筋数量，以便订货及备料用。

2）按钢筋品种、规格进行订货，明确质量指标。

3）按合同质量指标进行进场验收，产品合格及出厂检验报告检查，有的产品两者合一，但质量指标不能缺项，实物检查外观包装数量、规格等，产品合格证代表数量不能小于进场钢筋实际数量，大于时在合格证上注明实际代表数量。

4）按规定抽样复试，批量及抽样数量按释义说明执行。试验方法应符合钢筋产品标准，复试结果符合产品标准规定及设计要求。

5）进场检验应形成进场检验报告，将钢筋数量、品种、规格及外观记录清楚，将产品合格证及出厂检验报告附上。待复试报告出来，一并组成钢筋资料。

各项资料都应有经办人签认，负责人审查签字。一个单位工程完工后，其实际使用钢筋数量和资料上的钢筋数量应基本一致。

【检查】

钢筋使用前应检查钢筋合格证、出厂检验报告和进场复试报告，与工程所用钢筋一致，并应列出工程用钢筋品种、规格和数量，以及产品的性能指标。产品合格证及出厂检验报告合并提供时，其内容项目不能少，并要符合设计要求。钢筋进场抽样复试报告的结果，作为判定材料能否在工程中应用的依据。钢筋实物数量与资料代表的数量应一致。

【判定】

产品合格证、出厂检验报告、进场复试报告质量指标与设计文件要求一致，作为判定依据，以进场复试检验为工程中应用的依据。无产品出厂合格证，无进场复试检验报告，不能用于工程。

【改进】

根据判定的不足问题，即没有达到施工技术方案和设计要求的，应按有关规定处理达到要求，重新修改措施，补充完善措施后，在下道工序上应用。下次达到了规范规定和设计要求，就把措施修改固定下来，作为以后的施工使用。

（3）抗震构件钢筋检测

【条文】

《混凝土结构工程施工质量验收规范》GB 50204—2015 第 5.2.3 条：对按一、二、三级抗震等级设计的框架和斜撑构件（含梯段）中的纵向受力普通钢筋应采用 HRB335E、HRB400E、HRB500E、HRBF335E、HRBF400E 或 HRBF500E 钢筋，其强度和最大力下总伸长率的实测值应符合下列规定：

1 抗拉强度实测值与屈服强度实测值的比值不应小于 1.25；

2 屈服强度实测值与屈服强度标准值的比值不应大于 1.30；

3 最大力下总伸长率不应小于 9%。

检查数量：按进场的批次和产品的抽样检验方案确定。

检验方法：检查抽样检验报告。

《混凝土结构工程施工规范》GB 50666—2011 第 5.2.2 条：对有抗震设防要求的结构，其纵向受力钢筋的性能应满足设计要求；当设计无具体要求时，对按一、二、三级抗震等级设计的框架和斜撑构件（含梯段）中的纵向受力普通钢筋应采用 HRB335E、HRB400E、HRB500E、HRBF335E、HRBF400E 或 HRBF500E 钢筋，其强度和最大力下总伸率的实测值，应符合下列规定：

1 钢筋的抗拉强度实测值与屈服强度实测值的比值不应小于 1.25；

2 钢筋的屈服强度实测值与屈服强度标准值的比值不应大于 1.30；

3 钢筋的最大力下总伸长率不应小于 9%。

【释义】

两个标准的表述不一样，但内容基本相同，都强调“强屈比”“超强比（超屈比）”及“均匀伸长率”指标应进行进场检验，目的是保证重要结构构件的抗震性能。框架包括框架梁、框架柱、框支架、框支柱及板柱抗震墙的柱，斜撑构件包括伸臂框架的斜撑、接梯的梯段等，抗震等级应根据国家现行有关标准由设计确定，有关标准中未对斜撑构件规定抗震等级，当建筑中其他构件需要应用牌号带 E 的钢筋时，建筑中所有斜撑构件均应用带 E 的钢筋。剪力墙及其连梁与边缘构件、筒体、楼板、基础可不属本条范围。

关键是钢筋满足“强屈比”“超强比”或“超屈比”及总伸长率 9% 符合要求。

由于带 E 的钢筋没注明厂家，没有法律规定生产厂家承担的相关责任由施工单位承担，所以虽规范推荐用，那只是一个优选条件，能否用在工程上还要看其他指标，还必须在使用前进行抽样复试。本条一是要分清抗震构件；二是要试验三个指标符合要求才能用。

【措施】

1）按进场钢筋的批次和产品的抽样方案确定检查数量。

2）抗震构件的框架包括框架梁、框支梁、框支柱、板柱、抗震墙的柱等。抗震等级由设计确定；斜撑构件包括伸臂框架、斜撑、楼梯的梯段等，有关标准未对斜撑构件规定抗震等级，当建筑中其他构件需要用牌号带 E 钢筋时，则建筑中的所有斜撑均应满足本条规定。对不做受力斜撑构件使用的简支预制楼梯，可不遵守本条规定。剪力墙及其连梁与边缘构件、筒体、模板、基础不属于本条规定的范围。

将抗震构件列出表来。经技术负责人批准。

3）按进场的批次和产品的抽样检验方案确定。进行抽样检验，结果要符合规定，见抽查检验报告。屈强比 1.25，超强比或超屈比 1.3，总伸长率 9%，都应达到规定。

【检查】

1）应检查进场钢筋数量与实际使用数量相符，并三项指标都符合规定。

2）钢筋安装前，要检查所用抗震钢筋三项指标全达到规定才能用在工程上，要有检验报告并与钢筋用量要一致。

3）检查凡抗震的构件及斜撑都使用抗震钢筋。并形成检查文件，相关负责人审核确认。

【判定】

用于一、二、三级抗震等级设计的框架和斜撑构件（含梯段）的纵向受力钢筋，每批均有产品合格证出厂检验报告及进场抽样复试报告，其强屈比、超强比、总伸长率都符合规定。

【改进】

在判定、检查中有达不到规定的地方必须进行返工补救，直到符合规定。并对措施进行改进，以供下次施工时使用。

（4）钢筋安装

【条文】

《混凝土结构工程施工质量验收规范》GB 50204—2015 第 5.5.1 条：钢筋安装时，受力钢筋的牌号、规格和数量必须符合设计要求。

检查数量：全数检查。

检验方法：观察，尺量。

【释义】

混凝土结构主要受力是钢筋及混凝土，而钢筋的质量、数量、位置对受力都有大的影响。钢筋安装质量就是混凝土结构工程质量控制的重点。条文要求，钢筋安装时，受力钢筋的牌号、规格和数量必须符合设计要求。这里包括三层意思：一是钢筋的性能要符合设计要求，钢筋进场时已做了验收和抽样复试；二是规格，包括钢筋的直径、钢筋的弯曲形状要符合设计要求；三是数量，包括钢筋的间距、位置、保护层要正确，才能保证钢筋的受力，以及钢筋混凝土结构构件的受力情况。

钢筋的牌号、性能在钢筋进场检验中符合要求，检查进场验质的合格证、出厂检验报告、进场复试报告，才能用在工程上。规格要现场检查，其直径、形状要符合设计要求，这是检验重点之一；最后的数量在牌号、规格保证后，现场检查数量够不够，这是受力的重点，钢筋面积不够，就会在构件上留下缺陷，甚至导致结构的破坏。

在钢筋安装后，钢筋牌号、规格、数量必须全面检查，符合要求后，才能浇筑混凝土。

【措施】

钢筋安装完成后，浇筑混凝土前，要对钢筋进行检查验收。如有隐蔽验收时，可有照片等。

1）安装的钢筋其合格证和出厂检验报告、进场抽样复试报告、资料完整符合要求。

2）安装钢筋按设计图的要求摆放，用卡尺量直径。

3）钢筋数量按图要求的间距、位置放置，其搭接长度、锚固长度、弯拆位置要符合图纸要求，用钢卷尺实测核实。

4）安装完成要有全面检查验收记录，并有检查人、负责人签认，并附上钢筋材质证明资料。

【检查】

1）对钢筋质量资料核查，对现场钢筋安装验收资料检查，符合规范规定。

2）必要时，对钢筋、间距、数量等进行抽查加以核实。

【改进】

1）若钢筋质量资料不全、钢筋规格、数量不规范，应对现场进行改正，达到规范要求，并做出记录。

2）若是措施不完善，改进措施，以便指导下道工序执行；若是落实不到位，应改进管理，并提出改进管理的措施。

（5）细骨料氯离子含量控制。

【条文】

《混凝土结构工程施工规范》GB 50666—2011 第 7.2.4 条：细骨料宜选用级配良好、质地坚硬、颗粒洁净的天然砂或机制砂，并应符合下列规定：

2 混凝土细骨料中氯离子含量，对钢筋混凝土，按干砂的质量百分率计算不得大于 0.06%；对预应力混凝土，按干砂的质量百分率计算不得大于 0.02%。

【释义】

混凝土细骨料砂子，其质量关系混凝土的强度、耐久性，除了其强度、含泥量、粒径外，其含氯离子及硫酸盐、铁盐等成分，会对钢筋混凝土和预应力混凝土的性能与耐久性产生严重危害，必须加以限制。按条文规定，钢筋混凝土按干重量比不得大于 0.06%；预应力混凝土不得大于 0.02%。要符合国家标准《混凝土质量控制标准》GB 50164—2011、行业标准《普通混凝土用砂、石质量及检验方法标准》JGJ 52—2006 的规定，以及行业标准《海砂混凝土应用技术规范》JGJ 206—2010 的有关规定。

【措施】

1）建立管理制度，凡进场的砂子必须进行验收，检查检测报告及实物质量。

2）由砂场供应的砂，应找正规有资质的供砂单位，并有检验报告，验证其性能检测报告，并检查强度、含泥量及级配符合要求，签订保质合同。

3）新开辟砂源，一定要取样检测，达到氯离子含量的 0.06% 或 0.02% 的要求，以及其他质量指标要求，并定期抽样检测。

4）若利用海砂，一定要有可靠的清洗制度，保证氯离子含量不超过 0.06% 或 0.02% 的要求，其强度、级配及杂质含量符合相关标准规定，并有严格的监督和检查制度。

【检查】

1）定期检查供应砂或自采砂的检测报告。

2）检查海砂的定期抽测报告及日常控制记录。

3）必要时现场抽测进场砂的含氯离子量不超标。

【判定】

供应砂或自采砂，检查检测报告和定期检测报告，海砂的日常监督检查记录，其氯离子含量符合规定为合格。

【改进】

凡出现砂子氯离子超标时，及时改进控制措施，及时清除不合格砂子进场，并严格控制不合格砂子用到工程上。

（6）钢筋代换

【条文】

《混凝土结构工程施工规范》GB 50666—2011 第 5.1.3 条：当需要进行钢筋代换时，应办理设计变更文件。

【释义】

原设计文件的钢筋，因故需要变换时，由于涉及钢筋的品种、级别、规格、数量等的改变，涉及结构安全、结构构造等，钢筋代换方案应经设计单位确认，并按规定办理相关审查手续。钢筋代换应符合国家现行相关标准的有关规定，考虑到构件承载力、正常使用（裂缝宽度、挠度控制）及配筋构造等方面的要求，可采用等强度、等面积的代换，且不宜用光圆钢筋代换带肋钢筋，需要时可用并筋的代换形式。

【措施】

1）钢筋因故需代换时，要考虑钢筋品种、级别、规格、数量等，同时需要考虑构件承载力、正常使用及配筋构造要求，用等面积或等强度代换，代换方案应经设计单位审查出具变更手续，并应有布筋图。

2）代换注意事项

① 不同种类钢筋代换，应按钢筋受拉承载力设计值相等的原则进行；同品种、级别，不同规格代换时，应按等面积代换。

② 当构件受抗裂、裂缝宽度或挠度控制时，钢筋代换后应进行抗裂、裂缝宽度或挠度验算。

③ 钢筋代换后，应满足混凝土结构设计规范中所规定的钢筋间距、锚固长度、最小钢筋直径、根数等要求。

④ 梁的纵向受力钢筋与弯起钢筋应分别进行代换。

⑤ 对有抗震要求的框架，不宜以强度等级较高的钢筋代替原设计中的钢筋，当必须代替时，其代换的钢筋检验所得的实际强度，尚应符合相应规定。

⑥ 预制构件的吊环，必须采用未经冷拉的 HPB 235 级热轧钢筋制作，严禁以其他钢筋代换。

3）不得用光圆钢筋代换带肋钢筋。

4）按设计单位出具的钢筋代换文件执行。

【检查】

1）核查钢筋代换计算书及钢筋质量验收文件；说明代换前后钢筋性能。

2）检查设计单位审查出具的设计变更通知及布筋图。

【判定】

有正式的钢筋代换计算书、代换方案；有设计单位变更通知及布筋图，并按其施工为合格。

【改进】

对代换计算书、代换方案不完善，或设计变更不及时等，都应改进，手续都应在施工前办妥，并作为施工方案落实。

（7）水泥三个月质量复试

【条文】

《混凝土结构工程施工规范》GB 50666—2011 第 7.6.4 条：当使用中水泥质量受到环境影响或水泥出厂超过三个月（快硬硅酸盐水泥超过一个月）时，应进行复验，并应按复验结果使用。

【释义】

水泥质量容易受环境影响变质，如受潮受压等，在水泥进场后应保管好，若水泥出厂超过三个月（快硬硅酸盐水泥超过一个月），或怀疑水泥有管理不当，如结块等，水泥品质下降，直接影响混凝土结构质量。本条提出使用前复验，是为保证工程质量的有效措施。

按水泥复验结果使用的规定，其含量是当复验结果表明水泥质量未下降时，可以继续使用；当复验结果表明水泥强度有轻微下降时，可按其复验结果在一定条件下使用；当复验结果表明水泥安定性或凝结时间出现不合格时，不得在工程上使用。

【措施】

1）水泥进场要进行进场验收及抽样复试，复试符合设计和规范规定才能用上工程，并进行妥善保管，使水泥不受潮、不受压，分批插上标牌，标明出厂日期、强度等级、数量等。

2）使用时要查看水泥没有结硬及受潮情况，发现其有结块、受潮或因保管条件差怀疑其受潮时，应进行复试后再按复试结果使用。

3）水泥出厂 3 个月，不论其状态如何，都应抽样复试，按复试结果使用。

【检查】

1）检查水泥出厂日期，超过三个月的水泥（快凝水泥一个月）不复试不得用上工程。

2）现场检查水泥，有结块的水泥或受潮的水泥，不复试不得用在工程上。

3）复试后，按复试结果使用。

【判定】

1）该复试的水泥按规定进行了复试。

2）复试后按复试结果使用。强度复试达不到原强度时，可按复试强度使用，安定性，凝结时间不合格的是废品水泥，不能用在工程上，并进行处理。

符合上述条件，判为合格。

【改进】

若管理措施不完善，而影响了按规定复试，应完善管理制度，并对使用进行补救和返工。措施完善后，形成企业的管理制度，供今后使用。

（8）混凝土拌合料运输及管理

【条文】

《混凝土结构工程施工规范》GB 50666—2011 第 8.1.3 条：混凝土运输、输送、浇筑过程中严禁加水；混凝土运输、输送、浇筑过程中散落的混凝土严禁用于混凝土结构构件的浇筑。

【释义】

现场用的混凝土基本是预拌混凝土，需要从拌厂运输到施工现场，施工现场内还需要从卸的地点，运到浇筑地点浇筑，这会占用时间，这期间会影响混凝土的初凝时间，混凝土骨料的沉淀、离析都会影响到混凝土的工作度，造成混凝土浇筑质量不好。有的施工人员、混凝土运输人员往混凝土中加水，这就使混凝土的水灰比改变，配合比变了，严重影响了混凝土质量，降低了混凝土的强度，这是坚决不允许的。

在运输、输送、浇筑混凝土过程中，散落在地上、架板上等的混凝土，一般都要在一定时间之后再清理，这时这些散落的混凝土会失去水分，其工作度和质量改变了，会影响浇筑质量；有的时间较长超过了混凝土的初凝时间，其性能大大改变了，这时再用到工程上，会严重影响工程的质量，也是坚决不允许的。

【措施】

1）建立控制运输过程加水措施，可与混凝土预拌厂签订责任合同，明文规定严禁加水；控制运输时间，防止加水，运输车不准带水；罐车到达现场有检查中途加水的措施等；接料前，搅拌运输车应排净罐内积水。

2）施工现场混凝土输送过程不得加水，如发现混凝土工作度不能满足施工条件时，可采用重新搅拌等措施，并必须注明否则不能用到工程上。

3）建立制度，散落地上的混凝土可收集加以另外利用，做地面垫层等使用。

4）建立监督检查制度，除运输、浇筑过程严格管理外，各环节生产人员要落实责任，自行控制不随便加水和不使用落地混凝土，并有专人监督检查，发现要严格处罚。

5）应控制运输时间，运输途中罐体应正常运转，以不影响混凝土的沉淀、离析和施工性能。

【检查】

1）检查管理制度，制度完善并能施行；按规定时间到达工地。

2）达到不随便加水，散落混凝土不使用在工程上，即为合格。

【改进】

1）措施不完善，改进完善措施，并在下道工序按新措施控制。

2）若加了水或散落混凝土用在工程上，要对工程的构件或部位进行处理，可返工补救，直到消除工程隐患。

第六节　全面执行标准、将措施形成企业标准

施工企业是工程建设的实施者，工程建设必须依据国家标准进行，不能达不到标准，也不能提高标准。所以，施工企业应贯彻执行国家现行有关标准。建立和实施企业工程建设标准体系表，编制和实施完成建设任务的措施和企业自行制定的标准，对标准的实施进行监督检查，保证标准的落实执行。

一、《中华人民共和国建筑法》《建设工程质量管理条例》对执行工程建设技术标准的规定

（1）《中华人民共和国建筑法》有关规定

第三条　建筑活动应当确保建筑工程质量和安全，符合国家的建筑工程安全标准。

第三十二条　建筑工程监理应当依照法律，行政法规及有关的技术标准、设计文件和

建筑工程承包合同，对承包单位在施工质量、建设工期和建设资金使用等方面，代表建设单位实施监督。工程监理人员认为工程施工不符合工程设计要求、施工技术标准和合同约定的，有权要求建筑施工企业改正。工程监理人员发现工程设计不符合建筑工程质量标准或者合同约定的质量要求的，应当报告建设单位要求设计单位改正。

第三十七条　建筑工程设计应当符合按照国家规范制定的建筑安全规程和技术规范，保证工程的安全性能。

第五十二条　建筑工程勘察、设计、施工的质量必须符合国家有关建筑工程安全标准的要求，具体管理办法由国务院规定。

第五十四条　建设单位不得以任何理由，要求建筑设计单位或者建筑施工企业在工程设计或者施工作业中，违反法律、行政法规和建筑工程质量、安全标准，降低工程质量。建筑设计单位和建筑施工企业对建设单位违反前款规定提出的降低工程质量的要求，应当予以拒绝。

第五十六条　建筑工程的勘察、设计单位必须对其勘察，设计的质量负责。勘察、设计文件应当符合有关法律、行政法规的规定和建筑工程质量、安全标准、建筑工程勘察、设计技术规范以及合同的约定。设计文件选用的建筑材料、建筑构配件和设备，应当注明其规格、型号、性能等技术指标，其质量要求必须符合国家规定的标准。

第五十八条　建筑施工企业对工程的施工质量负责。建筑施工企业必须按照工程设计图纸和施工技术标准施工，不得偷工减料。工程设计的修改由原设计单位负责，建筑施工企业不得擅自修改工程设计。

第五十九条　建筑施工企业必须按照工程设计要求、施工技术标准和合同的约定，对建筑材料、建筑构配件和设备进行检验，不合格的不得使用。

第六十一条　交付竣工验收的建筑工程，必须符合规定的建筑工程质量标准，有完整的工程技术经济资料和经签署的工程保修书，并具备国家规定的其他竣工条件。建筑工程竣工验收合格后，方可交付使用；未经验收或者验收不合格的，不得交付使用。

第七十二条　建设单位违反本法规定，要求建筑设计单位或者建筑施工企业违反建筑工程质量、安全标准，降低工程质量的，责令改正，可以处以罚款；构成犯罪的，依法追究刑事责任。

第七十三条　建筑设计单位不按照建筑工程质量、安全标准进行设计的，责令改正，处以罚款；造成工程质量事故的，责令停业整顿，降低资质等级或者吊销资质证书，没收违法所得，并处罚款；造成损失的，承担赔偿责任；构成犯罪的，依法追究刑事责任。

第七十四条　建筑施工企业在施工中偷工减料的，使用不合格的建筑材料、建筑构配件和设备的，或者有其他不按照工程设计图纸或施工技术标准施工的行为的，责令改正，处以罚款；情节严重的，责令停业整顿，降低资质等级或吊销资质证书；造成建筑工程质量不符合规定的质量标准的，负责返工、修理，并赔偿因此造成的损失；构成犯罪的，依法追究刑事责任。

（2）《建设工程质量管理条例》有关规定

第十条　建设工程发包单位不得迫使承包方以低于成本的价格竞标，不得任意压缩合理工期。

建设单位不得明示或者暗示设计单位或者施工单位违反工程建设强制性标准，降低建设工程质量。

第十九条 勘察、设计单位必须按照工程建设强制性标准进行勘察、设计，并对其勘察、设计的质量负责。

注册建筑师、注册结构工程师等注册执业人员应当在设计文件上签字，对设计文件负责。

第二十八条 施工单位必须按照工程设计图纸和施工技术标准施工，不得擅自修改工程设计，不得偷工减料。

施工单位在施工过程中发现设计文件和图纸有差错的，应当及时提出意见和建议。

第二十九条 施工单位必须按照工程设计要求、施工技术标准和合同约定，对建筑材料、建筑构配件、设备和商品混凝土进行检验，检验应当有书面记录和专人签字；未经检验或者检验不合格的，不得使用。

第三十六条 工程监理单位应当依照法律、法规以及有关技术标准、设计文件和建设工程承包合同，代表建设单位对施工质量实施监理，并对施工质量承担监理责任。

第四十四条 国务院建设行政主管部门和国务院铁路、交通、水利等有关部门应当加强对有关建设工程质量的法律、法规和强制性标准执行情况的监督检查。

第四十七条 县级以上地方人民政府建设行政主管部门和其他有关部门应当加强对有关建设工程质量的法律、法规和强制性标准执行情况的监督检查。

第五十六条 违反本条例规定，建设单位有下列行为之一的，责令改正，处 20 万元以上 50 万元以下的罚款：

（一）迫使承包方以低于成本的价格竞标的；

（二）任意压缩合理工期的；

（三）明示或暗示设计单位或者施工单位违反工程建设强制性标准，降低工程质量的；

（四）施工图设计文件未经审查或者审查不合格，擅自施工的；

（五）建设项目必须实行工程监理而未实行工程监理的；

（六）未按照国家规定办理工程质量监督手续的；

（七）明示或者暗示施工单位使用不合格的建筑材料、建筑构配件和设备的；

（八）未按照国家规定将竣工验收报告、有关认可文件或者准许使用文件报送备案的。

第六十三条 违反本条例规定，有下列行为之一的，责令整改，处 10 万元以上 30 万元以下的罚款：

（一）勘察单位未按照工程建设强制性标准进行勘察的；

（二）设计单位未根据勘察成果文件进行工程设计的；

（三）设计单位指定建筑材料、建筑构配件的生产厂、供应商的；

（四）设计单位未按照工程建设强制性标准进行设计的。

有前款所列行为，造成工程质量事故的，责令停业整顿，降低资质等级；情节严重的，吊销资质证书；造成损失的，依法承担赔偿责任。

第六十四条 违反本条例规定，施工单位在施工中偷工减料的，使用不合格的建筑材料、建筑构配件和设备的，或者有不按照工程设计图纸或者施工技术标准施工的其他行为的，负责改正，处工程合同价款百分之二以上百分之四以下的罚款；造成建设工程质量不符合规定的质量标准的，负责返工、修理，并赔偿因此造成的损失；情节严重的，责令停业整顿，降低资质等级或者吊销资质证书。

第七十四条 建设单位、设计单位、施工单位、工程监理单位违反国家规定，降低工程质量标准，造成重大安全事故，构成犯罪的，对直接责任人依法追究刑事责任。

（3）《建筑法》和《建设工程质量管理条例》对建设单位、勘察单位、设计单位、施工单位和监理单位在建设活动中，都必须遵循工程建设标准（强制性标准），不执行工程建设标准，或者由于不执行工程建设标准而造成工程质量事故的，都要承担相应的处罚。这就要求我们在工程建设的过程中，参建各方都必须执行工程建设技术标准。

为了全面贯彻落实国家工程建设技术标准，住房城市建设部编制了行业标准《施工企业工程建设技术标准化管理规范》JGJ/T 198—2010，来引导施工企业加强企业工程建设技术标准化工作，规范企业标准化工作的管理，提高科学管理水平。

二、全面执行工程建设技术标准、建立企业工程技术标准化工作体系

国家制定的各种工程建设技术标准，是为规范工程建设活动，保证工程质量、安全和有关经济效益，各参建单位都应在建设活动中遵守。施工企业在施工过程中必须自觉遵守，贯彻落实好各种相关工程建设技术标准。

（1）贯彻执行国家工程建设技术标准，是施工企业的基本任务。

工程建设是以国家工程建设技术标准为依据，工程质量、安全以及环保节能等都必须满足国家标准规定，工程建设过程和工程建设结果都必须达到国家标准的规定，否则你的劳动不被社会承认，还可能造成社会的危害。所以，施工企业必须全面贯彻执行国家工程建设技术标准，应做好有关工作：

1）施工企业应建立工程建设技术标准化工作领导机构，领导协调本企业的工程建设标准化工作。建立工作管理机构，各职能部门和工程项目部都应有负责技术标准化的工作人员。

2）施工企业工程建设技术标准化管理，应以提高企业技术创新能力和竞争能力，建立企业技术管理的最佳秩序，获得好的质量、安全和经济效益为目的。

3）施工企业应依据国家现行有关法律、法规和与本企业相适应的工程建设技术标准，做出企业技术标准长远规划，并纳入企业总体发展规划，使企业的技术标准化工作与企业发展相协调。

4）施工企业工程建设技术标准化工作应与企业的科研工作、技术创新工作相结合；成为企业工程技术管理体系、企业技术研发中心、企业质量保证体系的中心工作。并应及时将创新科研成果转化为企业技术标准，提高企业的科学技术管理水平。

5）施工企业应在年度财务预算中设立专项资金，支持企业工程建设技术标准化和相关科研工作的开展。

6）施工企业应制定技术标准化培训计划，对企业职工开展培训，建设一支技术水平高的队伍，提高企业技术标准化水平，增强企业执行工程技术标准的能力和自觉性。提高企业技术管理水平。

7）施工企业应根据自身业务范围建立和实施企业工程建设技术标准体系表，将自身常用的国家标准、行业标准、地方标准，分类列成表格，并按使用频率，分为常用、一般

及较少用的，分别建立体系表格。

8）施工企业应突出自身企业的专业特点，有自身的特色工程、技术优势，对相应的工程技术标准，首先要专人重点掌握，建立相应技术标准及企业标准体系表。能做到全面贯彻落实，并能制定企业工艺标准，以便能建出自家的精品工程。展现企业的特点。

9）施工企业应建立完善的技术标准管理办法和检查制度，保证国家标准、行业标准和地方标准的有效执行。做好自身的监督检查和定期总结工作，发现不足，及时采取措施改进，增强企业自身的纠错能力和持续改进能力，提高企业技术管理的完善性。

10）企业应鼓励技术人员、操作人员、管理人员参加企业工程建设技术标准化工作。有计划培训重点专业人员，奖励在企业标准化工作中作出贡献的部门和人员。

（2）建立企业技术标准化工作机构，开展标准化工作。

1）建立工程建设标准化委员会，主任委员会由本企业的法定代表人或其授权的总工程师或企业技术负责人担任。并授予相应的权力。

2）主任委员的主要职责：

① 统一领导和协调企业的工程建设标准化工作，贯彻执行国家现行有关标准化的法律、法规和规范性文件，及工程建设技术标准。

② 研究本企业的工程建设标准化的方针目标。

③ 审批本企业标准化工作的长远规划、年度计划和标准化工作经费。

④ 审批工程建设标准体系表及企业技术标准。

⑤ 确定企业工程建设标准化工作部门、人员、管理制度和奖惩办法。

⑥ 负责国家、行业、地方及企业标准的实施、企业技术标准化工作的监督检查。

3）施工企业应设置工程建设技术标准化工作部门，主要职责有：

① 组织制定和执行企业工程建设标准化工作任务和目标；编制长远规划、年度计划和工作活动经费计划等。

② 组织编制和执行企业工程建设标准化体系表，组织编写企业技术标准及管理工作。

③ 组织编制企业工程建设标准工作化管理制度、奖惩办法，并贯彻执行。

④ 负责组织协调本企业工程建设标准化工作，专、兼职标准化工作人员的业务管理。

⑤ 负责组织国家标准、行业标准、地方标准和企业技术标准的执行、监管检查、更新、修订等。

⑥ 落实企业标委会的标准化工作决定有关事项。

⑦ 参加国家、行业和地方标准化工作活动等。

4）施工企业各职能部门的标准化工作，必须配备相应的专、兼职工作人员，主要职责有：

① 实施企业的标准化工作任务，组织落实本职能部门相关标准化工作和企业技术标准的执行。

② 按企业技术标准化工作要求对员工进行培训、考核和奖惩管理。

5）各工程项目经理部应配备相应的专、兼职标准化工作人员，负责企业标准化工作的实施。

6）施工企业工程建设标准化工作管理部门，要对企业内部职能部门、工程项目经理部和标准化工作人员进行组织、管理、协调，对工作情况进行考核和奖惩。

7）企业技术标准制定和应用都属于科技成果。施工企业可对具有显著经济效益、社会效益、环境效益的成果，申报科技成果奖。

8）为保证其正常开展和不断改进，每年应进行一次工作评价，并根据评价绩效进行奖惩。对在企业标准化工作中成绩突出的部门和人员给予表扬和奖励；对贯标不力、成绩不良的进行批评教育，对造成事故的按规定给予处理。

9）施工企业工程建设标准化工作评价可参照施工企业工程建设技术标准化工作评价表进行（表 3-21）。

施工企业工程建设技术标准化工作评价表 **表 3-21**

序号	评价标准		分值	实得分
1	企业工程建设标准化领导机构是否健全		5	
2	企业工程建设标准化工作管理部门是否健全		5	
3	企业工程建设标准化实施等管理制度是否健全		5	
4	企业决策层及最高管理层对企业技术标准化工作的认知度情况		5	
5	执行国家标准、行业标准和地方标准情况	有完善的国家标准、行业标准和地方标准的执行措施，强制性条文逐条有措施文件，其他标准 70% 及以上有措施文件	20	
		有完善的国家标准、行业标准和地方标准的执行措施，强制性条文有措施文件，其他标准 50% 以上有措施文件	15	
		有基本的国家标准、行业标准和地方标准的执行措施，强制性条文有措施文件	10	
6	企业技术标准体系完善程度	完善，涉及主要分部分项工程，有标准体系表，并能执行	10	
		较完善，涉及部分分部分项工程，有标准体系表，基本执行	8	
7	企业技术标准的编制、复审和修订情况		5	
8	企业技术标准化宣传、培训及执行情况		5	
9	工程项目执行技术标准情况	执行达到目标，95% 以上执行	15	
		基本达到目标，75% 以上执行	10	
		一般化	8	
10	工程建设标准资料档案管理情况	较好，有制度能执行	5	
		一般，无制度或有制度执行不好	2	
11	工程建设标准化的奖罚情况	设立奖励基金，制定奖罚办法并运行良好	5	
		有奖罚措施，运行一般	2	

续表

<table>
<tr><th>序号</th><th colspan="3">评 价 标 准</th><th>分值</th><th>实得分</th></tr>
<tr><td rowspan="2">12</td><td colspan="2" rowspan="2">对工程建设标准化工作投入资金情况</td><td>能满足企业技术标准化工作需要</td><td>10</td><td></td></tr>
<tr><td>基本满足企业技术标准化工作需要</td><td>5</td><td></td></tr>
<tr><td>13</td><td colspan="2">标准化工作绩效管理评价</td><td>有制度定期进行绩效评价</td><td>5</td><td></td></tr>
<tr><td colspan="2" rowspan="4">综合得分</td><td colspan="2">优秀</td><td>95 及以上</td><td></td></tr>
<tr><td colspan="2">良好</td><td>85 及以上</td><td></td></tr>
<tr><td colspan="2">合格</td><td>75 及以上</td><td></td></tr>
<tr><td colspan="2">不合格</td><td>75 以下</td><td></td></tr>
</table>

注：特级施工企业应有自己独立的企业技术标准体系；一级施工企业应有自己的企业技术标准（可以是自己独立，也可以是自己所做品牌的企业技术标准）。

（3）施工企业工程建设标准化工作必须具体落实到工程项目管理部

施工企业的各项工作是以工程项目为载体的，工程建设标准化工作也是以工程项目为载体来落实的。施工企业工程建设标准化管理部门，企业内部各职能部门的标准化工作，都应服务于工程项目。

1）根据工程项目设计文件的内容，由工程项目标准工作人员列出本工程项目所需主要工程技术标准表，以及强制性条文。

2）制定完成强制性条文的技术措施，或企业有这方面的企业标准时，将企业标准作为技术措施并加以补充，并经项目技术负责人审查确认。

3）制定各分项工程或工序工程的施工工艺标准。或按企业的施工工艺标准，进行工序工程质量的控制。结合强制性条文的技术措施，成为各工序施工的施工工艺标准。

4）工程项目各岗位工作人员依据企业的工作岗位标准进行工作，并进行检验和考核。企业标准化工作落实到工程项目上，企业各职能部门要分别对相应工作指导和监督。

5）工程项目部在项目经理和项目技术负责人的带领下，按照企业标准化工作制度，对工程项目进行管理。做到各项工作有程序、有标准，检查有指标，判定有标准。

6）施工操作有施工工艺标准，质量有检查标准、判定标准，达不到标准的有处罚规定。

7）安全各项工作落实了责任单位和责任人有记录，各项工作操作有规程，完成后要验收合格，有验收文件；使用过程有安全守则必须遵守，空中运输司机和信号员有资格证书，操作有规程，每个台班要有工作记录。安全资料落实，保证安全施工顺利进行。

（4）施工企业工程建设标准体系表的制定

1）施工企业建立工程建设标准化体系表应符合企业技术方针目标，及贯彻国家现行有关标准化法律、法规和企业标准化规定。

2）施工企业工程建设标准体系表层次结构图编制应参照图 3-2 进行。

3）施工企业工程建设技术标准体系层次结构图编制应参照图 3-3 进行。

4）施工企业工程建设技术标准体系中各项标准名称表可参照表 3-22。

××层次工程建设技术标准名称表　　表 3-22

序号	编码	标准代号和编号		标准名称	实施日期	被代替标准号	备注
		国标、行标、地标	个标				

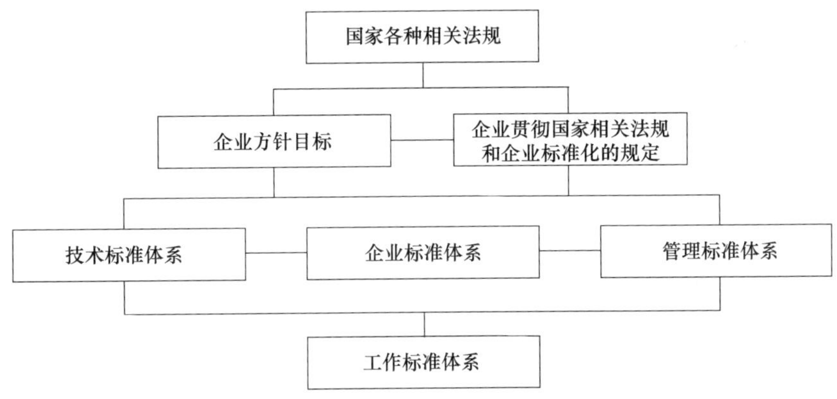

图 3-2　施工企业工程建设标准体系层次结构图

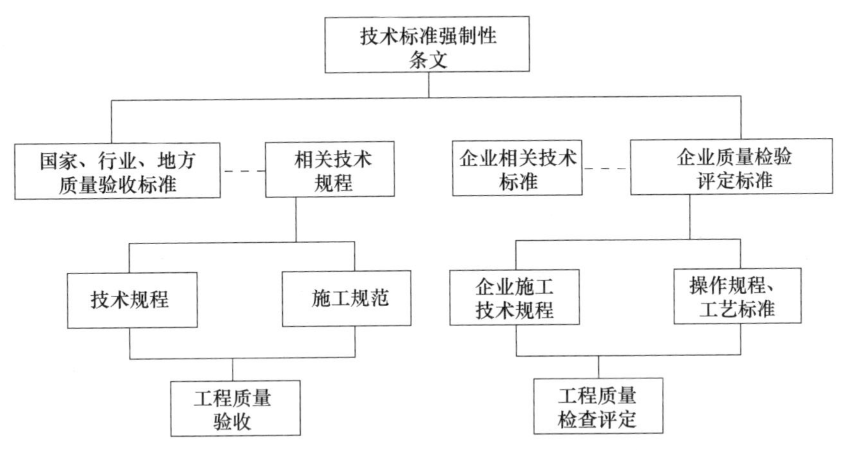

图 3-3　施工企业工程建设技术标准体系表层次结构

5）体系表编码应结合企业标准体系中标准种类、数量，并应在企业内统一。

6）企业建设工程标准体系表应对标准的符合性和有效性进行评价，确认标准的水平。即列入体系表的标准都是有效的，符合企业生产需要的，自身的企业标准是代表企业技术水平的。

7）企业工程建设标准体系表编制注意事项

① 企业标准体系表的组成应包括企业所贯彻和采用的国家标准、行业标准和地方标准，以及企业标准的技术标准。所有标准都应为现行有效版本。

② 企业标准体系表应与企业生产所涉及范围的标准相配套，企业应积极补充完善国

家标准、行业标准和地方标准的相关内容，以及落实各项标准的措施细则。

③ 企业标准体系表应重视企业标准的制定和更新，来提高企业技术管理水平。

④ 企业标准体系表编制还应符合《质量管理体系 要求》GB/T 19001—2016 等的要求。

⑤ 企业标准体系表应动态管理，及时更新表内的标准。

（5）全面执行标准应按工序工程形成企业的施工工艺标准或操作规程

施工企业贯彻落实国家标准、行业标准和地方标准，要细化标准的形成过程，制定详细的控制措施，控制措施经过实施证明其是有针对性的、有效的，按其操作施工能落实相应的标准，经过企业标准化工作部门组织企业的专家审查认可，按程序批准为企业施工工艺标准，将施工准备、操作工艺、质量标准、成品保养、质量记录、安全环保等列出。以“剪力墙结构墙体钢筋安装工程施工工艺标准”举例说明。

举例：剪力墙结构墙体钢筋安装工程施工工艺标准

1 适用范围

本标准适用于建筑工程中现浇钢筋混凝土剪力墙结构墙体钢筋安装。

2 施工准备

2.1 材料

（1）钢筋：其品种、级别、规格和质量应符合设计要求。钢筋进场应有产品合格证和出厂检验报告，进场后，应按现行国家标准《钢筋混凝土用钢 第 2 部分：热轧带肋钢筋》GB/T 1499.2—2018 等的规定抽取试件做力学性能检验。

当加工过程中发生脆断等特殊情况，还需做化学成分检验。钢筋应平直、无损伤，表面不得有裂纹、油污、颗粒状或片状老锈。

（2）加工成型钢筋：必须符合配料单的规格、尺寸、形状、数量，外加工钢筋还应有半成品出厂合格证。

（3）绑扎丝：可采用钢丝。绑扎丝切断长度应满足使用要求。

（4）保护层控制材料：砂浆垫块（规格宜为 40mm×40mm 厚度同保护层，垫块内预埋 20 ~ 22 号火烧丝）、塑料卡。

2.2 机具设备

（1）机械：钢筋连接机械。

（2）工具：钢筋钩、撬棍、扳子、绑扎架、钢丝刷、石笔、钢尺等。

2.3 作业条件

（1）完成钢筋加工工作，钢筋规格、数量、几何尺寸经检查合格。

（2）做好抄平放线工作，弹好水平标高线、墙身尺寸线及模板控制线，技术复核合格。

（3）混凝土接槎处应剔除软弱层并清理干净。

（4）按要求搭好操作脚手架。

（5）钢筋机械连接或焊接型式检验及现场工艺检验合格。

3 操作工艺

3.1 工艺流程

修整预留筋→绑竖向钢筋→绑水平钢筋→绑拉筋及定位筋→检查验收。

3.2 操作方法

（1）修整预留筋：将墙预留钢筋调整顺直，用钢丝刷将钢筋表面砂浆清理干净。预留筋伸出长度不小于30d。

（2）钢筋绑扎

1）先立墙梯子筋，梯子筋间距不宜大于4m，然后在梯子筋下部1.5m处绑两根水平钢筋，并在水平钢筋上画好分格线，最后绑竖向钢筋及其余水平钢筋，梯子筋如图1所示。

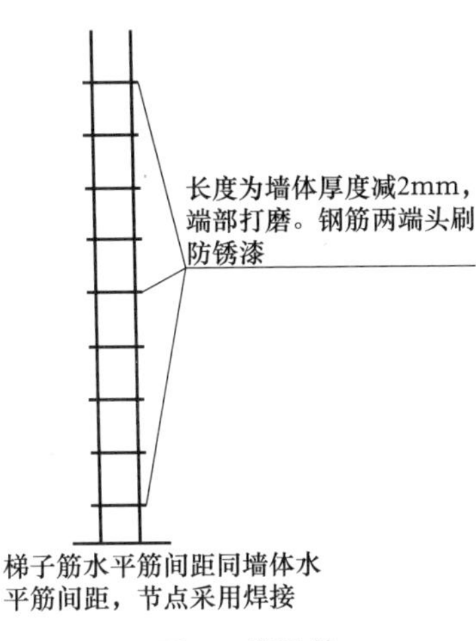

图1 梯子筋

2）双排钢筋之间应设双“F”形定位筋，定位筋间距不宜大于1.5m。墙拉筋应按设计要求绑扎，间距一般不大于600mm。墙拉筋应拉在竖向钢筋与水平钢筋的交叉点上。双“F”形定位筋如图2所示。

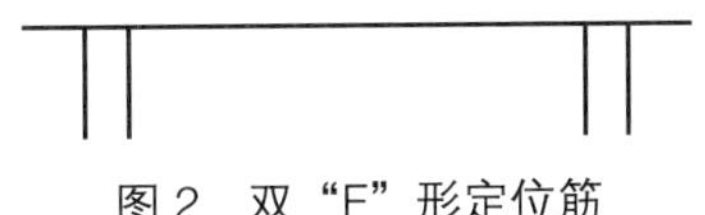

图2 双“F”形定位筋

3）绑扎墙筋时一般用顺扣或八字扣，钢筋交叉点应全部绑扎。

4）墙筋保护层厚度应符合设计及规范要求，垫块或塑料卡应绑在墙外排筋上，呈梅花形布置，间距不宜大于1000mm，以使钢筋的保护层厚度准确。

5）墙体合模之后，对伸出的墙体钢筋进行修整，并绑一道水平梯子筋固定预留筋的间距。

（3）墙钢筋的连接

1）墙水平钢筋：墙水平钢筋一般采用搭接，接头位置应错开。接头的位置、搭接长度及接头错开的比例应符合规范要求。搭接长度末端与钢筋弯折处的距离不得小于10d，搭接处应在中心和两端绑扎牢固。

2）墙竖向钢筋：直径大于或等于16mm时，宜采用焊接（电渣压力焊），小于16mm时，宜采用绑扎搭接，搭接长度应符合设计及规范要求。

（4）剪力墙的暗柱和扶壁柱：剪力墙的端部、相交处、弯折处、连梁两侧、上下贯通的门窗洞口两侧一般设有暗柱或扶壁柱。暗柱或扶壁柱钢筋应先于墙筋绑扎施工，其施工方法与框架柱的施工方法相近。直径大于16mm的暗柱或扶壁柱钢筋，应采用焊接（电渣压力焊）或机械连接（滚压直螺纹）。

（5）剪力墙连梁：连梁的第一道箍筋距墙（暗柱）50mm，顶（末）层连梁箍筋应伸入墙（暗柱）内，并在连梁主筋锚固长度范围内满布。连梁的锚固长度、箍筋及拉筋的间距应符合设计及规范要求。

（6）剪力墙的洞口补强

1）设计有要求时，按设计要求加筋制造和补强。当设计无要求时，应符合下列规定：矩形洞宽和洞高均不大于800mm的洞口及直径不大于300mm圆形洞口四边应各加两根加强筋；直径大于300mm的圆形洞口应按六边形补强，每边各加两根加强筋；矩形洞宽和洞高大于800mm的洞口四边应设暗柱和暗梁补强。

2）补强钢筋的直径、暗柱和暗梁设置应符合设计及规范要求。

（7）楼梯钢筋绑扎

1）工艺流程

预留预埋→放位置线→绑板主筋→绑分布筋→检查验收。

2）操作方法

① 施工楼梯间墙体时，要做好预留预埋工作。休息平台板预埋钢筋于墙体内，做贴模钢筋，当设计为螺纹钢筋时，钢筋应伸出墙外，模板应穿孔或做成分体形式。

② 在楼梯段底模上用墨线分别弹出主筋和分布筋的位置线。

③ 绑扎钢筋（先绑梁筋后绑板筋）

a. 梁钢筋绑扎应按设计要求将主筋与箍筋分别绑扎。

b. 板筋绑扎时，应根据设计图纸主筋、分布筋的方向，先绑扎主筋后绑扎分布筋，每个点均应绑扎，一般采用八字扣，然后，放马凳筋，绑上铁负弯矩钢筋及分布筋。马凳筋一般采用"几"字形，间距1000mm。"几"字形马凳如图3所示。

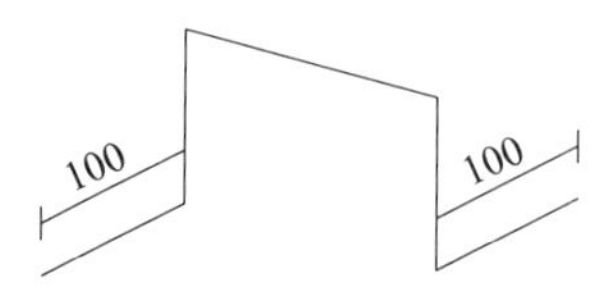

图3 "几"字形马凳

c. 楼梯的中间休息平台钢筋应同楼梯段一起施工。

4 质量标准

4.1 主控项目

（1）受力钢筋的品种、级别、规格和数量符合设计要求。

检查数量：全数检查。

检验方法：观察和尺量检查，并检验进场验收及复试资料。

（2）纵向受力钢筋的连接方式应符合设计要求。

检查数量：全数检查。

检验方法：观察检查，并检查试验报告。

（3）钢筋机械连接或焊接接头的力学性能，按国家现行标准《钢筋机械连接技术规程》JGJ 107—2016、《钢筋焊接及验收规程》JGJ 18—2012的规定，抽取钢筋机械连接接头或焊接接头做力学性能检验，试验结果合格。

检查数量：按有关规程确定。

检验方法：检查产品合格证、接头力学性能试验报告。

4.2 一般项目

（1）采用机械连接接头或焊接接头的外观检查，其质量应符合有关标准、规程的规定。

检查数量：全数检查。

检验方法：观察检查。

（2）钢筋安装位置的允许偏差应符合表1的规定。

钢筋安装位置的允许偏差和检验方法 表1

<table>
<tr><th colspan="3" rowspan="2">项 目</th><th colspan="2">允许偏差（mm）</th><th rowspan="2">检验方法</th></tr>
<tr><th>国标、行标</th><th>企标</th></tr>
<tr><td rowspan="2">绑轧钢筋网</td><td colspan="2">长、宽</td><td>±10</td><td>±10</td><td>钢尺检查</td></tr>
<tr><td colspan="2">网眼尺寸</td><td>±20</td><td>±20</td><td>钢尺量连续三档，取最大值</td></tr>
<tr><td rowspan="2">绑扎钢筋骨架</td><td colspan="2">长</td><td>±10</td><td>±10</td><td>钢尺检查</td></tr>
<tr><td colspan="2">宽、高</td><td>±5</td><td>±5</td><td>钢尺检查</td></tr>
<tr><td rowspan="5">受力钢筋</td><td colspan="2">锚固长度</td><td>－20</td><td>－20</td><td rowspan="3">钢尺量两端、中间各一点，取最大值</td></tr>
<tr><td colspan="2">间距</td><td>±10</td><td>±10</td></tr>
<tr><td colspan="2">排距</td><td>±5</td><td>±5</td></tr>
<tr><td rowspan="2">保护层厚度</td><td>柱梁</td><td>±5</td><td>±5</td><td rowspan="2">钢尺检查</td></tr>
<tr><td>板、墙、壳、</td><td>±3</td><td>±3</td></tr>
<tr><td colspan="3">绑扎箍筋、横向钢筋间距</td><td>±20</td><td>±15</td><td>钢尺量连续三档，取最大值</td></tr>
<tr><td colspan="3">钢筋弯起点位置</td><td>20</td><td>20</td><td>钢尺检查</td></tr>
<tr><td rowspan="2">预埋件</td><td colspan="2">中心线位置</td><td>5</td><td>5</td><td>钢尺检查</td></tr>
<tr><td colspan="2">水平高差</td><td>＋3，0</td><td>＋3，0</td><td>钢尺和塞尺检查</td></tr>
</table>

检查数量：在同一检验批内，应抽查构件数量的10%，且不少于3件；对大空间结构，墙可按相邻轴线间高度5m左右划分检查面，抽查10%，且均不少于3面。

5 成品保护

（1）加工成型钢筋应按指定地点堆放，用垫木垫放整齐，防止钢筋变形、锈蚀、油污。

（2）各工种操作人员不得任意蹬爬钢筋，掰动及切割钢筋。

（3）钢筋接头采用套筒冷挤压机时，应确保设备完好，防止漏油污染钢筋。

6 应注意的质量问题

（1）墙（暗柱）预留筋在浇筑混凝土前要有定位措施，浇筑过程中应有专人检查修整。防止钢筋移位。

（2）定位筋（顶模棍）长度一般比墙体小2mm，钢筋端头刷防锈漆。钢筋绑扎丝扣尾部应朝向结构内侧，以防止混凝土表面出现锈斑。

（3）砂浆垫块应提前加工，确保使用时垫块有足够的强度。

（4）在现场抽取试件检验时，切断的钢筋宜采用帮条焊连接，确保焊接接头质量。

（5）对钢筋保护层所采取的措施（梯子筋、垫块），必须认真落实，合模前做好检查，确保墙体钢筋保护层的准确。

（6）当有负弯矩筋时，要采用钢筋马凳支撑好，在浇筑混凝土时，应铺好脚手板并安排专人看钢筋，防止负弯矩筋被踩踏。

7 质量记录

（1）钢筋出厂质量证明书或检验报告单；

（2）钢筋试验报告；

（3）钢筋连接试验报告。采用机械连接时，应有型式检验报告及现场工艺检验报告、抽样检验报告；

（4）采用焊接连接时，应有焊条、焊剂出厂合格证、烘焙记录及工艺检验报告、抽样检验报告；

（5）钢筋安装工程检验批质量验收记录；

（6）钢筋分项隐蔽验收记录（可附重点部位照片）。

8 安全、环保措施

8.1 安全操作要求

（1）绑扎墙、柱构件时，不得站在钢筋骨架上或攀登骨架。

（2）高空作业时（高度超过2m）应系安全带，一端系于腰间，另一端系于稳固杆件上。

（3）钢筋吊运时，应采用两道绳索捆绑牢固，起吊设专人指挥。遇到下列情况时应停止作业：风力超过五级；噪声过大、不能听清指挥信号时；大雾或夜间照明不足时。

（4）现场用电应符合国家现行标准《施工现场临时用电安全技术规范》JGJ 46—2005的规定。

（5）外墙、柱及外挑构件施工时，应搭设操作平台和张挂安全网。

8.2 环保措施

（1）钢筋下脚料及废钢筋应集中堆放，并及时回收外运处理。

（2）现场机具应有防油污染措施。

（3）机械噪声要控制在允许范围内。

（4）施工企业工程建设标准化工作管理部门应做好标准实施组织管理工作

1）制定长远目标任务。标准化工作管理部门应根据企业的发展方针目标，提出本企业工程建设标准化工作的长远目标规划。把企业标准化工作目标任务、机构及人员、经费、贯彻标准的措施细则、企业标准的编制与实施，以及实施情况的监督检查等规划出来。

2）制定年度计划落实长远规划，把当年技术标准化实施措施、监督检查人员培训、企业标准编制，以及经费计划落实，以便标准化工作的实施和落实。

3）结合当年工程计划的重点工程结构状况，把相关国家标准、行业标准和地方标准落实到技术措施编制，企业技术标准的制定落实到具体人员，有些任务要结合工程项目落实到工程项目及人员，并规定完成时间。

4）按年度计划列出相关部门，工作人员的主要标准化工作是落实组织、参加人员、完成时间。

5）做好信息和档案管理，将标准化工作内容完成情况及时收集整理形成资料，以便改进和评价奖罚。

三、工程建设标准实施

施工企业工程建设标准化工作的主要任务是贯彻落实国家标准、行业标准和地方标准，施工企业应将从事工程项目范围内的相关技术标准，列入企业标准体系表进行系统管理。施工企业应有计划、有组织地贯彻落实国家标准、行业标准和地方标准。

1. 对列入企业标准体系表的每项标准都要管理好

（1）施工企业对新发布、新使用的工程技术标准要开展宣贯学习，了解和掌握标准的内容，并对其中技术要点进行深入研究。

（2）施工企业在工程项目上应用每一项标准时，都应在施工前制定落实措施和实施细则，并将相关要求落实到工程项目的施工组织设计和施工技术方案及各项质量控制措施中。

（3）工程项目技术负责人应在工程项目施工前对贯彻落实工程技术标准的控制重点向有关技术管理人员进行技术交底，技术管理人员在每个工序施工前，应对该工序工程使用的技术标准向操作人员进行技术交底，明确该工序控制的重点和保证工程质量及安全的技术措施。

（4）施工企业应组织对技术标准执行情况及技术交底有效性的研究，来不断改进执行技术标准的效果。

（5）施工企业应将有关的技术标准逐项落实到相关部门、工程项目部明确任务、内容和完成时间，提出标准的落实措施或企业标准。

（6）施工企业对新标准和首次使用的标准，应制定落实措施，经过实战措施证明是有针对性的和有效的，当工程质量达到标准规定后，再经过几次工序施工实践，进一步完善和改进，按一定程序形成企业工艺标准，在其后的工序施工中按施工工艺标准执行。

（7）在工程标准化管理中，企业施工工艺标准不断增加，就会改进和提高企业技术标准水平。

（8）企业工程技术标准的贯彻落实，应以工程项目为载体，充分发挥工程项目管理部的作用，来提高企业的技术管理水平。

2. 对工程建设强制性标准要重点管理

（1）施工企业在贯彻落实工程建设标准时，对国家标准、行业标准和地方标准中的强制性条文要进行重点管理，首先对强制性条文制定落实措施文件，在施工组织设计、施工技术方案编制中，应重点进行审查和落实。

（2）对强制性标准条文，应落实到企业的每个部门和工程项目经理部。项目经理和项目技术负责人及有关管理人员都应掌握相关强制性条文的技术要求和控制措施、工程质量指标和判定方法。

（3）工程项目在落实强制性标准条文时，首先将其相关的强制条文摘录出来，以工程质量指标为主，制定落实控制措施，将过程控制、检测等条文也作为控制措施，一并进行落实。

3. 施工企业技术标准的实施管理

（1）施工企业企业技术标准主要有两部分：一部分是为贯彻落实国家标准、行业标准和地方标准而制定技术措施形成的施工工艺标准或操作规程；另一部分是补充性的企业自有技术编制的企业技术标准，由于是企业自己编制的，在编制时，应与国家标准、行业标准和地方标准协调一致，并考虑为实施创造条件。

（2）企业技术标准批准后，应由主要编制人员演示其技术要点，企业相关技术人员能掌握该项标准成为企业的专利技术或技术优势。

（3）属于企业施工工艺或操作规程的，应由参加编制的技师演示其技术，创造出企业的工程质量水平和经济效益，成为企业的技术优势。

4. 标准实施的监督检查

（1）企业工程建设标准化管理部门应有计划地对国家标准、行业标准和地方标准的实施情况进行监督检查。分为两个层次：首先，由工程项目部以施工现场的有关人员及工程项目为对象执行落实标准的核查；二是企业标准化管理部门组织企业职能部门以工程项目和技术标准为对象的检查。

（2）企业对标准实施情况的检查，以贯彻技术标准的控制措施和技术标准的实施结果为检查重点。

1）在工程施工前，应检查相关技术标准的配备和落实措施、实施细则等落实技术标准措施文件编制情况。

2）在施工过程中，应检查有关落实技术标准及措施文件的执行情况。

3）在每道工序工程及工程项目完工后，应检查有关技术标准的实施结果和工程质量达到质量目标的情况。

（3）施工企业标准实施检查应注意的事项

1）每项国家标准、行业标准和地方标准颁布后，在企业工程项目首次首道工序执行上，应由企业标准化部门组织有关部门重点检查。

2）在正常情况下每道工序完成后，首先操作者自我检查；然后由质量检查员进行检验评定；每项工程项目完工后，由企业质量部门组织系统检查。

3）对技术标准执行情况，由企业标准化管理部门按计划组织阶段和年度检查，或随时组织抽查。

第一检查重点执行标准的措施符合要求，第二检查重点是质量达到标准规定，第三检查重点是技术标准执行情况，三者是互为联系各有侧重。

（4）企业对工程技术标准的检查，以工程项目为单位进行，计算其标准覆盖率及标准执行的有效性。

覆盖率以工程项目的工序工程进行评定。

有效性用一次检查符合质量标准进行评定。

施工企业计算覆盖率及有效性，可以结合企业的所有工程项目评估。

四、施工企业标准编制

施工企业编制企业标准，是企业技术经验的总结提高，是企业技术成果的有效积累，是企业财富的增值。

（1）施工企业应将下列技术制定为企业技术标准:

1）补充或细化国家标准、行业标准和地方标准未覆盖的，企业又需要的一些技术要求。

2）企业自主创新成果，以及企业为提高企业经济效益编制的结合工艺成果。

3）为更好落实国家标准、行业标准和地方标准，创造社会信誉，企业制定严于该标准的企业施工工艺标准、施工操作规程等企业技术标准。

4）对采用的新技术、新工艺、新材料、新设备，合理利用资源、节约能源、符合环保政策的要求，经过自己实践其技术成熟后，有可操作性、针对性强的项目，也可编制成企业技术标准。

5）企业标准编制应贯彻国家现行有关标准化法律、法规，符合国家有关技术标准的要求。

6）企业技术标准编制应符合工程建设标准编写的有关规定。

（2）企业技术标准编制

1）施工企业应根据企业工程建设标准体系表和相应的技术条件提出由企业技术标准编制的年度计划制定项目。

2）组成编制组，其人员应了解有关标准化法律、法规知识，由掌握和精通该项技术的技术人员、操作层的操作人员组成，并经过相应的培训。

3）按照企业标准编制程序：按编制准备、编写提纲、进度计划、标准初稿、征求意见稿阶段、审查阶段的程序进行。

4）准备阶段的工作

① 在企业标准化管理部门组织下，组成编制组；召开第一次会议，学习工程标准技术化有关法律、法规及标准编写程序等。

② 制定编写提纲、进度计划、编写分工等，并形成会议纪要。

③ 按分工开展工作，需要调研的项目，找具有代表性的对象进行调研和收集资料，写出调研报告。

④ 对调查记录和收集到的资料进行整理归档，由标准化工作管理部门统一管理。

5）征求意见稿阶段的工作

① 在调研收集的基础上，标准化工作管理部门对需要测试验证的项目应统一组织进行，落实责任单位，编制测试验证方案，测试验证结果应组织有关专家鉴定。

② 企业技术标准编制的重大问题或有分歧的问题，应根据需要召开专题会议，必要时可请业内专家参加，并应形成会议纪要。

③ 在做好有关工作的基础上，编制组编写企业技术标准的初稿、讨论稿及征求意见稿。

④ 编制组征求意见稿进行自审，重点审查下列内容:

A. 标准适用范围应与技术内容协调一致。

B. 技术内容应体现国家的技术经济政策。

C. 企业技术标准应准确反映操作、施工的实施经验和代表企业的技术水平；总承包企业编制的技术标准还应考虑对分包施工单位施工有可控制性和指导性。

D. 标准的技术数据和参数有可靠的依据，并与相关标准相协调。

E. 编写格式应符合工程建设标准编写的规定。

⑤ 征求意见稿应由企业标准化工作管理部门印发企业工程建设标准化委员会主任委员、企业相关职能部门，相关工程项目经理部和相关人员征求意见，也可召开征求意见会议。征求意见的期限通常为30天左右，必要时，对标准的重要内容，也可采取走访形式征求意见。

⑥ 编制组应将征求意见期间收集到的意见，逐条归纳整理，在研究分析的基础上提出处理意见，逐项修改到标准的征求意见稿中，形成施工企业技术标准送审稿。

6）审查阶段的工作

① 编制组应将企业技术标准送审文件送企业标准化工作管理部门，并附下列资料：

A. 送审报告；

B. 企业技术标准送审稿及条文说明；

C. 主要问题的专题报告；

D. 征求意见汇总和采用处理情况表。

② 送审报告的内容：

A. 施工企业技术标准任务的来源；

B. 编制标准过程中所做的主要工作；

C. 标准中重点内容确定的依据及其技术成熟程度；

D. 与国内外相关技术标准水平的对比；

E. 预计标准实施后的经济效益和社会效益及对标准的初步评价；

F. 标准中尚存在的主要问题和今后需要继续进行的主要工作等。

③ 企业标准化工作管理部门审查符合要求，发出召开审查会议的通知，在开会前的30天将企业技术标准送审稿发送至企业工程建设标准化委员会主任委员、参加会议的相关职能部门、相关工程项目经理部和相关人员。

④ 企业标准化工作管理部门主持召开审查会，企业相关职能部门代表、相关工程项目经理部代表和相关有经验的专家参加，必要时也可请外部的专家代表参加。审查会议必要时可成立会议领导小组，负责研究解决会议中提出的问题，对有争议的问题经过协调，集中代表的意见，对不能取得一致意见的问题，应当提出倾向性审查意见。审查会议应当形成会议纪要。

⑤ 会议纪要的主要内容：

A. 审查会议概况；

B. 标准送审稿中的重点内容及有争议问题的审查意见；

C. 对技术标准送审稿的评价；

D. 会议代表和领导小组名单。

⑥ 审查会议程序：

A. 审查会议开始；

B. 企业标准化工作管理部门宣布审查组人员名单及审查组长名单，有领导小组时，还应宣布领导小组人员名单；

C. 审查组组长主持会议；

D. 编制组汇报编制情况；

E. 逐条审查条文；

F. 形成审查会议纪要；

G. 审查整改意见汇总表；

H. 会议人员名单。

7）报批阶段的工作

① 编制应根据审查会议的意见，对标准送审稿逐条进行修改，形成标准的报批稿，报企业标准化工作管理部门，由企业标准化、工作化管理部门审核，并报企业工程建设标准化委员会主任委员批准。

② 企业技术标准要重视标准的针对性、可操作性和实际效果，必要时可在工程上进行试用，并写出试用报告。

③ 报批文件包括内容：

A. 报批报告；

B. 企业技术标准报批稿及条文说明；

C. 审查会议纪要；

D. 主要问题的专题报告；

E. 试施工或试生产试用报告等。

④ 施工企业技术标准审批应考虑下列问题：

A. 标准的水平是否符合企业的技术发展，标准是否有可操作性；

B. 与国家标准、行业标准及地方标准是否协调；

C. 重点内容确定依据及技术成熟程度；

D. 标准实施后的经济效益和社会效益情况；

E. 主要问题的处理情况等。

8）企业技术标准批准发布实施。由企业标准化工作管理部门统一编号印刷，发布实施，并向当地住房和城乡建设主管部门备案。

备案材料包括；备案申报文件、标准批准文件、标准文本及编制说明等。

9）企业标准化工作管理部门，对批准实施的企业标准应跟踪检查应用效果，并结合企业技术发展和需要，以及国家科学技术发展需要，适当时间组织企业内相关职能部门，对技术标准进行复审。复审可以采用会议审查或函审方式，通常应执行3～5年进行复审。

复审应提出标准继续有效、修订、废止的意见，报企业工程建设标准化委员会批准。

确认继续有效的企业技术标准，再版时在标准编号下，应注明确认继续有效及日期，并由企业发文公布。

确认需要修订的企业技术标准，应列入标准修订计划按程序进行修订。

确认需要废止的企业技术标准，由企业发文公布废止。

第四章　施工实施

在做好施工准备的基础上，进行正式施工，施工过程是工程质量形成的过程，必须将施工准备制定的各项技术措施进行落实。

第一节　以工程项目落实质量计划

一、以工程项目为载体落实施工质量管理

建筑施工企业的生产特点是以工程项目为载体来实现的，没有工程项目施工企业就没法进行生产。做好每个工程项目的质量，施工企业的生产管理目标就实现了。

1. 项目质量的主要内容

工程项目应按照施工设计文件和工程质量标准施工，达到其各项要求，建筑工程主要质量特征项目如下：

（1）工程项目的使用功能质量。使用功能表现为一系列的要求，必须按施工图设计文件要求及图示质量标准的规定。如房屋的平面、空间布局，采光通风要求，隔声、温度、湿度，生产、生活方便、舒适等。满足设计目标达到生产生活的适用性。

（2）工程项目安全可靠的质量指标。在满足使用功能和用途的基础上，工程在正常使用过程中要达到安全可靠的标准指标。建筑结构自身安全可靠，使用过程防腐蚀、防火、防盗、防坠落、防辐射、防噪声、舒适性。功能质量必须以顾客需求的满足和期望为着眼点。

（3）有关工程环境的质量要求指标。在工程的建设过程和使用过程中对周边环境的影响，有工程的规划布局、交通组织、绿化景观、节能环保及工程项目同周边环境的协调性和适宜性等。包括工程项目本身的及周边环境的影响，以及建设过程和工程项目长远的影响。

（4）有关工程项目文化艺术质量指标。建筑具有深刻的社会文化背景，代表了当时社会文化艺术、生产技术水平的文化内涵，是构成一个城市的艺术元素，每个建筑历来把其作为一个艺术效果对待。建筑造型、主体外观效果、文化内涵、时代表征、装饰装修效果、色彩视觉等，使用者关心，社会关注，不仅现时关注，而且未来的人及社会也关注。

建筑工程项目的艺术文化质量来源于设计者的设计理念、创意和创新，也体现施工者对设计意图的领会和精益求精的工匠艺术的再创造。

2. 项目质量的影响因素

工程项目影响因素，主要指建筑工程项目在施工质量目标的策划、准备和实施及验收过程中，影响工程质量形成的各客观因素和主观因素，包括人、机、料、法、环、测等因素。

（1）人的因素。人的素质对管理层的人员和操作层的人员都很主要，在工程项目质量策划、准备、实施和验收中都很重要，都是起决定性作用的，人的作用表现在两方面：一是直接履行项目质量职能的决策者、管理者和作业操作者个人的质量意识和质量活动能力；二是承担项目质量策划决策和实施的建筑单位、勘察设计单位、咨询服务单位、工程承包企业等单位质量意识管理体系和质量管理能力。前者是个体的人，后者是群体的人，都是人的素质。对人的控制就是在工程项目质量管理和作业操作中，对人的失误要避免，尽管管理要智能化，操作要机械化，但这些还是要由人来主持。所以控制群体的人，要对单位的资质等级、管理体系、管理能力、信誉、经验及业绩等重视。在施工质量实施中都要注重人的素质，不断提高人的质量技术活动能力，才能保证工程项目质量。

（2）机械的因素。各类施工机械、工器具等，要符合施工方案的要求，充分发挥其能力，保证工程需要不造成浪费，包括运输设备、吊装设备、施工机具、测量仪器、计量器具及施工安全设施等。施工前应根据工程需要合理选择。既要保证工程需要，也要避免大马拉小车造成浪费。在施工中正确使用，保证工程质量和安全。

（3）材料的因素。材料质量是工程质量的基础，其质量好坏决定工程质量，包括原材料、半成品、成品、构配件、设备及周转材料等。其质量直接影响到工程的安全耐久性、使用功能的发挥，以及艺术美观、环保安全等。控制好材料质量是施工活动的首要任务。

（4）方法的因素。方法因素主要是施工方法和施工技术，也包括工程检测、试验方法技术在内。技术方案和施工工艺方法的工艺水平，决定工程项目的质量好坏，依据先进科学的理论，采用先进合理的技术和措施，按照规范进行勘察设计、施工，是保证工程项目的结构安全和满足使用功能，保证工程使用年限、耐久性，以及工程的精度、平整度、清洁度、采光通风等物理性能、化学性能、环境性能等，良好地体现和满足好的施工方法和技术，可使工程项目质量保证、效果提高，工人的劳动强度降低，环保、节能，速度更快、更安全等。

不光操作方法，还有组织管理方法新技术、新材料、新工艺的应用等，经过精心策划，有机组合，综合技术的应用等。都会对保证工程项目质量、促进工程进度、提高工程效益，有明显的效果。

（5）环境的因素。影响工程质量的因素较多，主要是自然环境因素和社会环境因素。

自然因素有地质、水文、气象条件的影响，如复杂地质的处理、地下水位的影响，给地基基础施工带来较多困难，地质变化措施不细致即会造成事故，影响工程质量及生产安全；在雨期施工，地下水、地表水造成施工困难，连续下雨给排水增加难度，地基泡水、塌方，寒冷地区或季节施工受阻，影响工程质量，高温炎热也会影响工人身体及情绪，影响材料性能及操作质量等，都会造成工程质量低下，或质量问题，严重的造成质量、安全事故。

社会环境因素。国家建设法律法规的完善及其执行力度，项目决策及经营者管理理念，建筑市场规范化程度，政府的质量监管及创业管理完善程序，及社会、行业风气状况等，都会影响工程质量形成及效果。

还有参与工程项目的各单位的管理氛围，质量保证体系的状态；作业环境在工程项目施工现场平面和空间条件的适用性，安全防护条件到位；以及现场人员质量安全意识的高低状况等。

（6）测量、计量因素。测量用的仪器仪表的准确度及灵敏度，计量设施的精度及使用的准确度，测量、计量实施人员的技术水平，都会影响工程质量。测量、计量工作的技术复核制度，技术管理制度完善程度，可防止施工过程不出或少出差错，正确反映工程质量实际状况。

3. 防止和控制工程项目质量风险

工程项目质量的影响因素控制措施的不够完善，或对影响因素的变化了解不够，出现不可控的情况，对项目质量影响存在不确定性，而形成了工程项目的质量风险。

工程项目建设过程中的质量风险主要是某些影响因素造成不利影响的不确定性，这些因素造成质量损害的概率和造成质量损害的程度都是不确定的，在工程项目实施过程中，对质量风险进行及时识别、判定，制定措施控制，减少风险源的存在，降低发生的概率，减少风险故障对项目质量的损害。降低风险损失，是建设工程项目控制的重要内容。

及时识别质量风险。根据影响工程质量的因素，质量风险的识别防范主要是自然因素风险、技术因素风险、管理因素风险及环境因素风险等。

（1）自然因素风险防范与识别。地质、水文、气象的不利条件，对地基施工的不利影响，应制定观测控制措施，及时发现及时采取措施，制止或控制其发展；对低温、高温应有具体的防范措施，及时发现苗头及时采取措施，对地震、大风、雷电、暴雨、洪水、滑坡、泥石流等，应有预防措施和抢救方案，及时得到控制。

（2）技术因素风险防范与识别。技术措施风险主要是三个方面：一是技术水平的局限或不完善；二是实施人员对技术的掌握，应用不当；三是新技术、新结构、新工艺、新材料的局限应用掌握的还不够。

对技术水平局限、技术措施不完善的项目应组织有关人员进行审查和技术复核，进行防范识别，使技术措施更完善，对放线过程控制措施实施中，建立技术复核制度，再复测复查一次，减少技术措施的不完善、不落实，使技术管理更完善；对实施人员进行培训持证上岗，不经考核合格不得上岗工作。

（3）管理因素风险的防范与识别。工程项目的建设、勘察、设计、施工、监理等质量责任单位的质量管理体系存在缺陷，组织不完善，组织结构不合理，任务分工和职能划分不当，管理制度落实不够或管理能力不足，责任心不强等，损害到项目质量。各责任主体应事先对管理体系进行审查认证；建立实施监督机制；任务接口处建立互相审查制度等，防止管理不到位，及时发现及时纠正。

（4）环境因素风险防范与识别。不按法律法规办事，违法违规给工程项目质量造成的不利影响；现场环境水污染，对工程材料损害，空气污染，噪声强，对项目实施人员工作的影响，要建立监督检查制度，定期检查，设立监控设备随时监测，发现异常及时采取措施纠正。

（5）参与工程项目建设各方的风险防范。建设、勘察、设计、施工、监理、检测各单位要建立各自的风险防范与识别机制，做好自身的行为和措施管控。建设单位和总承包单位要建立协调和督查机制，定期组织协调和互相衔接检查。解决管理不落实造成风险的防范。

4. 工程项目常见质量风险的控制

建设工程项目要对常见质量风险制定管理计划，对各种可能出现的风险进行监控、预测、预警。

（1）建设单位方面质量风险控制

1）确定工程项目质量风险控制方针、目标和策略，根据相关法律、法规和工程合同约定，明确工程项目建设参与各方质量风险控制职责。

2）针对工程实施过程中业主方的质量风险，列出主要项目，制定质量风险控制计划和工作实施办法，将质量风险落实到各部门、责任人具体承担什么责任。

3）在工程项目实施期间，对工程项目质量风险实施动态管理，通过法律、法规和合同约定，对参建单位质量风险控制工作进行督促、检查，促其落实。

（2）设计单位方面质量风险控制

1）设计要进行多方案比对，选择优秀设计方案，坚持设计程序，充分考虑降低工程项目施工阶段和工程使用期间的质量风险。设计文件中要明确高风险施工项目及质量风险控制工程措施、施工阶段的预控措施和注意事项，以及防范质量风险的指导性建议。

2）将施工图设计文件审查列入风险管理体系，提倡设计单位首先自审，审查机构再审，提高设计质量。

3）工程项目施工前，设计单位应组织施工单位、监理单位进行设计交底，指出存在重大质量风险源的关键部位和工序，提出风险控制要求和建议，并解答有关疑问。

4）工程项目施工中，及时处理发现的不良地质条件等潜在的质量风险事件，提出处理方案或设计变更。

（3）施工单位方面质量风险控制

1）制定施工阶段质量风险控制计划和实施细则，并贯彻落实。

2）做好施工地区施工环境、社会环境风险调查，按工程承包合同约定办理工程质量风险保险。

3）施工图设计文件、图纸审查文件、设计交底、图纸会审记录等列出质量风险控制项目计划，编制高风险分部分项工程专项施工方案，并按规定审批后执行。

4）施工前对施工人员进行有针对性的岗前质量风险教育培训，对重点项目质量管理人员、技术人员及作业人员必须持证上岗。

5）控制建筑材料、构配件的供应，合同中明确质量要求，进场时按合同约定进行验收和质量复验，不合格的材料、构配件，不得用在工程上。

6）工程项目施工中，对质量风险跟踪监控、预测，掌握风险变化趋势，对预测发现的问题或新出现的风险事件，及时进行识别评估，及时采取对策控制。

（4）监理单位方面质量风险控制

1）参与施工单位质量风险控制计划编制，制定质量风险管理监理细则。并贯彻执行，组织参与质量风险源的调查与评估工作。

2）对施工单位报送的专项施工方案进行审核，重点审查质量风险控制对策中的保障措施。

3）对施工现场各种资源配置情况、各项风险要素变化情况进行跟踪检查，重点对专项方案中的质量风险防范措施落实情况进行检查，及时发现问题及时处理。

4）对工程项目的重点部位、重点工序、重要构件的施工质量派专人进行旁站监理。

二、以工程项目制定质量计划

工程项目质量计划的制定，应该分为两阶段进行，质量目标和质量方针应由施工企业制定并下达工程项目部执行；工程项目部根据企业的目标方针，将质量目标分配到各工序质量管理，各现场专业负责人担负，并制定落实质量目标的措施、步骤，措施要有针对性和可操作性。施工企业的质量控制，由企业、工程项目部、现场专人负责人、施工班组，分层负责，各负其责。

施工企业的生产特点是以工程项目为载体进行生产的，企业的生产场地是施工现场，生产是跟着工程项目跑的。施工企业生产管理质量控制是工程项目，这点必须明确，施工企业的质量管理就是工程项目的质量管理，历来都是这样。企业要制定工程项目质量管理模式，做好技术、资源和文化的支持，在每个工程项目上落实，使每个工程项目都作出企业的质量水平来，为此，施工企业应做好如下工作：

（1）企业要做好技术储备，为工程项目服务。

1）施工企业除了企业经营管理外，具体的生产等管理，应以工程项目为中心，建立各项生产管理、质量管理制度来服务于工程项目质量，做好对工程项目的技术支持。

2）施工企业内部各职能部门的工作都应着眼于工程项目生产，其工作目标要保证工程项目生产任务。

3）施工企业要集中技术优势，保证工程项目的技术需求，发挥企业的技术优势，为工程项目做好技术支撑。

企业要提升以科技创新能力和技术保证能力为主要内容核心竞争力，企业竞争力的核心是建筑技术优势。

① 把企业技术创新能力和技术保证能力作为企业发展的长远目标和发展方向，突破现有企业在同一个层面上低水平竞争格局，形成企业的技术制高点，确立和保持企业在招投标中的技术领先地位，以科技要素确保在大型工程、科技含量高的工程及各项工程中的竞争优势，得到想要的工程承包权。

② 核心竞争力是建立在企业核心技术资源基础之上，企业有计划地经过有效的努力，形成具有创新的企业技术、名牌、品牌、管理与企业文化的综合优势在市场上的表现。企业在领导的带领下，经过努力和技术积累，在自己的主营领域确立自己的核心竞争力，形成以技术创新为核心，业务水平高，技术支撑力大，融资能力强，产业关联度高，市场互利性强，各种资源比较集中的优势。

③ 以总工程师为首的企业技术人员人才荟萃，市场覆盖面全，没有干不了的工程项目，没有克服不了的技术难题，经过企业的精心调配组织，做的每个工程都是精品工程。

④ 企业总工程师是企业技术人员的中心、技术研发中心、技术创新中心、技术等成果中心和技术改革中心，有计划、有目标地对技术人员的培养、管理、考核，是企业发展的重要工作，企业技术人员的培养是企业技术发展的中心工作，没有高素质的人才，就没有高竞争力的企业。有目标地培养尖子技术人员、管理人员、操作人员，是企业发展的重中之重。

⑤ 有了专业齐全、高中低级技术人员配套，在总工程师领导下，形成企业技术创新中心，结合生产，组成相关创新小组，开展技术创新工作。为企业研发出自有建筑技术体

系，组合成各项技术复合成套技术，形成各种标准工艺技术，针对工程项目形成各项独有的施工技术方案，完善了企业的技术管理体系和水平。同时，使技术人员得到了锻炼培养，促进了企业技术队伍的成长。

⑥ 技术人员的培养成长，能为企业带来技术优势，也促进了人员的主观能动性，是企业最大的成功和财富。

⑦ 组织对施工组织设计、专项施工方案的编制指导和审查批准。

4）企业要提高管理理念，具有先进的管理理念、管理经验、管理方法和制度，能转化为强劲的优势和企业实力。突出工程项目管理成套经验的总结和提高，创出自己企业的品牌管理技术。

① 岗位工作标准及职责。施工现场八大员：施工员、质量员、安全员、标准员、材料员、机械员、劳务员、资料员的工作标准和职责，形成正式的文件或标准，充分发挥他们的作用。

② 工程项目部管理班子成员的职责。要保证完成企业下达的工程项目质量目标；完成工程项目成本控制目标，要将工程项目管理展现企业管理水平，做成企业展示的窗口，体现企业文化和管理水平。

③ 各岗位工作有标准，岗位有职责，整个工程项目部形成了标准化管理体系。

5）企业的人事部门、生产部门要根据工程设计具体情况为工程项目部优化配备人员，从技术人员上保证工程项目部的高质量配置，保证了工程项目的技术、质量管理。

（2）施工企业要做好资源整合，为工程项目服务

施工企业在做好技术密集的基础上，还要做成资源密集与资本的叠加企业，技术密集包括技术人才荟萃、专业齐全、高中低配套，还有技术装备度高的优势，集约化程度高；物资资源配套，配备完善；资本资源型是具有资本经营特点和资源优势，产业资本和金融资本结合，管理水平高的企业。可以大量融资，有强有力的技术产品后方。以综合优势占领市场高地，以企业资源后方支撑工程项目做好。

1）将技术密集、融资能力和核心竞争力结合起来，带动工程总承包，把企业主营的工程、技术密集工程、大型工程、企业想要创名牌的工程拿到手。

2）为做好工程项目建立强大的资源后盾，全面优化配置各类资源，保证工程项目的顺利进行。

3）以企业的强有力的技术产品后方，支撑工程项目产品集约化，工程装配化，设备成套化，促使工程项目建成精品工程。

（3）企业要创品牌，支撑工程项目创名牌

品牌源于产品而高于产品，是企业产品优质化高度的概括，品牌是企业的一种重要资源；代表了企业的技术资源主体、资本资源实体、品牌资源名体三大资源；品牌是企业的整体，是一个企业的整体形象，品牌的灵魂是人品，品牌是以信誉为本，名牌是以质量为本，是品牌的重要部分。品牌是吸引资本、开辟市场、凝聚人才的招牌。人才只有与品牌结合，才能更好地发挥作用。名牌是品牌的主要构成成分，品牌企业都有名牌。

1）企业要把品牌理念落实到工程项目上，包括企业的价值观、经营理念、企业活动的道德规范及诚信理念等形成的企业文化。

2）企业要把工程项目作为企业的窗口来支撑和落实，用优化配置人才，优化配置资

源，企业各部门的工作必须落实在每工程项目的工地上。才能实现企业的生产任务和发展目标。

3）企业要用品牌的理念支撑工程项目的各项工作。品牌支撑是工程项目管理的良好开端，工程项目建设的全过程的管理都要体现企业的品牌精神，工程项目的完好又为企业品牌增加了内涵。企业必须支持，监督工程项目做成名牌产品、精品工程，是企业的中心工作。

4）企业在制定工程项目的质量目标时，就应做好对工程项目的支撑计划，派得力的项目经理组成项目班子，优化资源配置等准备。不是将工程项目承包给项目经理，必须是将工程项目的质量目标、工期、成本落实到工程项目部，同时支持监督其完成任务。工程项目部是要与企业签订任务合同，明确质量目标、成本控制及奖罚规定。

（4）工程项目部要实现企业质量目标

1）实现企业的质量目标是以项目经理为首的工程项目部的中心任务、唯一任务。项目部要将质量指标层层落实，落实到各工序质量，落实到各专业现场负责人头上，落实到现场各职能人员头上，都要有明确的质量指标。

2）工程项目施工过程中必须动态管理，将整个工程项目的精品工程质量指标落实到过程精品，才能保证工程项目的精品工程。落实到施工过程之中依靠每个工序的高质量，每位员工的高品质，每个环节都精益求精，每个过程都做到完善。这就是过程精品，过程控制。

3）过程精品要落实到管理上，每项计划上，每个过程上，每一步都做到计划、措施、实施、检查、验收。出现偏差及时调整，每个工序施工及有关工作应做到：

① 做好质量控制计划。

② 落实人、财、物、时间的全方位动态控制，落实到人头。

③ 落实控制措施，没有完善的措施不得开始施工。

④ 现场职能人员要做好过程跟踪检查，及时发现不足，及时改正，不能留下缺陷。

⑤ 把工程施工过程作为管理的重点、工作的中心，是体现建筑业生产特点的工作。

4）人人为创精品担责。每个员工都要承担工程项目的质量责任，自己做好各自的工作，过手的活不马虎不凑合。要建立有效的管理考核制度。

（5）工程项目应做好成本控制

施工企业是经营单位、投标单位、合同单位，工程项目部是保质、保成本、保工期单位。投标报价合理，标价分离合理，成本控制合理，是企业经营的三个阶段，其掌握的水平是企业经营管理的水平、长期稳定发展的基础。

1）工程项目的成本控制，是企业的中心工作，在投标价的基础上求得利润，控制好成本价，是求得利用的关键，要在工程项目实施中实现，任务就落实在工程项目部，负责成本控制。

2）工程项目成本控制是保本，项目经理部要经过精打细算，来节约增效，在保本的基础上还能有利可图。

3）将保本的责任，分层负责落实到工序控制上去，实行量化管理。施工现场的每个人都应有成本意识，从材料、工时、效率各方面精打细算，增效节支，为企业求得利润。

（6）工程项目是企业展示的岗口，将企业文化展现为项目文化，包括精细化管理、文明施工、标化工地、安全生产等。

1）体现企业精神，“外塑形象，内练素质”，展现企业管理的核心，从诚信为本，技术为核心，管理为手段，价值观、品牌观逐项落实，实现工程创精品，精品树品牌，名牌托品牌的战略思想，形成企业的无形资产——企业文化。

2）将企业精神通过文明施工、科学管理、安全生产的现场标化管理来落实体现，把标化管理从平面到立体，形成全方位施工现场的立体标化管理。

3）企业文化就是激发员工的工作创造性，使企业的各项工作制度化、规范化，项目有目标，工作有标准，干活有程序，操作有规范、有措施，工作有结果，检查有标准，管理有制度，奖罚有尺度，人人有追求。实现企业精神的展现。

（7）工程项目要落实企业建立的工程项目责任制为核心的企业管理责任体系，形成一个覆盖工程建设过程的全方位、全过程和全员的责任体系，将责任和风险有效地落实到生产过程中去。

工程项目部是落实工程建设过程有关责任和风险的责任主体，要在企业人才和各种优化配置的条件下，制定落实工程质量目标，项目成本控制，体现企业精神的展现窗口，企业应全过程指导监督工程项目部完成企业的目标。

（8）工程项目部要做好工程使用过程的质量管理，工程竣工交用要有完善的《工程使用说明书》和《工程保修书》。同时，建立工程随访计划，在工程用户迁入时有水工、电工、木工组成保驾队辅助入住，保修期间主动对用户回访，进行维修保养，在保修期满进行回访，进行一次全面保修服务。有条件的还可安排计划回访，使企业文化落到实处。

第二节 施工工序质量控制

施工工序质量控制是工程项目施工质量控制的基础，施工质量都是由工序质量完成的。控制好工序质量，工程项目质量就有了保证。这是施工企业生产的特点，先订合同后生产产品，建筑工程质量是边生产、边验收、边交付，形成了生产特点过程控制，就是控制好工序施工质量。

一、施工工序质量控制的一般要求

1. 施工工序质量控制的依据

有共同性、专业技术性、工程项目专用性等特点。

（1）共同性依据。主要是工程项目建设过程施工质量管理有关的、通用的、有指导性的和必须遵守的基本法规。如《中华人民共和国建筑法》《中华人民共和国招标投标法》《建设工程质量管理条例》等法律、法规和部门文件。

（2）专业技术性依据。对不同行业，不同工程质量控制对象制定的专业技术规范文件，包括规范、规程、标准等，如《建筑工程施工质量验收统一标准》等系列质量验收规范、施工规范、建筑材料、构配件质量标准等技术标准和规定，施工工艺，操作规程等方法标准。

（3）工程项目专用性依据。相应工程项目的建设合同、勘察设计文件、设计交底、图纸会审记录及设计变更等，一个工程一套文件。

2. 施工质量控制的主要环节

（1）制定工程项目质量计划。依据国家建筑工程质量验收标准、国家质量管理体系标准，在合同环境下，针对工程项目将质量管理方针、目标及具体实现的方法、措施用文件规定下来，在工程项目建设过程中落实执行，体现企业对合同约定的质量责任承诺和实施的具体步骤。展现企业全过程质量管理的思想，运用动态控制，进行全过程的质量控制。

（2）事前质量控制

在正式施工作业前，工程项目部应根据企业的质量计划、质量目标，将工程项目的质量指标分解到每个工序，由每个工序施工负责人，进行事前主动有计划的质量控制，制定相应的施工方案、质量控制措施，设置质量管理点，落实质量责任，施工方案、技术控制措施要经过验证有效，落实到操作作业的班组进行实施。实施过程中，施工负责人要跟踪检查落实情况，了解施工方案、技术措施的有效性、针对性和可操作性，并不断改进完善控制措施。根据每个工序分拆可能出现的质量目标偏离的各种影响因素，针对这些因素制定有效的预防措施，完善质量控制措施。

事前质量控制是建立事前预控措施，对质量控制对象的预控目标、活动条件、影响因素进行周密分析，找出薄弱环节，制定有效措施和对策，再根据控制措施正式施工。控制措施要经过工程项目技术负责人审查认可。

质量控制措施通常有两种形式：一种是工序工程的全面措施，包括施工准备、操作工艺、质量标准、成品保护、应注意的质量问题、质量记录等内容；一种是针对容易出现质量目标偏差的影响因素，或质量管理点制定的有针对性的预防控制措施，如材料控制措施、精度不够控制措施等，经过实践，不断完善控制措施，来保证工程质量。

事前质量控制重点是把质量预控措施编制好，保证工序质量一次施工达到规定的质量指标，具体做好：

1）所用材料、构配件、设备应符合设计文件的要求，应具有合格证、出厂检验报告、进场验收记录，需复试材料的复试报告、现场材料的保存条件，能保持材料的质量水平，其材料合格证、进场验收记录及复试报告代表的数量与工程使用的数量相符，并经监理工程师核查认可。

2）操作人员进场。人员高、中、低配套，进行了技术培训，考核合格，并做了样板项的预施工，证明工程质量达到了工程项目的质量目标，经有关负责人批准方可上岗操作。

3）技术措施认可。每项工序工程施工前，必须检查各项技术措施到位，是保证施工质量、安全的技术条件，以及连续施工的保证。施工技术文件、专项施工方案或企业标准和重点说明，是经过样板项使用证明有针对性的，是经过有关技术负责人认可的。

4）技术交底。该工种的施工负责人对班组进行技术交底，将工程项目的质量目标，相应的技术措施、质量控制措施，在交底时落实到操作人员的层面，施工的工序质量达到工程项目的质量目标。技术交底要认真执行，召开专门的技术交底会议，有交底人与被交底的班组全体人员参加，要讲清质量目标的要求、施工程序、材料使用技术要点及安全注意事项等。要有正式的文字文件（也可用投影、录像辅助手段），交操作班组进行落实，据此施工，操作人员要有提问的机会，交底人员应详尽解答，在操作人员领会了技术措施的内容和质量要求后，交底人与被交底班组的班组长在交底文件上签字确认备查。

5）施工安全措施到位，检查验收合格，施工人员安全用品齐备，已在技术交底时，领会了安全注意事项。

施工班组具备了上岗操作的技术条件。

（3）事中质量控制

施工质量形成的过程中，对影响施工质量的各种因素，进行全面的动态控制，事中质量控制也是施工活动过程的质量控制。事中质量控制包括质量责任主体自我行为的约束控制和他人监督控制的方式。质量是生产出来的，自我控制是第一位的，即操作者在施工过程中对自己质量活动行为的约束和技术能力的发挥，以及技术措施的完善，来完成符合预定质量目标的施工任务。体现质量在生产者手中的规律。他人的监督是对施工操作人员活动过程、行为和结果，来自企业内部管理者和企业外有关方面的监督查检。通常有监理单位、当地政府质量监督部门等的监督检查。

施工质量的自控和监督是相辅相成的系统过程，自控主体的质量意识和技术能力及控制措施是关键，是施工质量的决定因素，产品质量是生产出来的。各监管主体进行的监控是对自控行为的推动和约束。为此，建筑工程施工过程中，自控主体必须处理好自控与监控的关系，在努力做好自我控制的同时，必须接受来自业主、监理、政府等方面的监督检查，对施工过程的质量行为和结果进行质量管理。包括技术措施的应用、质量检查验收评价等。施工者自控主体绝不能因为有外部监控的监督检查和实施的质量管理，而放松自我控制，或推脱自己的质量责任。

事中质量控制的目的是确保工程项目质量达到预期质量目标，防止质量事故和质量问题发生。控制的重点是坚持质量标准;控制的方法是落实质量控制措施，按操作规程施工;控制的关键是工序质量、工作质量和质量控制点的控制。

事中质量控制的机制是及时发现问题，及时采取措施改正，保证施工质量处于受控状态。质量管理的纠错能力和不断改进能力，是质量管理能力的重要内容。

1）作业班组应按技术交底，做好施工准备，确认材料合格，作业面已清理，施工放线已复核。工具器具准备到位，安全设施完成并检查合格，安全用品已正确使用，即可按工序工程的施工程序进行施工。

2）施工过程中，施工班组应进行过程质量控制，利用操作工具、检查工具进行自检自查，控制工程质量及精度。如应用皮数杆、挂线控制墙体的标高、平直度；利用刮杆控制抹灰的平整度、垂直度；利用构件的弹线控制构件安装位置、水平度等。

3）班组施工中，全过程进行质量控制，在操作中边操作边进行质量自查，将工程质量控制在质量目标的范围之内。完工后班组应首先进行自我质量检查，达不到质量目标时及时进行修理改正，质量完全达到计划目标才交给质量员检验评定。

（4）事后质量控制

事后质量控制是工程质量把关，以保证不合格工序质量不流入下道工序，或是说前道工序质量达不到合格，不得进入下道工序施工，或工程质量达不到规定的质量目标，不得交付使用，不得流入市场。

事后质量控制重点是质量控制结果的检查、评价和验收认定。对工序工程质量控制，达不到质量标准的完善措施，进行改进，达到质量目标准于进入下道工序施工；使工程质量时刻处于受控状态。对单位工程质量检查，通过检验评定提高建设单位验收的质量。

质量控制的三个环节是一个完整的质量控制系统，事前质量控制重点是编好施工方案、质量预控措施，做好施工技术准备；事中质量控制重点是贯彻落实施工方案、质量控制措施，及时纠正质量偏差，使工程质量处在受控状态；事后质量控制重点是质量把关，工序质量合格才能进入下道工序；单位工程质量达到质量计划目标，才能交给用户。

1）事后控制的重点是验收质量达到确定的目标，是工程质量控制的重点环节，是落实质量责任的关键。施工单位及工程项目班子应完善自我检查评定制度。施工班组施工结束后的自我检查，专业施工员和质量员应及时对工程质量进行检验评定，对质量达不到质量计划目标的部位和项目，要求施工班组及时返工修理，直到达到质量目标要求，这是落实施工企业质量责任的基础。

2）工序质量控制是工程质量过程控制的重点环节，是施工之前的各项准备工作落实的阶段，施工企业应重视工序质量的控制，每个工序质量控制到位，各分部工程质量就有了保证，各分部工程质量得到了保证，单位工程的质量也得到了保证。工序质量控制是工程质量控制的关键点，也是落实工程质量控制的重点，是工程质量管理的重点环节。施工单位的工序质量的检验评定，是落实施工单位质量目标的重要环节和关键手段，工序质量得不到保证，工程质量的过程控制就是一句空话。工序施工完成后的质量检验评定，是施工单位落实工程质量控制的基础。

3）工序质量控制不好要检查技术措施的有效性、针对性、可操作性等是否完善全面，不足时要进行改进和完善，直到按其施工工序使工程的质量达到工程质量目标为止。能满足工序工程质量控制要求的技术措施，要经过有关技术程序将其相对固定下来，作为今后工序施工的依据、技术交底的基本内容，以及操作工人培训的教材。有条件的施工企业可以按一定程序和形式批准为企业标准，代表企业的技术质量水平。

4）工序质量检验评定，是施工企业工程质量管理的重要内容，是体现施工企业质量管理水平的平台，必须做到规范、标准、真实、有可追塑性，是将企业的技术水平展现给用户和社会，完成施工合同约定，提交给合同约定方完成质量要求的证明，以及展现企业质量管理水平、技术管理水平的名片。

《建筑工程施工质量验收统一标准》GB 50300—2013 规定，检验批质量验收具有完整的施工操作依据、质量验收记录，填写检验批质量验收记录时，应具有现场验收检查原始记录。

操作依据就是控制措施，必须做到完整才能很好地指导施工，按其规定执行就能达到质量目标和安全施工，这是质量控制的关键，要制定好落实好质量验收记录是质量验收检查时的原始记录，就是施工单位对检验批质量检验评定时，检查的质量点或项目要记录下来，相对应的检查结果、数据或质量说明要相应地记录下来，说明验收检查过程，使检查评定结果有可追塑性。检查原始记录可以列表进行记录，能让别人看懂就行。最好是一个企业有统一的表格。目的是规范自身的质量管理，保证质量验收检查的规范性、真实性、抽样检查的代表性，说明自身的质量管理水平，同时，也是为建设单位或监理单位质量验收提供可靠的核验依据，证明自身质量管理水平。

3. 工序质量过程控制是关键

（1）检验批质量管理是企业质量管理的重点，施工企业的质量管理制度应是为工程项目管理服务的，各项工程质量管理制度必须落实到工程项目上。没有工程项目使用的企业质量管理是空谈，没有实际意义。只有针对工程项目的各工序工程管理制定的管理制度，并落实到工程项目的各工序工程的质量管理上，把工程项目质量及各工序工程质量管理好，才是真正的企业质量管理。企业的质量管理制度是把一个工序质量过程管理好，把一个工程项目的所有工序质量过程管理好，一个工程项目的质量就管理好了。企业的每个工程项目质量管理好了，企业的质量管理就好了，这才是真正的工程质量管理制度。所以企业制定的工程质量管理制度，都必须以工序过程质量管理为对象来制定，作为企业的质量管理重点、企业质量管理制度制定和管理的重点。

（2）检验批质量验收是过程控制的重点。因工程质量是先订合同后生产产品，产品又是过程验收，工程生产的过程性很明显，前道工序生产后，后道工序可将其覆盖，要保证工程质量必须是前道工序质量验收合格后，再施工后道工序。

1）工程产品质量又是过程验收，检验批、分项、分部（子分部）、单位工程依次验收，而检验批是最基本的，只要检验批的质量控制好，各检验批都达到质量目标，认真按措施施工，一次成活，一次成优，分项工程、分部工程质量就都会好，单位工程的质量就有了保证。过程验收也是以检验批验收为基础的验收。每个检验批验收合格，后边的分项工程验收也会合格，分部工程也会合格。

2）工程产品过程性的制约，决定了过程控制，建筑工程现在多为高层建筑、多层建筑，单层建筑越来越少。建筑工程是从地基基础开始，一层一层进行建设的，基础把地基覆盖了，主体结构把基础压在下边了，二层把一层结构压在下边了，是依次进行的，就是说一个工程项目每个检验批（工序）的质量当时不控制好，验收不符合要求，就进入下道工序施工，下道工序施工之后，前道工序再要返工，修补就困难了，或是就没办法进行返工修补了，所以施工要确保每道工序的施工必须控制好，都必须自行检查验收评定达到预定的质量目标才能交付验收；建设单位或监理单位必须按质量目标验收，达到合同约定的质量目标，按标准进行验收。检验批的质量控制和验收，是做好质量的基础，是做好过程控制的关键。

（3）工程的质量是个整体，每个部位每个构件质量，都必须做好，都必须达到质量控制的目标，工程质量才算达到工程项目质量目标。一个部位一个构件质量不好发生质量问题，就是整个工程发生质量问题。检验批质量控制就是保证每个部位每个构件质量的基本方法，把每个检验批质量控制好，都达到合格或质量目标，就是过程控制的目的。过程控制就是工程质量管理的基本方法。

（4）工程质量管理说到底，就是工序质量的管理，检验批质量的管理。只有把工序质量管理好，检验批质量验收把好关，工程质量才能得到有效的保证。施工企业的质量管理才算抓住了重点。施工企业建立一套以工序质量管理为中心的企业技术管理体系、质量管理体系来完善企业的标准化管理体系，是企业技术发展的重要任务。

二、编制落实工程项目施工质量控制计划

施工质量计划是落实投标承诺、施工合同约定的质量承诺，是整个工程施工组织设计的重要组成部分。按照质量管理体系标准，质量计划是质量管理体系文件的组成内容。在合同约定的情况下，质量计划是企业向业主表明质量管理方针、目标及具体落实质量承诺的方法和技术措施的文件，体现企业对质量责任实施的具体做法，是工程项目部组织施工

的主要任务目标之一，质量计划由企业制定，由工程项目部实施。

1. 施工质量与其他施工计划的关系

施工工程项目施工前，为了有计划、有步骤、有组织地完成任务，通常都要编制一个系统实施方案。有的编制施工组织设计，有的编制施工项目管理实施计划，有的编制专项施工方案，这些文件中都包含质量计划的内容。根据建筑生产的经济技术特点，每个工程项目都需要进行施工生产过程的组织与计划，包括施工质量、进度、成本、安全、文明施工等是相互关联的，互相制约的，工程项目施工生产过程的组织与计划必须统筹计划，但工程质量又是百年大计，关系到用户的安全和使用功能，又有了专门的质量计划体系。但各种组织设计和计划及工程质量管理的思想方法是一致的。通常工程项目施工前，都要编制施工组织设计文件，工程质量计划多数是单独列出的。

2. 工程项目质量计划编制

通常由工程项目部组织编写，根据企业确定的质量方针和对本工程项目的质量目标，在企业技术部门和总工程师的指导下编制。重点是落实企业的质量方针和质量目标，制定技术措施做好控制，选择好的质量控制方法，确定重点控制工序和质量管理点，并落实质量责任。

工程项目质量计划编制，一定要确保企业对工程项目质量目标的实现。质量计划为施工技术方案的中心内容。每个工序质量都应有相应技术措施来保证工程质量。质量计划必须落实到每个工序的施工过程中，才能落实整个工程项目的质量目标。

工程项目的施工质量计划应由项目技术负责人或企业技术负责人或总工程师批准后执行，并落实到每个工序的施工过程中。

3. 施工质量计划的主要内容

施工工程项目质量计划通常包括下列内容:

（1）工程特点及施工条件（合同条件、法规条件和现场条件等）分析。

（2）质量总目标及其分解目标。把整个工程项目的质量目标，分解到每个工序工程去控制。

（3）质量管理组织机构和职责，人员及资源配置计划。重点工序操作人员资格的选配。

（4）确定施工工艺与操作方法的技术方案和施工组织方案。

（5）施工材料、设备等物资的质量管理及控制措施。

（6）施工质量检验、检测、试验工作的计划安排及其实施方法与检测标准。

（7）施工质量控制点及其跟踪控制的方式与要求。

（8）质量记录的要求等。

4. 施工质量控制点的设置及管理

施工质量控制应找出重点施工工序和质量控制点，作为工程项目质量计划的重要内容，重要施工工序和质量控制点是施工质量控制的重点对象。

施工质量控制在普遍制定控制施工的基础上，应找出工程项目中技术要求高、施工难度大、以往多发生质量问题、对工程质量影响大的工序和质量项目，作为质量控制的重点。对其控制措施更完善，参与人员严格控制资格，放线、控制桩样板要技术复核，施工中更多检查验收，确保其质量达到规定目标。

（1）一般情况下可将以下这些部位、节点工序和环节列为质量控制点，详细的可见表 4-1。

1）对工程质量形成过程产生直接影响的关键部位、工序、环节及隐蔽工程。

2）施工过程中的薄弱环节，或者质量不稳定的工序、部位或对象。

3）对下道工序有较大影响的上道工序、部位、节点。

4）采用新技术、新工艺、新材料的项目、工序、部位或环节。

5）对施工中首次使用的、施工条件困难的或技术难度大的工序或环节。

6）用户反馈指出的和过去有过返工的不良工序。

建筑与结构质量控制点　　**表 4-1**

分项工程	质量控制点
工程测量定位	建筑红线桩、水平桩、龙门板、定位轴线、标高
地基、基础（含设备基础）	基坑（槽）尺寸、标高、土质、地基承载力，基础垫层标高，基础位置、尺寸、标高，预埋件、预留洞孔的位置、标高、规格、数量，基础杯口弹线
砌体	砌块排列、砌体轴线、皮数杆，砂浆配合比，预留洞孔，预埋件的位置、数量
模板	位置、标高、尺寸，预留洞孔位置、尺寸，预埋件的位置，模板的承载力、刚度和稳定性，表面处理，模板内部清理及隔离剂情况
钢筋混凝土	混凝土强度等级，混凝土配合比，配合比开盘鉴定，进场坍落应检验，外加剂掺量，混凝土振捣，钢筋品种、规格、尺寸，搭接长度，钢筋焊接、机械连接，预留洞孔及预埋件规格、位置、尺寸、数量，预制构件吊装位置、标高，支承长度，焊缝长度
吊装	吊装设备的起重能力、吊具、索具、地锚
钢结构	翻样图、放大样，高强度螺栓连接
焊接	焊接条件，焊接工艺，焊缝内部质量
装修	视具体情况而定，样板工程

（2）质量控制点的控制要素

设定了质量控制点，根据质量特性的要求，选择质量控制点的重点部位、重点工序和重点的质量因素，进行重点预控和监控。质量控制点的重点控制通常主要包括以下几个方面：

1）人的行为：某些操作或工序，应以人为重点控制对象，如高空、高温、水下、易燃易爆、重型构件吊装作业以及操作要求高的工序和技术难度大的工序等，都应从人的体能、资格、技术能力等方面进行控制。必要时可进行试操作。

2）材料的质量与性能：这是直接影响工程质量的重要因素，在某些工程中应作为控制的重点。如钢结构工程的高强度螺栓、焊条，都应重点控制其材质与性能；防腐、防火涂料的材质与性能；混凝土结构的混凝土强度、凝结时间等。

3）施工方法与操作技能：对工程质量产生重大影响的施工方法和一些操作技能，列为控制重点。如装配式结构的构件吊运。吊具、吊点、吊索的选择与设置等，还有拼装后吊装还是吊起后拼装对工程质量、安全都有大的影响。如钢结构焊接焊缝内部质量与焊工的技能有很大关系。

4）施工技术参数：如混凝土的水胶比和外加剂掺量、回填土的含水量、砌体的砂浆饱满度、防水混凝土的抗渗等级、建筑物沉降与基抗边坡稳定监测数据、大体积混凝土内外温差及混凝土冬期施工受冻临界温度、装配式混凝土预制构件出厂时的强度等技术参数都是应重点控制的质量参数与指标。

5）技术间歇：有些工序之间必须留有必要的技术间歇时间，如砌筑与抹灰之间，体墙稳定后，然后再抹灰；抹灰层干燥后，才能喷白、刷浆；混凝土浇筑与模板拆除之间，混凝土达到规定拆模强度后方可拆除等。

6）施工顺序：某些工序之间必须严格控制先后的施工顺序。如大的顺序有先地下后地上，先结构后装修；再如墙面抹灰，顺序是标点、冲筋、底层、面层，砌墙顺序是核查放线、标高、立皮数杆、排砖摆底、砌墙等。

7）技术复核：在放线、抄平及一些现场施工的布局等，在完成后应做一次技术复查核验，确保放线、找平及有关布局不出差错，使后续施工不出差错，通过技术复核防止差错，这是技术管理完善的表现。凡是后道工序实施前，对前道工序质量进行复核检查，给后道工序实施打好基础，保证工程质量。

8）易发生或常见质量问题防范：如混凝土工程的蜂窝、麻面、露筋、裂缝；地面空鼓、裂缝；墙面抹灰空鼓裂缝等，与工序操作相关，应事先采取措施进行预防。

9）使用新技术、新材料及新工艺，由于缺乏经验，应制定措施进行预防，必要时还可制定风险预案，发现问题及时补救。

10）对质量不稳定的和不合格率较高工序应重点防范，制定预防方案，严格控制。

11）对技术难度高、大跨度、大体积高耸结构工程，专项技术方案要请有关专家参加审查论证，技术控制措施做得更完善，并及时检查监督。

（3）质量控制点的管理

工程项目施工质量控制点的控制，在设置质量控制点后，就应严格管理。明确质量控制目标与控制参数；编制作业指导书和质量控制措施，确定检查标准和方法，公开制定标准及质量指标，并在动态过程跟踪管理，不断改进完善控制措施。

1）质量控制点一经确立，就要列入重点控制计划，针对每个质量控制点，事前编制质量预控措施，明确质量控制目标与控制参数。

2）编制作业指导书和预控措施。措施要有针对性和可操作性，要比一般项目更全面，必要时进行试操作验证，将预控措施完善后，再用到正式工程中去。

3）作业指导书和预控措施要明确质量检查方法及抽样数量及方法，事前规定好检查结果判定标准。判定合格的要做好质量记录。其制定标准需要数据的要给出允许偏差值。

4）作业指导书和预控措施，要向操作班组进行技术交底，使每一个控制点的作业人员掌握施工作业规程，明确作业要领和质量检验评定标准。在施工过程中，相关技术、质量管理人员要跟踪进行指导和检查验收，及时发现问题及时协助改正。

5）在施工过程中，应做好质量管理点的动态管理。在开工前设置的质量管理点，随着工程的进展、施工条件的变化，及时调整和更新质量控制点；应用动态控制原理，跟踪人员要随时检查和记录控制点的状态和效果，并及时向工程项目管理者反馈质量管理点的信息，保持施工质量管理点的受控状态。

6）工程中存在危险性较大的分部分项工程时，除正常施工组织设计外，还应由专业技术人员编制专项施工方案或作业指导书，经施工单位技术负责人、项目总监理工程师审查签字后执行。超过一定规模的危险性较大分部分项工程的专项施工方案还应组织专家进行论证。施工前施工员要做好技术交底，交底记录要明确双方责任，保证操作人员在明确工艺标准、质量目标的情况下施工。为确保质量控制点的目标实现，工程项目部、施工企业、监理单位都应建档跟踪检查控制。在施工过程中发现控制点出现异常时，应停止施工，召开分析会，找出原因及时采取措施予以解决，并应做出记录。

7）施工单位与监理单位应做好配合管理质量控制点。施工单位应主动支持、配合监理单位做好重要质量控制点的控制，按照质量性质和管理要求，把控制点分为“一般控制点”“见证点”和“验收点”。“一般控制点”工程项目部质量检查人员，在控制点完成后检查验收做好记录即可；“见证点”施工单位要书面通知监理单位到位旁站监理，见证作业过程，保证专项施工方案的执行；“验收点”施工单位按照专项施工方案施工后，在试行检查验收合格后，要经监理检查验收后，才能进入下道工序施工，若有隐蔽工程部分，也要经验收合格后才能进行隐蔽，否则不得进行隐蔽和下道工序施工。

三、施工技术措施认可

前一章讲了施工准备，在正式开始施工前，应检查准备工作的质量，这叫施工准备工作控制，准备不够的，尽快补上以免影响施工。

1. 施工技术工作准备检查认可

（1）以施工组织设计为主的施工总体规划经过审查批准，包括有关施工图、设计交底、图纸会审；相关质量文件、施工技术方案、质量预控措施、施工作业指导书齐备，施工人员、机具配置方案已落实；测量放线图、大样图、人员设备机具进场等。施工技术准备工作复核审查是施工技术复核的重要环节，是技术管理水平的体现。是保证工程项目按计划进行，保证工程质量、工期效益的有力措施。

（2）计量控制认可

施工过程的计量，包括生产过程投料、配合比、施工测量、监测计量、产品材料、施工过程的测试、检验、分析计量等，施工前要建立和完善施工计量管理制度，明确计量控制责任单位及人员，严格计量器具的维修和校验周期，统一计量单位，保证计量统一，组织计量传递，保证计量的准确和可比性，来维护工程质量的一致性。

（3）测量控制认可

工程测量放线是工程建设将设计图纸转化为工程实体的第一步，施工测量直接关系到工程的位置和标高的正确性，不仅影响到施工过程的工序质量，还会涉及工程的整体质量和工程的使用功能。施工单位施工前应编制测量质量控制方案。经工程项目技术负责人批准后实施。要对提供的基准坐标点、基准线和水准点、建筑红线控制点等测量控制点、线、标高进行复核，复核结果经监理审核，再建立施工测量控制网，进行工程定位和标高基准的控制。并建立测量技术复核，保证测量质量。

（4）建立技术复核制度。在做好各项施工事前准备工作后，要进行一次技术复查，以保证准备工作的完善和有效性，技术复查包括事前准备工作、施工工艺的制定、计量器具、测量放线、人员资格控制、安全设施的验收等。在各项工作完成后，再安排有资格的人员进行一次技术复核，并做出记录，形成一种技术复核制度，可防止后续施工的错误，如抄平、放线的复测、配合比的计量复查及定期复查等。这种做法投入小，效果大，是技术管理制度完善的重要表现。

（5）施工平面图的控制。施工平面图是在施工用地和现场临时用地的范围内，协调平衡各施工单位的施工平面设计及立体平面利用，以保证有序施工和施工安全。要求施工单位，按平面图合理利用场地布置施工机械，存放材料物品，保证场地交通、排水及安全设施的规划。在升高楼层平面上也要按空间平面做好利用，开工前要按施工平面图进行检查，并做好记录。符合平面设计要求后，才能正式开始施工。并要全过程保持规划状态，包括空间平面使用。并要定期检查，发现问题，总包单位要及时协调，使施工平面（包括空间平面）经常保持有效控制状态，保证协调施工和安全，以及标化工地的施工管理。

2. 施工工艺标准审查认可

在工程项目各项工序工程施工前，要对其施工工艺标准、作业指导书、预控措施等进行审查认可，符合要求后才能交付，施工工艺标准、作业指导书、预控措施等施工，必须把该工序工程的重要环节都包括。通常都应有方法的适用范围、施工准备（包括材料准备、机具设备准备、作业条件准备、作业场地安全措施检查等）、操作工艺（包括操作流程、操作方法）、质量标准（包括主控项目、一般项目、检查方法、检查数量）、成品保护、应注意的质量问题、质量记录、安全环保措施等。在具体项目中还应标出质量控制点，并补充预控措施。

施工工艺标准、质量作业指导书、预控措施及质量控制点的预控措施，在施工过程中还应随时检查，及时纠正不规范的行为，保证控制的落实和工程质量。在施工过程中发现一些措施不够完善，有效性差时，应及时研究改进，并将控制措施不断完善起来。

下面举一个施工工艺标准作为参考。

举例：室外贴面砖施工工艺标准

1 适用范围

本工艺标准适用于建筑工程的外墙饰面贴面砖工程。

2 施工准备

2.1 材料要求

（1）水泥：42.5 级矿渣硅酸盐水泥或普通硅酸盐水泥。应有出厂证明或复试单，若出厂超过三个月，应按试验结果使用。

（2）白水泥：32.5 级白水泥。

（3）砂子：粗砂或中砂，用前过筛。

（4）面砖：面砖的表面应光洁、方正、平整、质地坚固，其品种、规格、尺寸、色泽、图案应均匀一致，符合设计规定。不得有缺楞、掉角、暗痕和裂纹等缺陷。其性能指标均应符合现行国家标准的规定，釉面砖的吸水率不得大于 10%。

（5）石灰膏：应用块状生石灰淋制，淋制时必须用孔径不大于 3mm×3mm 的筛过滤，并贮存在沉淀池中。

熟化时间，常温下一般不少于 15d；用于罩面时，不应少于 30d，使用时，石灰膏内不得含有未熟化的颗粒和其他杂质。

（6）生石灰粉：抹灰用的石灰膏可用磨细生石灰粉代替，其细度应通过 4900 孔/cm^2 筛。用于罩面时，熟化时间不应小于 3d。

（7）粉煤类：细度过 0.08mm 方孔筛，筛余量不大于 5%。

（8）108 胶和矿物颜料等。

2.2　主要机具

磅秤、钢板、孔径5mm筛子、窗纱筛子、手推车、大桶、小水桶、平锹、木抹子、铁抹子、大杠、中杠、小杠、靠尺、方尺、铁制水平尺、灰槽、灰勺、米厘条、毛刷、钢丝刷、笤帚、錾子、锤子、粉线包、小白线、擦布或棉丝、钢片开刀、小灰铲、手提电动小圆锯、勾缝溜子、勾缝托灰板、托线板、线坠、盒尺、钉子、红铅笔、钢丝、工具袋等。

2.3　作业条件

（1）外架子（高层多用吊篮或吊架）应提前支搭和安设好，多层房屋最好选用双排架子或桥架，其横竖杆及拉杆等应离开墙面和门窗口角150～200mm。架子的步高和支搭要符合施工要求和安全操作规程。

（2）阳台栏杆、预留孔洞及排水管等应处理完毕，门窗框扇要固定好，并用1∶3水泥砂浆将缝隙堵塞严实，铝合金门窗框边缝所用嵌塞材料应符合设计要求，且应塞堵密实，并事先粘贴好保护膜。

（3）墙面基层清理干净，脚手眼、窗台、窗套等事先砌堵好。

（4）按面砖的尺寸、颜色进行选砖，并分类存放备用。

（5）大面积施工前应先放大样，并做出样板墙，确定施工工艺及操作要点，并向施工人员做好交底工作。样板墙完成后必须经质检部门鉴定合格后，还要经过设计，甲方和监理单位共同认定，方可组织班组按照样板墙要求施工。

3　操作工艺

（1）工艺流程

基层处理→吊垂直、套方、找规矩→贴灰饼冲筋→抹底层砂浆→弹线分格→排砖→浸砖→镶贴面砖→面砖勾缝与擦缝。

（2）基层为混凝土墙面时的操作方法

1）基层处理：首先将凸出墙面的混凝土剔平，对大钢模施工的混凝土墙面应凿毛，并用钢丝刷满刷一遍，再浇水湿润。如果基层混凝土表面很光滑时，亦可采取如下的“毛化处理”办法，即先将表面尘土、污垢清扫干净，用10%火碱水将板面的油污刷掉，随之用净水将碱液冲净、晾干，然后用1∶1水泥细砂浆内掺水重20%的108胶，喷或用笤帚将砂浆甩到墙上，其甩点要均匀，终凝后浇水养护，直至水泥砂浆疙瘩全部粘到混凝土光面上，并增加表面粗糙度。有较高的强度（用手掰不动）为止。

2）吊垂直、套方、找规矩、贴灰饼：若建筑物为高层时，应在四大角和门窗边用经纬仪打垂直线找直；如果建筑物为多层时，可从顶层开始用特制的大线坠绷钢丝吊垂直，然后根据面砖的规格尺寸分层设点，做灰饼。横线则以楼层为水平基准线交圈控制，竖向线则以四周大角和通天柱或垛子为基准点进行冲筋，使其底层灰做到横平竖直。同时要注意找好突出檐口、腰线、窗台、雨篷饰面的流水坡度和滴水线（槽）。

3）抹底层砂浆：先刷一道掺水重10%的108胶水泥素浆，紧跟着分层分遍抹底层砂浆（常温时采用配合比为1∶3水泥砂浆）。第一遍厚度宜为5mm，抹后用木抹子搓平，隔天浇水养护；待第一遍六至七成干时，即可抹第二遍，厚度约为8mm，随即用木杠刮平，木抹子搓毛，隔天浇水养护。

4）弹线分格：待基层灰六至七成干时，即可按图纸要求进行分段分格弹线，同时亦可进行面层贴标准点的工作，以控制面层出墙尺寸及垂直、平整。

5）排砖：根据大样图及墙面尺寸进行横竖向排砖，以保证面砖缝隙均匀，符合设计图纸要求，注意大墙面、通天柱子和垛子要排整砖，以及在同一墙面上的横竖排列，均不得有一行以上的非整砖。非整砖应排在次要部位，如窗间墙或阴角处等，且不得小于整砖的 1/4，但亦要注意一致和对称。如遇有突出的卡件，应用整砖套割吻合，不得用非整砖随意拼凑镶贴。

6）浸砖：釉面砖和外墙面砖镶贴前，首先要将面砖清扫干净，放入净水中浸泡 2h 以上，取出待表面晾干或擦干净后方可使用。

7）镶贴面砖：镶贴应自上而下进行。高层建筑采取措施后可分段进行。在每一分段或分块内的面砖，均为自下而上镶贴。从最下一层砖下皮的位置线先稳好靠尺，以此托住第一皮面砖。在面砖外皮上口拉水平通线，作为镶贴的标准。

在面砖背面宜采用 1：2 水泥砂浆或 1：0.2：2 ＝水泥：白灰膏：砂的混合砂浆镶贴，砂浆厚度为 6 ～ 8mm，贴上后用灰铲柄轻轻敲打，使之附线，再用钢片开刀调整竖缝，并用小杠通过标准点调整平面和垂直度。

另外一种做法是，用 1：1 水泥砂浆加水重 20% 的 108 胶，在砖背后抹 3 ～ 4mm 厚粘贴即可。但此种做法其基层灰必须抹得平整，而且砂子必须用窗纱筛后使用。

另外也可用胶粉来粘贴面砖，其厚度为 2 ～ 3mm，用此种做法其基层灰必须更平整。

如要求釉面砖拉缝镶贴时，面砖之间的水平缝宽度用米厘条控制，贴砖用砂浆与中层灰临时镶贴，米厘条贴在已镶贴好的面砖上口，为保证其平整，可临时加垫小木楔。

女儿墙压顶、窗台、腰线等部位平面也要镶贴面砖时，除流水坡度符合设计要求外，应采取顶面面砖压立面面砖的做法，预防向内渗水，引起空裂；同时还应采取立面中最低一排面砖压低平面面砖，并低出底平面面砖 3 ～ 5mm 的做法，让其起滴水线（槽）的作用，防止尿檐而引起空裂。

8）面砖勾缝与擦缝；面砖铺贴拉缝时，用 1：1 水泥砂浆勾缝，先勾水平缝再勾竖缝，勾好后要求凹进面砖外表面 2 ～ 3mm。若横竖缝为干挤缝，或小于 3mm 者，应用白水泥配颜料进行擦缝处理，面砖缝子勾完后，用布或棉丝蘸稀盐酸擦洗干净。

（3）基层为砖墙面时的操作方法

1）抹灰前，墙面必须清扫干净，浇水湿润。

2）大墙面和四角、门窗口边弹线找规矩，必须由顶层到底一次进行，弹出垂直线，并决定面砖出墙尺寸，分层设点、做灰饼。横线则以楼层为水平基线交圈控制，竖向线则以四周大角和通天垛、柱子为基准线控制。每层打底时则以此灰饼作为基准点进行冲筋，使其底层灰做到横平竖直。同时要注意找好突出檐口、腰线、窗台、雨篷等饰面的流水坡度。

3）抹底层砂浆：先把墙面浇水湿润，然后用 1：3 水泥砂浆刮一道约 6mm 厚，紧跟着用同强度等级的灰与所冲的筋抹平，随即用木杠刮平，木抹搓毛，隔天浇水养护。

4）同基层为混凝土墙面做法。

（4）基层为加气混凝土墙面时，可酌情选用下述两种方法中的一种：

1）用水湿润加气混凝土表面，修补缺棱掉角坑凹处。修补前，先刷一道聚合物水泥浆，然后用 1：3：9 ＝水泥：白灰膏：砂子混合砂浆分层补平，隔天刷聚合物水泥浆并抹

1∶1∶6 混合砂浆打底，木抹子搓平，隔天浇水养护。

2）用水湿润加气混凝土表面，在缺棱掉角处刷聚合物水泥浆一道，用 1∶3∶9 混合砂浆分层补平，待干燥后，钉金属网一层并绷紧，金属网固定牢固紧钻墙面，在金属网上分层抹 1∶1∶6 混合砂浆打底（最好采取机械喷射工艺），砂浆与金属网应结合牢固，最后用木抹子轻轻搓平，隔天浇水养护。

其他做法同混凝土墙面。

（5）夏期镶贴室外饰砖，应有防止暴晒的可靠措施。

（6）冬期施工：一般只在冬期初期施工，进入冬期施工期阶段不得施工。

1）砂浆的使用温度不得低于 5℃，砂浆硬化前，应采取防冻措施。

2）用冻结法砌筑的墙，应待其解冻后再抹灰。

3）镶贴砂浆硬化初期不得受冻。气温低于 5℃时，室内镶贴砂浆内可掺入能降低冻结温度的外加剂，其掺量应由试验确定。

4）为了防止灰层早期受冻，并保证操作质量，其砂浆内的白灰膏和 108 胶不能使用，可采用同体积粉煤灰代替或改用水泥砂浆抹灰。

4　质量标准

4.1　保证项目

（1）饰面砖的品种、规格、颜色、图案必须符合设计要求和符合现行标准的规定。

（2）饰面砖镶贴必须牢固，无歪斜、缺楞、掉角和裂缝等缺陷。

4.2　一般项目

（1）表面平整、洁净，颜色一致，无变色、起碱、污痕，无显著的光泽受损处，无空鼓。

（2）接缝填嵌密实、平直，宽窄一致，颜色一致，阴阳角处压向正确，非整砖的使用部位适宜，且不宜小于整砖的 1/4。

（3）套割：用整砖套割吻合，边缘整齐；墙裙、贴脸等突出墙面的厚度一致。

（4）流水坡向正确，滴水线槽顺直。

4.3　允许偏差项目

室外贴墙面砖粘贴允许偏差见表 1。

室外贴墙面砖粘贴允许偏差　　**表 1**

项次	项目	允许偏差（mm）		检查方法
1	立面垂直	3	1	用 2m 托线板和尺量检查
2	表面平整	4	1	用 2m 托线板和塞尺检查
3	阳角方整	3	1	用 20cm 方尺和塞尺检查
4	接缝平直度	3	1	拉 5m 小线和尺量检查
5	接缝高低差	1	1	用钢直尺或塞尺检查
6	接缝差宽度	1	1	用钢直尺检查

5　成品保护

（1）要及时清擦干净残留在门窗框上的砂浆，特别是铝合金门窗框宜粘贴保护膜，预防污染、锈蚀。

（2）认真贯彻合理的施工顺序，水、电、通风、设备安装等的活应做在前面，防止损坏面砖。

（3）油漆粉刷不得将油浆喷滴在已完的饰面砖上，如果面砖上部为外涂料或水刷石墙面，宜先做外涂料或水刷石，然后贴面砖，以免污染墙面。若需先做面砖时，完工后必须采取贴纸或塑料薄膜等措施，防止污染。

（4）各抹灰层在凝结前应防止风干、暴晒、水冲和振动，以保证各层有足够的强度及各层间粘结度。

（5）拆架子时注意不要碰撞墙面。

（6）装饰材料和饰件以及有饰面的构件，在运输、保管和施工过程中，必须采取措施防止损坏和变质。

6 应注意的质量问题

6.1 空鼓、脱落

（1）因冬季气温低，砂浆受冻，到来年春天化冻后容易发生脱落。因此在进行室外贴面砖操作时应保持 5℃以上，尽量不在冬期施工。

（2）基层表面偏差较大，基层处理或施工不当，一次抹灰太厚，每层抹灰跟得太紧，面砖勾缝不严，又没有洒水养护，各层之间的粘结强度差，面层就容易产生空鼓、脱落。

（3）砂浆配合比不准，稠度控制不好，砂子含泥量大，在同一施工面上采用几种不同的配合比砂浆，因而产生不同的干缩，亦会空鼓。应在贴面砖砂浆中加适量 108 胶，增强粘结，严格按工艺操作，重视基层处理和自检工作，要逐块检查，发现空鼓的应随即返工重做。

6.2 墙面不平

主要是结构施工期间，几何尺寸控制不好，造成外墙面垂直，平整偏差大，而装修前对基层处理又不够认真。应加强对基层打底工作的检查，合格后方可进行下道工序。

6.3 分格缝不匀、不直

主要是分段分块弹线，排砖不细，贴灰饼控制点少，以及面砖规格尺寸偏差大，施工中选砖不细，操作不当等造成。

6.4 墙面脏

主要原因是勾完缝后没有及时擦干净砂浆以及其他工种污染所致，可用棉丝醮稀盐酸加 20% 水刷洗，然后用自来水冲净，同时应加强成品保护。

7 质量记录

本工艺标准应具备以下质量记录：

（1）面砖等材料的出厂合格证；

（2）本分项工程质量检验批质量验收表；

（3）室外面砖的拉扒试验报告单等。

8 安全、环保措施

（1）高空作业时，高度超过了 3m 应系安全带，一端系于人员腰间，一端系在固定构件上。

（2）面砖吊运时，应包装好以防丢落，脚手架应加密眼网，防止面砖掉落。

（3）碎面砖及砂浆落地，应收集处理。

四、施工过程质量控制

施工过程是工程质量形成的过程，工程施工过程对质量影响的因素较多，通常操作有人、机、料、工、环、测各方面，这些影响因素除了在施工前进行控制、做好准备外，施工开始后，还要对其进行控制管理，通常叫过程控制。

在施工过程中，要对有关因素在全部施工作业过程中，各工序工程的作业质量持续进行控制。重点应从两方面控制，一是质量生产的作业者自身质量控制，在施工生产要素符合的条件下，操作者的技术能力及其发挥的状况是决定施工质量的关键，质量在生产者手中是生产出来的；二是来自作业者外部的质量监督检查、评价验收等质量行为的管理。有现场专业质量检查人员、企业的技术质量部门的检查，以及政府主管部门的监督检查，都是过程质量控制。

工程建设的特点是先订合同再生产产品，过程质量验收。所以工序质量控制是整个工程质量控制的过程质量控制，这是工程建设的特点。每个工序工程施工就成了质量管理的重点。必须把工序质量操作者的自控和外部质量监控落到实处。只有每个工序工程质量控制好了，整个工程质量就有了保证。国家法律法规规定，不合格的材料不得用在工程上，上道工序不合格不得进入下道工序施工，单位工程不合格不得验收，不得交付使用。这是质量控制的基本政策。

1. 工序施工条件到位

施工是操作者、材料、机具、施工方法和环境条件的综合协调作用的过程。这些条件要素质量应首先控制到位。

（1）控制手段是检查、试验、测试，依据操作规程操作，自己边干活边测量边检查等。

（2）控制依据是控制措施、操作规程、设计质量标准、材料质量标准、机具设备性能、施工质量标准等。

（3）施工现场施工环境条件，包括施工总平面布置、材料运输便利、水电等已通至作业面、作业面已具备施工要求、安全措施已经验收合格。

（4）作业面的放线等已完成，并经过技术复核检验，标志及控制措施皮数杆、标高、控制点、建筑物的中线、边线、控制线已确认，施工班组长已验收认可，即可开始施工。

2. 工序工程施工自控

施工作业质量自控是施工企业履行企业的质量承诺责任，向顾客提供合同约定的工程产品。在工程施工过程中，强调作业者的岗位质量责任，向后道工序提供符合要求的作业成果。有关建筑法规都规定，施工企业必须按合同约定，设计要求和国家工程建设技术法规规定，对建设的工程质量负责，加强工程施工生产过程控制，不合格的材料不得用在工程上，上道工序质量不符合要求不得进入下道工序施工，工程项目质量不符合要求不得交付验收，质量验收不符合要求，不得投入使用。这就要求施工企业必须加强工程质量生产的过程控制。控制好工序施工质量是过程控制的关键。

（1）工序施工作业技术交底

工序施工作业技术交底是工程项目施工组织设计、专业施工方案、质量控制措施的具体化和落实，交底内容必须具体有针对性和可操作性，要把本工序的难点、重点和重点控制点交待清楚，并将质量指标及检测项目，以及安全注意事项交待清楚，使操作人了解和掌握。

工程项目的质量目标是施工企业依据合同约定、设计文件、规范规定及企业的发展来确定的，由工程项目部组织实施。企业要将企业的计划和决策意图向工程项目部实施人员交底，将企业的决策意图、质量方针、质量目标，以及技术、物资的支持，使工程项目部实施人员理解，领会企业的质量计划。

工程项目部要根据企业质量目标，进行目标分解和技术交底，将质量目标分解到各分部、子分部工程，由专业施工人员来承担责任，并交待完成质量目标的技术方案、措施，做好会议纪要。

专业施工人员再向各工序工程操作班组进行技术交底。施工作业交底是最基层的技术和管理交底。作业交底要包括作业范围、施工依据、作业程序、施工工艺、技术措施和要领、质量目标及安全、进度、成本、环境目标要求。特别要把本工序工程的难点、重点及控制点的要求和技术措施交待清楚，并做好交底记录。

（2）工序工程施工作业活动

施工作业活动是由一系列工序所组成的。为了保证工序质量的受控，首先要对作业条件进行再确认，即按照作业计划检查作业准备条件是否落实到位，其中包括对施工程序和作业工艺顺序的检查确认，在此基础上，严格按作业计划的程序、步骤和质量要求展开工序作业活动。

工序作业活动班组要遵守技术交底的要求，按施工操作规程、技术指导书等作业计划进行操作，要对工序工程的难点、重点、质量控制点进行重点注意，认清控制线，按控制措施，边干活边控制质量，一步活完成后自我检查，认为符合质量计划后再继续干后边的活。工序作业完成后班组长要组织全面检查，班组自行检查质量指标是否达到要求，达不到质量要求的要及时修理返工，直到自我检查达到设计要求和工程质量验收标准指标后，再交专业质量员检查评定。

3. 工序质量效果控制

工序施工质量效果控制是控制工序工程的质量特征和特征指标的结果，确认是否达到设计要求的质量标准及施工质量验收规范的标准要求，以及合同约定的要求。

控制检查有操作班组的自行检查，主要是边施工、边检查、边控制，使自己施工的工序质量达到质量计划；工程项目部专职质量员的检验评定，确认是否达到质量计划的质量目标。

（1）工序质量效果控制途径

主要是对实体工程实测取得数据，或用统计方法所获得的结果和数据，来判定质量指标达到设计要求和质量验收规范规定、合同约定质量要求的程度，以及达不到时纠正质量偏差。工序工程的质量指标是质量验收规范规定的，也有些中间过程质量指标是企业为保证合同约定质量指标而自行控制的质量指标，在工序质量检验评定时，施工班组自行控制时都必须达到的。

（2）工序质量效果的控制方法

施工作业质量的控制是贯穿于整个施工过程的基本质量控制，主要以施工企业的自控为主，包括操作班组自检、专业质量员检验评定、施工企业质量部门的定期和不定期的监督抽查等。施工班组的自检控制，有操作者的自己边操作边控制检查、班组内操作人员的互相检查及班组长组织的班组检查，检查达不到质量指标，及时返工修理，合格后再交专业质量员检验评定。同时，还有交换检查，下道工序施工班组施工前对上道工序的质量检查，检查上道工序质量达到规定要求，能为下道工序工程施工合格工程创造条件。

工程项目部专业质量员检验评定，是代表企业为质量把关，经按规范规定的方法检验评定，能满足质量计划目标的通过检验评定，交监理工程核查验收。

施工企业定期和不定期进行实体质量抽查，来督促工程项目部做好质量控制，以落实企业的质量目标计划，保证企业质量计划目标的实现。

同时，还有现场监理单位的监理工程师平行检查、巡视检查、旁站检查等，以及政府部门的监督检查等。在施工过程中，经专业质量员检验评定合格后，才能进入下道工序施工。

（3）工序施工作业质量自控重点环节

工序施工作业是工程质量形成的过程，为达到工序工程质量控制的效果，在作业过程中，按下列环节控制：

1）预防为主

严格按照施工质量计划的要求，进行各分项、分部工程施工作业的布置。同时，根据施工作业的内容、范围和特点，制定施工作业计划，明确作业质量目标和作业技术要领，认真进行作业技术交底，落实各项作业技术组织措施。

2）重点控制

在施工作业计划中，要将工程项目质量分解到各分项、分部工作中去，分项工程落实过程中，在工序作业中可自行设置中间质量目标，以加强工序的质量控制。一方面要认真贯彻实施施工质量计划中的质量控制点的控制措施，同时，要根据作业活动的实际需要，进一步建立工序作业控制点，深化工序作业的重点控制。

3）坚持标准

工序作业人员对工序作业过程应严格进行质量自检，通过自检不断改善作业，开展作业质量互检，通过互检加强技术与经验的交流。对已完工序作业产品，即检验批或分项分部工程，应严格坚持质量标准。对不合格的施工作业质量，不得进行验收，必须按照规定进行处理返工，达到合格标准。

《建筑工程施工质量验收统一标准》GB 50300—2013 及配套的专业质量验收规范，是施工作业质量自控的合格标准。有条件的施工企业或项目经理部应结合自己的条件编制高于国家标准的企业内控标准或工程项目内控标准，或采用施工承包合同明确规定的更高标准，列入质量计划中，努力提升施工工程质量水平。

4）记录完整

施工图纸、质量计划、作业指导书、质控措施、材料合格证及复试报告、检验试验及检测报告、质量验收记录等，是形成可追溯性质量保证的依据，也是工程竣工验收所不可缺少的质量控制资料、检测资料，因此，对工序作业质量，应有计划、有步骤地按照施工管理规范的要求进行填写记载，做到及时、准确、完整、有效、真实交圈并具有可追溯性。

（4）施工作业质量自控的制度

根据实践经验的总结，施工作业质量自控的有效制度有：

1）质量自检制度；

2）质量例会制度；

3）首道工序质量样板制度；

4）质量样板制度；

5）技术复核制度；

6）岗位质量责任制度；

7）每月质量讲评制度及奖罚制度等。

（5）按有关施工质量验收规范规定，必须进行现场质量检测，合格后才能进行验收，各分项、分部工程现场质量检测的主要项目如下：

1）地基与基础工程检测项目

① 地基、复合地基承载力检测；

② 基桩单桩承载力检测及桩身质量检测。

2）主体结构工程检测项目

① 混凝土结构检测项目

A. 结构实体混凝土强度检测；

B. 结构实体钢筋保护层厚度检测；

C. 结构实体位置与尺寸偏差检测。

② 钢结构工程检测项目

A. 焊缝内部质量检测；

B. 高强度螺栓连接副紧固质量检测；

C. 防腐涂装及防火涂装干漆膜厚度质量检测。

③ 砌体工程检测项目

A. 混凝土强度及砂浆强度检测；

B. 全高垂直度、标高质量检测。

④ 有地下室的工程地下室渗漏水检测

3）装饰装修工程检测项目

① 有防水要求的地面防水质量检测；

② 抽气（风）道质量检测；

③ 外窗气密性、水密性、耐风压质量检测；

④ 幕墙气密性、水密性、耐风压质量检测；

⑤ 幕墙金属框架与主体结构连接检测；

⑥ 幕墙后置预埋件拉拔力检测；

⑦ 外墙块材镶贴的粘结强度检测；

⑧ 外门、窗安装牢固性检测；

⑨ 装饰吊挂件和预埋件拉拔力检测；

⑩ 室内环境质量检测。

4）屋面工程检测项目

① 屋面防水质量检测；

② 屋面保湿层厚度检测。

5）建筑给水排水及供暖工程性能检测项目

① 承压管道、消防管道设备系统水压试验检测；

② 给水管道系统通水、水质检测；

③ 非承压管道和设备灌水试验、排水干管通球试验、系统通水试验、卫生器具满水试验检测；

④ 消火栓系统试射检测；

⑤ 锅炉系统、供暖管道、散热器压力试验，系统调试，试运行，安全阀报警装置联动系统测试检测。

6）电气工程性能检测项目

① 接地装置、防雷装置的接地电阻测试及接地等电位联结导通性测试检测；

② 剩余电流动作保护器测试检测；

③ 照明全负荷试验检测；

④ 大型灯具固定及悬吊装置过载测试；

⑤ 电气设备空载试运行和负载试运行检测。

7）通风与空调工程性能检测项目

① 空调水管道系统水压试验检测；

② 通风管道严密性试验及风量、温度测试检测；

③ 通风、除尘系统联合试运转与调试检测；

④ 空调系统联合试运转与调试检测；

⑤ 制冷系统联合试运转与调试检测；

⑥ 净化空调系统联合试运转与调试、洁净室洁净度测试检测；

⑦ 防排烟系统联合试运转与调试检测。

8）电梯工程性能检测项目

① 电梯、自动扶梯、人行道电气装置接地，绝缘电阻测试检测；

② 电力驱动、液压电梯安全保护测试，性能试运行检测；

③ 自动扶梯、人行道自动停止试运行测试，性能运行试验检测；

④ 电力驱动电梯限速器安全钳联动试验，电梯层门与轿门试验检测；

⑤ 自动扶梯、人行道性能试验检测。

9）智能建筑工程性能检测项目

① 接地电阻测试检测；

② 系统检测；

③ 系统集成检测。

10）燃气工程性能检测项目

① 燃气管道强度、严密性试验检测；

② 燃气浓度检测报警器、自动切断阀和通风设施试验检测；

③ 采暖、制冷、灶具熄火保护装置和排烟设施试验检测；

④ 防雷、防静电接地检测。

11）建筑节能工程性能检测项目

① 外围护结构节能实体检验检测；

② 外窗气密现场实体检测；

③ 建筑设备工程系统节能性能检验检测。

4. 现场施工质量检查

现场施工质量检查是工程质量控制的基本方法和手段。控制检查有过程检查和效果检查。过程检查多数用目测感官检查并辅以尺量等手段检查，及时发现不足及时改正，通常没有检查记录；效果检查多以尺量检查、测试检验并辅以目测感官检查，多数有检查记录。检查的内容有：

（1）开工前的检查：主要检查各项准备工作到位具备开工条件，能够保持开工后连续正常施工，保证工程质量。

（2）工序检查：对于重要的工序或对工程质量有重大影响的工序，应严格执行“三检”制度（即自检、互检、专检），未经监理工程师（或建设单位质量负责人）检查认可，不得进行下道工序施工。

（3）隐蔽工程的检查：施工中凡是隐蔽工程必须检查合格后方可进行隐蔽，并形成隐蔽工程验收记录。

（4）停工后复工的检查：因各种因素停工或处理质量事故等复工时，经检查认可后方能复工，并形成检查记录。

（5）检验批、分项、分部工程完工后的检查：应经检查认可，须检测的项目检测合格，并签署验收记录。

（6）成品保护的检查：检查成品有无保护措施以及保护措施是否有效可靠。

（7）现场质量检查的方法

1）目测法（感官法）

即凭借人的感官进行检查，也称观感质量检验，其手段可概括为“看、摸、敲、照”四个字。

① 看——根据质量标准要求进行外观检查。例如，清水墙面是否洁净，喷涂的密度和颜色是否良好、均匀，内墙抹灰的大面平整及口角棱角是否方正垂直，混凝土外观露筋、蜂窝、孔洞、夹渣、疏松、裂缝、连接缺陷，外形缺陷，表面缺陷等是否符合要求等。

② 摸——通过触摸手感进行检查、鉴别。例如，油漆面的光滑度，浆活是否牢固、不掉粉等。

③ 敲——运用敲击工具进行音感检查。例如，对地面工程、装饰工程中的抹灰层、水磨石、面砖、石材饰面等，均应进行敲击检查，以确定有无空鼓及其面积大小等。

④ 照——通过人工光源或反射光照射，检查难以看到或光线较暗的部位。例如，管道井、电梯井等内部管线，设备安装质量，管道背后，门下缝，装饰吊顶内连接及设备安装质量等。

2）实测法

通过实测数据与施工规范、质量标准的要求及允许偏差值进行对比，以此判断质量是否符合要求，其手段可概括为“靠、量、吊、套”四个字。

① 靠——用直尺、塞尺检查诸如墙面、地面、路面等的平整度。

② 量——用测量工具和计量仪表等检查断面尺寸、轴线、标高、温度、湿度等的偏差。例如，大理石板拼缝尺寸、摊铺沥青拌合料的温度、混凝土坍落度的检测等。

③ 吊——利用托线板以及线坠吊线检查垂直度。例如，砌体垂直度检查、门窗的安装垂直检查等。

④ 套——以方尺套方，辅以塞尺检查。例如，对阴阳角的方正、踢脚线的垂直度、预制构件的方正、门窗口及构件的对象线检查等。

3）试验法

通过必要的试验手段对质量进行判断的检查方法，主要包括：

① 理化试验

工程中常用的理化试验包括物理力学性能方面的检验和化学成分及化学性能的测定等。物理力学性能的检验，包括各种力学指标的测定，如抗拉强度、抗压强度、抗弯强度、抗折强度、冲击韧性、硬度、承载力等；以及各种物理性能方面的测定，如密度、含水量、凝结时间、安定性及抗渗、耐磨、耐热性能等。化学成分及化学性质的测定，如钢筋中的磷、硫含量，混凝土中粗骨料的活性氧化硅成分，以及耐酸、耐碱、抗腐蚀性等。此外，根据规定有时还需进行现场试验，例如，对桩或地基的静载试验、下水管道的通水试验、压力管道的耐压试验、风管的严密性试验、防水层的蓄水或淋水试验等。

② 无损检测

利用专门的仪器仪表从表面探测结构物、材料、设备的内部组织结构或损伤情况。常用的无损检测方法有超声波探伤、X 射线探伤、γ 射线探伤等。

4）见证取样送检

为了保证建设工程质量，我国规定对工程所使用的主要材料，及施工过程留置的试件等应实行现场见证取样送检。见证人员由建设单位及工程监理单位中有相关专业知识的人员担任；送检的试验室应具备经国家或地方工程检验检测主管部门核准的相关资质；见证取样送检必须严格按规定的程序进行，包括取样见证并记录、样本编号、封箱、送试验室、交接、试验检测、报告等。

检测机构应当建立档案管理制度。检测合同、委托单、原始记录、检测报告应当按年度统一编号，编号应连续，不得断号和涂改。

5. 隐蔽工程验收及成品保护

（1）隐蔽工程验收

凡被后续施工所覆盖的施工内容，如地基基础工程、钢筋工程、预埋管线等均属隐蔽工程。在后续工序施工前应进行质量验收。装配式混凝土建筑接槎后浇混凝土浇筑前亦应进行隐蔽工程验收。加强隐蔽工程质量验收，是施工质量控制的重要环节。其程序要求是：施工方应首先自检合格，然后填写《隐蔽工程验收单》，验收单所列的验收内容应与已完的隐蔽工程实物相一致；提前通知监理单位，按约定时间进行验收。验收合格的隐蔽工程由各方共同签署验收记录；验收不合格的隐蔽工程，应进行整改后重新验收。

（2）成品质量保护

建筑工程项目已完工的成品保护，目的是避免已完工成品受到来自后续施工以及其他方面的污染或损坏。已完工的成品保护问题和相应措施，在工程施工组织设计与计划阶段就应该从施工顺序上进行考虑，防止施工顺序不当或交叉作业造成相互干扰、污染和损坏；成品形成后可采取防护、覆盖、封闭、包裹等相应措施进行保护。

装配式混凝土建筑施工过程中，应采取防止预制构件、部品及预制构件上的建筑附件、预埋件、预埋吊件等损伤或污染的保护措施。

五、建立首道工序质量样板制

工序质量控制是工程项目质量控制的基础，工程质量过程控制必须落实在工序质量控制上，是实施工程质量控制的重要环节。而工序质量控制最有效的方法是建立工序质量首道工序质量样板制度，把工序质量的第一个工序质量控制好，使工程质量符合工程项目质量计划的要求，通过验收确认，再把质量控制措施、工艺标准或操作规程，按照首道工序样板的确认，进行修改和完善，以供后道工序施工的依据，工程质量都达质量计划要求，是质量控制和质量样板制度的最有效的方法之一。其主要程序为：

（1）编制工序工程作业指导书或工序施工工艺标准或工序施工操作规程，经项目技术负责人批准后执行。

（2）选好施工队伍，通常是某个工程项目，某项工序施工就由这个施工班组来进行，经过培训取得上岗操作证书。如果施工企业有该工种的高级技工或技师进行现场指导更好。

（3）由现场该专业施工负责人准备好技术交底材料。技术交底材料要以已编制的施工标准为基础，结合工程项目施工图设计文件工程的特点、难点施工合同约定，以及国家工程质量验收规范的规定、企业质量计划定的工程项目质量目标和施工现场的实际条件等。给操作的施工班组进行技术交底，将工程项目质量目标、工程的特点难点、技术措施的注意事项，以及工期、成本、安全、质量指标等，向班组全体人员交待清楚，使其了解质量指标，掌握技术措施。说明首道工序质量样板的重要性。

（4）首道工序质量样板实施

首道工序质量样板的作业活动，与工艺质量作业活动一致，承担首道工序质量样板的施工班组，应是在本工程承担本工序施工的中等水平的班组。首先对作业活动条件进行确认，作业实施条件到位，在此基础上开始正式作业实施。首道工序质量样板作业活动的不同之处，是必须严格按作业指导书或施工工艺的程序进行作业活动，验证施工工艺标准的针对性和可操作性，证明按施工工艺标准施工，工程质量就能保证。对于施工工艺标准的不完善、不准确的地方必须进行完善修正，直至认为施工工艺标准已完善为止。

（5）首道工序质量样板验收

首道工序质量样板项目确定后，应制定工序质量样板标准，这个样板质量要符合企业质量计划目标，要能检验施工工艺标准的针对性和可操作性，以及有效性。在首道工序质量样板作业活动完成后，应做全面的工程质量验收。首先承担作业的施工班组要进行全面自检，并做出检查记录，保证项目要全部一次达到规范规定和设计要求；一般项目要一次基本达到规范规定，允许偏差要达到质量计划及规范规定，达不到的偏差其偏差值不应大于偏差值的 1.5 倍；观感质量不允许出现“差”的点。目的是验证操作班组依据施工工艺标准的自控效果和施工工艺标准的可操作性。

工程项目部要组织有关人员进行全面复查，必要时可请企业质量、技术部门人员及监理机构总监和专业监理工程师参加；由工程项目部技术负责人牵头，专业施工员、质量员、标准员、资料员等共同验收。验收符合工序质量样板质量标准，作为本工程项目质量的标准，后面施工的质量都必须达到这个标准。

1）以本工序质量样板为工程质量标准，对后边同工序的作业活动树立实体质量标准，不许可再降低标准水平。后边施工的班组在正式施工前应参观本样板工程，树立了工程质量样板。

2）在工序质量样板作业过程中，专业施工员、企业技术部门专业技术人员应到施工现场了解作业活动情况，执行施工工艺标准，听取施工班组人员对施工工艺标准、质量控制措施可操作性的意见和建议，对施工工艺标准不完善的地方，征求施工作业人员的意见进行改进，直至操作人员满意，工程质量达到控制标准，把工序施工工艺修改完善，以备下一工程项目施工时使用。有条件的企业可通过企业的程序和制度形成“企业标准”。

3）在以后的同工序工程施工时，进行工人培训，技术交底时，交底材料是交底的基本内容，再加上其工程的特性和环境条件，加以补充。

4）在本工序工程施工工艺标准确立为企业标准后，企业为了能将这项施工工艺标准作为企业专项技术项目，能延续下去，企业应有计划地指定专人，高级工人或技师熟练掌握本施工工艺，随时可对新到工人进行技术培训。施工出本企业的质量水平。

5）有了首道工序质量样板，这就使企业的质量计划落实了，使工程项目部的质量任务完成有了保证，使过程控制落实了。

6）有了首道工序质量样板制，使工程质量的过程控制有了标准的操作程序，是保证施工质量达到质量目标的一个有效的方法。

7）首道工序质量样板的树立，使后道工序质量有了实物样板，这是自己的企业的班组创造的样板，各个班组是容易学习的，为工程质量保证创造了经验。

8）首道工序质量样板的树立，也使后道工序工程质量控制措施（包括施工工艺标准）的有效性、针对性和可操作性得到了验证。有了有效的质量控制措施和实物质量样板，可为后续质量保证奠定了基础。

9）施工工艺标准可作为企业的技术专利和特有技术。一个企业持有的特有技术多了，企业的技术水平和技术管理水平就会提高，企业的技术含量就丰富，技术储备就丰富，技术能力就高。承诺的工程质量就能说到做到。

第三节　施工工序质量检验评定

工程项目质量验收，主要控制质量的关键是过程验收，就是在工程项目的每个工序施工过程中，加强质量控制；在一个工序质量完成后，施工班组就应自我检查评定。

工程项目质量验收划分为检验批、分项工程、分部（子分部）工程、单位（子单位）工程来进行验收，施工过程的质量检验评定，是质量控制的重点、质量验收的重点，所以，加强施工过程工程质量的检验评定，是工程质量验收的基础。

一、施工过程质量检验评定

工程项目质量验收分为两个阶段，首先是施工单位自行检验评定，评定符合设计文件要求和工程质量验收规范规定后，做出评定结果交建设单位或监理单位进行核查验收；其次是建设单位或监理单位的核查验收，是在施工单位检验评定合格的基础上验收。前边是自控，后边是验收。由于建筑工程的特点，是边施工边验收，所以检验批、分项、分部（子分部）工程的质量验收，是施工过程的质量验收，只有单位工程的核查验收才是产品的整体验收。

1. 分项工程质量验收

施工检验批是分项工程分批验收的单元，其质量验收内容与分项工程是一致的，分项工程质量是检验批的汇总。过程验收的基本要求，现行国家标准《建筑工程施工质量验收统一标准》GB 50300—2013 作出了统一规定，与其配套的各专业工程施工质量验收规范分别规定了各分项工程质量验收的基本内容、检验方法和抽查数量。对分项工程质量符合安全和功能的基本要求，各项目质量指标给予明确规定。检验批质量验收是过程控制的重点，分部子分部工程验收是验收的重点。

分项工程质量验收内容，按其主要内容，分别列为资料检查、主控项目、一般项目等。

（1）资料检查。质量控制资料反映了分项工程的原材料质量、施工过程施工工序的操作依据、测试和控制质量的施工记录、检查情况及检查记录，以及保证质量所必须的管理制度等，对其完整性检查认可，是对施工过程质量控制、检验批合格判定的前提。

（2）主控项目是分项工程质量安全和使用功能项目，是决定性的主要质量指标，经检验均应合格，是施工过程质量控制和验收的重要内容，体现该分项工程本质性质量。

（3）一般项目是分项工程质量安全和使用功能较重要的质量项目，允许偏差是代表质量的精度，经抽样检验合格。抽样点合格率符合相关专业质量验收规范的规定，且不得有严重缺陷。

2. 建筑工程施工质量验收注意事项

（1）建筑工程所采用的主要材料、半成品、成品、建筑构配件、器具和设备应进行进场检验，凡涉及安全、节能、环境保护和主要使用功能的重要材料、产品，应按各专业工程施工规范、质量验收规范和设计文件等规定进行复验，并应经监理工程师检查认可。

（2）各施工工序应按施工技术标准进行质量控制，每道施工工序完成后，经施工单位自检评定符合规定后，才能进行下道工序施工，各专业工种之间的相关工序应进行交接检验，并应记录。

（3）对于监理单位提出检查要求的重要工序，应经监理工程师检查认可，才能进行下道工序施工。

（4）工程质量验收均应在施工单位自检合格的基础上进行。

（5）参加工程施工质量验收的各方人员应具备相应的资格。

（6）检验批的质量应按主控项目和一般项目验收。

（7）对涉及结构安全、节能、环境保护和主要使用功能的试块、试件及材料，应在进场时或施工前按规定进行见证检验。

（8）隐蔽工程在隐蔽前应由施工单位通知监理单位进行验收，并应形成验收文件，验收合格后方可继续施工。

（9）对涉及结构安全、节能、环境保护和使用功能的重要分部工程，应在验收前按规定进行抽样检验检测。

（10）工程的观感质量应由验收人员现场检查，并应共同确认。

3. 建筑工程质量验收的划分

建筑工程质量验收是通过过程质量验收进行的，一个单位工程要分成若干个分部（子分部）工程，一个分部（子分部）工程要分成若干个分项工程来验收。分项工程质量为了配合施工又分成若干个检验批来完成验收。

（1）单位工程（子单位工程）、分部工程（子分部工程）、分项工程经《建筑工程施工质量验收统一标准》GB 50300—2013 已经划分，列出建筑工程的分部工程、子分部工程、分项工程，不需要施工单位来划分，按其规定执行就行了。而检验批则需要施工单位在施工前，根据施工流水段划分好，以便施工单位与监理单位共同验收。

（2）检验批的划分可根据施工、质量控制的专业工程验收的需要来划分。建筑与结构工程按工程量、楼层、施工流水段、变形缝、后浇带等进行划分。多层及高层建筑的分项工程检验批可按楼层或施工段来划分检验批，单层建筑的分项工程的检验批可按变形缝、后浇带等划分；地基与基础的分项工程通常尽量划分为一个检验批，有地下层的基础工程可按不同地下层划分检验批；屋面工程的分项工程可按不同楼层的屋面划分为不同的检验批；其他分部工程中的分项工程，一段按楼层划分检验批，检验批就是分项工程的分批验收。

（3）安装工程一般按一个设计系统或设备组别划分为一个检验批，也有按楼层或流水段划分为检验批的。

（4）室外工程检验批的划分：若只一个单位工程的室外工程的散水及明沟、台阶及入户道路等就包括在底层地面检验批中，安装工程电源一档引入线，给水排水及供暖管线井及阀门内的可列入安装系统检验批中，若室外工程是一个小区、组团、片区的时候，可按《建筑工程施工质量验收统一标准》GB 50300—2013 附录 C 的规定，单独列入室外单位工程或子单位工程。

（5）施工单位在划分检验批时要注意，除了按上述原则划分外，还要注意大小不要太悬殊，工程量基本相等或接近为宜，以便于均衡组织施工及增强检验批之间的可比性。

（6）检验批的验收是过程质量验收的基本内容，也是施工质量过程控制的重要方法。其划分也应考虑检验批验收有利于及时发现和处理施工中出现的质量问题，实现质量控制确保工程质量的目的，是符合施工实际需要的。

（7）分项工程应注意与《建筑工程施工质量验收统一标准》GB 50300—2013 附录 B 表中的分项工程一致，检验批与分项工程对应起来。施工单位应在施工开始前根据工程的具体情况将检验批划分好，与监理单位、建设单位协商确定，并据此整理施工技术资料和进行检验批的质量验收。

（8）地基与基础中的土方工程、基坑支护工程及混凝土的模板工程，其不构成建筑工程的实体，但其是施工中不可缺少的重要环节和必要条件，其质量关系到工程的施工质量和施工安全。因此，其必须列入质量验收的内容，也应划分好验收的阶段和环节。并按阶段和环节对这些检验批进行质量控制和检验评定，有的项目还应设监控点，定期和随时监控和处理，以保证其安全和有效。

4. 检验批质量的检验评定

检验批是分项工程分批验收的单元，其质量指标与分项工程质量指标相同或相近，只是批量的大小不同而已，分项工程的质量验收多数质量指标，是检验批的汇总，所以检验批的质量验收是工程质量验收的基础。质量验收是在施工单位自己检验评定合格的基础上进行的，所以，施工单位首先要检验评定合格，把好过程控制关。

（1）检验批的质量验收由于其体量较小，程序较简单，在检查评定不符合质量要求时，便于返工修理，是施工质量过程控制的重点环节，施工单位在检验评定时，要做好过程质量控制，不符合要求及时返工修理。

（2）检验批质量的检验评定，是施工企业自己检查评定，落实施工质量责任，检验评定不合格不应交监理单位验收。因为，监理单位核查不通过验收，对施工单位的诚信和技术能力是一个大的不良印象。这样的情况多了，企业的质量承诺将失去信誉。

（3）施工企业检验批质量检验评定时，一定要从控制质量水平出发，检验批的质量应全部达到质量标准的要求，在检查评定时，应随机抽样，不要有选择性，使质量检验评定，真正代表了检验批的质量水平。真正体现检验批量过程控制的关键环节。

（4）《建筑工程施工质量验收统一标准》GB 50300—2013 规定主控项目、一般项目，施工单位在检验批质量检验评定时，必须按标准规定抽样检验，不应有选择性地抽样检验，因为主控项目是对检验批质量起决定性影响的因素，必须从严要求，全部符合规定，不允许有不符合要求的检验结果；对一般施工项目允许存在一定数量的不合格点，但不得有严重缺陷存在，也将会影响使用功能和观感质量，应进行返工修理，所以，在进行检验评定时，不仅抽样要随机进行，还应该严格控制找质量差的部位进行抽样检验评定，以便监理验收一次通过。

（5）在《建筑工程施工质量验收统一标准》GB 50300—2013 的规定中，要求施工单位自行抽样检验评定时，要留“质量验收记录”。这个规定是要求施工单位加强过程控制，不要弄虚作假，将抽查点的位置及抽查结果都记录下来，以便监理单位验收时核查，这其中有一定程度是防止施工单位抽样时找质量好的点来检查，或不到现场在办公室闭门造车。如果施工的质量主控项目、一般项目质量都控制在合格的标准之内，就不惧怕抽样检查。笔者认为，施工单位应将质量指标都控制在规范规定的范围之内，来保证质量。不论谁来抽查都是合格的。

质量记录是要费一定时间的。如果我们把这些时间用在质量控制上，何乐而不为呢。也可以将质量记录改为在现场把检查点标出来，结果也注明，监理想核查也可以。最好是通过自己的努力，证明主控项目、一般项目的质量都达到标准要求，取得监理单位的认可。既减少了不必要的工作量，又提高了企业的质量信誉。

（6）检验批质量检验评定，是施工企业质量控制的关键，一定要将其做好，每个工程项目的检验批质量检验评定合格后，附上施工操作依据、质量验收记录，提交专业监理工程师核查验收。

《检验批质量验收记录表》按《建筑工程施工质量验收统一标准》GB 50300—2013 执行。

施工操作依据是经项目技术负责人审查认可，或监理工程师事前审查认可的。

质量验收记录，必须把检查的主控项目、一般项目各项目的检查点的位置，将结果记录下来，以备监理工程师核查。由于“质量验收记录”是落实过程控制，说明施工单位检验评定的真实过程。如果施工单位过程控制落实，可与建设单位和监理单位协商好，将检查点和检查结果标在检查位置也不是不行。因为这个资料没有要求归档，只是建设单位、监理单位与施工单位质量验收过程的一个证明真实性的记录，两家说了算。但施工过程的质量控制一定要做好，实体质量要经得起检查，同时，政府质量监督要确认实体质量是符合要求的。

二、不合格项目的处理

施工质量不合格，一般情况下，在施工过程检验批检验评定时，就应该发现，并及时处理。在实际工程施工过程中，由于各方面的因素不可避免会出现不合格的情况，因素可能是人、机、料、法、环、测等方面，可以查清原因，采取措施防止后续工程再发生问题。

（1）对已发生的问题，检验批验收时，对主控项目不满足验收规范规定或一般项目超过偏差限值的样本数量不符合验收规范规定时，应及时进行处理。其中，对于主控项目及严重的缺陷应返工重新施工。一般的缺陷可通过返修，更换构件、器具、设备等解决，返工重做或返修后应重新进行检验评定及验收，若能符合相应专业质量验收规范要求，应评定该检验批合格。

（2）个别检验批发现某些项目或质量指标（如试块强度等）不能满足要求难以确定是否验收时，应请有资质的法定检测机构进行检测鉴定，当鉴定结果认为质量指标能够达到设计要求时，该检验批应可以通过验收。这种情况通常多出现在某检验批的材料试块强度不满足设计要求时。

（3）不合格项目若经检测鉴定达不到设计要求时，但经原设计单位核算认可能够满足结构安全和使用功能要求的检验批，该检验批可予以验收。这主要是因为一般情况下，标准规范的规定是满足安全和功能的最低要求，而设计往往在此基础上留一些余量，即安全储备。在一定范围内，会出现不满足设计要求而能符合相应的规范要求的情况，两者并不矛盾。但设计单位审核认可的结论，只能是“可满足安全和使用功能的要求”，不能是符合设计要求，因为将部分安全储备给消耗掉，降低了安全储备。如一个工程的结构设计计算结果，混凝土的强度为 31.2 N/mm^2，但按规范规定，设计文件应选择 C35 强度等级。实体工程经有资质的检测机构检测，其结果为 33.5 N/mm^2，达不到 C35 的 35 N/mm^2 强度值，原设计单位经核对，31.2 $N/mm^2 < 33.5$ N/mm^2，大于设计强度值，能保证结构安全和使用功能，不用加固补强，因其设计文件要求是 C35 级混凝土，故设计核认结果是不符合设计要求，因其强度 33.5 N/mm^2，比 35 N/mm^2 少了 1.5 N/mm^2，消耗掉了安全储备。可予以验收，但有一定缺陷。

（4）经法定有资质的检测机构检测鉴定后认为达不到规范的相应要求，即不能满足最低限度的安全储备和使用功能时，则必须进行加固和处理，使其能满足安全使用的基本要求。这样可能会对工程造成一些永久性的缺陷。如增大结构外形和尺寸，影响了一定的使用功能。但可以避免工程整体或局部拆除，避免社会财富的损失，在不影响安全和主要使用功能的条件下，可制定技术方案和协商进行加固补强后，进行有条件验收。责任方应按法律法规承担相应的经济损失和处罚。这种情况技术方案一定要由建设单位组织专家核审认可，确实保证工程安全和使用功能。

通常这种情况，应制定加固补强方案，先协商研究加固方案及加固后验收和补偿方案，再进行加固补强。

（5）不合格项目的处理，应经过调查、确认，需要处理时，应制定技术方案，确定处理方法，经确认后，再进行处理。除了第 1 项返工重新施工的项目外，第 2 项、第 3 项、第 4 项在处理完后，都应形成有关的处理资料。返工重新施工的因为对实体工程没有留下影响，可不留存资料，施工单位自己造成的损失，自己吸取教训就是了；第 2 项虽然经检测机构检测鉴定，认为能够达到设计要求，也存在管理上的缺陷，是经过处理的，其不能确定能否验收的项目资料，检测鉴定能够达到设计要求的资料都应形成工程资料入档；第3项即设计单位审查认可的资料及不能达到设计要求的项目情况及设计单位认可的资料都应入档；第4项的不能够满足设计要求项目的资料，加固补强技术方案资料，加固补强实施记录，及加固完成后的重新验收记录都应整理归档。作为竣工验收资料的一部分。

（6）通过返修或加固补强仍不能满足安全和使用功能的工程，严禁验收。

三、建筑工程项目质量的政府监督

建筑工程质量是涉及千家万户人民生命财产安全和社会稳定的大事，世界各国政府都把其作为政府的主要工作来管。我国《中华人民共和国建筑法》和《建设工程质量管理条例》都作了规定，国家实行建设工程质量监督管理制度，由政府建设行政主管部门设立专门机构对建设工程质量行使监督职能。建筑工程质量由县级以上人民政府建设行政主管部门实施监督管理。

为了加强房屋建筑和市政基础设施工程质量的监督，保护人民生命和财产安全，根据《中华人民共和国建筑法》《建设工程质量管理条例》等有关法律、法规，住房城乡建设部制定了《房屋建筑和市政基础设施工程质量监督管理规定》（住建部令第5号），主管部门实施对新建、扩建、改建房屋建筑和市政基础设施工程质量监督管理。

1. 政府质量监督的性质

政府质量监督的性质属于行政执法行为，是主管部门依据有关法律法规和工程建设强制性标准，对工程实体质量和工程建设、勘察、设计、施工、监理单位和质量检测机构等单位的工程质量行为实施监督。

工程实体质量监督，是指主管部门对涉及工程主体结构安全、主要使用功能的工程实体质量情况实施监督。

工程质量行为监督，是指主管部门对工程质量责任主体和质量检测等单位履行法定质量责任和义务的情况实施监督。

2. 政府质量监督的职权

政府建设行政主管部门和其隶属的监督机构，履行工程质量监督检查职责时，有权采取下列措施：

（1）要求被检查的单位提供有关工程质量的文件和资料。

（2）进入被检查单位的施工现场进行检查。

（3）发现有影响工程质量的问题时，责令改正。

有关单位和个人对政府建设行政主管部门和监督机构进行的监督检查应当支持与配合，不得拒绝或者阻碍建设工程质量监督检查人员依法执行公务。

3. 政府质量监督机构

从事房屋建筑工程和市政基础设施工程质量监督的机构，必须经省、自治区、直辖市人民政府建设行政主管部门考核，监督机构经考核合格后，方可实施质量监督，并对工程质量监督承担监督责任。

（1）监督机构应当具有符合规定条件的监督人员，固定的工作场所和所需的仪器、设备及工具等，以及应有管理制度。

（2）监督人员应具有大专以上学历或工程类执业注册资格，有三年以上设计、施工、监理工作经历，熟悉掌握相关法律法规和工程建设强制性标准，有一定的组织协调能力和良好的职业道德等。

4. 质量监督的内容

政府建设行政主管部门和监督机构的工程质量监督管理应当包括下列内容：

（1）执行法律法规和工程建设强制性标准的情况。

（2）抽查涉及工程主体结构安全和主要使用功能的工程实体质量。

（3）抽查工程质量责任主体和质量检测机构等单位的工程质量行为。

（4）抽查主要建筑材料、建筑构配件的质量。

（5）对工程竣工验收进行监督。

（6）组织或者参与工程质量事故的调查处理。

（7）定期对本地区工程质量状况进行统计分析。

（8）依法对违法违规行为实施处罚。

5. 质量监督程序

（1）建设单位向建设行政主管部门申领施工许可证，办理质量监督手续。

（2）制定工作计划并组织实施

1）准备和熟悉监督依据的法律法规及强制性标准。

2）明确工程项目施工阶段监督的内容、范围及重点环节。

3）实施监督的具体方法和步骤。

4）定期不定期监督检查的落实时间安排。

5）做好监督执法的各项记录准备。

（3）工程实体质量的抽查、抽测及责任主体质量行为的检查

1）对工程现场的建筑材料、构配件、设备和工程实体质量的抽查。

2）对工程质量重点及结构安全和重要使用功能项目的抽样检测。

3）对各质量责任主体及检测机构行为检查，各项管理制度及质量保证体系的运行情况检查。

4）对施工过程各项质量记录及工程技术资料、检测机构的检测报告情况的检查等。

6. 监督工程竣工验收

重点对竣工验收的组织形式、程序执行标准等是否符合有关规定进行监督；同时对质量监督检查中提出质量问题的整改情况进行复查，检查其整改情况。

7. 形成工程质量监督报告

每项工程项目都应形成监督报告，工程质量监督报告的基本内容包括：工程项目概况、项目参建各方的质量行为情况、工程项目实体质量抽查情况、历次质量监督检查中提出质量问题及整改情况、工程竣工质量验收情况、项目质量评价、对存在的质量缺陷的处理意见等。

8. 工程质量监督档案

项目工程质量监督档案按单位工程建立，要求归档及时，资料记录等各类文件齐全，经监督机构负责人签字后归档，按规定年限保存。

第五章　工程项目质量验收

第一节　工程质量验收的基本规定

一、建筑工程质量验收的一般要求

1. 建筑工程施工质量验收要求

（1）工程质量验收均应在施工单位自检合格的基础上进行。

（2）参加工程施工质量验收的各方人员应具备相应的资格。

（3）检验批的质量应按主控项目和一般项目验收。

（4）对涉及结构安全、节能、环境保护和主要使用功能的试块、试件及材料，应在进场时或施工中按规定进行见证检验。

（5）隐蔽工程在隐蔽前应由施工单位通知监理单位进行验收，并应形成验收文件，验收合格后方可继续施工。

（6）对涉及结构安全、节能、环境保护和使用功能的重要分部工程，应在验收前按规定进行抽样检验。

（7）工程的观感质量应由验收人员现场检查，并应共同确认。

第（1）款是验收的基本条件，验收前施工单位应自己检验评定合格，这是基本要求，施工单位自己要保证质量符合规范规定，再交给建设单位或监理单位验收，质量验收是合同双方的基本工作。施工单位必须自行进行施工过程的质量控制。完工后自行检验评定合格，如检验评定时，发现质量问题，要进行整改，交给建设单位或监理单位验收是符合标准的工程。施工单位要自己检查达到标准，建设单位验收要按标准，双方都要坚持标准。这样可分清责任，提高验收效率，还证明双方都是贯彻执行国家标准的。

第（2）款是验收人员的资格，工程质量验收是专业性很强的工作，其检验评定和验收都必须由专业人员来负责。专业人员要有相应的岗位资格。建筑工程质量验收程序：

检验批质量检验评定应由项目专业质量检查员、专业工长进行，检验评定合格后交监理验收。检验批质量验收应由专业监理工程师组织施工单位专业质量检查员、专业工长等进行验收。

分项工程质量检验评定应由专业质量检查员、项目专业技术负责人进行检验评定合格后交监理验收。由专业监理工程师组织施工单位项目专业技术负责人等进行验收。

分部工程质量检验评定应由专业项目技术负责人、专业质量检查员、专业工长进行检验评定，评定合格后，交监理验收。分部工程质量验收应由总监理工程师组织施工单位项目负责人和项目技术负责人等进行验收。

勘察、设计单位项目负责人和施工单位技术、质量部门负责人应参加地基分部工程的验收。

设计单位项目负责人和施工单位技术、质量部门负责人应参加主体结构、节能分部工程的验收。

单位工程中的分包工程（分项工程、分部工程、子分部工程）完成后，分包单位应对所承包的工程项目进行自检，并应按规定程序进行验收。验收时，总包单位应派人参加，分包单位应将所分包工程的质量控制资料整理完整，并移交给总包单位。

单位工程完工后，施工单位应组织有关人员进行自行检验评定。总监理工程师组织各专业监理工程师对工程质量进行施工预验收。存在施工质量问题时，应由施工单位进行整改，整改完毕后，由施工单位向建设单位提交工程竣工报告，申请工程竣工验收。

建设单位收到工程竣工报告后，应由建设单位项目负责人组织监理、施工、设计、勘察等单位项目负责人进行单位工程验收。

各项工程验收要突出专业方面的要求，需要由不同岗位的专业人员参加，以保证验收的结果。组织验收单位要对相应的验收结果负责，参加验收的专业技术人员也要对验收的结果负责。

第（3）款是检验批验收的内容，验收项目有主控项目、一般项目。主控项目是对安全、节能、环境保护和主要使用功能起决定性作用的检验项目，要求全部合格；一般项目是除主控项目以外的检验项目，允许存在一定的不合格点，但合格点率应符合专业验收规范要求，不合格点应当有限值要求，且不能存在严重缺陷。

第（4）款是对见证检验的要求，见证检验的项目、内容、程序抽样数量等应符合国家、行业或地方有关规范的规定。根据《关于印发〈房屋建筑工程和市政基础设施工程实行见证取样和送检制度的规定〉的通知》（建设部建（2000）211 号）的要求，在建设工程质量检测中实行见证取样和送检制度，即在建设单位或监理单位人员见证下，由施工人员在现场取样、制作，送至试验室进行试验。

1）见证取样和送检的主要内容：

① 用于承重结构的混凝土试块；

② 用于承重墙体的砌筑砂浆试块；

③ 用于承重结构的钢筋及连接接头试件；

④ 用于承重墙的砖和混凝土小型砌块；

⑤ 用于拌制混凝土和砌筑砂浆的水泥；

⑥ 用于承重结构的混凝土中使用的掺加剂；

⑦ 地下、屋面、厕浴间使用的防水材料；

⑧ 国家规定必须实行见证取样和送检的其他试块、试件和材料。

2）建筑工程检测试验见证管理应符合以下规定：

① 见证检测的检测项目应符合国家有关行政法规及标准的要求规定。

② 见证人员应由具有建筑施工检测试验知识的专业技术人员担任。

③ 见证人员发生变化时，监理单位应通知相关单位，办理书面变更手续。

④ 需要见证检测的检测项目，施工单位应在取样及送检前通知见证人员。

⑤ 见证人员应对见证取样和送检的全过程进行见证并填写见证记录。

⑥ 检测机构接受试样时应核实见证人员及见证记录，见证人员与备案见证人员不符或见证记录无备案见证人员签字时不得接收试样。

⑦ 见证人员应核查见证检测的检测项目、数量和比例是否满足有关规定。

3）在现场检测中也要求见证检验时应在承包合同中说明。

第（5）款是对隐蔽工程验收的要求，隐蔽工程在隐蔽后难以检验，因此要求隐蔽工程在隐蔽前应进行验收，验收合格后方可继续施工，并做好记录。常见的具体项目包括:

① 基坑、基槽验收

建筑物基础或管道基槽按设计标高开挖后，施工单位应通知监理单位组织验槽，项目工程部工程师、监理工程师、施工单位、勘察、设计单位要现场确认土质是否满足承载力的要求，如需加深等处理则可通过工程联系单方式经设计签字确认进行处理。基坑或基槽验收记录要经上述五方会签，验收后应尽快隐蔽，避免被雨水浸泡。

② 基础回填隐蔽验收

基础回填工作要按设计要求的土质或材料分层夯填，而且按规范规定，取土进行击实和干密度试验，其干密度、夯实系数要达到设计要求，以确保回填土不产生较大沉降。

③ 混凝土工程的钢筋隐蔽验收

对钢筋原材料合格证要注明规格、型号、炉号、批号、数量及出厂日期、生产厂家。安装中有特殊要求的部位应进行隐蔽工程验收，施工单位应事前告知监理单位。

④ 混凝土结构的预埋管、预埋铁件及水电管线的隐蔽验收

混凝土结构预埋套管、预埋铁件、电气管线、给水排水管线等需隐蔽验收时，施工单位应事前告知监理单位，在混凝土浇筑前要对其进行隐蔽验收，主要检查套管、铁件及所用材料规格及加工是否符合设计要求；同时要核对其放置的位置、标高、轴线等具体位置是否准确无误；并检查其固定方法是否可靠，能否确保混凝土浇筑过程中不变形、不移位。

⑤ 混凝土结构及砌体工程装饰前的隐蔽验收

混凝土结构及砌体在装饰抹灰前需要进行隐蔽验收的项目，施工单位应在事前告知监理单位。

参加验收的人员，验收合格后填写《隐蔽验收记录表》，共同会签。

另外，监理要求的项目，也应进行隐蔽工程验收。隐蔽工程验收都应形成验收文件，必要时可有照片、录像等。

第（6）款提出了分部工程验收前对涉及结构安全、节能、环境保护和使用功能重要的项目进行检测、试验的要求，施工单位施工前应作出计划，需要委托检测单位检测的，由建设单位委托。有些项目可由施工单位自行完成，检查合格后填写检查记录，有些项目专业性较强，需要由专业检测机构完成，出具检测报告。检查记录和检测报告应整理齐全，供验收时核查。

验收时还应对部分项目进行抽查。目前各专业验收规范对本项要求比较重视，提出更多检查、检测项目，应按相应的专业验收规范执行。

第（7）款观感质量的检查要求，观感质量可通过观察和简单的测试确定，是工程完工后的一个全面的综合性检查。验收的综合评价结果应由各方共同确认并达成一致。对影响安全及使用功能的项目应进行返修，对质量评价为差的点可进行返修。

2. 建筑工程施工质量验收规定

（1）符合工程勘察、设计文件的要求。

（2）符合标准和相关专业验收规范的规定。

这是验收合格的基本要求，《建筑工程施工质量验收统一标准》GB 50300—2013 第 3.0.6 条是验收的基本要求，是建筑工程质量验收的统一要求。

建筑工程的施工质量应符合勘察、设计要求和符合《建筑工程施工质量验收统一标准》GB 50300—2013 和相关专业验收的规定，这项原则要求已执行多年，已被广大从业人员所接受。是建筑工程质量验收的统一准则，供各专业规范使用。

重点说明工程质量验收合格的要求。验收合格应符合统一标准和其配套的专业验收规范的规定，同时要符合设计文件和勘查的要求。设计文件是工程施工的依据，验收必须达到设计要求。对工程勘察报告所提供的关于工程地质资料、地基承载力、地质构造、水文资料、水位、水质、工程地质的地下地上的既有建筑设施情况、工程周边的安全评价等，不只是设计需要的地基承载力，桩基需要的断面构造。而且施工地基及基桩都要了解地质资料、施工方案、施工现场总平面设计，防洪、防雨、防地质灾害，地基基坑挖掘施工，防塌方、防水、防流砂、防止影响周边既有建筑及设施的安全措施等。这些都需要工程勘察提供，所以，在《建筑工程施工质量验收统一标准》GB 50300—2013 第 3.0.1 条和附录 A 中列出地质勘察资料，作为开工技术准备的内容。这里又强调施工质量验收也要符合其要求，也是各专业质量验收规范应重视的一项基本的统一准则。

另外，有的工程项目在施工合同中有质量要求时也应执行。如要求建成优良工程，以及优质工程。所以，建筑工程质量验收时还应符合施工合同的要求。

3. 检验批的质量检验抽样方法规定的五种方式

由于抽样方法对判定质量合格的公平性关系较大，实际应用时应按各专业质量验收规范的规定执行，不能自行决定。各专业的检验批具体抽样应按相应各质量验收规范的规定执行，抽样应随机抽取。满足分布均匀，具有代表性的要求。抽样报告应符合有关质量验收规范的要求。检验批验收时的抽样数量应符合规定，既不能太多，也不能太少，抽样数量太多会造成工程成本增加，验收人员工作量增加；抽样数量太少不能很好地代表检验批的整体质量，造成漏判或错判。

验收抽样要事先制定方案、计划，可以抽签确定验收点位，也可以在图纸上根据平面位置随机选取，最好是验收前由各方验收人员在办公室共同完成，尽量不要在现场随走随选，避免样本选取的主观性。

4. 出现质量不符合要求时的处理方法

建筑工程质量不符合要求是指工程质量差，质量资料不完整、验收不合格，对一般项目而言，如果不合格点数和程度在允许范围以内，仍可以验收，但如超过限度，或有主控项目不合格，则发生非正常验收。主要是因为原材料、施工条件、设备、气候、人员操作、责任主体工作不到位等因素影响，使工程质量波动幅度过大造成的不合格，应按规定进行处理。共有四种情况，第一种是能通过正常验收的，第二种是有管理缺陷。第三种是有一定保留的，第四种是特殊情况的处理，虽达不到验收规范的要求，但经过加固补强等措施能保证结构安全和使用功能。建设单位与施工单位可以协商，根据协商文件进行验收，是让步接受或有条件验收。通常这样的事故发生在检验批或分项工程。当检验批、分项工程质量不符合要求时，通常应该在检验批质量验收过程中发现，对不符合要求的过程要进行分析，找出是哪个项目达不到质量标准的规定。其中包括检验批的主控项目、一般项目有哪些条款不符合标准规定，影响到结构的安全和使用功能。造成不符合规定的原因很多，有操作技术方面的，也有管理不善方面的，还有材料质量方面的。因此，一旦发现工程质量任一项不符合规定时，必须及时组织有关人员，分析原因，并按有关技术管理规定，通过有关方面共同商量，制定补救方案，及时进行处理。经处理后的工程，再确定其质量是否可通过验收。

（1）经返工或返修的检验批，应重新进行验收

这款主要是主控项目的严重问题应返工重做，包括全部或局部推倒重来及更换设备、器具等的处理，处理或更换后的验收，也包括一般问题的返修应重新按程序进行验收。如某住宅楼一层砌砖，验收时发现砖的强度等级为MU5，达不到设计要求的MU10，推倒后重新使用MU10砖砌筑，其砖砌体工程的质量，应重新按程序进行验收。

重新验收质量时，要对该项目工程按规定，重新抽样、选点、检查和验收，重新填检验批质量验收记录表。属于正常合格工程，因不合格的部分重做了。

（2）经有资质的检测机构检测鉴定能够达到设计要求的检验批，应予以验收，这种情况多是某项质量性能指标缺乏资料，多数是留置的试块失去代表性或因故缺少试块的情况；试块试验报告缺少某项有关主要内容；以及对试块或试验结果报告有怀疑时，经有资质的检测机构，对工程质量进行检验测试，其测试结果证明，该检验批的工程质量能够达到原设计要求的，这种情况应按正常情况给予验收。当资料缺失时抽样检测的数量不能过少。虽均经处理属于合格工程，但管理上存在缺陷，是经过检测通过的。

（3）经有资质的检测机构检测鉴定达不到设计要求，但经原设计单位核算认可能够满足安全和适用功能的检验批，可予以验收。

这种情况与第二种情况一样，多是某项质量指标达不到规范的要求，多数也是指留置的试块失去代表性或是因故缺少试块的情况；以及试块试验报告有缺陷，不能有效证明该项工程的质量情况；对该试验报告有怀疑时，要求对工程实体质量进行检测。经有资质的检测机构检测鉴定达不到设计要求，但这种数据达到设计要求的差距不大。针对经现场检测确定未达到设计及规范要求的检验批，也就是不合格的检验批，可以由原设计单位核算，如果可以满足结构安全和使用功能要求也可以不进行处理并通过验收。对建筑物来说，规范的要求是安全和性能的最低要求，而设计要求一般会高于规范要求，这两者之间的差异就是通常说的安全储备，利用了该储备，核算的项目就要全面，不能漏项，要涵盖规范要求的各项规定。按最弱的部位或构件核算，能达到设计核算值时，则允许不进行结构加固，检验批可以通过验收。对一些特定问题，不能简单地通过验算解决或建设、监理等单位对构件安全性存在疑虑，还可以通过现场实荷试验判定，作为核算方式的拓展和补充。经过原设计单位进行验算，认为仍可满足结构安全和使用功能，可不进行加固补强。如某五层砖混结构，1、2、3层用M10砂浆砌筑，4、5层用M5砂浆砌筑，在施工过程中，由于管理不善等，其三层砂浆强度仅达到8.6MPa，没有达到设计要求，按规定应不能验收，但经过原设计单位验算，砌体强度尚可满足结构安全和使用功能，可不返工和加固。由设计单位承担责任，并出具正式的认可证明，由注册结构工程师签字并加盖单位公章。由设计单位承担责任，实际上是没达到设计及规范规定。因为设计责任就是设计单位负责，出具认可证明，也在其质量责任范围内，可进行验收，但是设计单位出具的认可证明，其核算认可结论应为能够满足安全和使用功

能，不能认可为能满足设计要求。这是存在质量缺陷的合格工程，应在竣工验收报告中注明。

（4）经返修或加固处理的分项、分部工程，能满足安全及使用功能要求的，可按技术处理方案和协商文件的要求予以验收。

这种情况多数是某项质量指标达不到验收规范的要求，如同第二、三种情况，经过有资质的检测机构检测鉴定达不到设计要求，由其设计单位经过验算，也认为达不到要求，经过验算和事故分析，找出事故原因，分清质量责任。同时，经过建设单位、施工单位、监理单位、设计单位等协商，同意进行加固补强，并协商好加固费用的来源及加固后的验收等事宜。由原设计单位出具加固技术方案，通常由原施工单位进行加固，可能改变了个别建筑构件的外形尺寸，或留下永久性的缺陷，包括改变结构的用途在内，应按协商文件予以有条件的验收，由责任方承担经济损失或赔偿等。这种情况实际是工程质量达不到验收规范的合格规定，应为不合格工程的范围。但在《建设工程质量管理条例》的第 24 条、第 82 条等条都对不合格工程的处理作出了规定，根据这些条款，提出技术处理方案，最后能达到保证安全和使用功能，也是可以通过验收的。为了维护国家利益，不能出了质量事故就报废。为减少社会财富的巨大损失，对建筑物可以通过专门的加固或处理。加固的方法很多，如加大截面、增加配筋、施加预应力和改变传力途径等。处理后的建筑物将发生改变，不能仅依据原有设计要求进行验收，需要按技术处理方案和协商文件的要求验收。对一些特殊情况，经各方协商一致，可以采用降低使用功能变更用途的方式保证建筑物的安全和功能要求，例如降低使用荷载等。无论采用哪种方法，处理后即使满足安全使用的基本要求，大部分情况也会改变建筑物外形，增大结构尺寸，减小使用面积，影响一些次要的使用功能，因此对加固处理的方案要仔细研究、慎重选取，尽量采用对功能影响小的处理方案。对于不合格工程，可利用的工程，补救方案、补救后的验收结果、资料应列入竣工验收资料。

几种处理情况，但第（1）、（2）款和第（3）、（4）款的语气是不同的。第（1）、（2）款规定的是“应”予以验收，第（3）款规定的是“可”予以验收。第（4）款是按处理方案和协商文件的要求予以验收，是不合格工程的利用。其中第（1）、（2）款是过程质量符合合格条件，第（3）、（4）款是工程质量不合格，且不管通过何种途径处理，毕竟降低了原设计的安全度或功能性。另外，对第（3）、（4）款的情况应慎重处理，不能作为降低施工质量、变相通过验收的一种出路，允许建设单位保留进一步索赔的权利。

造成永久性缺陷是指通过加固补强后，只是解决了结构性能问题，而其本质并未达到原设计要求，属于造成永久性缺陷。该工程的质量不能正常验收，由于其尚可满足结构安全和使用功能要求，对这样的工程质量，可按协商验收。在工业生产中称为让步接受，就是某产品虽有个别质量指标达不到产品合同的要求，但在使用中，可考虑将这项质量指标降低要求。但产品的价格也应相应的调整。

经处理的工程必须有详尽的记录资料、处理方案等，原始数据应完整、准确，能确切说明问题的演变过程和结论，这些资料不仅应纳入工程质量验收资料中，而且还应纳入单位工程质量事故处理资料中。对协商验收的有关资料，要经监理单位的总监理工程师签字验收。并将资料归纳在竣工资料中，以便在工程销售、使用、管理、维修及改建、扩建时作为参考等。

5. 经返修或加固处理仍不能满足安全或重要使用要求的分部工程及单位工程，严禁验收

属于强制性条文，必须严格执行。设置的目的是不能让不合格的工程进入社会，给社会造成巨大的安全隐患。这种工程一旦出现，势必会造成巨大的经济损失，因此对造成严重后果的单位和责任人还要进行相应的处罚。

返修方式对于各分部工程有所不同，对于空调、电气等设备专业如果通过调试不能解决问题，可以直接更换；装修工程不合格也可以拆除重做。但对地基基础、主体结构工程则不可以随意拆除、更换。通过返修、加固达到安全和功能要求是解决不合格工程的一种出路，加固只适用于局部构件，不适合结构整体，结构整体加固的施工难度较大、成本较高、效果有限，例如高层建筑因为桩基问题导致整体倾斜、主体结构因为混凝土强度普遍偏低导致承载力不足等，整体加固的难度较大或费用较高，一般选择返工重建。

6. 工程质量控制资料应齐全完整。当部分资料缺失时，应委托有资质的检测机构按有关标准进行相应的实体检验或抽样试验

工程质量验收，从原则上讲，施工资料必须完整。这是各环节质量验收的必要条件，正常情况下不允许施工资料的任意缺失。但资料缺失的问题不能完全避免，主要有两种情况：一是施工单位因为经验不足、管理不善导致施工资料丢失或必要的试验少做、漏做；二是一些工程项目因故停工一段时间，有的建设单位、施工单位变更，导致施工资料缺失。这两种情况都会影响工程正常的竣工验收。

资料缺失一般不能原样恢复，而资料不全又不能正常验收，为解决这一矛盾，标准规定可以委托有资质的检测机构按有关检测类标准的要求对资料缺失的项目进行实体检验或抽样试验，出具检验报告，检验报告中需要明确检测结果是否符合设计及规范要求，检验报告可用于各环节验收。目前全国各地对类似工程已按本条规定的原则操作，《建筑工程施工质量验收统一标准》GB 50300—2013 修订中予以明确。

这里强调质量控制资料的重要性，当资料缺失时，应由有资质的检测机构对工程实体检验或抽样试验，来补充资料缺失的不足。资料对工程质量管理、验收都是十分重要的，因工程质量不便整体产品检测，只能由各方面的检测来汇总其质量要求。之前认为资料是证明工程质量的客观见证，现在有的人认为资料就是工程质量的一部分，工程质量由工程实体和工程资料组成。

实际工程控制资料缺失，在前期工程质量不符合要求的情况下，已有些资料缺失。这里进一步强调资料的重要性，说明资料不完整工程不能验收。

二、建筑工程质量验收的程序和组织

（1）生产者自行检查评定是工程质量验收的基础，标准规定工程质量的验收应在班组自行质量检查、企业专职质量员进行检查评定合格的基础上，监理工程师或总监理工程师组织有关人员进行验收。

1）工程质量验收首先是班组在施工过程中的自我质量控制，自我控制就是按照施工操作工艺的要求，边操作边检查，将有关质量要求及误差控制在规定的限制内。这就要求施工班组做好自检。自检主要是在本班组范围内进行，由承担检验批、工序、分项工程施工的工种工人和班组进行。在施工操作过程中或工作完成后，对产品进行自我检查和互相检查，及时发现问题并进行整改，防止质量验收成为“马后炮”。在施工过程中控制质量，经过自检、互检使工程质量达到合格标准。工程项目专业质量检查员组织有关人员（专业工长、班组长、班组质量员），对检验批质量进行检查评定，由项目专业质量检查员评定。作为检验批、分项工程质量向下一道工序交接的依据，自检、互检突出了生产过程中加强质量控制。从检验批、分项工程开始加强质量控制，要求本班组工人在自检的基础上，互相之间进行检查督促，取长补短，由生产者本身把好质量关，把质量问题和缺陷解决在施工过程中。

2）自检、互检是班组在分项工程交接（检验批、分项完工或中间交工验收）前，由班组先进行的检查；也可是分包单位在交给总包之前，由分包单位先进行的检查；还可以是由工程项目管理者组织有关班组长及有关人员参加的交工前的检查，对工程的观感和使用功能等方面，尤其是各工种、分包之间的工序交叉可能发生建筑成品损坏的部位，易出现的质量通病和遗留问题，均要及时发现问题及时改进。力争工程一次验收通过。《建筑工程施工质量验收统一标准》GB 50300—2013 提出了施工企业检验批质量验收时，检查评定要做好验收检查原始记录，交监理验收时进行复查，这是要求施工加强质量控制的一项重要措施。

交接检是各班组之间，工程完毕之后，下一道工序工程开始之前，共同对前一道工序、检验批、分项工程的检查，经后一道工序认可，并为他们创造了合格的工作条件。例如，工程的瓦工班组把某层砖墙交给木工班组支模，木工班组把模板交给钢筋班组绑扎钢筋，钢筋班组把钢筋交给混凝土班组浇筑混凝土等。交接检通常由工程项目负责人主持，由有关班组长或分包单位参加，是下道工序对上道工序质量的验收。也是班组之间的检查、督促和互相把关，交接检是保证下一道工序顺利进行的有力措施，有利于分清质量责任和成品保护，也可以防止下道工序对上道工序成品的损坏，也促进了质量的控制，共同把工程质量做好。

在检验批、分项工程、分部（子分部）工程完成后，由施工企业项目专业质量检查员，对工程质量进行检查评定。其中地基与基础分部工程、主体分部工程，由企业技术、质量部门组织的施工现场检查评定，以保证达到标准的规定，以便顺利进行下道工序。项目专业质量检查员能正确掌握国家验收标准和企业标准，是做好质量管理的一个重要方面。

3）以往单位工程质量检查达不到标准，其中一个重要原因就是自检、交接检执行不认真，检查流于形式，有的根本不进行自检、交接检，干成什么样算什么样。有的工序、检验批、分项、分部以及分包之间，不检查、不验收、不交接就进行下道工序，单位工程不自检就交竣工验收，结果是质量粗糙，使用功能差，质量不好，责任不清。

质量检查首先是班组在生产过程中的自我检查，就是一种自我控制性的检查，是生产者应该做的工作。按照操作规程进行操作，依据标准进行工程质量检查，使生产出的产品达到标准规定的合格，然后交给工程项目专业质量员、专业技术负责人，组织进行检验批、分项、分部（子分部）工程质量检查评定。

4）施工过程中，操作者按规范要求随时检查，体现了谁生产谁负责质量的原则。工程项目专业质量检查员和技术负责人组织检查评定检验批、分项工程、分部（子分部）工程质量的检查评定，项目技术负责人组织单位工程质量的检查评定。在有分包的工程中总包单位对工程质量应全面负责，分包单位应对自己承建的分项、分部、子分部工程的质量负责，这些都体现了谁生产谁负责质量的原则。施工操作人员自己要把关，承建个业自己认真检查评定后才交给监理工程师进行验收。

好的质量是施工出来的，操作人员没有质量意识，管理人员没有质量观念，不从自己的工作做起，想做好质量是不可能的。所以，这次标准修订过程，贯彻了《建设工程质量管理条例》落实质量责任制，对质量终身负责的要求。规定了各质量责任主体都要承担质量责任，各自做好自身的工作，从检验批、分项工程就严格掌握标准，加强控制，把质量问题消灭在施工过程中，而且层层把关，各负其责，做好工程质量。

5）检验批工程质量检查评定由企业专职质量检查员负责检查评定。这是企业内部质量部门的检查，也是质量部门代表企业验收产品质量，保证企业生产合格的产品。检验批、分项工程的质量不能由班组来自我评定，应以专业质量检查员评定的为谁。企业的质量部门要起到督促检查的作用。达不到标准的规定，生产者要负责任，企业的专职质量检查员也必须掌握企业标准和国家质量验收规范的要求，经过培训持证上岗。

施工企业对检验批、分项工程、分部工程、单位工程，都应按照施工控制措施、企业标准操作。按质量验收规范检查评定合格之后，将各验收记录表填写好。再交监理单位的监理工程师、总监理工程师进行验收。企业的自我检查评定是工程质量验收的基础。

6）有分包单位时，分包单位承担自己所分包的工程质量的验收工作。由于工程规模的增大，专业的增多，工程中的合理分包是正常的也是必要的，这是提高工程质量的重要措施，分包单位对所承担的工程项目质量负责。并应按规定的程序进行自我检查评定，总包单位应派人参加。分包工程完成后，应将工程的有关资料交总包单位。监理、建设单位进行验收时，总包单位、分包单位的有关人员都应参加验收，以便对一些不足之处及时进行返修。

检验批、分项工程、分部（子分部）工程和单位工程生产者都必须先自己检验评定合格，才能交给监理单位验收，这是落实生产责任的重要步骤，生产者为产品质量负责，生产的产品达到国家标准规定，才能交出，才算完成生产者的责任。

（2）监理单位的验收

施工企业的质量检查人员（包括各专业的项目质量检查员），将企业检查评定合格的检验批、分项工程，填好表格后及时交监理单位。对一些政策允许的建设单位自行管理的工程，应交建设单位。这是分清质量责任的做法。监理单位或建设单位的有关人员应及时组织有关人员到工地现场，对该项工程的质量进行验收。监理或建设单位应加强施工过程的监督检查，对工程质量进行全面了解，验收时可采取抽样方法、宏观检查的方法，必要时进行抽样检测，来确定是否通过验收。由于监理人员或建设单位的现场质量检查人员，在施工过程中进行旁站、平行或巡回检查，根据自己对工程质量了解的程度，对检验批的质量可以抽样检查或抽取重点部位或是认为必要查的部位进行检查，如果认为在施工过程中已对该工程的质量情况掌握了，也可以减少一些现场检查。

在对工程进行检查后，确认其工程质量符合标准规定，由有关人员签字认可。否则，不得进行下道工序的施工。

如果认为有的项目或部位不能满足验收规范的要求时，应及时提出，让施工单位进行返修。监理单位按国家标准进行验收，是监理单位的责任，必须尽到责任。

监督单位应按检验批、分项工程、分部（子分部）工程、单位工程验收。检验批质量验收是质量控制的基础，必须控制好分部（子分部）工程质量验收，检验资料必须完整，单位工程要全面达到合同要求。

（3）验收程序及组织

1）验收程序

为了方便工程的质量管理，根据工程的特点，把工程划分为检验批、分项、分部和单位工程。验收的顺序首先验收检验批、分项工程质量验收，再验收分部工程质量，最后验收单位工程的质量。

对检验批、分项工程、分部工程、单位工程的质量验收，都是先由施工企业检查评定合格后，再由监理或建设单位进行验收。

2）验收组织

标准规定，检验批、分项、分部和单位工程分别由监理工程师或建设单位的项目质量负责人、总监理工程师或建设单位项目技术负责人负责组织验收。

检验批、分项工程由监理工程师、建设单位项目质量负责人组织施工单位的项目专业质量负责人等进行验收。

分部工程由总监理工程师、建设单位项目技术负责人组织施工单位项目经理和技术、质量负责人等进行验收。地基基础分部工程勘察、设计单位工程项目负责人应参加验收，主体结构、节能分部工程设计单位项目负责人应参加验收。这是符合当前多数企业质量管理的实际情况的，这样做也突出了分部工程的重要性。

一些有特殊要求的建筑设备安装工程，以及一些使用新技术、新结构的项目，应按设计和主管部门要求组织有关人员进行验收。

建设单位收到工程竣工报告后，应由建筑单位项目负责人组织监理、施工、设计、勘察等单位项目负责人进行单位工程验收。

（4）检验批应由专业监理工程师组织施工单位项目专业质量检查员、专业工长等进行验收。

检验批验收是建筑工程施工质量验收最基础的层次，是单位工程质量验收的基础。检验批的质量主要依靠施工企业的自行质量控制，在工序施工时做好操作质量，进行自检，达到质量指标，达不到的进行修理。完工后由施工企业专业质量检查员，会同专业工长、施工的班组长等进行检查评定，并将检查评定的主要事项做好记录，检查操作依据执行情况，说明主控项目抽样的方法和评定情况、一般项目的抽样情况、有无严重缺陷、有无返修的情况等。施工单位自行检查评定合格，填写好检验批验收表格，附上过程控制操作依据及现场质量检查记录，申请专业监理工程师组织验收。验收时施工企业专业质量检查员、专业工长等应到场参加验收。若出现有不达标的项目，施工单位应及时进行修理或返工，并查找原因，修正操作依据。

这里要强调的是检验批验收是控制质量的重点，只有控制好检验批质量，分项工程的质量才有保证，分部工程和单位工程的质量才有保证。施工单位要认真自控好质量，监理单位认真按标准验收质量。

（5）分项工程应由专业监理工程师组织施工单位项目专业技术负责人等进行验收。

分项工程质量验收，也是单位工程施工质量验收的基础。主要有两个方面的工作，一是将检验批验收结果核查汇总，核查检验批质量控制及验收的结果，有无不正确的，是否将工程都覆盖。二是现场检查，检验批的质量内容虽与分项工程的质量内容基本相同，但分项工程的有些质量指标在检验批是无法检查的，如砌体工程的全高垂直度、外墙上下窗口偏移；混凝土结构现浇结构，全高垂直度；钢结构的整体垂直度和整体平面弯曲偏差的检查等，都要在分项工程质量验收时检查。所以，分项工程还有自己的检查项目要检查，同时检查各检验批的交接检部位宏观质量。如砌体的整个墙面的观感质量等，都需要在分项工程验收时检查。当然，如果在核验检验批质量验收结论有疑问或异议时，也应对该检验批的质量进行现场检查核实。

分项工程的质量验收，也是应由施工单位的项目专业技术负责人、专业质量检查员先对检验批验收结果核查、汇总，对在分项工程验收的项目进行验收，对现场检验批交接部位及宏观质量进行检查。不得有严重缺陷，有一般缺陷的，能修整的应进行修理。然后填写好分项工程验收表格，并将检验批的表格及现场检查质量记录，一并申请专业监理工程验收。专业监理工程师应在施工单位自检合格的基础上，按相应的规范组织施工项目专业技术负责人等，进行分项工程验收。

（6）分部工程应由总监理工程师组织施工单位项目负责人和项目技术负责人等进行验收。

勘察、设计单位项目负责人和施工单位技术、质量部门负责人应参加地基与基础分部工程的验收。

设计单位项目负责人和施工单位技术、质量部门负责人应参加主体结构、节能分部的验收。

检验批质量验收是建筑工程质量控制的重要环节，做好检验批验收是质量控制措施的落实。分部工程质量验收是验收中的重要环节，由于多数分部工程质量体现了单位工程某个方面的质量指标，而有些质量指标到单位工程验收时，已不方便检查和验收了。而有些分部工程由专业施工单位施工，其验收相当于竣工验收。分部工程由于专业的不同质量要求也不同，验收时需要有不同的专业人员参加，由于施工单位的不同，重要程度不同，参加验收的人员要求也不同。房屋建筑工程包含 11 个分部工程。分部工程质量验收由总监理工程师组织各专业监理工程师参加相应专业工程的分部工程质量验收。施工单位及勘察设计单位参加验收的人员大致可分为三种情况。

1）地基与基础分部工程情况复杂，专业性强，且关系到整个工程的安全，为保证质量，严格把关，由总监理工程师组织，勘察、设计单位项目负责人应参加验收，施工单位技术、质量部门负责人也应参加验收。

2）主体结构直接影响工程的使用安全，建筑节能是基本国策，直接关系到国家资源战略、可持续发展等，故这两个分部工程，设计单位项目负责人应参加验收，施工单位技术、质量部门负责人也参加验收。

3）所有分部工程的质量验收，施工单位项目负责人和项目技术负责人都应参加。参加验收的人员，除规定的人员必须参加外，允许其他人员共同参加验收。如地基与基础、主体结构，建筑节能分部工程质量验收，专业质量检查员、专业施工工长也应参加。

勘察、设计单位项目负责人应为勘察、设计单位负责本工程项目的专业负责人。

在总监理工程师组织验收前，各分部工程相应的施工单位项目负责人和项目技术负责人、项目质量负责人，应组织专业质量检查员、专业工长，对分部工程质量进行检查评定，达到合格标准，整理好相关资料，送监理单位申请验收。然后总监理工程师再组织上述相关人员进行验收。

在分部工程质量验收中，对施工单位自行检查评定资料进行核查，并对施工现场的实体工程质量进行观感质量检查。实体质量的观感检查，实际上是对这部分工程质量全面的宏观的检查，包括能动的、可操作的项目实际操作等。从而全面核查验收项目、验收资料的真实性、相符性等。

分部工程的验收是验收的重点，因为多数分部工程验收就是竣工验收，其是否达到设计要求和规范规定，是验收的重点，其质量指标多数是要检测确定的，所以，分部工程验收其检测资料必须达到要求，资料必须完整。

（7）单位工程验收应由建设单位项目负责人组织监理、施工、设计、勘察等单位项目负责人进行。

1）单位工程完工后，施工单位应组织有关人员进行自检。总监理工程师应组织各专业监理工程师对工程质量进行竣工预验收。存在施工质量问题时，应由施工单位整改。整改完毕后，由施工单位向建设单位提交工程竣工报告，申请工程竣工验收。

2）单位工程完工后，施工单位应首先依据验收规范、设计图纸、施工合同组织有关人员进行自检，对检查发现的问题进行整改。监理单位应根据《建设工程监理规范》GB/T 50319—2013 的要求进行竣工预验收。符合规定后由施工单位向建设单位提交工程竣工报告和完整的质量控制资料，申请建设单位组织竣工验收。为一次顺利通过验收创造条件，工程竣工预验收由总监理工程师组织，各专业监理工程师参加，施工单位由项目经理、项目技术负责人等参加。工程预验收除参加人员与竣工验收不同外，其方法、程序、要求等均应与工程竣工验收相同。竣工预验收的表格格式可参照工程竣工验收的表格格式，也可对照施工单位提交的相应表格进行核查核对，对不足的项目由施工单位整改。

3）单位工程中的分包工程完工后，分包单位应对所承包的工程项目进行自检，并应按规定的程序进行验收。验收时，总包单位应派人参加。分包单位应将所分包工程的质量控制资料整理完整，并移交给总包单位。

《建设工程承包合同》的双方主体是建设单位和总承包单位，总承包单位应按照承包合同的权利义务对建设单位负责。总承包单位可以根据需要将建设工程的一部分依法分包给其他具有相应资质的单位，分包单位应符合分包的条件，其资质应符合《专业承包企业资质等级标准》的规定。分包单位应对总承包单位负责，亦应对建设单位负责。总承包单位就分包单位完成的项目进行验收时，总承包单位应参加，检验合格后，分包单位应将工程的有关资料整理完整后移交给总承包单位。总承包单位检查评定单位工程过程要分包单位参加时，分包单位相关人员应参加检查评定及做相应的资料整理，单位工程合格后，整理完整有关资料，提请建设单位组织验收。建设单位组织单位工程质量验收时分包单位相关负责人还应参加验收。

4）单位工程竣工验收是依据国家有关法律、法规及规范、标准的规定，全面考核建设工作成果，检查工程质量是否符合设计文件和合同约定的各项要求。竣工验收通过后，工程将投入使用，发挥其投资效益，也将与使用者的人身健康或财产安全密切相关。因此工程建设的参与单位应对竣工验收给予足够的重视。

单位工程质量验收应由建设单位项目负责人组织，由于勘察、设计、施工、监理单位是责任主体，各单位都应出具质量评估报告，施工单位出具工程报告，因此各单位项目负责人应参加验收。

在同一个单位工程中，对满足生产要求或具备使用条件，施工单位已自行检验，监理单位已预验收的子单位工程，建设单位可组织进行验收。由几个施工单位负责施工的单位工程，当其中的子单位工程已按设计要求完成，并经自行检验，也可按规定的程序组织正式验收，办理交工手续。

单位工程竣工验收通过后，应形成单位工程竣工验收报告等竣工文件。

三、建筑工程质量验收的划分

为了便于质量管理和验收，人为地将工程项目划分为单位工程、分部工程、分项工程和检验批。检验批是分项工程分批验收的单元，其质量指标与分项工程大致相同。

一个房屋建筑（构筑）物的建成，由施工准备工作开始到竣工交付使用，要经过若干工序、若干工种的配合施工。所以，一个工程质量的优劣，取决于各个施工工序和各工种的操作质量。因此，为了便于控制、检查和验收每个施工工序和工种的质量，就把这些叫做分项工程。

为了能及时发现问题及时纠正，并能反映出该项目的质量特征，又不花费太多的人力物力，分项工程分为若干个检验批来验收，为了方便施工组织管理，检验批划分的数量不宜太多，工程量也不宜太大或大小悬殊。

同一分项工程的工种比较单一，因此往往不易反映出一些工程的全部质量面貌，所以又按建筑工程的主要部位、系统用途划分为分部工程来综合分项工程的质量。

单位工程竣工交付使用是建筑企业把最好的产品交给用户，在交付使用前应对整个建筑工程（构筑物）进行质量验收。

分项、分部（子分部）和单位（子单位）工程的划分目的，是为了方便质量管理和控制工程质量，根据某项工程的特点，将其划分为若干个分项、分部（子分部）工程、单位（子单位）工程以对其进行质量控制和阶段验收。

特别应该注意的是，不论如何划分检验批、分项工程，都要有利于质量控制，能取得教完整的技术数据、质量指标，而且要防止造成检验批、分项工程的大小过于悬殊，影响施工组织的科学性及质量验收结果的可比性。

1. 单位工程的划分

（1）单位工程划分的原则

1）具备独立施工条件并能形成独立使用功能的建筑物或构筑物为一个单位工程。

2）对于规模较大的单位工程，可将其能形成独立使用功能的部分划分为一个子单位工程。

对单位工程质量验收的划分，列出了原则，对子单位工程也列出了划分的原则。

（2）房屋建（构）筑物单位工程

房屋建（构）筑物的单位工程是由建筑与结构及建筑设备安装工程共同组成，目的是突出房屋建筑（构筑）物的整体质量。

一个独立的、单一的建（构）筑物均为一个单位工程，如在一个住宅小区建筑群中，每一个独立的建（构）筑物，即一栋住宅楼，一个商店、锅炉房、变电站，一所学校的一个教学楼，一个办公楼、传达室等均各为一个单位工程。

一个单位工程有的是由地基与基础、主体结构、屋面、装饰装修四个建筑与结构分部工程，以及建筑设备安装工程的建筑给水排水与供暖、燃气、建筑电气、通风与空调、电梯、智能建筑、六个分部工程和建筑节能分部工程，共11个分部工程组成，不论其工程量大小，都作为一个分部工程参与单位工程的验收。但有的单位工程中，不一定全有这些分部工程。如有些构筑物可能没有装饰装修分部工程；有的可能没有屋面工程等。对建筑设备安装工程来讲，一些高级宾馆、公共建筑可能有六个分部工程，一般工程有的就没有通风与空调电梯安装分部工程。有的构筑物可能连建筑给水排水及采暖也没有，只有建筑与结构分部工程。所以说，房屋建（构）筑物的单位工程目前最多是由11个分部工程所组成。

（3）房屋建筑子单位工程

为了考虑大体量工程的分期验收，充分发挥基本建设投资效益，凡具有独立施工条件并能形成独立使用功能的建筑物及构筑物为一个单位工程。对建筑规模较大的单位工程，可将其能形成独立使用功能的部分划分为一个子单位工程。这样大大方便了大型、高层及超高层建筑的分段验收。如一个公共建筑有30层塔楼及裙房，该业主在裙房施工完，具备了使用功能，就计划先投入使用，即可以将裙房先以子单位工程进行验收；如果塔楼30层分两个或三个子单位工程验收也是可以的。各子单位工程验收完，整个单位工程也就验收完了，并可以为子单位工程办理竣工验收备案手续。施工前可由建设、监理、施工单位协商确定，并据此验收和整理施工技术资料。

子单位工程具备独立使用功能，具备了生产、生活的使用条件，并且应包括消防、环卫等在内，否则不能划分为子单位工程。

2. 分部工程的划分

（1）分部工程划分的原则

1）可按专业性质、工程部位确定。

2）当分部工程较大或较复杂时，可按材料种类、施工特点、施工程序、专业系统及类别将分部工程划分为若干子分部工程。

分部工程划分可按专业性质、系统、建筑部位确定。当分部工程较大或较复杂时，为了方便验收和分清质量责任，可按材料种类、施工特点、施工程序、专业系统及类别等划分为若干个子分部工程。建筑与结构按主要部位划分为地基与基础、主体机构、装饰装修及屋面工程等4个分部工程，为了方便管理又将每个分部工程分为若干个子分部工程。

（2）建筑结构分部子分部工程划分

1）地基与基础分部工程又划分为地基、基础、基坑支护、地下水控制、土方、边坡、地下防水等子分部工程。

2）主体分部工程凡在 ±0.00 以上承重构件划为主体分部。对非承重结构的规定，凡使用板块材料，经砌筑、焊接、铆接的隔墙纳入主体分部工程，如各种砌块、加气条板等；凡铁钉、螺钉或胶类粘结的均纳入装饰装修分部工程，如轻钢龙骨、木龙骨的隔墙、石膏板隔墙等。主体结构分部工程按材料不同又划分为混凝土结构、砌体结构、钢结构、钢管混凝土结构、劲钢混凝土结构、铝合金结构、木结构等子分部工程。

3）建筑装饰装修分部工程又划分为地面工程、抹灰工程、外墙防水、门窗、吊顶、轻质隔墙、饰面板（饰面砖）、幕墙、涂饰、裱糊与软包、细部等子分部工程。

4）屋面分部工程包括基层与保护、保温与隔热、防水与密封、瓦面与板面、细部构造等子分部工程。对地下防水、地面防水、墙面防水应分别列入所在部位的“地基与基础”“装饰装修”“主体”分部工程。

另外，对有地下室的工程，除原水部分的分项工程列入“地基与基础”分部工程外，其他结构工程、地面、装饰、门窗等分项工程仍纳入主体结构，建筑装饰装修分部工程验收。

（3）建筑设备安装分部工程划分

建筑设备安装工程按专业划分为建筑给水排水与供暖工程、燃气工程、建筑电气安装工程、通风与空调工程、电梯安装工程和智能建筑等6个分部工程。

1）建筑给水排水与供暖分部工程，划分为室内给水系统、室内排水系统、室内热水系统、卫生器具、室内供暖系统、室外给水管网、室外供热管网、建筑饮用水供应系统、建筑中水系统及雨水利用系统、游泳池及公共浴池水系统、水景喷泉系统、热源及辅助设备、监测与控制仪表等子分部工程。

2）建筑电气分部工程，划分为室外电、变配电室、供电干线、电气动力、电气照明、备用和不间断电源、防雷及接地等子分部工程。

3）通风与空调分部工程又划分为送风系统、排风系统、防排烟系统、除尘系统、舒适性空调系统、净化空调系统、恒温恒湿空调系统、地下人防通风系统、真空吸尘系统、冷凝水系统、空调（冷、暖）水系统、冷却水系统、土壤源热泵换热系统、水源热泵换水系统、蓄能系统、压缩式制冷（热）设备系统、吸收式制冷设备系统、多联机（热泵）空调系统、太阳能供暖空调系统、设备自控系统等子分部工程。

4）电梯分部工程划分为电力驱动的曳引式或强制式电梯、液压电梯、自动扶梯、自动人行道等子分部工程。

5）智能建筑分部工程是常称的弱电部分形成一个独立的分部工程。划分为智能化集成系统、信息接入系统、用户电话交换系统、信息网络系统、综合布线系统、移动通信室内信号覆盖系统、卫星通信系统、有线电视及卫星电视接收系统、公共广播系统、会议系统、信息导引及发布系统、时钟系统、信息化应用系统、建筑设备监控系统、火灾自动报警系统、安全技术防范系统、应急响应系统、机房、防雷与接地等子分部工程。

6）燃气分部工程由于其还是按《建筑采暖卫生与煤气工程质量检验评定标准》GBJ 302—1988中的有关标准验收，至今还没有与《建筑工程施工质量验收统一标准》GB 50300—2013相配套的质量验收标准，故还应包括室内燃气工程、室外燃气工程等两个子分部工程。

（4）建筑节能分部工程是新增加的分部工程。包括的范围广，但按其性能划分为围护系统节能、供暖空调设备及管网节能、电气动力节能、监控系统节能和可再生能源等子分部工程。

3. 分项工程及检验批的划分

（1）分项工程划分的原则

分项工程可按主要工种、材料、施工工艺、设备类别进行划分。

（2）分项工程划分应由各专业质量验收的规范来划分。

分项工程是落实工程质量验收指标的载体，其主控项目、一般项目都按分项工程设定。

分项工程的划分一定要能体现其质量指标，是制定质量指标的重点。《建筑工程施工质量验收统一标准》GB 50300—2013 对分项工程名称都作了规定。但这是基本的划分，为了落实质量指标，各专业质量验收规范又把分项工程具体化。具体分项工程要以各专业质量验收规范为准。如《混凝土结构工程施工质量验收规范》GB 50204—2015；将钢筋分项工程，具体分为原材料、钢筋加工、钢筋连接和钢筋安装 4 个分项工程给出质量指标。分项工程的名称可见《建筑工程施工质量验收统一标准》GB 50300—2013 的附录 B 中的表。

（3）检验批的划分

检验批是分项工程分批验收的单元，其划分可根据施工、质量控制和专业验收的需要，按工程量、楼层、施工流水段、变形缝等进行划分。

分项工程是一个比较大的概念，在工程质量实际评定和验收中，为了能及时检查、发现问题并纠正。一个分项工程应分为多次验收，如一个 5 层的砖混结构住宅工程，其砌砖分项工程不能 1 ～ 5 层全部砌完后再检查验收，应分层验收，以便于质量控制。分层验收的内容是分项工程的一部分，这就是“检验批”。检验批的质量指标与分项工程基本相同，是分项工程分批验收的单元。

分项工程划分在《建筑工程施工质量验收统一标准》GB 50300—2013 附录 B 中都已列出，可查用。检验批的划分要由施工、建设、监理单位在施工前协商划分。其方案应由施工单位提出、建立审查认可。

由于检验批是工程质量控制的基本单元，又是工程质量管理的基本单元，为了均衡施工，方便组织施工及管理，也便于劳动力及物资的组织调配等。在划分时除了遵循划分规定外，还应注意划分不要大小相差太悬殊，以免影响均衡生产，及检验批之间的可比性。

4. 建筑工程分部工程、分项工程划分

（1）依据《建筑工程施工质量验收统一标准》GB 50300—2013 划分原则，对分部（子分部）工程、分项工程作了原则性划分，并列出附录 B 表 B，可供参考使用。

（2）工程项目施工前，应由施工单位制定分项工程和检验批的划分方案，并由监理单位审核。对于《建筑工程施工质量验收统一标准》GB 50300—2013 附录 B 及相关验收规范未涵盖的分项工程，可由建设单位组织监理、施工等单位协商确定。

为有计划组织施工提出了施工单位应制定分项工程和检验批划分方案的要求，具有两层含义，首先体现对分项、检验批划分的重视，施工前完成划分，不能验收时才进行划分。促使施工单位提前对分项工程和检验批的设置进行认真研究、科学划分，也便于建设、监理单位制定验收计划，合理组织验收时间。

其次，划分方式可以灵活掌握，大部分常用项目在各专业验收规范中有明确规定，《建筑工程施工质量验收统一标准》GB 50300—2013 附录 B 也列出项目，按相应的规范执行即可；对一些采用新技术或体系复杂的工程，各规范没有具体要求时，可以由各单位协商解决。

建筑节能分部工程，对其他分部工程中子分部、分项工程的设置进行了适当调整。《建筑工程施工质量验收统一标准》GB 50300—2013 附录 B 给出了各分部工程中子分部工程及分项工程的划分，与各专业验收规范质量要求不一致，可以有所调整，所以施工中具体的划分方法应根据各专业质量验收规范确定，当专业验收规范无明确要求时，可根据工程特点由建设、施工、监理等单位协商确定。

（3）由于建筑节能分部工程实际没有实体施工项目，都分散在其他各分部工程中来完成，只有评价质量效果时，再从各相关分部工程中摘录出来进行评价。但各施工单位都应该重视建筑节能的内容，各分部工程设计施工方案时都应按照节能分部的要求考虑节能的内容。

（4）建筑工程的分部工程、分项工程划分，见《建筑工程施工质量验收统一标准》GB 50300—2013 附录 B（本书表 5-1）。

建筑工程的分部工程、分项工程划分　　表 5-1

序号	分部工程	子分部工程	分项工程
1	地基与基础	地基	素土、灰土地基，砂和砂石地基，土工合成材料地基，粉煤灰地基，强夯地基，注浆地基，预压地基，砂石桩复合地基，高压旋喷注浆地基，水泥土搅拌桩地基，土和灰土挤密桩复合地基，水泥粉煤灰碎石桩复合地基，夯实水泥土桩复合地基
		基础	无筋扩展基础，钢筋混凝土扩展基础，筏形与箱形基础，钢结构基础，钢管混凝土结构基础，型钢混凝土结构基础，钢筋混凝土预制桩基础，泥浆护壁成孔灌注桩基础，干作业成孔桩基础，长螺旋钻孔压灌桩基础，沉管灌注桩基础，钢桩基础，锚杆静压桩基础，岩石锚杆基础，沉井与沉箱基础
		基坑支护	灌注桩排桩围护墙，板桩围护墙，咬合桩围护墙，型钢水泥土搅拌墙，土钉墙，地下连续墙，水泥土重力式挡墙，内支撑，锚杆，与主体结构相结合的基坑支护
		地下水控制	降水与排水，回灌
		土方	土方开挖，土方回填，场地平整
		边坡	喷锚支护，挡土墙，边坡开挖
		地下防水	主体结构防水，细部构造防水，特殊施工法结构防水，排水，注浆
2	主体结构	混凝土结构	模板，钢筋，混凝土，预应力，现浇结构，装配式结构
		砌体结构	砖砌体，混凝土小型空心砌块砌体，石砌体，配筋砌体，填充墙砌体
		钢结构	钢结构焊接，紧固件连接，钢零部件加工，钢构件组装及预拼装，单层钢结构安装，多层及高层钢结构安装，钢管结构安装，预应力钢索和膜结构，压型金属板，防腐涂料涂装，防火涂料涂装
		钢管混凝土结构	构件现场拼装，构件拼装，钢管焊接，构件连接，钢管内钢筋骨架，混凝土
		型钢混凝土结构	型钢焊接，紧固件连接，型钢与钢筋连接，型钢构件组装及预拼装，型钢安装，模板，混凝土
		铝合金结构	铝合金焊接，紧固件连接，铝合金零部件加工，铝合金构件组装，铝合金构件预拼装，铝合金框架结构安装，铝合金空间网格结构安装，铝合金面板，铝合金幕墙结构安装，防腐处理
		木结构	方木与原木结构，胶合木结构，轻型木结构，木结构的防护
3	建筑装饰装修	建筑地面	基层铺设，整体面层铺设，板块面层铺设，木、竹面层铺设
		抹灰	一般抹灰，保温层薄抹灰，装饰抹灰，清水砌体勾缝
		外墙防水	外墙砂浆防水，涂膜防水，透气膜防水
		门窗	木门窗安装，金属门窗安装，塑料门窗安装，特种门安装，门窗玻璃安装
		吊顶	整体面层吊顶，板块面层吊顶，格栅吊顶

续表

序号	分部工程	子分部工程	分项工程
3	建筑装饰装修	轻质隔墙	板材隔墙，骨架隔墙，活动隔墙，玻璃隔墙
		饰面板	石板安装，陶瓷板安装，木板安装，金属板安装，塑料板安装
		饼面砖	外墙饰面砖粘贴，内墙饰面砖粘贴
		幕墙	玻璃幕墙安装，金属幕墙安装，石材幕墙安装，陶板幕墙安装
		涂饰	水性涂料涂饰，溶剂型涂料涂饰，美术涂饰
		裱糊与软包	裱糊，软包
		细部	橱柜制作与安装，窗帘盒和窗台板制作与安装，门窗套制作与安装，护栏和扶手制作与安装，花饰制作与安装
4	屋面	基层与保护	找坡层和找平层，隔汽层，隔离层，保护层
		保温与隔热	板状材料保温层，纤维材料保温层，喷涂硬泡聚氨酯保温层，现浇泡沫混凝土保温层，种植隔热层，架空隔热层，蓄水隔热层
		防水与密封	卷材防水层，涂膜防水层，复合防水层，接缝密封防水
		瓦面与板面	烧结瓦和混凝土瓦铺装，沥青瓦铺装，金属板铺装，玻璃采光顶铺装
		细部构造	檐口，檐沟和天沟，女儿墙和山墙，水落口，变形缝，伸出屋面管道，屋面出入口，反梁过水孔，设施基座，屋脊，屋顶窗
5	建筑给水排水及供暖	室内给水系统	给水管道及配件安装，给水设备安装，室内消火栓系统安装，消防喷淋系统安装，防腐，绝热，管道冲洗、消毒，试验与调试
		室内排水系统	排水管道及配件安装，雨水管道及配件安装，防腐，试验与调试
		室内热水系统	管道及配件安装，辅助设备安装，防腐，绝热，试验与调试
		卫生器具	卫生器具安装，卫生器具给水配件安装，卫生器具排水管道安装，试验与调试
		室内供暖系统	管道及配件安装，辅助设备安装，散热器安装，低温热水地板辐射供暖系统安装，电加热供暖系统安装，燃气红外辐射供暖系统安装，热风供暖系统安装，热计量及调控装置安装，试验与调试，防腐，绝热
		室外给水管网	给水管道安装，室外消火栓系统安装，试验与调试
		室外排水管网	排水管道安装，排水管沟与井池，试验与调试
		室外供热管网	管道及配件安装，系统水压试验，土建结构，防腐，绝热，试验与调试
		建筑饮用水供应系统	管道及取件安装，水处理设备及控制设施安装，防腐，绝热，试验与调试
		建筑中水系统及雨水利用系统	建筑中水系统、雨水利用系统管道及配件安装，水处理设备及控制设施安装，防腐，绝热，试验与调试
		游泳池及公共浴池水系统	管道及配系统安装，水处理设备及控制设施安装，防腐，绝热，试验与调试
		水景喷泉系统	管道系统及配件安装，防腐，绝热，试验与调试

续表

序号	分部工程	子分部工程	分项工程
5	建筑给水排水及供暖	热源及辅助设备	锅炉安装，辅助设备及管道安装，安全附件安装，换热站安装，防腐，绝热，试验与调试
		监测与控制仪表	检测仪器及仪表安装，试验与调试
6	通风与空调	送风系统	风管与配件制作，部件制作，风管系统安装，风机与空气处理设备安装，风管与设备防腐，旋流风口、岗位送风口、织物（布）风管安装，系统调试
		排风系统	风管与配件制作，部件制作，风管系统安装，风机与空气处理设备安装，风管与设备防腐，吸风罩及其他空气处理设备安装，厨房、卫生间排风系统安装，系统调试
		防排烟系统	风管与配件制作，部件制作，风管系统安装，风机与空气处理设备安装，风管与设备防腐，排烟风阀（口）、常闭正压风口、防火风管安装，系统调试
		除尘系统	风管与配件制作，部件制作，风管系统安装，风机与空气处理设备安装，风管与设备防腐，除尘器与排污设备安装，吸尘罩安装，高温风管绝热，系统调试
		舒适性空调系统	风管与配件制作，部件制作，风管系统安装，风机与空气处理设备安装，风管与设备防腐，组合式空调机组安装，消声器、静电除尘器、换热器、紫外线灭菌器等设备安装，风机盘管、变风量与定风量送风装置、射流喷口等末端设备安装，风管与设备绝热，系统调试
		恒温恒湿空调系统	风管与配件制作，部件制作，风管系统安装，风机与空气处理设备安装，风管与设备防腐，组合式空调机组安装，电加热器、加湿器等设备安装，精密空调机组安装，风管与设备绝热，系统调试
		净化空调系统	风管与配件制作，部件制作，风管系统安装，风机与空气处理设备安装，风管与设备防腐，净化空调机组安装，消声器、静电除尘器、换热器、紫外线灭菌器等设备安装，中、高效过滤器及风机过滤器单元等末端设备清洗与安装，洁净度测试，风管与设备绝热，系统调试
		地下人防通风系统	风管与配件制作，部件制作，风管系统安装，风机与空气处理设备安装，风管与设备防腐，过滤吸收器、防爆波活门、防爆超压排气活门等专用设备安装，系统调试
		真空吸尘系统	风管与配件制作，部件制作，风管系统安装，风机与空气处理设备安装，风管与设备防腐，管道安装，快速接口安装，风机与滤尘设备安装，系统压力试验及调试
		冷凝水系统	管道系统及部件安装，水泵及附属设备安装，管道冲洗，管道、设备防腐，板式热交换器，辐射板及辐射供热、供冷地埋管，热泵机组设备安装，管道、设备绝热，系统压力试验及调试
		空调（冷热）水系统	管道系统及部件安装，水泵及附属设备安装，管道冲洗，管道、设备防腐，冷却塔与水处理设备安装，防冻伴热设备安装，管道、设备绝热，系统压力试验及调试
		冷却水系统	管道系统及部件安装，水泵及附属设备安装，管道冲洗，管道、设备防腐，系统灌水渗漏及排放试验，管道、设备绝热
		土壤源热泵换热系统	管道系统及部件安装，水泵及附属设备安装，管道冲洗，管道、设备防腐，埋地换热系统与管网安装，管道、设备绝热，系统压力试验及调试
		水源热泵换热系统	管道系统及部件安装，水泵及附属设备安装，管道冲洗，管道、设备防腐，地表水源换热管及管网安装，除垢设备安装，管道、设备绝热，系统压力试验及调试
		蓄能系统	管道系统及部件安装，水泵及附属设备安装，管道冲洗，管道、设备防腐，蓄水罐与蓄冰槽、罐安装，管道、设备绝热，系统压力试验及调试
		压缩式制冷（热）设备系统	制冷机组及附属设备安装，管道、设备防腐，制冷剂管道及部件安装，制冷剂灌注，管道、设备绝热，系统压力试验及调试

续表

序号	分部工程	子分部工程	分项工程
6	通风与空调	吸收式制冷设备系统	制冷机组及附属设备安装，管道、设备防腐，系统真空试验，溴化锂溶液加灌，蒸汽管道系统安装，燃气或燃油设备安装，管道、设备绝热，试验及调试
		多联机（热泵）空调系统	室外机组安装，室内机组安装，制冷剂管路连接及控制开关安装，风管安装，冷凝水管道安装，制冷剂灌注，系统压力试验及调试
		太阳能供暖空调系统	太阳能集热器安装，其他辅助能源、换热设备安装，蓄能水箱、管道及配件安装，防腐，绝热，低温热水地板辐射采暖系统安装，系统压力试验及调试
		设备自控系统	温度、压力与流量传感器安装，执行机构安装调试，防排烟系统功能测试，自动控制及系统智能控制软件调试
7	建筑电气	室外电气	变压器、箱式变电所安装，成套配电柜、控制柜（屏、台）和动力、照明配电箱（盘）及控制柜安装，梯架、支架、托盘和槽盒安装，导管敷设，电缆敷设，管内穿线和槽盒内敷线，电缆头制作、导线连接和线路绝缘测试，普通灯具安装，专用灯具安装，建筑照明通电试运行，接地装置安装
		变配电室	变压器、箱式变电所安装，成套配电柜、控制柜（屏、台）和动力、照明配电箱（盘）安装，母线槽安装，梯架、支架、托盘和槽盒安装，电缆敷设，电缆头制作、导线连接和线路绝缘测试，接地装置安装，接地干线敷设
		供电干线	电气设备试验和试运行，母线槽安装，梯架、支架、托盘和槽盒安装，导管敷设，电缆敷设，管内穿线和槽盒内敷线，电缆头制作、导线连接和线路绝缘测试，接地干线敷设
		电气动力	成套配电柜、控制柜（屏、台）和动力配电箱（盘）安装，电动机、电加热器及电动执行机构检查接线，电气设备试验和试运行，梯架、支架、托盘和槽盒安装，导管敷设，电缆敷设，管内穿线和槽盒内敷线，电缆头制作、导线连接和线路绝缘测试
		电气照明	成套配电柜、控制柜（屏、台）和照明配电箱（盘）安装，梯架、支架、托盘和槽盒安装，导管敷设，管内穿线和槽盒内敷线，塑料护套线直敷布线，钢索配线，电缆头制作、导线连接和线路绝缘测试，普通灯具安装，专用灯具安装，并关、插座、风扇安装，建筑照明通电试运行
		备用和不间断电源	成套配电柜、控制柜（屏、台）和动力、照明配电箱（盘）安装，柴油发电机组安装，不间断电源装置及应急电源装置安装，母线槽安装，导管敷设，电缆敷设，管内穿线和槽盒内敷线，电缆头制作、导线连接和线路绝缘测试，接地装置安装
		防雷及接地	接地装置安装，防雷引下线及接闪器安装，建筑物等电位联结，浪涌保护器安装
8	智能建筑	智能化集成系统	设备安装，软件安装，接口及系统调试，试运行
		信息接入系统	安装场地检查
		用户电话交换系统	线缆敷设，设备安装，软件安装，接口及系统调试，试运行
		信息网络系统	计算机网络设备安装，计算机网络软件安装，网络安全设备安装，网络安全软件安装，系统调试，试运行
		综合布线系统	梯架、托盘、槽盒和导管安装，线缆敷设，机柜、机架、配线架安装，信息插座安装，链路或信道测试，软件安装，系统调试，试运行
		移动通信室内信号覆盖系统	安装场地检查

续表

序号	分部工程	子分部工程	分项工程
8	智能建筑	卫星通信系统	安装场地检查
		有线电视及卫星电视接收系统	梯架、托盘、槽盒和导管安装，线缆敷设，设备安装，软件安装，系统调试，试运行
		公共广播系统	梯架、托盘、槽盒和导管安装，线缆敷设，设备安装，软件安装，系统调试，试运行
		会议系统	梯架、托盘、槽盒和导管安装，线缆敷设，设备安装，软件安装，系统调试，试运行
		信息导引及发布系统	梯架、托盘、槽盒和导管安装，线缆敷设，显示设备安装，机房设备安装，软件安装，系统调试，试运行
		时钟系统	梯架、托盘、槽盒和导管安装，线缆敷设，设备安装，软件安装，系统调试，试运行
		信息化应用系统	梯架、托盘、槽盒和导管安装，线缆敷设，设备安装，软件安装，系统调试，试运行
		建筑设备监控系统	梯架、托盘、槽盒和导管安装，线缆敷设，传感器安装，执行器安装，控制器、箱安装，中央管理工作站和操作分站设备安装，软件安装，系统调试，试运行
		火灾自动报警系统	梯架、托盘、槽盒和导管安装，线缆敷设，探测器类设备安装，控制器类设备安装，其他设备安装，软件安装，系统调试，试运行
		安全技术防范系统	梯架、托盘、槽盒和导管安装，线缆敷设，设备安装，软件安装，系统调试，试运行
		应急响应系统	设备安装，软件安装，系统调试，试运行
		机房	供配电系统，防雷与接地系统，空气调节系统，给水排水系统，综合布线系统，监控与安全防范系统，消防系统，室内装饰装修，电磁屏蔽，系统调试，试运行
		防雷与接地	接地装置，接地线，等电位联结，屏蔽设施，电涌保护器，线缆敷设，系统调试，试运行
9	建筑节能	围护系统节能	墙体节能，幕墙节能，门窗节能，屋面节能，地面节能
		供暖空调设备及管网节能	供暖节能，通风与空调设备节能，空调与供暖系统冷热源节能，空调与供暖系统管网节能
		电气动力节能	配电节能，照明节能
		监控系统节能	监测系统节能，控制系统节能
		可再生能源	地源热泵系统节能，太阳能光热系统节能，太阳能光伏节能
10	电梯	电力驱动的曳引式或强制式电梯	设备进场验收，土建交接检验，驱动主机，导轨，门系统，轿厢，对重，安全部件，悬挂装置，随行电缆，补偿装置，电气装置，整机安装验收
		液压电梯	设备进场验收，土建交接检验，液压系统，导轨，门系统，轿厢，对重，安全部件，悬挂装置，随行电缆，电气装置，整机安装验收
		自动扶梯、自动人行道	设备进场验收，土建交接检验，整机安装验收

续表

序号	分部工程	子分部工程	分项工程
11	燃气	引入管安装	管道沟槽，管道连接，管道防腐，管沟回填，管道设施防护，阴极保护系统安装与测试，调压装置安装
		室内燃气管道安装	管道及管道附件安装，暗埋及暗封管道及其附件安装，支架安装，计量装置安装
		设备安装	用气设备安装，通风设备安装
		电气系统安装	报警系统安装，防爆电气系统安装，接地系统安装，自控安全系统安装

注：燃气分部工程的子分部、分项工程是作者依据相应规范列出的。

第二节　检验批质量验收

检验批施工完工后，首先由工程项目专业质量检查员、专业工长及施工班组长等人，对工程质量进行检验评定，评定合格后，用验收表格及施工控制措施，检验评定的原始记录，交专业监理工程师组织验收。

一、现场验收原始记录

施工现场施工班组完成检验批交给专业质量检查员和专业工长进行检验评定。专业质量员要到工地实地进行抽样检验评定。

施工企业自行检验评定检验批质量时，为能正确检验评定，应做好检验评定的原始记录，包括每个质量项目的抽样点数、点的位置及检验结果，供监理验收时核查。这是加强施工过程质量控制的重要环节，也是规范施工单位质量检验评定的过程。

“现场验收检查原始记录”，目前有两种形式：一是使用“移动验收终端原始记录”，这个软件已有商家开发，可购买使用；二是“手写检查原始记录”。

（1）使用移动验收终端原始记录，实际是利用移动互联网计算技术，实现施工现场质量状况图形化显示在设计图纸上，有明显的检查点位置和真实的照片及数据。这个原始记录是全过程的，可保存和追溯。有条件的建议使用。

1）施工单位自行检验评定形成“现场质量验收检查原始记录”，依据过程的要求，说明检查评定真实过程，专业监理工程师验收时核查，可了解企业质量检查评定控制的情况，保证验收顺利进行，提高工作效率。

2）检查记录的主要内容

① 检验批、分项、子分部层次清晰，名称、编号准确。

② 检验批部位、检验批容量设置及抽样明确。

检验批容量具体抽样还应按专业质量验收规范的规定进行。

③ 检查点必须在电子图纸上进行标识，验收数据齐全，终端应有电子图纸功能。

应在电子图纸上标出抽查的房间、部位，各项验收的项目。

④ 对于验收过程中发现的质量问题可直接拍照，留存证据。

有问题的项目，部位记录清楚。如需整改的应提出整改要求。整改完后需复查的应说明，并应提供复查结果资料。

⑤ 数据自动汇总、评定和保存，严禁擅自修改。

⑥ 主控项目和一般项目分别列出，并有重点，检验内容齐全，验收有据可依。

⑦ 原始记录必须有效存储，可以采用云存储方式，也可以存储于终端本机或 PC 机上。

⑧ 将验收结果直接导入工程资料管理软件检验批表格内，保证资料数据真实（详细可参照软件技术说明书使用）。

⑨ 目前规范组已推荐有配套软件可选择使用。

（2）手写现场验收检查原始记录

手写现场验收检查原始记录格式见表 5-1。该现场验收检查原始记录应由施工单位专业质量检查员、专业工长共同检查填写和签署，必须手填，禁止机打，在检验批验收时由专业监理工程师核查认可并签署，并在单位工程竣工验收前存档备查。以便于建设、施工、监理等单位对验收结果进行追溯、复核，单位工程竣工验收后可由施工单位继续保留或销毁。现场验收检查原始记录的格式可在表 5-1 的基础上深化设计，由施工、监理单位自行确定，但应包括表 5-1 所包含的检查项目、检查位置、检查结果等内容。

手写现场验收检查原始记录表，施工单位和监理单位可自行设计，只要把检查位置、检查结果标写清楚，监理可以核查即可，由于不是存档资料，只要监理认可就行，但企业内部应统一。

1）“现场验收检查原始记录”的示例供读者参考，见表 5-2

现场验收检查原始记录（手写）

共 2 页第 1 页 **表 5-2**

单位（子单位）工程名称		×× 住宅楼		
检验批名称		二层砌砖	检验批编号	02020102
编号	验收项目	验收部位	验收情况记录	备注
5.2.1	砖、砂浆强度	二层砌墙	MU10 烧结普通砖，两组强度复试报告，编号 ××××，××××，强度合格	
			M7.5 水泥砂浆、留有一组试块，编号 ×××，配合比编号 ××××	
5.2.2	灰缝砂浆饱满度墙水平灰缝 ≥ 80%，柱水平灰缝、竖向缝 ≥ 90%	二层砌墙 墙水平灰缝	Ⓐ Ⓑ－① 轴墙一步架 95%、90%、88%，平均 91% Ⓑ Ⓒ－④ 轴墙一步架 90%、92%、94%，平均 92% Ⓑ Ⓒ－⑧ 轴墙一步架 95%、92%、89%，平均 92% Ⓐ Ⓑ－⑩ 轴墙二步架 90%、90%、89%，平均 90% Ⓑ Ⓒ－⑫ 轴墙二步架 95%、90%、88%，平均 91%	
5.2.3	砌体转角处、交接处、斜槎	二层砌体在一步架时留有 10 处斜槎，二步架没有留槎，抽查 5 处	Ⓐ Ⓑ ② 墙、Ⓐ Ⓑ ⑤ 墙、Ⓐ Ⓑ ⑧ 墙、Ⓑ Ⓒ ⑪ 墙、Ⓑ Ⓒ ⑬ 墙，斜槎符合 2/3	
5.2.4	临时间断处留直槎、敷设拉结筋	二层砌体中，只有 4 个施工洞、墙无直槎	9 处均为凹槎、ϕ6 拉结筋两根埋入 500mm，外留 500mm，5 皮砖设一道	

续表

单位（子单位）工程名称		××住宅楼			
检验批名称		二层砌砖	检验批编号		02020102
编号	验收项目	验收部位	验收情况记录		备注
5.3.1	组砌方法（混水墙）	外墙纵墙各查 3 处，山墙各查 1 处，房间查 3 间，全数检查	外墙按Ⓐ①轴顺序，全外墙无大于 200mm 的通缝，一顺一丁组砌较规范。内墙ⒶⒷ②③房无通缝 ⒷⒸ⑤⑥房有二皮砖的通缝二处，ⒷⒸ⑨⑩房无通缝，窗间墙上无通缝		
5.3.2	灰缝厚度水平、竖缝 8～12mm	外墙查 2 处，内墙 3 间，每间 2 处，共查 8 处，水平、竖向同时查	Ⓐ轴Ⓐ⑥⑦间，①轴山墙，内墙ⒶⒷ④⑤房，ⒶⒷ⑧⑨房ⒷⒸ②③房。水平缝 10 皮砖厚度 5 皮数杆 10 皮砖厚 631mm，比较差都在 10mm 以内，厚度在 8～12mm 之间，竖缝 2m 折算差也在 10mm 之间，房间竖缝个别有大于 12mm 的，最多一面墙上有 1～2 处		
5.3.3	砌体尺寸、位置允许偏差	①～⑭轴承重墙全数检查			
	1. 轴线位移 10mm	两山墙各 1 处，内墙 3 间房，每间承重墙 2 处，共 8 处	依次分别为：6、8、7、4、10、5、8、7、		
	2. 层高垂直度 5	2 山墙、2 纵墙各一点，内墙 2 点共 6 点（横、竖、斜测 4 次取最大值）	ⒶⒷ①山墙、3. ⒷⒸ⑭4. ⒶⒷ②③房②③墙 5. ⒶⒷ⑦⑧房⑦⑧墙 3. ⒷⒸ⑪⑫房⑪⑫墙 5.		
	3. 墙、柱顶标高 ±15mm	抽 3 间，同表面平整度房间	Ⓐ⑥点，+8. Ⓑ①点，+11. Ⓑ⑭点+12. Ⓒ⑥点+6. Ⓑ⑥点，+8. Ⓑ⑩点+2		
	4. 表面平整度混水墙 8mm	抽查了间两承重墙各点共 6 点	ⒶⒷ②③房②墙 6③墙 7 ⒶⒷ⑦⑧房⑦墙 8⑧墙 5 ⒷⒸ⑪⑫房⑪墙 10，⑫墙 8		一点超
	5. 水平灰缝平直度混水墙 10mm	抽 3 间、同表面平度度房间	②墙 8. ③墙 8. ⑦墙 10. ⑧墙 12. ⑪墙 10. ⑫墙 7.		一点超
	6. 门窗洞口高宽后塞口 ±10mm	抽查门窗各 5 个口（门口高度不好量）共 30 点	窗口Ⓐ②③高+8+10. 宽+10+9。Ⓐ⑤⑥高+6+7. 宽+8+9 Ⓐ⑪⑫高+6+7. 宽+10+13。Ⓒ②③高+10+10. 宽+9+10 Ⓒ⑤⑥高+9+8. 宽+10+17		三点超
			门口Ⓑ②③宽+8+10. 高— — Ⓑ⑤⑥宽+15+10. 高— — Ⓑ⑦⑧宽+10+10. 高— — Ⓑ⑨⑩宽+9+10. 高— — Ⓑ⑪⑫宽+6+8. 高— —		一点超
	7. 外墙上下窗口位移 20mm	查 5 个窗口，Ⓐ⑤⑥. Ⓐ⑦⑧. Ⓒ②③. Ⓒ⑤⑥. Ⓒ⑦⑧.	10、6　12、15　8、13　9、15　15、20		吊线、一层窗口为准，两边各 1 点起

监理校核：张玉泉　　检查：王小平　　记录：刘玉翠　　验收日期：2018 年 8 月 8 日

2）填写依据及说明

① 单位（子单位）工程名称、检验批名称及编号按对应的《检验批质量验收记录表》填写。

② 验收项目：按对应的《检验批质量验收记录表》的验收项目的顺序，填写现场实际

检查的验收项目的内容。

③ 编号：填写验收项目对应的规范条文号。

④ 验收部位：填写本条验收的各个检查点的部位，每个检查项目占用一格，下个项目另起一行。

⑤ 验收情况记录：采用文字描述、数据说明或者打“√”的方式，说明本部位的验收情况，不合格和超标的必须明确指出；对于定量描述的抽样项目，直接填写检查数据。

⑥ 备注：发现明显不合格的检查点，要标注是否整改、复查是否合格。

⑦ 校核：监理单位现场验收人员签字。

⑧ 检查：施工单位现场验收人员签字。

⑨ 记录：填写本记录的人签字。

⑩ 验收日期：填写现场验收当天日期。

⑪ 对验收部位，可在图上编号，不一定按本示例这样标注，只要说明部位就行。

⑫ 抽样仍按《砌体结构工程施工质量验收规范》GB 50203—2011 的规定抽样。

现场验收检查原始记录要记得非常详细很难，很费时间及精力。要求填写这个表的目的，是防止施工企业检查步道现场，挑选好的来评定，这是一种控制的要求，有些企业讲诚信，工程质量控制到位，很多项目是全部达到规范规定的，不管抽查哪里都是符合规定的，他们取得信誉，不填这个表，建立认可，也是可以的。

二、检验批质量验收记录

（1）《建筑工程施工质量验收统一标准》GB 50300—2013 的标准样见表 5-3。

检验批质量验收记录编号 **表 5-3**

单位（子单位）工程名称			分部（子分部）工程名称	分项工程名称	
施工单位			项目负责人	检验批容量	
分包单位			分包单位项目负责人	检验批部位	
施工依据				验收依据	
验收项目		设计要求及规范规定	最小 / 实际抽样数量	检查记录	检查结果
主控项目	1				
	2				
	3				
	4				
	5				
一般项目	1				
	2				
	3				
	4				
	5				
施工单位检查结果		专业工长：	项目专业质量检查员： 年 月 日		
监理单位验收结论		专业监理工程师： 年 月 日			

（2）检验批质量验收记录填写示例可手工填写，或利用电脑打印（表 5-4）。

砖砌体检验批质量验收记录　　编号：01020101——02020101——　　表 5-4

单位（子单位）工程名称	×× 住宅楼	分部（子分部）工程名称	主体分部工程 砌体子分部	分项工程名称	砖砌体
施工单位	×× 建筑公司	项目负责人	王 ××	检验批容量	250m^3
分包单位		分包单位项目负责人		检验批部位	二层墙 Ⓐ—Ⓒ / ①～⑭
施工依据	《砌体结构工程施工规范》GB 50924-2014 《砌体结构》工艺标准 ××		验收依据	《砌体结构工程施工质量验收规范》GB 50203-2011	

		验收项目	设计要求及规范规定	最小 / 实际抽样数量	检查记录	检查结果
主控项目	1	5.2.1	砖强度 MU10	15 万块为一批	MU10 烧普通砖、强度	√
			砂浆强度 M7.5	每检验批一组试块	要求复试单编号 ××××、××× M7.5 水泥砂浆、试块编号 ×××	√ √
	2	5.2.2	水平灰缝≥ 80%	5/5	查 5 处，全部大于 80%	√
			竖向缝≥ 90%		目视≥ 90%	
	3	5.2.3	转角、交接处斜槎	5/10	抽查 5 处，斜槎符合 2/3	√
	4	5.2.4	直槎、拉结放置	5/8	抽查 5 处，凸槎符合要求	√
一般项目	1	5.3.1	组砌方法	11/1	抽查 11 处，全部无通缝	√
	2	5.3.2	水平、竖向灰缝厚度	8/8	抽查 8 处，均符合要求	√
	3	5.3.3	尺寸、位置允许偏差			
		轴线位移	8 ～ 12mm	8/8	抽查 8 处，均符合要求	100%
		塔顶面标高	±15mm	6/6	抽查 8 处，均符合要求	100%
		层高垂直度	≤ 5mm	8/8	抽查 8 处，均符合要求	100%
		表面平整度	≤ 8mm	6/6	抽查 8 处，均符合要求	100%
		水平灰缝平直度	混水泥≤ 10mm	6/6	抽查 8 处，均符合要求	100%
		门窗口高度	±10mm	30/30	抽查 30 点，4 点不符合要求	87%
		外窗口偏移	≤ 20mm	10/10	抽查 10 点，均符合要求	100%
施工单位检查结果		专业工长：王 ××		项目专业质量检查员：李 ×	× 年 × 月 × 日	
监理单位验收结论		专业监理工程师：丁 ××			× 年 × 月 × 日	

（3）填写依据及说明

检验批施工完成，施工单位自检合格后，应由项目专业质量检查员填报《检验批质量验收记录》。按照《建筑工程施工质量验收统一标准》GB 50300—2013 规定，检验批质量验收由专业监理工程师组织施工单位项目专业质量检查员、专业工长等进行验收。

《检验批质量验收记录》的检查记录应与《现场验收检查原始记录》相一致，原始记录是验收记录的辅助记录。检验批里的非现场验收内容，如材料质量，《检验批质量验收记录》中应填写依据的资料名称及编号，并给出结论。《检验批质量验收记录》作为检验批验收的成果，若没有《现场验收检查原始记录》，则《检验批质量验收记录》视同作假。

1）检验批名称及编号

① 检验批名称：按验收规范给定的分项工程名称，填写在表格名称前划线位置处。

② 检验批编号：检验批表的编号按《建筑工程施工质量验收统一标准》GB 50300—2013 附录 B 规定的分部工程、子分部工程、分项工程的代码、检验批代码（依据专业验收规范）和资料顺序号统一为 11 位数的数码编号写在表的右上角，前 8 位数字均印在表上，后留下划线空格，检查验收时填写检验批的顺序号。其编号规则具体说明如下：

第 1、2 位数字是分部工程的代码；

第 3、4 位数字是子分部工程的代码；

第 5、6 位数字是分项工程的代码；

第 7、8 位数字是检验批的代码；

第 9、10、11 位数字是各检验批验收的顺序号。

同一检验批表格适用于不同分部、子分部、分项工程时，表格分别编号，填表时按实际类别填写顺序号加以区别；编号按分部、子分部、分项、检验批序号的顺序排列。

2）表头的填写

① 单位（子单位）工程名称填写全称，如为群体工程，则按群体工程名称——单位工程名称形式填写，子单位工程标出该部分的位置。

② 分部（子分部）工程名称按《建筑工程施工质量验收统一标准》GB 50300—2013 划定的分部（子分部）名称填写。

③ 分项工程名称按《建筑工程施工质量验收统一标准》GB 50300—2013 附录 B 的规定填写。

④ 施工单位及项目负责人："施工单位"栏应填写总包单位名称，或与建设单位签订合同的专业承包单位名称，宜写全称，并与合同上公章名称一致，并应注意各表格填写的名称应相互一致。

"项目负责人"栏填写合同中指定的项目负责人的名字，表头中人名由填表人填写即可，只是标明具体的负责人，不用签字。

⑤ 分包单位及分包单位项目负责人："分包单位"栏应填写分包单位名称，即与施工单位签订合同的专业分包单位名称，宜写全称，并与合同上公章名称一致，并应注意各表格填写的名称应相互一致。

"分包单位项目负责人"栏填合同中指定的分包单位项目负责人的名字，表头中人名由填表人填写即可，只是标明具体的负责人，不用签字。

⑥ 检验批容量：指本检验批的工程量，按工程实际填写，计量项目和单位按专业验收规范中对检验批容量的规定填写。

⑦ 检验批部位是指一个分项工程中验收检验批的抽样范围，要按实际情况标注清楚。

⑧"施工依据"栏，应填写施工执行标准的名称及编号，可以填写所采用的企业标准、地方标准、行业标准或国家标准；要将标准名称及编号填写齐全；也可以是技术交底或企业标准、工艺规范、工法等。

⑨"验收依据"栏，填写验收依据的标准名称及编号。

3）"验收项目"的填写

"验收项目"栏制表时按 4 种情况印刷：

① 直接写入：当规范条文文字较少，或条文本身就是表格时，按规范条文写入。

② 简化描述：将质量要求作简化描述主题的内容，作为检查的提示。

③ 填写条文号；在后边附上条文内容。

④ 将条文项目直接写入表格。

4）"设计要求及规范规定"栏的填写

① 直接写入：当条文中质量要求的内容文字较少时，直接将条文写入；当混凝土、砂浆强度符合设计要求时，直接写入设计要求值。

② 写入条文号：当文字较多时，只将条文号写入。

③ 写入允许偏差：对定量要求，将允许偏差直接写入。

5）"最小 / 实际抽样数量"栏的填写

① 对于材料、设备及工程试验类规范条文，非抽样项目，直接写入"/"。

② 对于抽样项目且样本为总体时，写入"全 / 实际数量"，例如"全 /10"，"10"指本检验批实际包括的样本总量。

③ 对于抽样项目且按工程量抽样时，写入"最小 / 实际抽样数量"，例如"5/5"，即按工程量计算最小抽样数量为 5，实际抽样数量为 5。

④ 本次检验批验收不涉及此验收项目时，此栏写入"/"。

⑤ 检验批的容量和每个检查项目的容量，通常是不一致的，检验批是整个项目的范围，常常可以用工程量来表示，具体检查项目，用"件""处""点"来表示。

6）"检查记录"栏填写

① 对于计量检验项目，采用文字描述方式，说明实际质量验收内容及结论；此类多为对材料、设备及工程试验类结果的检查项目。

② 对于计数检验项目，必须依据对应的《检验批验收现场检查原始记录》中验收情况记录，按下列形式填写：

A. 抽样检查的项目，填写描述语，例如"抽查 5 处，合格 4 处"，或者"抽查 5 处，全部合格"。

B. 全数检查的项目，填写描述语，例如"共 5 处，检查 5 处，合格 4 处"，或者"共 5 处，检查 5 处，全部合格"。

C. 本次检验批验收不涉及此验收项目时，此栏写入"/"。

7）对于"明显不合格"情况的填写要求

① 对于计量检验和计数检验中全数检查的项目，发现明显不合格的个体，此条验收就不合格。

② 对于计数检验中抽样检验的项目，明显不合格的个体可不纳入检验批，但应进行处理，使其满足有关专业验收规范的规定，对处理的情况应予以记录并重新验收；"检查记录"栏填写要求如下：

A. 不存在明显不合格的个体的，不做记录。

B. 存在明显不合格的个体的，按《检验批验收现场检查原始记录》中验收情况记录填写，例如"一处明显不合格，已整改，复查合格"，或"一处明显不合格，未整改，复查不合格"。

8）“检查结果”栏填写

① 采用文字描述方式的验收项目，合格打“√”，不合格打“×”。

② 对于抽样项目且为主控项目，无论定性还是定量描述，全数合格为合格，有 1 处不合格即为不合格，合格打“√”，不合格打“×”。

③ 对于抽样项目且为一般项目，“检验结果”栏填写合格率，例如“100%”。

定性描述项目所有抽查点全部合格（合格率为 100%），此条方为合格。

定量描述项目，其中每个项目都必须有 80% 以上（混凝土保护层为 90%）检测点的实测数值达到规范规定，其余 20% 按各专业施工质量验收规范规定，不能大于 1.5 倍，钢结构为 1.2 倍，就是说有数据的项目，除必须达到规定的数值外，其余可放宽的，最大放宽到 1.5 倍。

④ 本次检验批验收不涉及此验收项目时，此栏写入“/”。

9）“施工单位检查结果”栏的填写

施工单位质量检查员按依据的规范、规程判定该检验批质量是否合格，填写检查结果。填写内容通常为“符合要求”“不符合要求”“主控项目全部合格，一般项目符合验收规范（规程）要求”等评语。

如果检验批中含有混凝土、砂浆试件强度验收等内容，应待试验报告出来后再作判定，或暂评符合要求。

施工单位专业质量检查员和专业工长应签字确认并按实际填写日期。

10）“监理单位验收结论”的填写

应由专业监理工程师填写。填写前，应对“主控项目”“一般项目”按照施工质量验收规范的规定逐项抽查验收，独立得出验收结论。认为验收合格，应签注“合格”或“同意验收”。如果检验批中含有混凝土、砂浆试件强度验收等内容，可根据质量控制措施的完善情况，暂备注“同意验收”。应待试验报告出来后再作确认。

检验批的验收是过程控制的重点，一定要正确按规范来检查，其质量指标必须满足规范规定和设计要求。

第三节　分项工程质量验收

分项工程与检验批是一个质量指标，检验批的质量指标就是分项工程的质量指标，但一些检验批不能将分项工程的质量指标都能检验到，如墙体的全高垂直度，在每个检验批中就查不到；外墙上下窗口偏移，就必须待墙体都砌完后才能检查，以及砌筑砂浆强度的评定，要按批来评定等。分项工程与检验批的关系，检验批是分项工程分批验收的单元，分项工程是检验批的汇总，但检验批无法查的项目，必须在分项工程中才能检查，现以六层砖混结构墙砌体主体结构为例，说明分项工程的验收。

一、分项工程质量验收

1. 在检验批中未验收项目的检查验收

（1）墙体全高垂直度，墙体共 6 个大角，抽查 3 个检测，一个大角测 2 点共 6 点：抽Ⓐ①角，Ⓐ向 16mm，①向 18mm；Ⓒ③角，Ⓒ向 15mm，③向 14mm；Ⓑ②角Ⓑ向

16mm，②向 18mm。全部小于 20mm。

（2）外墙上下窗口偏移，抽查 7 处，共 6 面墙面，Ⓐ面抽 2 处，其余封面各抽 1 处。

以端墙第 3 个窗口为抽查点，每窗抽查靠端墙一侧，以Ⓐ、Ⓑ、Ⓒ、①、②、③轴线顺序，6 层最大偏差为 10mm、8mm、15mm、6mm、18mm、24mm。

（3）水泥砂浆 M10，含基础 1 组，共 7 组，平均值为 11.13MPa 符合规范规定。

2. 填写分项工程质量验收表格

6 个检验批的验收结果都合格，都经过专业监理工程师检验认可，填入表内。检验批质量验收表、全高垂直度检测记录上下窗口偏移记录，砂浆试验报告及强度评定记录，附在砖砌体分项工程质量验收记录表后（表 5-5）。

砖砌体分项工程质量验收记录　编号：01020101——　　表 5-5
02020101——

单位（子单位）工程名称	××住宅楼		分部（子分部）工程名称	主体分部工程 砌体子分部	
分项工程数量	1（1500m^3）		检验批数量	6	
施工单位	××建筑公司	项目负责人	××	项目技术负责人	××
分包单位		分包单位项目负责人		分包内容	
序号	检验批名称	检验批容量	部位 / 区段	施工单位检查结果	监理单位验收结论
1	砖砌体	250m^3	一层	符合要求	合格
2	砖砌体	250m^3	二层	符合要求	合格
3	砖砌体	250m^3	三层	符合要求	合格
4	砖砌体	250m^3	四层	符合要求	合格
5	砖砌体	250m^3	五层	符合要求	合格
6	砖砌体	250m^3	六层	符合要求	合格
1	墙体全高垂直度：16mm、18mm、15mm、14mm、16mm、18mm，均小于 20mm				
2	外墙上下窗口偏移：10mm、8mm、15mm、6mm、18mm、24mm、9mm、1 点超过 20mm				
3	砂浆强度评定：11.4MPa、11.8MPa、10.6MPa、10MPa、10.1MPa、12.2MPa、11.8MPa 共 7 组，平均值为 11.13MPa，最小值为 10MPa				
说明：检验批施工操作依据质量验收记录资料完整。分项工程检测项目已检测					
施工单位检查结果	符合要求 项目专业技术负责人：××× 201× 年 ×× 月 ×× 日				
监理单位验收结论	合格 专业监理工程师：××× 201× 年 ×× 月 ×× 日				

二、表格填写及说明

分项工程完成，即分项工程所包含的检验批均已完工，施工单位自检合格后，分项工程检验的项目已检验完，并达到标准要求。应由专业质量检查员填报《分项工程质量验收记录》。分项工程应由专业监理工程师组织施工单位项目专业技术负责人等进行验收。

1. 表格名称及编号

（1）表格名称：按验收规范给定的分项工程名称，填写在表格名称前的划线位置处。

（2）分项工程质量验收记录编号：编号按“建筑工程的分部工程、子分部工程、分项工程划分”《建筑工程施工质量验收统一标准》GB 50300—2013 的附录 B 规定的分部工程、子分部工程、分项工程的代码编写，写在表的右上角。对于一个单位工程而言，一个分项只有一个分项工程质量验收记录，所以不编写顺序号。其编号规则具体说明如下：

1）第 1、2 位数字是分部工程的代码。

2）第 3、4 位数字是子分部工程的代码。

3）第 5、6 位数字是分项工程的代码；同一个分项工程有的适用于不同分部、子分部工程时，填表时按实际情况填写其编号。

2. 表头的填写

（1）单位（子单位）工程名称填写全称，如为群体工程，则按群体工程～单位工程名称形式填写，子单位工程标出该部分的位置。

（2）分部（子分部）工程名称按《建筑工程施工质量验收统一标准》GB 50300—2013 划定的分部（子分部）名称填写。

（3）分项工程数量：指本分项工程的数量，通常一个分部工程中，同样的分项工程是一个。不同分项工程按工程实际填写。

（4）检验批数量指本分项工程包含的实际发生的所有检验批的数量。

（5）施工单位及项目负责人、项目技术负责人：“施工单位”栏应填写总包单位名称，宜写全称，并与合同上公章名称一致，并应注意各表格填写的名称应相互一致。

“项目负责人”栏填写合同中指定的项目负责人姓名；“项目技术负责人”栏填写本工程项目的技术负责人姓名；表头中人名由填表人填写即可，只是标明具体的负责人，不用签字。

（6）分包单位及分包单位项目负责人：“分包单位”栏应填写分包单位名称，即与施工单位签订合同的专业分包单位名称，宜写全称，并与合同上公章名称一致，并应注意各表格填写的名称应相互一致；“分包单位项目负责人”栏填写合同中指定的分包单位项目负责人姓名；表头中人名由填表人填写即可，只是标明具体的负责人，不用签字。

（7）分包内容：指分包单位承包的本分项工程的范围，有的工程这个分项工程全由其分包。

3. “序号”栏的填写

按检验批的排列顺序依次填写，检验批项目多于一页的，增加表页，顺序排号。

4.“检验批名称、检验批容量、部位 / 区段、施工单位检查结果、监理单位验收结论”栏的填写

（1）检验批名称按本分项工程汇总的所有检验批依次排序，并填写其名称。

（2）检验批容量按相应专业质量验收规范检验批填的容量填写，通常检验批的容量和主控项目、一般项目抽样的容量不一致，按各检查项目的具体容量分别进行抽样。部位、区段，按实际验收时的情况逐一填写齐全，一般指这个检验批在这个分项工程中的部位 / 区段。

（3）“施工单位检查结果”栏，由填表人依据检验批验收记录填写，填写“符合要求”或“验收合格”；在有混凝土、砂浆强度等项目时，待其评定合格，确认各检验批符合要求后，再填写检查结果。

（4）“监理单位验收结论”栏，由专业监理工程师依据检验批验收记录填写，检查同意后填写“合格”或“符合要求”，有混凝土、砂浆强度项目时，待评定合格，再填写验收结论，如有不同意项，项目应做标记但暂不填写。

5. “说明”栏的填写

（1）如有不同意项应做标记但暂不填写，待处理后再验收；对不同意项，监理工程师应指出问题，明确处理意见和完成时间。

（2）通常情况下，可填写验收过程的一些表格中反映不到的情况，如检验批施工依据、质量验收记录、所含检验批的质量验收记录是否完整等的情况。

6. 表下部“施工单位检查结果”栏的填写

（1）由施工单位项目技术负责人填写，填写“符合要求”或“验收合格”，填写日期并签名。

（2）分包单位施工的分项工程验收时，分包单位人员不签字，但应将分包单位名称及分包单位项目负责人、分包内容填写到对应的栏格内。

7. 表下部“监理单位验收结论”栏的填写

由专业监理工程师在确认各项验收合格后，填入“验收合格”，填写日期并签名。

8. 注意事项

（1）核对检验批的部位、区段是否全部覆盖分项工程的范围，有无遗漏的部位。

（2）一些在检验批中无法检验的项目，在分项工程中直接验收、乳沟混凝土、砂浆强度要求的检验批，到龄期后评定结果能否达到设计要求：砌体的全高垂直度检测结果等。

（3）检查各检验批的验收资料完整并统一整理，为下一步验收打下基础。有关资料附在分项工程质量验收的记录表后。

第四节　分部工程质量验收

一、分部工程质量验收

以主体结构为例，在其所有分项工程全部验收合格后，待检测的项目由施工单位自己或有资质的检测机构检测符合设计要求和规范规定，并出具检测报告，对观感质量进行了检查，并形成表格。对工程质量控制资料、安全和功能检测报告进行审查后，可填写分部工程质量验收记录表。分部工程由施工单位项目负责人和技术、质量负责人负责。主体结构由勘察、设计单位项目负责人，施工单位质量、技术部门负责人参加，由总监理工程师组织验收。

（1）由于分部工程完工多数分部工程已形成其使用功能，有的项目是竣工验收，若是分包的工程分部工程验收完，施工单位即离开施工现场。所以，分部工程验收是工程验收的重点，是形成工程使用功能的重点环节，其检查验收要重点注意。对其安全、功能检测结果要重点关注；对观感质量要全面检查，其检查结果即单位工程的检查结果，因为有些项目单位完工时已检查不到了，由施工单位自己检验评定合格后，由监理工程师组织验收。

1）对分部工程包含的分项工程质量验收记录表全面检查，查看其包含的范围应覆盖分部工程，其验收全部合格。

2）分部工程的检测项目是否全部检测、并符合设计要求和规范规定。检验报告应完整。

3）观感质量检查应全面、检查记录表完整清楚。

4）有关质量控制资料应完整。

（2）填写分部工程质量验收记录表（表 5-6）

主体结构分部工程质量验收记录（编号：02） **表 5-6**

单位（子单位）工程名称	×× 住宅楼工程	子分部工程数量	2	分项工程数量	4
施工单位	×× 建筑公司	项目负责人	王 ××	技术（质量）负责人	李 ××
分包单位		分包单位项目负责人		分包内容	

序号	子分部工程名称	分项工程名称	检验批数量	施工单位检查结果	监理单位验收结论
1	混凝土结构	钢筋	6	符合要求	合格
		混凝土	6	符合要求	合格
2	砌体结构	砖砌体	6	符合要求	合格
质量控制资料				共 4 项，有效完整	符合要求
安全和功能检验结果				抽查 6 项，符合要求	符合要求
观感质量检验结果				好	好

综合验收结论	主体结构分部工程质量验收合格		
施工单位 项目负责人：××× 201× 年 ×× 月 × 日	勘察单位 项目负责人：××× 201× 年 ×× 月 ×× 日	设计单位 项目负责人：××× 201× 年 ×× 月 ×× 日	监理单位 总监理工程师：××× 201× 年 ×× 月 ×× 日

注：1. 地基与基础分部工程的验收应由施工、勘察、设计单位项目负责人和总监理工程师参加并签字。
2. 主体结构、节能分部工程的验收应由施工、设计单位项目负责人和总监理工程师参加并签字。

二、表格填写及说明

分部（子分部）工程完成，施工单位自检合格后，应填报《分部工程质量验收记录》。分部工程应由总监理工程师组织施工单位项目负责人和施工项目技术负责人等进行验收。勘察、设计单位项目负责人和施工单位技术、质量部门负责人应参加地基与基础分部工程的验收。设计单位项目负责人和施工单位技术、质量部门负责人应参加主体结构、节能分部工程的验收。

（1）表格名称及编号

1）表格名称：按《建筑工程施工质量验收统一标准》GB 50300—2013 附录 B 表 B 给定的分部工程名称，填写在表格名称前划线位置处。

2）分部工程质量验收记录编号：编号按《建筑工程施工质量验收统一标准》GB 50300—2013 的附录 B 规定的分部工程代码编写，写在表的右上角。对于一个工程而言，一个工程只有一个分部工程质量验收记录，所以不编写顺序号。其编号为两位。

（2）表头的填写

1）单位（子单位）工程名称填写全称，如为群体工程，则按群体工程名称～单位工程名称形式填写，子单位工程时应标出该子分部工程的位置。

2）子分部工程数量：指本分部工程包含的实际发生的所有子分部工程的数量。

3）分项工程数量：指本分部工程包含的实际发生的所有分项工程的总数量。

4）施工单位及施工单位项目负责人，施工单位技术、质量、部门负责人："施工单位"栏应填写总包单位名称，宜写全称，并与合同上公章名称一致，并应注意各表格填写的名称应相互一致；施工单位项目负责人填写合同指定的施工单位项目负责人，"技术、质量、负责人"栏应填写施工单位技术、质量:部门负责人;表头中人名由填表人填写即可，只是标明具体的负责人，不用签字。

5）分包单位及分包单位项目负责人，分包单位技术、质量负责人："分包单位"栏应填写分包单位名称，宜写全称，并与合同上公章名称一致，并应注意各表格填写的名称应相互一致；"分包单位项目负责人"栏填写合同中指定的分包单位项目负责人；表头中人名由填表人填写即可，只是标明具体的负责人，不用签字；没有分包工程分包单位了可不填写。

6）分包内容：指分包单位承包的本分部工程的范围，应如实填写。没有时不填写。

（3）"序号"栏的填写

按子分部工程的排列顺序依次填写，分项工程项目多于一页的，增加表格，顺序排号。

（4）"子分部工程名称、分项工程名称、检验批数量、施工单位检查结果、监理单位验收结论"栏的填写

1）填写本分部工程汇总的所有子分部工程名称、分项工程名称并列在子分部工程后依次排序，并填写其名称，检验批只填写数量，注意要填写完整。

2）"施工单位检查结果"栏，由填表人依据分项工程验收记录填写，填写"符合要求"或"合格"。

3）"监理单位验收结论"栏，由总监理工程师检查同意验收后，填写"合格"或"符合要求"。

（5）质量控制资料

1）"质量控制资料"栏应按《单位（子单位）工程质量控制资料核查记录》相应的分部工程的内容来核查，各专业只需要检查该表内对应于本专业的那部分相关内容，不需要全部检查表内所列内容，也未要求在分部工程验收时填写该表。

2）核查时，应对资料逐项核对检查，应核查下列内容：

① 查资料是否完整，该有的项目是否都有了，项目中该有的资料是否齐全，有无遗漏。

② 资料的内容有无不合格项，资料中该有的数据和结论是否有了。

③ 资料是否相互协调一致，有无矛盾或不交圈。

④ 各项资料签字是否齐全。

⑤ 资料的分类整理是否符合要求，案卷目录、份数、页数等有无缺漏。

3）当确认能够基本反映工程质量情况，达到保证结构安全和使用功能的要求，该项即可通过验收。全部项目都通过验收，即可在“施工单位检查结果”栏内填写检查结果，标注“检查合格”，并说明资料份数，然后送监理单位或建设单位验收。监理单位总监理工程师组织核查，如认为符合要求，则在“验收意见”栏内签注“验收合格”或“符合要求”意见。

4）对一个具体工程，是按分部还是按子分部进行资料验收，需要根据具体工程的情况自行确定。通常可按子分部工程进行资料验收。

（6）“安全和功能检验结果”栏应根据工程实际情况填写安全和功能检验，以及指按规定或约定需要在竣工时进行抽样检测的项目。这些项目凡能在分部（子分部）工程验收时进行检测的，应在分部（子分部）工程验收时进行检测。具体检测项目可按《单位（子单位）工程安全和功能检验资料核查及主要功能抽查记录》中相关内容在开工之前加以确定。设计有要求或合同有约定的，按要求或约定执行。在核查时，要检查开工之前确定的检测项目是否全部进行了检测。要逐一对每份检测报告进行核查，主要核查每个检测项目的检测方法、程序是否符合有关标准规定；检测结论是否达到设计及规范的要求；检测报告的审批程序及签字是否完整等。

如果每个检测项目都通过核查，施工单位即可在检查结果栏签注“合格”或“符合要求”，并说明资料份数。由项目负责人送监理单位验收，总监理工程师组织核查，认为符合要求后，在“验收意见”栏内签注“合格”或“符合要求”意见。

（7）“观感质量检验结果”栏的填写应符合工程的实际情况只作定性评判，不作量化打分。观感质量等级分为“好”“一般”“差”共3档。“好”“一般”均为合格;“差”为不合格，需要修理或返工。

观感质量检查的主要方法是观察。但除了检查外观外，还应检查整个工程宏观质量、下沉、裂缝、色泽等。还应对能启动、运转或打开的部位进行启动或打开检查。能简单量测的项目，也可借助检测工具量测。

并注意应尽量做到全面检查，对屋面、地下室及各类有代表性的房间、部位都应查到。

观感质量检查首先由施工单位项目负责人组织施工单位人员进行现场检查，检查合格后填表，由项目负责人签字后交监理单位验收。

监理单位总监理工程师组织专业监理工程师对观感质量进行验收，并确定观感质量等级。认为达到“好”“一般”，均视为合格。在“观感质量”验收意见栏内填写“好”“一般”。评为“差”的项目，应由施工单位修理或返工。只要不影响安全和功能的项目，不严重影响外观的，不修理也可验收。

（8）“综合验收结论”的填写

由总监理工程师与各方协商，确认符合规定，取得一致意见后。可在“综合验收结论”栏填入“×× 分部工程验收合格”。

当出现意见不一致时，应由总监理工程师与各方协商，对存在的问题，提出处理意见或解决办法，待问题解决后再填表。

（9）签字栏

制表时已经列出了需要签字的参加工程建设的有关单位。应由各方参加验收的代表亲自签名，以示负责，通常不需盖章。勘察、设计单位需参加地基与基础分部工程质量验收，由其项目负责人亲自签认。

设计单位需参加主体结构和建筑节能分部工程质量验收，由设计单位的项目负责人亲自签认。

施工方总承包单位由项目负责人亲自签认，分包单位不用签字，但必须参与其负责的那个分部工程的验收。

监理单位作为验收方，由总监理工程师签认验收。未委托监理的工程，可由建设单位项目负责人签认验收。

（10）注意事项

1）核查各分部工程所含分项工程是否齐全，有无遗漏。

2）核查质量控制资料是否完整，分类整理是否符合要求。

3）核查安全、功能的检测是否按规范、设计、合同要求检测项目全部完成，未作的应补作，核查检测结论是否符合规定。

4）对分部工程应进行观感质量检查验收，观感质量应全面检查。在全面检查的基础上，还应主要检查分项工程验收后到分部工程验收之间，工程实体质量有无变化，如有，应修补达到合格，才能通过验收。

第五节　单位工程质量验收

一、单位工程质量验收

单位工程质量验收是一个工程项目或施工合同从执行到完成交接验收，是一个工程综合验收。

（1）施工单位按照施工合同约定，完成了合同约定工程项目的施工任务；经过检验批质量验收，分项工程质量验收，分部工程质量验收，直到施工任务完成，达到国家规定的质量标准、交付使用的标准，应进行单位工程的综合验收，即竣工验收。

（2）单位工程竣工验收，除了工程质量还有合同约定的竣工结算，交付使用，以及合同约定的工期等。但主要内容还是工程质量，达到工程的使用功能的目标。

（3）施工单位按合同约定完成工程项目，要组织工程项目的技术、质量有关人员进行自检，进行工程资料整理。有分包单位时，分包项目完工后，分包单位应按规定进行验收，总包单位应派人参加，分包单位还应将承包工程的质量控制资料整理完整，移交总包单位。总包单位经过自检达到设计要求、规范规定和合同约定，整理完毕后，由施工单位向建设单位提交工程竣工报告。

（4）施工单位自检后，由监理单位总监理工程师组织各专业监理工程师，依据验收标准和《建设工程监理规范》GB/T 50319—2013 的规定对工程进行预验收。其验收程序基本一致。符合规定后，由建设单位组织竣工验收。

（5）单位工程竣工验收是依据国家有关法律、法规及规范标准的规定，全面考核建设成果，检查工程质量是否符合设计文件和合同约定的各项要求。竣工验收通过后，将交付使用，发挥投资效益，这关系使用者的人身健康的生命财产安全，各参与工程竣工验收的人员应给予足够的重视。

（6）单位工程竣工验收应由建设单位项目负责人组织勘察、设计、施工、监理单位参加，因为各单位都是工程项目的质量责任主体，其项目负责人都应参加，除施工单位的项目经理，项目技术、质量负责人参加外，企业技术、质量负责人也应参加验收。

（7）单位工程竣工验收要对工程质量按标准全面检查验收，要对工程质量控制资料、工程安全、功能检测资料进行审查核对，经正式验收通过，写出竣工验收报告，各方签字盖章，办理交工手续。

二、表格填写及说明

1. 单位工程质量验收表及填写示例（表 5-7）

单位工程质量竣工验收记录　　表 5-7

<table>
<tr><td colspan="2">工程名称</td><td>×× 住宅楼工程</td><td>结构类型</td><td colspan="2">砖混结构</td><td>层数 / 建筑面积</td><td colspan="2">地下三层地上十层 /6000m^2</td></tr>
<tr><td colspan="2">施工单位</td><td>×× 建筑公司</td><td>技术负责人</td><td colspan="2">陈 ××</td><td>开工日期</td><td colspan="2">201× 年 ×× 月 ×× 日</td></tr>
<tr><td colspan="2">项目负责人</td><td>王 ××</td><td>项目技术负责人</td><td colspan="2">白 ××</td><td>竣工日期</td><td colspan="2">201× 年 ×× 月 ×× 日</td></tr>
<tr><td>序号</td><td colspan="2">项目</td><td colspan="4">验收记录</td><td colspan="2">验收结论</td></tr>
<tr><td>1</td><td colspan="2">分部工程验收</td><td colspan="4">共 8 个分部，经查符合设计及标准规定 8 个分部（无通风与空调、智能、有燃气未检查）</td><td colspan="2">所有 8 个分部工程质量验收合格</td></tr>
<tr><td>2</td><td colspan="2">质量控制资料核查</td><td colspan="4">共 29 项，经核查符合规定 29 项</td><td colspan="2">实际发生的 29 项，质量控制资料全部符合有关规定</td></tr>
<tr><td>3</td><td colspan="2">安全和使用功能核查及抽查结果</td><td colspan="4">共核查 24 项，符合规定 24 项，共抽查 6 项，符合规定 6 项，经返工处理符合规定 0 项</td><td colspan="2">核查及抽查项目全部符合规定</td></tr>
<tr><td>4</td><td colspan="2">观感质量验收</td><td colspan="4">共抽查 17 项，达到“好”和“一般”的 17 项，经返修处理符合要求的 0 项</td><td colspan="2">好</td></tr>
<tr><td colspan="3">综合验收结论</td><td colspan="6">工程质量合格</td></tr>
<tr><td rowspan="2">参加验收单位</td><td colspan="2">建设单位</td><td colspan="2">监理单位</td><td colspan="2">施工单位</td><td>设计单位</td><td>勘察单位</td></tr>
<tr><td colspan="2">（公章）
项目负责人：
×××
201× 年 ×× 月
×× 日</td><td colspan="2">（公章）
总监理工程师：
×××
201× 年 ×× 月
×× 日</td><td colspan="2">（公章）
项目负责人：
×××
201× 年 ×× 月
×× 日</td><td>（公章）
项目负责人：
×××
201× 年 ×× 月
×× 日</td><td>（公章）
项目负责人：
×××
201× 年 ×× 月
×× 日</td></tr>
</table>

注：单位工程验收时，验收签字人员应由相应单位法人代表书面授权。

2. 填写依据及说明

《单位工程质量竣工验收记录》是一个建筑工程项目的最后一道验收，应先由施工单位检查合格后填写。提交监理单位、建设单位组织验收。先由监理单位由总监理工程师组织预验收，再由建设单位组织正式验收。

（1）单位工程完工，施工单位组织自检合格后，应由施工单位填写《单位工程质量验收记录》并整理好相关的控制资料和检测资料等。报请监理单位进行预验收，通过后向建设单位提交工程竣工验收报告，建设单位应组织设计、监理、施工、勘察等单位项目负责人进行工程质量竣工验收，验收记录上各单位必须签字并加盖公章，验收签字人员应是由相应是单位法人代表书面授权的项目负责人。

（2）进行单位工程质量竣工验收时，施工单位应同时填报《单位工程质量控制资料核查记录》《单位工程安全和功能检验资料核查及主要功能抽查记录》《单位工程观感质量检查记录》，作为《单位工程质量竣工验收记录》的配套附表。

（3）表头的填写

1）工程名称：应填写单位工程的全称，应与施工合同中的工程名称相一致。

2）结构类型：应填写施工图设计文件上确定的结构类型，子单位工程不论其是哪个范围，也是照样填写。

3）层数 / 建筑面积：说明地下几层地上几层，建筑面积填竣工决算的建筑面积。

4）施工单位、技术负责人、项目负责人、项目技术负责人："施工单位"栏应填写总承包单位名称，宜写全称，并与合同上公章名称一致，并注意各表格填写的名称应相互一致；"技术负责人"应为施工单位的技术负责人姓名；"项目负责人"栏填写合同中指定的项目负责人姓名；"项目技术负责人"栏填写本工程项目的技术负责人姓名。

5）开、竣工日期：开工日期填写"施工许可证"的实际开工日期；完工日期以竣工验收合格，参验人员签字通过日期为准。

（4）"项目"栏按单位工程验收的内容逐项填写，并与"验收记录""验收结论"栏，一并相应地填写；"分部工程验收"栏根据各《分部工程质量验收记录》填写。应对所含各分部工程。

（5）由竣工验收组成员共同逐项核查。对表中内容如有异议，应对工程实体进行检查或测试。

核查并确认合格后，由监理单位在"验收记录"栏注明共验收了几个分部，符合标准及设计要求的有几个分部，并在右侧的"验收结论"栏内，填入具体的验收结论。

（6）"质量控制资料核查"栏根据《单位工程质量控制资料核查记录》的核查结论填写。

建设单位组织由各方代表组成的验收组成员，或委托总监理工程师，按照《单位工程质量控制资料核查记录》的内容，对实际发生的项目进行逐项核查并标注。确认符合要求后，在"验收记录"栏填写共核查 ×× 项，符合规定的 ×× 项，并在"验收结论"栏内填写具体实际核查的项目符合规定的验收结论。

（7）"安全和主要使用功能核查及抽查结果"栏根据《单位工程安全和功能检验资料核查及主要功能抽查记录》的核查结论填写。对于分部工程验收时已经进行了安全和功能检测的项目，单位工程验收时不再重复检测。但要核查以下内容：

1）单位工程验收时按规定、约定或设计要求，需要进行的安全功能抽测项目是否都进行了检测；具体检测项目有无遗漏。

2）抽测的程序、方法及判定标准是否符合规定。

3）抽测结论是否达到设计要求及规范规定。

经核查对实际发生的检测项目进行逐项核查并标注，认为符合要求的，在"验收记录”栏填写核查的项数及符合项数，抽查项数及符合规定的项数，没有返工处理项，并在“验收结论”栏填入核查、抽测项目数符合要求的结论。如果发现某些抽测项目不全，或抽测结果达不到设计要求，可进行返工处理。

（8）“观感质量验收”栏根据《单位工程观感质量检查记录》的检查结论填写。参加验收的各方代表，在建设单位主持下，对观感质量抽查，共同作出评价。如确认没有影响结构安全和使用功能的项目，符合或基本符合规范要求，应评价为“好”或“一般”。如果某项观感质量被评价为“差”，应进行修理。如果确难修理时，只要不影响结构安全和使用功能的，可采用协商解决的方法进行验收，并在验收表上注明。

观感质量验收不只是外观的检查，实际是实物质量的一个全面检查，能启动的启动一下，有不完善的地方可记录下来，如裂缝、损缺等。实际是对整个工程的一个综合的实地的总体质量水平的检查。

对观感质量验收检查抽查的点（项）数，达到“好”“一般”的在“验收记录”栏记录。并在“验收结论”栏填写“好”或“一般”。

（9）“综合验收结论”栏应由参加验收各方共同商定，并由建设单位填写，主要对工程质量是否符合设计和规范要求及总体质量水平作出评价。

3. 单位工程质量控制资料核查记录表示例（表 5-8）

单位工程质量控制资料核查记录 **表 5-8**

工程名称	××综合楼工程		施工单位	××建筑公司			
序号	项目	资料名称	份数	施工单位		监理单位	
				核查意见	核查人	核查意见	核查人
1	建筑与结构	图纸会审记录、设计变更通知单、工程洽商记录	13	完整有效		合格	
2		工程定位测量、放线记录	16	完整有效		合格	
3		原材料出厂合格证书及进厂检验、试验报告	87	完整有效		合格	
4		施工试验报告及见证检测报告	56	完整有效	×××	合格	×××
5		隐蔽工程验收记录	15	完整有效		合格	
6		施工记录	27	完整有效		合格	
7		地基、基础、主体结构检验及抽样检测资料	9	完整有效		合格	
8		分项、分部工程质量验收记录	28	完整有效		合格	
9		工程质量事故调查处理资料	/	/		/	
10		新技术论证、备案及施工记录	/	/		/	
1	给水排水与供暖	图纸会审记录、设计变更通知单等	5	完整有效	×××	合格	×××
2		洽商记录员材料出厂合格证书及进厂检验、试验报告	26	完整有效		合格	
3		管道、设备强度试验、严格性试验记录	6	完整有效		合格	
4		隐蔽工程验收记录	3	完整有效		合格	

续表

工程名称	×× 综合楼工程		施工单位	×× 建筑公司			
序号	项目	资料名称	份数	施工单位		监理单位	
				核查意见	核查人	核查意见	核查人
5	给水排水与供暖	系统清洗、灌水、通水、通球试验记录	22	完整有效	×××	合格	×××
6		施工记录	12	完整有效		合格	
7		分项、分部工程质量验收记录	10	完整有效		合格	
8		新技术论证、备案及施工记录	/	/		/	
1	通风与空调	图纸会审记录、设计变更通知单、工商洽商记录	/	/		/	
2		原材料出厂合格证书及进厂检验、试验报告	/	/		/	
3		制冷、空调、水管道强度实验、严密试验记录	/	/		/	
4		隐蔽工程验收记录	/	/		/	
5		制冷设备运行调试记录	/	/		/	
6		通风、空调系统调试记录	/	/		/	
7		施工记录	/	/		/	
8		分项、分布工程质量验收记录	/	/		/	
9		新技术论证、备案及施工记录	/	/		/	
1	建筑电气	图纸会审记录、设计变更通知单、工商洽商记录	6	完整有效	×××	合格	×××
2		原材料出厂合格证书及进厂检验、试验报告	18	完整有效		合格	
3		设备调试记录	4	完整有效		合格	
4		接地、绝缘电阻测试记录	15	完整有效		合格	
5		隐蔽工程验收记录	4	完整有效		合格	
6		施工记录	14	完整有效		合格	
7		分项、分部工程质量验收记录	10	完整有效		合格	
8		新技术论证、备案及施工记录	/	/		/	
1	电梯	图纸会审记录、设计变更通知单、工程洽商记录	3	完整有效	×××	合格	×××
2		设备出厂合格证书及开箱检验记录	2	完整有效		合格	
3		隐蔽工程验收记录	4	完整有效		合格	
4		施工记录	28	完整有效		合格	
5		接地、绝缘电阻试验记录	4	完整有效		合格	
6		负荷试验、安全装置检查记录	2	完整有效		合格	
7		分项、分部工程质量验收记录	/	完整有效		合格	
8		新技术论证、备案及施工记录	/	/			
1	燃气		/				
检查结论	结论：工程质量控制资料完整、有效，各种材料、设备进场验收，施工记录、施工试验、系统调试记录等符合有关规范规定，工程质量控制资料核查通过，同意验收。 施工单位项目负责人：×××　　总监理工程师：××× 201× 年 ×× 月 ×× 日 201× 年 ×× 月 ×× 日						

注：抽查项目由验收组协商确定。

4. 填写依据及说明

单位工程质量控制资料是单位工程综合验收的一项重要内容，检查目的是强调建筑结构安全性能、使用功能方面主要技术性能的检验。施工单位应将全部资料按表列的项目分类整理附在表的后边，供审查用。其每一项资料包含的内容，就是单位工程包含的有关分项工程中检验批主控项目、一般项目要求内容的汇总。对一个单位工程全面进行质量控制资料核查，可以了解施工过程质量受控情况，防止局部错漏，从而进一步加强工程质量的控制。

《建筑工程施工质量验收统一标准》GB 50300—2013 中规定了按专业分共计 61 项内容。其中，建筑与结构 10 项，给水排水与供暖 8 项，建筑电气 8 项，建筑智能化 10 项，建筑节能 8 项，电梯 8 项，通风与空调、智能建筑工程没有，燃气工程由于没有更新验收规范，原来的《建筑采暖卫生与煤气工程质量检验评定标准》GBJ 302—1988 中关于“室内燃气工程”和“室外燃气工程”一直没有使用，故未检查。

本表由施工单位按照所列质量资料的种类、名称进行检查，达到完整有效后，填写份数，然后提交给监理单位验收。

本表其他各栏内容先由施工单位进行自查和填写。监理单位应按分部工程逐项核查，独立得出核查结论。监理单位核查合格后，在监理单位“核查意见”栏填写对资料核查后的具体意见，“完整”“符合要求”“合格”都行。施工、监理单位具体核查人员在“核查人”栏签字。

总监理工程师确认符合要求后，施工单位项目负责人和总监理工程师，在表下部“检查结论”栏内，填写对资料核查后的综合性结论，“同意验收”，并签字确认。

5. 单位工程安全和使用功能资料核查和主要功能抽查记录表示例（表 5-9）

单位工程安全和使用功能资料核查和主要功能抽查记录 **表 5-9**

<table>
<tr><td colspan="2">工程名称</td><td>××综合楼工程</td><td colspan="2">施工单位</td><td colspan="2">××建筑公司</td></tr>
<tr><td>序号</td><td>项目</td><td>安全和功能检查项目</td><td>份数</td><td>抽查结果</td><td>核查意见</td><td>核（抽）查人</td></tr>
<tr><td>1</td><td rowspan="13">建筑与结构</td><td>地基承载力检验报告</td><td>2</td><td>完整有效</td><td></td><td rowspan="13">施工：×××
监理：×××</td></tr>
<tr><td>2</td><td>桩基承载力检验报告</td><td>/</td><td>/</td><td></td></tr>
<tr><td>3</td><td>混凝土强度试验报告</td><td>6</td><td>完整有效</td><td>抽查 1 处合格</td></tr>
<tr><td>4</td><td>砂浆强度试验报告</td><td>6</td><td>完整有效</td><td></td></tr>
<tr><td>5</td><td>主体结构尺寸、位置抽查记录</td><td>6</td><td>完整有效</td><td></td></tr>
<tr><td>6</td><td>建筑物垂直度、标高、全高测量记录</td><td>1</td><td>完整有效</td><td>抽查 5 处合格</td></tr>
<tr><td>7</td><td>屋面淋水或蓄水试验记录</td><td>1</td><td>完整有效</td><td>抽查 1 处合格</td></tr>
<tr><td>8</td><td>地下室渗漏水检测记录</td><td>/</td><td></td><td></td></tr>
<tr><td>9</td><td>有防水要求的地面蓄水试验记录</td><td>1</td><td>完整有效</td><td></td></tr>
<tr><td>10</td><td>抽气（风）道检查记录</td><td>2</td><td>完整有效</td><td></td></tr>
<tr><td>11</td><td>外窗气密性、水密性、耐风压检测报告</td><td>2</td><td>完整有效</td><td></td></tr>
<tr><td>12</td><td>幕墙气密性、水密性、耐风压检测</td><td>/</td><td></td><td></td></tr>
<tr><td>13</td><td>建筑物沉降观测测量记录</td><td>2</td><td>完整有效</td><td></td></tr>
</table>

续表

工程名称		×× 综合楼工程	施工单位		×× 建筑公司	
序号	项目	安全和功能检查项目	份数	抽查结果	核查意见	核（抽）查人
14	建筑与结构	节能、保温测试记录	5	完整有效		施工：××× 监理：×××
15		室内环境检测报告	2	完整有效		
16		土壤氡气浓度检测报告	1	完整有效		
1	给水排水与供暖	给水管道通水试验记录	1	完整有效		施工：××× 监理：×××
2		暖气管道、散热器压力试验记录	2	完整有效	抽查 5 处合格	
3		卫生器具满水试验记录	2	完整有效		
4		给水消防管道、燃气管道压力试验记录	12	完整有效		
5		排水干管道通球试验记录	14	完整有效		
6		锅炉试运行、安全阀及报警联动测试记录	/			
1	通风与空调	通风、空调系统试运行记录	/			
2		风量、温度测试记录	/			
3		空气能量回收装置测试记录	/			
4		洁净室净度测试记录	/			
5		制冷机组运行调试记录	/			
1	建筑电气	建筑照明通电运行记录	2	完整有效		施工：××× 监理：×××
2		灯具固定装置及悬吊装置的载荷强度试验记录	/	/		
3		绝缘电阻测试记录	36	完整有效	抽查 8 处合格	
4		剩余电流动作保护器测试记录	/			
5		应急电源装置应急持续供电记录	/			
6		接地电阻测试记录	6	完整有效	抽查 3 处合格	
7		接地故障回路阻抗测试记录	6	完整有效		
1	智能建筑	系统试运行记录	/			
2		系统电源及接地检测报告	/			
3		系统接地检测报告	/			
1	建筑节能	外墙节能构造检查记录或热工性能检测报告	12	完整有效		施工：××× 监理：×××
2		设备系统节能性能检查记录	2	完整有效		
1	电梯	运行记录	2	完整有效		施工：××× 监理：×××
2		安全装置检测报告	6	完整有效		
1	燃气		/			

结论：资料完善有效、抽查结果全部符合要求，同意验收。
施工单位项目负责人：×××　　　　总监理工程师：×××
201× 年 ×× 月 ×× 日　　　　201× 年 ×× 月 ×× 日

注：抽查项目由验收组协商确定。

6. 填写依据及说明

建筑工程投入使用，最为重要的是要确保安全和满足功能要求，涉及安全和使用功能的项目应有检验资料，质量验收时确保满足安全和使用功能的项目进行检测是强化验收的重要措施。对主要项目的检测资料记录进行抽查是落实质量的内容，施工单位应在竣工验收时，先将《单位工程安全和使用功能资料核查和主要功能抽查记录》核查确认好，竣工与验收时，监理进行抽查，填写核查、抽查意见。

抽查项目是在核查资料文件的基础上，由参加验收的各方人员协商确定，然后按有关专业工程施工质量验收标准进行检查。

安全和功能的各项主要检测项目，《单位工程安全和使用功能资料核查和主要功能抽查记录》中已经列明。如果设计或合同有其他要求，经监理认可后可以补充。

安全和功能的检测，如果条件具备，应在分部工程验收时进行，分部工程验收时凡已经做过安全和功能检测的项目，单位工程竣工验收时可不再重复检测。只核查检测报告是否符合有关规定。可核查检测项目是否有遗漏。应与检测项目计划对应检查，核查抽测项目程序、方法、判定标准是否符合规定；检测结论是否达到设计要求及规范规定；如果某个项目抽测结果达不到设计要求，应允许进行返工处理，使之达到要求再进行核查。

检查安全和功能检测资料时，可以对检查的资料项目列成表，作为原始检查记录，抽项检查后，填入《单位工程安全和使用功能资料核查和主要功能抽查记录》表。

本表由施工单位按所列内容检查并填写份数后，提交给监理单位。

本表其他栏目由总监理工程师或建设单位项目负责人组织核查、抽查并由监理单位填写。

监理单位经核查和抽查，如果认为符合要求，由总监理工程师在表中的“检查结论”栏填写综合性验收结论，施工单位项目负责人签字负责。

7. 单位工程观感质量检查记录表示例（表 5-10）

单位工程观感质量检查记录 **表 5-10**

工程名称		××综合楼工程	施工单位	××建筑公司
序号	项目		抽查质量状况	质量评价
1	建筑与结构	主体结构外观	共检查 10 点，好 9 点，一般 1 点，差 0 点	好
2		室外墙面	共检查 10 点，好 8 点，一般 2 点，差 0 点	好
3		变形缝、雨水管	共检查 6 点，好 6 点，一般 0 点，差 0 点	好
4		屋面	共检查 5 点，好 5 点，一般 0 点，差 0 点	好
5		室内墙面	共检查 10 点，好 8 点，一般 2 点，差 0 点	好
6		室内顶端	共检查 10 点，好 6 点，一般 4 点，差 0 点	一般
7		室内地面	共检查 10 点，好 9 点，一般 1 点，差 0 点	好
8		楼梯、脚步、护栏	共检查 10 点，好 7 点，一般 3 点，差 0 点	一般
9		门窗	共检查 10 点，好 7 点，一般 3 点，差 0 点	一般
10		雨罩、台阶、坡道、散水	共检查 10 点，好 6 点，一般 4 点，差 0 点	一般
1	给水排水与供暖	楼道接口、坡度、支架	共检查 10 点，好 9 点，一般 1 点，差 0 点	好
2		卫生器具、支架、阀门	共检查 10 点，好 8 点，一般 2 点，差 0 点	好

续表

工程名称		××综合楼工程	施工单位	××建筑公司
序号	项目		抽查质量状况	质量评价
3	给水排水与供暖	检查口、扫除口、地漏	共检查10点，好8点，一般2点，差0点	好
4		散热器、支架	共检查10点，好9点，一般1点，差0点	好
1	建筑电气	配电箱、盘、板、接点盒	共检查10点，好10点，一般0点，差0点	好
2		设备器具、开关、插座	共检查10点，好8点，一般2点，差0点	好
3		防雷、接地、防火	共检查10点，好9点，一般1点，差0点	好
1	电梯	运行、平层、开关门	共检查10点，好10点，一般0点，差0点	好
2		层门、信号系统	共检查10点，好10点，一般0点，差0点	好
3		机房	共检查10点，好9点，一般10点，差0点	好
1	燃气		本工程未检验	
观感质量综合评价			好	
结论：评价为好，观感质量验收合格。 施工单位项目负责人：×××　201×年××月××日　　总监理工程师：×××　201×年××月××日				

注：对质量评价为差的项目进行返修。

8. 填写依据及说明

单位工程观感质量检查，是在工程全部竣工后进行的一项重要验收工作。

单位工程观感质量检查，是在工程全部竣工后进行的一项重要验收内容，是对一个单位工程的外观及实用功能质量的全面评价，可以促进施工过程的管理，成品保护，提高社会效益和环境效益，观感质量检查绝不是单纯的外观检查，而是实地对工程得一个全面检查。

《建筑工程施工质量验收统一标准》GB 50300—2013规定，单位工程的观感质量验收，按点评价，分为“好”“一般”“差”三个等级。观感质量检查的方法、程序、评判标准等均与分部工程相同，不同的是检查项目较多，属于综合性验收。主要内容包括：核实质量控制效果，检查检验批、分项、分部工程验收的正确性，对在分项工程中不能检查的项目进行检查，核查各分部工程验收后到单位构成竣工之间的成品保护措施、工程的观感质量有无变化、损坏等。

本表由总监理工程师组织参加验收的各方代表，按照表中所列内容，共同实际检查，协商得出质量评价、综合评价验收结论意见。由于施工单位应有一个观感质量的验收表，在总监理工程师组织观感质量检查时，可单独重新填写一个新表，也可在施工单位的验收表上核查。通常都是重新填写表，检查结果可作个对比。

观感标准是结合工程的主控项目、一般项目，以及分部验收过程中性能检验的要求，感官的检查，不光是外观，包括能打开的打开看看，能启动能操作的，启动操作看是否是一个全面的检查。

注意事项：

（1）参加验收的各方代表，经共同实际检查，如果确认没有影响结构安全和使用功能等问题，可共同商定评价意见，评定为“好”和“一般”的项目，由总监理工程师在“观感质量综合评价”栏填写“好”或“一般”，并在“检查结论”栏内填写“工程观感质量综合评价”为“好”或“一般”，“验收合格”或“符合要求”。

（2）如有评价为“差”的项目，能返修的应予以返工修理，重要的观感检查项目修理后需要重新检查验收。

（3）“抽查质量状况”栏，可填写具体检查数据。当数据少时，可直接将检查数据填在表格内，当数据多时，可简要描述抽查的质量状况，必要时应将检查原始记录附在后面。

9. 观感质量判定的方法是感官检查

（1）感官检查的作用：感官检查就是用人的五官感觉、视觉、触觉、听觉、味觉、嗅觉来判断产品（东西）的好坏优劣，如颜色声音、物体表面的粗糙程度、冷热程度、食品的美味等。感官检查就是依据感觉来判断产品的特性值的手段，这种方法是人们生活常用的，有的是不可替代的，如饭菜的色香味俱全是用感官来判断的。使用得当能取到好的效果。

（2）感官检查是把人作为检查感觉的器具，对产品、事物来进行抽象的检测，对感官检查人是有要求的，有必要进行专门的训练，有的检查项目对检查人的素质知识、实践、公正、诚信、判断能力是有高的要求的，如品酒师、音乐家，以及工序检查人员等，感官检查是日常生活及生产当中评价不可缺少的、无处不在的评价手段。

（3）由于人的专业知识、喜好、经验及经历不同，以及人处的位置不同，人的感觉会有变化。同一事物评价的结果是有差别的，共同检查结果可靠性，应进行科学的管理，来改善其不稳定性，提高可行性。

（4）感官检查方法随着生产的发展，人们对感官要求的提高，感官检查日益得到重视，有些难以替代的，如工程质量的装饰效果，是综合性的，是无法用其他方法来代替判定的。

第六章　工程质量的改进和提高

第一节　工程质量状况

一、工程质量状况的认识

1. 工程质量的特点

（1）单一性。每个建筑都是与周围环境相结合，环境、地基承载力的不同，只能单独生产。同一图纸、同一队伍，产品也不同。

（2）预约性。是先订合同后生产。事前对工程质量、工期、造价等提出要求，生产过程去实现，形成的过程必须监督。

（3）复合性。一个工程是一个复合体，要由多种材料、设备，多种系统的人员来完成，从头至尾要由多道程序来完成。立项、勘察、设计、施工、验收等。又有多方人员参加，建设单位、设计、施工、监理、材料、供应、检测等。哪个方面处理不适都会影响到整个工程质量。

（4）固定性。产品是固定的，受环境等的影响大。

（5）整体性，也叫系统性。一个工程各部位都得质量好，整个工程质量才好，只要一个部位有问题，整个工程都会受到影响，所以，要求等强度。

2. 工程质量的内容

（1）适用性、功能性，达到使用要求；

（2）可靠性，在正常情况及考虑的自然灾害下，工程坚实可靠；

（3）耐久性，在设计使用年限内，保证工程使用和安全；

（4）美观性、协调性；单体好看，周围环境协调；

（5）经济性、性价比适当；

（6）环保及社会要求，节约能源满足社会发展和科技发展要求，得到了较大的重视。

3. 不同时期质量状况的比较

改革开放初期，由于建设的迅速发展，技术、管理、人才及建筑材料的供应，都出现了大的缺口。工程的设计质量，施工人员素质、管理制度等跟不上，工程质量一度下滑，质量安全事故时有发生，某个时期工程倒塌事故仅达到平均每 4.5 天就有一起重大事故发生。国家及时采取了一系列的措施，制订了一些控制措施和管理制度，使工程质量管理不到位、质量事故的发生，得到了有效防治。

（1）从下边两个时期的重大质量事故的统计数据比较，可以表明一些情况。说明质量治理的效果。

1）1981 ～ 1990 年，10 年间不完全统计的重大质量倒塌事故，平均每年 64.9 起重大质量事故。见表 6-1。

1981 ～ 1990 年重大质量事故统计表 **表 6-1**

倒塌事故类别	次数	占比例（%）	倒塌事故类别	次数	占比例（%）
一、地基基础破坏	42	6.5	四、梁、板破坏	81	12.5
二、柱、墙破坏	276	42.5	1. 钢筋混凝土梁	30	4.6
1. 砖柱、墙	205	31.0	2. 楼板、屋面板	51	7.9
2. 混凝土柱、墙	28	4.3	五、悬臂结构（阳台、挑檐等）破坏	78	12.0
3. 柱、墙施工中倒塌	47	7.2			
三、屋架破坏	59	9.1	六、模板破坏	52	8.0
1. 钢筋混凝土屋梁	26	4.0	七、坍塌	46	7.1
2. 钢屋架	19	2.9	八、其他（构筑物等）	15	2.3
3. 其他（网架）	14	2.2	合计	649	100%

2）近年来 5 年间不完全统计发生的较大以上质量事故，平均每年 7.8 起。见表 6-2。事故的次数及类别也发生了变化。

2014 ～ 2018 年期间不完全统计较大以上质量事故统计表 **表 6-2**

发生事故类别	次数	占比例（%）
一、坍塌（沟槽、基坑）	12	30.8
二、模板破坏	17	43.6
三、结构倒塌	10	25.6
1. 砖混结构	2	5.1
2. 钢筋混凝土结构	1	2.6
3. 钢结构	5	12.8
4. 钢筋垮塌	2	5.1
合计	39	100

3）从两个时期重大质量事故的数量可以了解工程质量有了根本性的转变。数量减少了近 10 倍，更重要的是事故类别，坍塌和模板破坏占了绝大多数。

（2）工程质量常见质量问题（质量通病）治理。

1）经过全行业广大职工的不断努力，采取有效措施对质量问题进行治理（质量通病），取得了好的效果。质量问题是造成质量不好的基本内容，小的影响功能、观感，大的就会造成质量事故。前边的质量事故都是质量问题得不到及时解决造成的。这些年随着质量问题的逐步克服，质量事故也逐渐减少，这是成正比的。从质量问题本身来讲，很难用数字或定量的结论来表达的，但可以用比较的方法来说明。如 20 世纪 80 年代，屋面防水质量问题很多，有调查显示，由于防水材料质量差，施工技术不成套，施工人员操作不规范等。屋面防水渗漏情况严重，当年施工当年发生渗漏的房屋工程约 1/4。2 ～ 3 年发生渗漏的占 3/4 还多。有一个例子，20 世纪 80 年代，有一年全国检查工程质量，一个检查小组报告，在一个省检查当年和去年完工的 10 个房屋工程，全部有渗漏水现象。但近些年来，房屋屋面防水渗漏，当年施工当年发生渗漏的基本杜绝，2～3年发生渗漏的也小于1/20，而且很大部分是屋面上人安装太阳能、广告牌，以及屋面上私搭乱建，破坏了屋面防水层而造成的。

2）质量问题还有一个特点，不好确定质量问题的单位，如房屋屋面渗漏水，可列为屋面渗漏水一个质量问题，也可列为女儿墙、山墙收头不好发生渗漏水；檐口、落水口接槎不好渗漏水；屋面低凹处和檐沟积水后发生渗漏水等。1个问题分成几个或十几个小质量问题来讲述。所以，不能讲甲地多少个质量问题，解决了多少个质量问题，乙地解决了多少个质量问题。谁的多谁就绝对好。有的老的质量问题解决了，新的质量问题又暴露出来了。不是说原来10个质量问题解决了8个，就只剩下2个了，可能还有5个或12个。由于质量要求高了，原来不是问题的问题，现在又是新问题的。或是为了有针对性地解决，划分的比较细了。

如有的地区对结构工程混凝土工程常见质量问题，原来有混凝土强度不够，钢筋保护层厚度不准确及外观质量不好质量问题，在治理的过程中，又提出了一些混凝土结构构造方面，混凝土浇筑方面，以及混凝土强度均质性的质量问题。

3）钢筋构造质量问题：

梁柱接头部位的钢筋构造，在柱梁等宽度时，柱、梁的主筋位置如何放置；柱、梁的箍筋如何放置，很多情况下，箍筋的数量都不够，能少放或不放箍筋，在梁端与边柱的梁柱接头，梁的主筋锚固长度能满足规定吗?

梁、梁交叉处底标高相同，梁的主筋应该如何放？如何保证梁的高度？特别是连续梁时，主筋如何放，箍筋的开口应如何放。交叉处要不要加密箍筋，增加元宝筋等，梁端头的主筋锚固长度如何保证等。

梁的转角处，弯起筋的弯拆处的构造处理。

柱的主筋每层接长构造。下层柱筋的位移如何保护？接长后的主筋位置保证，箍筋加密保证等。

4）混凝土浇筑质量问题：

柱、梁接头、梁与梁交叉接头处的浇筑混凝土密实性保证，梁的上层筋及柱梁接头处梁的上层钢筋密集，空隙很小，浇筑混凝土下去细骨多，粗骨料少，由混凝土收缩下沉后造成筋下混凝土脱离，影响了钢筋的握裹力：应进行初凝前的抹压或二次振捣等。

不同强度等级混凝土浇筑交接处的处理，柱C40梁板C35如何保证其浇筑时的界限。

混凝土的浇筑顺序不正确，泵送下料不按程序，使梁、板混凝土的配合比不一致，堆放料处粗骨料多，而推开的部分粗骨料相对少，特别是柱梁交接处，由于上层钢筋密粗骨料下去少，细骨料下去的多，这里的混凝土强度受影响。

5）混凝土强度的匀质性

以往注意混凝土试块强度达到设计要求的多，但不注重强度的匀质性，使强度值离散性大，如有的C35级强度达到C50也不注意，实际这是质量控制失控，强度值应尽量靠近平均值，减小极差（最大值与最小值的差），以保证工程强度的匀质性。再有就是浇筑中，不注意控制混凝土强度的最低值，有的已初凝了再浇筑到工程中，这些个别部位或构件，就会造成工程结构强度低下。注意控制混凝土的强度最大值、最小值；控制混凝土入模时间，必须不能超过初凝时限。

这些关注使工程质量控制，进一步精细化、精准化，保证工程质量提高了一个等级。

（3）质量通病（质量问题）最早是20世纪80年代初提出来的。提醒大家采取措施消除质量通病。全国各地各企业都采取了一系列的技术措施，来治理质量通病，治理是有成效的，工程质量的水平有了大的提高。但全国的质量通病治理、汇总起来约有上千个质量通病。2000～2010年《建筑技术》编辑了一本治理质量通病的书，列出了1000多条质量通病。这不能说明质量通病是越治越多，而是说质量要求越来越高，质量通病治理越来越细了。

特别是住房城乡建设部2013年提出的常见质量问题专项治理工作方案，要求各地区对住宅工程质量常见质量问题预防和治理覆盖率达到100%，使住宅工程质量水平明显提高，住宅性能明显改善，住宅质量投诉明显减少，住宅质量满意度明显提高，专项治理工作取得显著成效。这四个“明显”和一个“显著”，就是治理质量问题的总体要求。

质量常见问题专项治理的思路很明，就是在工程改进的过程中，必须各地各企业，根据自身的实际情况，找出不足进行改进，来提高自身的工程质量水平，根据两年的专项治理，确实有了“显著”成效。

2017年住房城乡建设部又部署了“工程质量安全提升行动方案”，提出了在巩固工程质量治理两年行动成果的基础上，围绕“落实主体责任”和“强化政府监管”两个重点，坚持企业管理与项目管理并重、企业责任与个人责任并重、质量安全行为与工程实体质量安全并重、深化建筑业改革与完善质量安全管理制度并重，严格监督管理，严格责任落实，严格责任追究，着力构建质量安全提升长效机制，全面提升工程质量安全水平。这些要求是改进工程质量安全的基本思路，是发挥全行业广大职工把建筑行业办好的积极性的根本所在。是从工程建设特点提出的要求，全行业广大职工必须深刻领会努力实践，只要不断深入治理质量问题，工程质量就会不断提高，质量事故就会逐步根绝，在一定的条件下，质量事故时质量问题积累的结果。所以说质量问题治理的重要。质量问题的不断深入治理是提高工程质量的主要手段。

4. 工程质量改进的主要方面

（1）近些年来，建筑工程质量有了明显的提高，结构工程质量进一步安全可靠；装饰装修质量明显改善，城市总体面貌体现明显；环境观感景象大幅提高；建筑设备安装功能改进，方便生活，增多功能，生活质量不断提高，舒服感、幸福感越来越显现。

（2）从工程本身来看，总体质量得到有效管理，大批大型工程质量不断提高完善，新结构、新材料、新施工技术的应用和实现，使工程质量不断提高，有的成了国家的标致工程、城市的地标建筑、国际的铭牌工程。

（3）建筑材料、构配件、器具设备的质量进一步得到重视，材料选用、材料进场检验得到了加强；合格的材料才能保证工程质量。

（4）结构工程质量得到进一步重视，各省市设立了结构工程奖、优质结构工程奖等，创优质工程先创优质结构工程，鼓励和促进了结构工程的管理。结构工程对工程的安全起了大的作用，并为生活、生产空间创造了条件，为设备安装、装饰装修打下了良好基础。

（5）对工程的使用功能得到了重视，尤其是住宅工程使用功能越来越完善，不同人群的不同要求进一步得到了满足。生活安静、舒适度改善，人们的满意度进一步提高。

（6）工程的安全卫生、环境质量列入了质量管理，为人们生活质量提高展示了前景。

（7）施工过程的现场管理，不仅为保证工程质量、进度创造了条件，也为社会生活减少了干扰，为环境质量作出了贡献，也提高了工程建设过程的管理水平。

（8）质量问题：质量缺陷和用户投诉越来越少。

（9）工程项目质量管理落实不够

工程质量改进的方法，后边将叙述。

5. 工程项目质量管理落实不够

（1）企业内部各项管理制度比较完善，但这些管理制度落实到工程项目的不够。一些制度都是放在公司的资料室、办公室的多，在工程项目部办公室有一些，但不完善、不齐全，有的则没有。只是将一些明显的要求写成标语或口号，挂在墙上，现在有的把一些质量标准、安全事项、文明条约等挂在墙上。但更细一些的工作程序、操作规程、一些管理细则就没有了。有些工地现场连基本的工程技术标准都没有，施工规范、质量验收规范都没有。主要是：

1）企业的基本管理制度施工现场不完善，如工程项目的质量管理体系文件，企业有，施工现场没有；相应的施工技术规范、质量验收规范在企业里比较全，施工现场没有或不全，特别是施工现场施工管理人员没有相应的规范、标准，更不用说带在身上经常看看；施工质量检验制度企业有施工现场不一定有；还有工作完成后的施工质量评定考核制企业有施工现场没有。工程质量要在完工后进行总结，检查一下工作做得怎么样？工程质量完成情况怎么样？这些规章制度可能每个公司都有，但施工现场没有，这些制度是谁在用？

2）施工企业的生产在施工现场，企业的各项制度都是为做好工程准备的。真正的直接的使用对象是施工人员，不是企业的领导，放在企业发挥不了其作用。

3）有些管理制度是直接为施工现场而制定的，所以，在《建筑工程施工质量验收统一标准》GB 50300—2013 标准中，为了保证施工现场能及时找到有关制度、工程标准，来正确有效地管理工程和保证工程能连续进行，提出了施工现场应具备的基本技术管理资料，列出了附录 A 表 A 中的 13 个项目基本要求。其中包括：

① 项目部质量管理体系；

② 现场质量责任制；

③ 主要专业工种操作岗位证书；

④ 分包单位管理制度；

⑤ 图纸会审记录；

⑥ 地质勘察资料；

⑦ 施工技术标准；

⑧ 施工组织设计、施工方案编制及审批；

⑨ 物资采购管理制度；

⑩ 施工设施和机械设备管理制度；

⑪ 计量设备配备；

⑫ 检测试验管理制度；

⑬ 工程质量检查验收制度。

这些最基本的制度和要求，可保证施工现场的工程质量、施工安全和能连续施工，在施工正式开始之前应在现场准备好，用的时候就方便了，同时经总监理工程师认可。这些是质量验收规范，提出的基本要求，是工程施工的技术施工许可证。

一些施工企业对工程建设标准的落实不到位，没有认识到这是违法，有的企业就《建筑法》、《建设工程质量管理管理条例》规定的各单位的质量责任，也执行落实不到位，有的根本就没有很好学习这些法律、法规，更谈不上执行了。

4）工程项目施工现场没有规划工程相应的资料室。这就从根本上没有准备施工现场的有关管理制度和各种技术资料的存放条件。即使有一些管理制度和技术资料，用时也不知道到哪里去找。施工现场的8大员之一资料员也发挥不了作用，标准员也无法开展工作。

（2）很多施工企业没有工程项目管理办法。

一些施工企业没有专门的工程项目管理办法，有的企业有工程项目管理办法，也是文不对题，多数是从企业的角度来讲工程项目管理，没有从工程项目部角度管理出发制定管理制度。有的企业虽有工程项目的管理办法，由于没有把工程项目是施工企业技术管理的中心工作这点明确，也是不细不深入，起不到规范工作项目管理的作用。施工企业领导层一定要明白工程项目管理是施工企业的管理，是施工企业的生产管理、质量管理、安全管理。施工企业的生产是工程项目，是施工现场。施工企业一定要以工程项目为中心的施工现场管理，企业的中心工作是工程项目。企业的一切生产工作必须落实到工程项目的施工现场去。

1）施工企业必须制定以工程项目为载体的生产管理办法。目的是把工程项目生产的全过程管起来，建立一套生产管理制度，从生产任务、工期、工程质量、施工安全、工程成本、文明施工等全过程。工程项目是施工企业的工程项目，不是项目经理的工程项目。工程项目部是代表企业派出完成具体任务的一个临时组织，是代表施工企业的，其工作好坏企业要随时进行监管。

2）工程项目部是施工企业完成生产任务的一个战斗队，是按照企业的计划来完成任务的，企业要随时监管，定期考核，要按企业的质量目标、计划工期、成本控制目标和安全生产文明施工，完成交给工程项目部。每个项目的任务完成了，施工企业的生产任务就完成了。施工企业的生产是从工程项目做起的。

3）一个施工企业的各工程项目部的管理是代表施工企业的，其工程质量水平是企业的质量水平。各工程项目的施工管理、质量水平、安全生产的水平应该是基本一致的。一个工程项目有好的经验做法，企业管理人员应及时总结变成企业的水平，推广到其他工程项目部去。目前，有的施工企业，特别是一些大型企业，所属的工程项目部管理水平、质量水平差别很大。有的创出了优质工程，有的勉强达到合格，有的质量很差，有的质量、安全事故不断，这是一个企业的工程吗？如果是这样，企业的管理水平如何来确定？这只能说明企业的管理定位不准，没有找到企业生产管理的方向。

① 施工企业要以工程项目为目标管好企业的各项生产任务。工程项目是企业投标中标取得的工程，企业必须按投标承诺，完成合同约定的工程施工任务，这是一个企业必须做到的事情。工程项目部是施工企业完成合同约定任务而组成工作班子，是代表企业完成生产任务的。

② 企业有责任根据施工合同约定，组成相应的工程项目部班子，选好项目经理、项目技术负责人，全面完成企业下达的工程质量、工期、工程成本，以及安全文明施工等任

务。企业是靠人才组成给予支持保证的。

③ 企业要在物资配置上给予全面保障，从资金、物资、后勤各方面支持工程项目部完成任务。企业是工程项目部的保障后盾。

④ 工程项目部要执行企业的各项规章制度，保证企业的管理水平、质量水平、施工现场标准化管理水平。目前，国内一些大公司在施工现场管理中，有统一的要求、统一的做法、统一的质量标准，是非常好的。但也有些企业的工程项目现场是胡乱蛮干，如清华大学附中体育馆工程，就是一个典型的胡乱蛮干的例子。

⑤ 一个施工企业要有能力，按施工合同约定，保质保量按时完成合同约定。首先，按合同约定的质量要求制定质量目标计划、工期计划，以及保本生产计划等履约计划。以计划要求为目的组成工程项目部管理班子，落实各项计划，并在实施过程中，监督检查，确保计划的完成。这是一个施工企业的生产管理的规范行为。

⑥ 一个工程项目部就是企业的一个展示窗口，是企业的代表，企业管理层要把每个窗口的管理做好，来代表企业的水平。

（3）工程项目执行国家规范、标准、深入落实不够

近些年来，工程质量确实有了大的提高和改进，但与国外的一些知名企业比较还有一些差距，有的差的还比较大。就是一个企业内不同的项目之间差别也较大。主要原因是:

1）企业内部操作层操作技能不落实，各企业都是雇用民工在操作，操作质量不是企业能掌握的，民工水平高质量就好些，民工水平低质量就差。而且不管是特级企业、一级企业，还是二、三级企业，都是农民工水平。有少数企业相对固定了一些操作队伍，质量相对好些，有些企业有一批懂管理会操作的高级技工和技师，能带领民工干活，能把任务要求落实下去，质量就更好一些。

① 在技术方案决定之后，一些操作质量还要靠干活的人进一步落实，包括用机械来完成任务，一些大的企业开发了新的施工技术 ，但细部质量达不到方案要求。如一些吊装工程，就位、固定、焊接、螺栓连接等还要人工来配合。要把工程完成好，必须是各方面的配合。

② 有的大型企业自己内部组织了劳务公司、专业施工队，其情况大有改善，其质量状况就完善多了。

③ 有的企业对自己的主营项目，自己培养了一批高级技工、技师作为长期工，每个工种有 2 ～ 3 人。他能带领招来的民工按企业的质量要求、技术措施进行操作，把企业的质量目标落实到实处。这种办法在国外一些企业用得很普遍。花钱不多，效果很好。

④ 有些有建筑特色的地市或县的劳动部门，配合建筑业走出去，自己培养了一批高级工人。带到外地去承揽工程，效果也比较好。

总之，操作质量不高已引起了行政主管部门，以及一些重视工程质量的企业的重视 ，有的已取得好的效果。

2）执行工程建设标准的措施不到位的比较突出。大部分施工企业执行国家工程建设技术标准，侧重于直接执行标准，就是按标准施工，按标准验收，对国家标准的细化和制定贯彻落实措施不够，致使贯彻落实受到影响。在一些经济发达国家的一些大型企业，都是把国家标准细化制定成高于国家标准的企业标准，没有达不到国家标准的情况发生。而我们有些企业习惯于经验做法，有些地方达不到国家标准，不重视也不认真改进。

① 国家标准规定一些原则性的东西多，如就按其条文执行还是做不到位的，必须补充必要的细则，如工程使用的材料必须达到设计要求和规范规定。首先必须按设计文件列出材料表，再按材料表和材料的品种、规格、性能进行订货或采购；材料进场要验收，检查合格证、出厂检验报告，必要的性能项目还应抽样复试合格才能用上工程，这些都是细则，需要施工企业认真做好的，这些环节要有经办人、审核人，还要有验收记录待查等，以备追溯核查。

② 控制措施是保证国家标准贯彻落实的，施工企业在施工前应认真编写，经过向操作人员交底，要使操作人员掌握，在施工中应用，工程质量能达到国家标准规定。达不到标准要求，一是工程要返工，二是控制措施要修改，直到按控制措施施工，工程质量能达到国家标准规定，这个控制措施才基本完善。应该在措施逐步完善后，企业建立相应的制度，把这些有效的措施保存下来，下次再用时就省去许多事。可很多企业没有这个制度，简单地编几条措施，施工人员向操作人员交完底就丢掉了，别人再做这件事得从头来，就连这次编写这个措施的技术人员，也没留下完整的底稿，也是从头再来。许多年来企业贯彻落实国家工程建设技术标准，就这样随心所欲，自发行为，在低水平上循环，在初始状态徘徊，停步不前。

③ 贯彻落实国家工程建设标准本是企业的责任和义务，可在实际工作中，说得多做得少，大家都说是按工程建设标准施工，按标准进行质量验收。但具体的这个项目是按哪条标准施工，具体措施又是什么，都是不具体的。这就成了一个习惯，嘴上说的执行标准，具体执行的哪几条，有什么落实措施，执行的结果如何？有的说不详细，有的根本说不出来。

④ 企业贯彻国家标准必须有计划有制度，在新标准、规定发布后，企业应很好地学习标准、规范，了解规范、标准的应用范围，重点规定，重要条文，有强条时要将强条的规定掌握，制定落实措施，首先应贯彻落实；若是修订规范、标准要了解修订的内容，根据修订的全文来落实执行。企业应有一个明确的执行规范、标准的管理办法 。要求相关人员学习规范、标准；编制施工组织设计、施工方案时，要落实规范、标准的规定，并结合工程项目施工图设计文件，制定落实方案；首先要把相应的强制性条文摘出来落实，编制落实措施方案；要建立执行规范、标准的技术方案和技术措施的不断完善和改进的制度。

⑤ 施工企业要建立把贯彻落实国家规范、标准的技术措施不断改进完善，形成企业的技术力量，来完善和改进企业的技术力量和技术储备，来提高企业的技术管理水平，这些完善制度标准、规范的技术的措施是企业的技术财富。对于实践验证是有效的，按企业的技术管理办法和程序，批准为企业标准，来提高企业的技术质量和水平。

二、工程项目存在的质量问题

目前，以企业质量管理的多，以企业谈质量问题的多，而落实到工程项目上的较少。针对工程项目研究工程质量的比较少，一些具体质量问题提出解决方案不一致，针对性不强。

2013 年住房城乡建设部提出了深入开展工程质量专项治理的通知，包括房屋建筑工程勘察设计质量专项治理和住宅工程质量常规问题专项治理两方面的内容。通知要求：治理重点是渗漏、裂缝以及水暖、电气、节能保温等方面影响使用功能的质量常见问题。各地要结合实际，在上述治理重点的基础上补充、细化确定本地区住宅工程质量常见问题专项治理重点。

各省、市在通知下达后，都积极行动，从主管部门到企业对地区及企业的工程质量现状进行了总结分析，对质量问题进行查找和制定治理对策。

1. 对通知文件指出的质量问题进行查找分析和处理

（1）对屋面渗漏、地下室渗漏、厕厨及有地面防水要求的房间、外墙面渗漏等，在地方主管部门带领下，深入工地、现场查找问题原因。主要是对质量重视不够，措施针对性差，操作技术不规范等造成的。对质量问题提出了改进方案进行整改处理，并对措施进行改进完善。

（2）针对裂缝问题，在调查研究中分为两类。针对结构有害裂缝，首先找出原因，将引起裂缝的作用力，先进行清除再对裂缝进行处理；并编制预防措施，从预防做起防止出现裂缝。对一些收缩裂缝及装饰裂缝进行返修补救，并采取预防措施。绝大多数处理的较到位，工程的使用功能得到了进一步完善。

（3）对水暖、电气等设备安装的节能及保证使用功能质量问题，从选择节能设备，安全、适用、方便生活等方面查找问题进行改进。

2. 各地区各企业还根据文件精神，举一反三结合当地和企业的实际情况进行分析和查找质量问题

结合主体结构质量的基本要求，进行结构质量查找问题，《建筑结构可靠性设计统一标准》GB 50068—2018 规定，在设计使用年限内应满足的基本要求有：

（1）在正常施工和正常使用时，能承受可能出现的各种作用。

（2）在正常使用时具有良好的工作性能。

（3）在正常维护下具有足够的耐久性。

（4）在设计规定的偶然事件发生时及发生后，仍能保持必需的整体稳定性。

工程质量验收规范规定和设计文件要求都是来保证达到上述要求的。

同时，要做好设计、材料、施工、维护四个阶段的工作，才能保证上述几项内容的实现。在施工过程中，要做好三个阶段的工作。除了材料、施工阶段工作，对设计要保证施工图设计文件审查后才能施工，也经过了一定的把关。施工阶段的质量管理就非常重要。

对主体结构存在的质量问题。近年来主体结构质量总体受控，稳中有升，质量水平持续提高，倒塌事故逐步根除，常见质量问题得到较好克服，住宅工程性能明显改善，投诉减少，用户满意度提高。存在问题主要是：

（1）设计深度有的工程不够，梁柱节点等结构构造不完善的问题还不同程度存在。

（2）钢筋位置固定及端头锚固还存在不足，混凝土浇筑养护不到位还时有发生。

（3）混凝土构件的外观质量、结构位置、尺寸偏差、表面及外形质量不到位情况还比较多等。

设备及管线多数考虑了节能环保，使用功能有了大的改进，但再高一步要求问题还不少。主要是：

（1）设备安装针对不同用户特点还不够，如灶台高度、老年用户要求等。

（2）卫生间、厨房的成套系统还比较少，保证安全措施还不够。

（3）安装位置精细不够，如电源开关、固定松动、管道滴漏、不通堵塞等时有发生。

（4）现在多数用做二次装饰装修，使得户内管线零乱，存在安全隐患，如燃气管道干管道使用设备那股安全性较差，一些燃气工程不检查不验收。

装饰装修工程，材料及装饰效果都有了大的提高，但按规范要求还存在不少问题，主要是:

（1）由于一些初装饰竣工的工程，户内的顶、墙、地基层处理不到位，强度低、粗糙达不到基层的质量要求，使二次装饰留下了固定不牢、空鼓裂缝，以及脱落等；随意改动管线及器具留下不少隐患。

（2）一些精装饰竣工的房，按精装质量存在不少问题，材料、胶料挥发性超标，排砖、放线不规范，细部不细等普遍存在。

（3）由于用户二次装饰装修和用户用一段时间的重新装修，对走道、楼梯间、厅廊的污染、损坏较普遍，造成新工程旧面貌，影响较大。

第二节　施工质量改进的内容和方法

工程质量的提高是要有一定基础逐步提高的，是要经过一个提高过程的，不是一下子想提高就能提高的。目前，施工企业的技术水平、管理水平和技术装备水平都不一样，有的是多年的老企业，有的是新企业。质量提高改进要了解提高改进的内容和方法。这里作一简单介绍。

施工质量是根据设计文件施工的，是体现设计工程的可靠性、功能性、耐久性和美观性的，把设计质量做精做细做美。不能改变设计的可靠性，改变设计材料，提高强度、提高档次，那样就是改变了设计意图，提高了工程造价等。有个别企业要创优，想把混凝土强度由 C30 提高到 C35，把普通抹灰墙面改为贴面砖等，这是不对的。下面介绍如何提高施工质量的内容。

一、提高改进施工质量的主要内容

提高改进工程施工质量是提高企业的技术水平、管理水平、操作水平，讲究操作一次成活一次成优，提高工程强度的匀质性、位置尺寸偏差的精度、使用功能的完善性、装饰装修及工程的整体效果和工程资料的完整性等。

1. 提高改进质量控制措施编制及落实的有效性

工程建设的特点是先订合同后生产产品，承建企业必须采取措施保证工程质量达到合同约定的质量水平。保证质量的措施就成了关键。企业的质量措施有效性就是企业技术水平的体现。所以，提高改进施工质量的首要内容，就是提高质量控制措施编制的有效性和针对性，以及控制措施落实实施到位的有效性。

（1）针对工程项目质量指标编制质量控制措施，由于是先订合同，后生产产品，有的工序质量还是先验收质量，后验证质量指标。保证质量通过验收和达到设计要求，工程质量验收规范规定和合同约定，保证工序质量先通过验收，后验证质量指标。控制措施的针对性和有效性，工程项目管理制度的有效性就成了建筑施工的管理重点、施工企业的技术关键。

技术质量措施，制定要简明扼要，有针对性、可操作性，重要部位、关键工序的质量控制措施，要经过有关专业工程的工长、施工员讨论研究，优化控制措施。在正式施工前还可以试用，或先做样板验证其有效性。

（2）质量控制措施是企业技术管理的重要方面，是保证工程质量达到合同约定的技术保证。企业技术部门应高度重视。针对一项工程质量指标或一个工序质量制定的质量控制措施，不是一次就能完善的，是经过多次施工实践，工程质量的不断改进，措施也不断改进完善，是企业技术水平不断提高的表现。在验证质量控制措施完善后，企业技术部门要及时将其形成施工工艺标准或企业标准。积聚企业的技术水平。

（3）质量控制措施一定要落实到施工中去，一方面针对质量指标制定施工措施，二是要按措施规范施工，同时也在不断验证控制措施的有效性。根据施工实施中，工程的特点不同、操作人员不同、施工的环境不同，不断完善施工措施。

（4）质量控制措施一定要体现其有效性，按其进行施工操作，能保证工程质量达到一次成活、一次成优，能减少返工返修浪费，能提高企业经济效益，是企业对操作工人培训的教材，是施工技术交底的主要内容，是施工企业技术保证能力的主要体现。创优良工程更要加强控制措施的规划管理，制定创优目标，编制和落实控制措施，重视实用技术的完善配套，提高企业的质量保证能力和持续改进能力。

（5）施工企业要重视质量控制措施的不断完善和提高，这是施工企业技术进步的重要内容。施工企业的总工程师、技术部门、质量部门要将其作为企业技术管理重点内容，列出计划在工程项目实施的过程中，作为质量管理目标下达到工程项目部，落实到人头，落实经费，随着工程项目实施，达到质量控制措施的完善，形成施工工艺标准或企业标准，使企业技术水平不断提高。

（6）体现质量控制措施的编制和落实的有效性，最有效最实际的办法是工程质量的水平。要用工程质量的一次验收检验综合效果来验证，工程安全和功能质量检测一次达标率。只要表 6-3 中性能的检测检验项目一次检测检验达标通过，其质量控制措施就是有效的，落实到位的。

摘录的性能检测项目　　**表 6-3**

项目	序号	性能检测项目
地基与基础	1	地基承载力
	2	复合地基承载力
	3	桩基单桩承载力及桩身质量检验
	4	地下渗漏水检验
	5	地基沉降观测
混凝土结构	1	结构实体混凝土强度
	2	结构实体钢筋保护层厚度
	3	结构实体位置与尺寸偏差
钢结构	1	焊缝内部质量
	2	高强度螺栓连接副紧固质量
	3	防腐涂装
	4	防火涂装

续表

项目	序号	性能检测项目
砌体结构	1	砂浆强度
	2	混凝土强度
	3	全高砌体垂直度
屋面	1	屋面防水效果检验
	2	保湿层厚度测试
装饰装修	1	外窗三性检测
	2	外窗、门的安装牢固检验
	3	装饰吊挂件和预埋件检验或拉拔力试验
	4	阻燃材料的阻燃性试验
	5	幕墙的三性及平面变形性能试验
	6	幕墙金属框架与主体结构连接检测
	7	幕墙后置预埋件拉拔力试验
	8	外墙块材镶贴的粘贴强度检测
	9	有防水要求房间地面蓄水试验
	10	室内环境质量检测
给水排水与供暖	1	给水管道系统通水试验，水质检测
	2	承压管道、消防管道设备系统水压试验
	3	非承压管道和设备灌水试验，排水干管管道通球试验，系统通水试验，卫生器具满水试验
给水排水与供暖	4	消火栓系统试射试验
	5	锅炉系统、供暖管道、散热器压力试验，系统调试、试运行，安全阀、报警装置联动系统测试
建筑电气	1	接地装置、防雷装置的接地电阻测试
	2	剩余电流动作保护器测试
	3	照明全负荷试验
	4	大型灯具固定及悬吊装置过载测试
	5	电气设备空载试运行和负荷试运行试验
通风与空调	1	空调水管道系统水压试验
	2	通风管道严密性试验及风量、温度测试
	3	通风、除尘系统联合试运行与调试
	4	空调系统联合试运转与调试
	5	制冷系统联合试运转与调试
	6	净化空调系统联合试运转与调试，洁净室洁净度测试
	7	防排烟系统联合试运转与调试
电梯	1	电梯、自动扶梯、人行道电气装置接地、绝缘电阻测试
	2	电力驱动、液压电梯安全保护测试、性能运行试验

续表

项目	序号	性能检测项目
电梯	3	自动扶梯、人行道自动停止运行测试、性能运行试验
	4	电力驱动电梯限速器安全钳联动试验，电梯层门与轿门试验
	5	液压电梯限速器安全钳联动试验，电梯层门与轿门试验
	6	自动扶梯、人行道性能试验
智能建筑	1	接地电阻测试
	2	系统检测（根据设计，按集成系统分别检测）
	3	系统集成检测（根据设计，按集成系统分别检测）
燃气工程	1	燃气管道强度、严密性试验
	2	燃气浓度检测报警器、自动切断阀和通风设施试验
	3	采暖、制冷、灶具熄火保护装置和排烟设施试验
	4	防雷、防静电接地检测
建筑节能	1	外墙围护结构实体检验
	2	外窗气密性现场实体检验
	3	建筑设备工程系统节能性能检验

注：表中性能检测项目是《建筑工程施工质量验收统一标准》GB 50300—2013 和其配套的质量验收规范中摘录的。

（7）性能检测的重要性。工程质量的评价历来是重过程控制，重技术资料的佐证。但对工程性能，特别是综合性能的检测，在现行国家标准《建筑工程施工质量验收统一标准》GB 50300—2013 及其配套的工程质量验收规范编制中，为了强调结构工程质量及使用功能质量，规范编制组以分部工程、子分部工程为主提出了工程性能检测项目，是工程完工后的检测，是施工的结果质量，是分部系统施工结果的质量，这就分别体现了工程的最终质量，是质量控制的成果。

2. 提高工程质量的匀质性和精度

工程质量是由设计确定的整个工程的合理使用年限及工程的各个构件的强度等级及使用寿命期限。施工质量体现设计意图，将设计图纸变成实体工程。施工过程不能随意提高或降低其强度等级，提高或降低强度就是改变了设计要求。提高了强度等级，提高了工程造价，造成了浪费，特别是某个部位、某个构件提高强度，对工程是没有好处的，但只是造成了浪费；降低强度等级，使工程质量水平降低，特别是某些部位、某些构件降低，使整个工程质量水平降低，会造成更大的浪费。施工保证质量的正确做法是完善施工措施，加强施工过程管理，使工程各个构件、部位的质量达到均值，减少离散性。工程的强度要用平均值、最大最小值、全距值、均方差值等来表示。

（1）对混凝土强度、砂浆强度等用数值表示的质量，用全距值、均方差值表示最好，能代表强度的均质性，减少离散性。

（2）对有强度等级要求的原材料等，必须经过试验达到强度要求才能用在工程上。

（3）对施工完成的要检测和测量的项目其实测值必须达到设计要求，其离散性要达到管理的目标，从而提高工程的安全性和使用寿命。

以上用数据表示质量结果的项目，可用平均值、最大最小值及全距值、均方差值来判定，达到管理控制标准。有条件时，用全距值、均方差表示均值性更好一些。其绘制的直方图形状达到了真正分布图的形状。

（4）工程质量的精度是代表工程质量水平的重要方面，均质性是一方面；工程构件位置及尺寸准确偏差小，体现了工程施工的精准是另一方面；工程结构的强度精准，构件位置与尺寸偏差小，能保证结构承载力传递荷载的准确性，为工程使用空间、机电设备安装及装饰装修打下了良好基础，不仅提高工程安全，也为减少经济损失、提高企业经济效益作出贡献。

主体结构强度的均质性和精度要求，是工程质量控制的主要方面，在工程项目施工中，首先应做好。

（5）工程质量的精度在结构构件位置与尺寸偏差方面，也是质量控制的主要内容。由于结构构件的轴线位移、构件表面的平整度、构件的垂直度等尺寸偏差大，影响了工程空间的利用、设备安装、装饰装修的质量。构件位置与尺寸超标，造成墙体增厚、楼板增厚等，浪费建筑材料，增加工程自重，降低工程安全度，影响使用功能等。

（6）装饰装修工程提高精度是体现工程质量水平的重要方面。线条顺直，图案规正，局部精细，地面、墙面表面平整清新，整体工程面貌效果好，是完善工程使用功能的重要条件，是展现施工质量水平的综合能力。

（7）机电设备安装精度体现工程使用功能、使用安全，以及方便适用的重要方面。很多设备除了使用功能，还起到了装饰美化环境的效果，其安装牢固、位置正确，色彩线条、图形图案的精准到位，在体现使用功能的基础上，同时起到装饰美化的效果。精细准确十分重要。

（8）均质性和精度是工程质量控制的主要内容，提高和保证其质量是确保施工顺利进行的中心工作。其质量提高是质量控制的重中之重。

3. 提高工程使用功能的完善性

工程的价值是使用功能，设计已将工程的使用功能进行了规划。施工过程就是把各方面质量做好，做到安全、精细，更好地发挥其效果。主体结构质量的空间尺寸、设备安装及装饰装修的质量，都能影响到使用功能的完善。若施工做得更精细准确，更能体现设计功能的效果。提高工程质量可使设计的使用功能，达到更方便、更完善、更可靠、更适用。

（1）提高工程质量可保证设计使用功能的实现。结构、安装及装饰装修质量好使工程设计的使用功能得到保证，使用安全，方便可靠。

（2）建筑结构、设备安装及装饰装修在施工过程中，能进一步细化和完善，能使工程使用功能提升。如灶台的高低结合用户主人的身体状况作适当调整，使用起来更方便。如有老人、小孩结合人员的身体情况，对一些电源做到开关方便，墙角护理防止碰着人，以及环境颜色满足用户要求，体现人性化关怀，能为用户带来很多方便。这也是工程质量的重要方面。

（3）做好功能质量，服务用户，可在开工前作用户调查，征求用户想法，然后作一个综合规划。对设计图纸作一些微调或变更。如选择用喜爱的器具、设备、颜色图案，在不影响造价的情况下，做到使工程使用功能更方便、更适用，用户更满意。这里边有很多工作可以做，尽最大努力来满足用户要求。服务质量也是工程质量的一部分。

4. 提高装饰装修及工程整体效果

工程装饰装修是工程质量的一个重要方面，在工程结构安全得到保证，使用功能得到满足的前提下，工程的装饰效果，对工程本身、周围环境、城市面貌都有重要影响，是不可忽视的一个重要方面，体现了工程的艺术性、社会性、文化性等诸多因素，要实现工程的整体效果，必须在施工过程中精心组织、精心施工、精心操作提高工程施工精度才能达到目的。

（1）装饰装修质量的重要性是不可忽视的，结构质量得到保证，装饰装修质量水平的高低就代表了工程质量的整体水平。要做好装饰装修质量，必须做好事前的规划，实地进行测量放线，定位找方、分中预排，在做好准备之后，才能正式施工。

（2）装饰装修的材料很重要，施工前应进行选择，首先按设计要求确定品种，其次是其环保性能，要确保其挥发性、污染性符合要求；在规格确定后，要检查其尺寸偏差，若偏差较大，要经套量检查，分别使用；若用天然木材、石材，要将有缺陷的削除，对其花纹颜色进行预拼，使其形成图案或色泽有规律使用。根据材料筛选情况，实地校正放线。

（3）根据放线及材料预拼，实地落实。要使花式比例调节适当，线条粗细颜色适宜。块材饰面最好不出现破活，无法避免时，破活要放在次要位置，重要场面最好要对称。同时，最小的破活不能小于整材的 1/4。

（4）装饰装修完工，表面要清理干净，不得有余灰、污染、破损、裂缝等，显示出原材料的本来面目。

（5）装饰装修档次是代表工程质量的整体水平，其评价有四个档次：

1）合格质量：装饰装修面层，粘贴牢固，色泽图案、装饰块的排列基本满足规范规定，安全适用。在检查验收时，70% 及以上的点为“好”，其余为“一般”，少数点是修补的，个别点为“差”，但不影响其整体的安全和使用功能。

2）优良质量：装饰装修面层在合格的基础上，色泽图案协调，比例规矩，装饰块图案排列到位，有较好的美感，安全适用。在检查验收时，90% 及以上的点为“好”，其余点为“一般”，个别点修补，没有“差”的点。

3）讲究质量：装饰装修既是工程，又是艺术品，建筑艺术是八大艺术之一，又是综合艺术，是绘画、雕刻、雕塑等的综合，体现民族文化、当代科学技术。其尺度、比例、对比、协调，多种材料、艺术的搭配，色彩的协调，可以讲出很多道理。给人以智慧的集合。在检查验收时，都超过规范观感的要求。

4）魅力质量：装饰装修是一个建筑的各个方面，外檐、内檐的顶、墙、地等，各方面从选材、构图、施工每个方面都达到讲究。只能意会，不用言传。这就是艺术的感染力。

5. 提高工程资料的完整性

工程建设的特点是先订合同，后生产产品，生产过程有关各方都参与质量的管理，而且是先从验收批做起，分项工程、分部（子分部）工程到单位工程的逐步验收，是过程验收，不能完成进行整体测试和试验，是间接的，或不完整的，而一些过程又会被后边的过程、工序所覆盖，到工程完成时已经看不到，测不到了。这些就要靠工程资料来证明和佐证。工程资料包括控制资料、施工记录、验收资料、检测资料等。经过精心管理，将验收资料、施工记录、检测数据做到真实、及时、有效，资料完善，数据齐全，能反映工程建设过程情况及工程质量的全部情况，并为工程的验收、维护维修、未来改造利用发挥作用。

有的部门把工程质量概括为工程实体质量和工程资料质量两部分，也是有一定道理的。工程资料非常重要，一定要做好。

（1）工程资料是工程质量的一部分，工程资料在《建筑工程施工质量验收统一标准》GB 50300—2013及其配套的各专业质量验收规范中，都提出了明确的要求。所以，我们把工程资料作为工程质量的一部分必须管好，作为提高改进工程质量的一部分。

（2）制定好工程资料形成计划。工程资料在工程建设过程中形成，与工程生产同步。资料计划在制定工程项目施工组织设计时，应该一并编制，作为施工组织设计的一部分。在施工生产过程中同步形成工程资料，并做到形成资料及时、真实、准确、齐全。

（3）工程资料应有专人管理。工程项目资料员应按资料形成计划，及时督促相关人员完成工程资料，及时收集整理，以保证工程资料的同步性和完整性。

（4）工程资料应有相关专业施工人员来填写完成，工程项目的施工组织设计应由工程项目技术负责人组织有关人员编制，并组织审查批准，督促有关人员依据组织设计做好施工准备和组织施工。各专业工种的专项施工方案应由各专业施工员、专业工长组织编写，由专业项目技术负责人组织审查批准。

1）建筑材料、构配件、器具设备进场质量验收记录，合格证及出厂试验报告，进场复试报告，由工程项目专业材料员及材料负责人进行填写和收集，并经专业监理工程审查确认。

2）工程施工依据、操作规程、工艺标准及工序施工交底材料等控制资料由专业施工员、工长制定和编制交底材料，并经专业监理工程师审查认可，并依据其向操作工人交底。

3）工程施工记录，按工序施工或检验批施工，由专业施工员、专业工长组织施工班组长，与工程施工同步形成。与施工同步的工程检测试验资料也应同步形成。

4）质量验收资料，是过程验收的凭证，是双方验收的文件。先由施工单位编制，根据实体工程的检查检验，而得到的结果，经检验评定合格，再交监理单位核查验收，是质量验收双方认可的文件，是完成合同约定的见证资料，是由检验批、分项工程、分部工程和单位工程成套的验收资料。

5）检测资料是工程施工过程和分部工程、单位工程完工后，工程项目实体质量的真实情况的测量和检验，是代表实体质量实质性的资料，是分项工程、分部（子分部）工程和单位工程的安全性能和使用功能的实测，是判断其成品质量的依据，是质量验收重要的依据资料。

6）工程资料形成要做好计划。随工程进度形成，资料要能反映工程控制过程，覆盖全部部位，达到资料的完整性。

6. 提高施工质量

概括说提高施工质量就是从这五个方面来改进提高，但这些改进提高是要有个过程的，不一定一次二次实践就可完成。但只要不懈努力，一定会达到提高施工质量的目的。

工程质量是无止境的，由于工程既是一个产品，又是一个艺术品，是追求完美性的，一些标准的要求，只是保证安全和使用的最低要求和最基本的要求。

工程质量提高改进的结果是可以检验的，《建筑工程施工质量评价标准》GB/T 50375—2016将一个单位工程分成地基与基础、主体结构、屋面、装饰装修、设备安装和建筑节能工程 6 个部分，每个部分概括提出了性能检测、质量记录、允许偏差和观感质量几个方面的检验手段，对施工质量提高改进的效果进行检验。

（1）性能检测。性能检测是对工程实体质量的检测，是代表工程的安全性和使用功能的检验，综合反映工程质量提高改进的效果。具体做法是在分部（子分部）工程完工后，对该项目的安全和使用功能的抽样检测。不是把全部检测项目都检验，抽取主要的、有代表性的项目。这些项目设计文件要求和建筑工程质量验收规范规定，都必须达到标准，但在实际施工过程中，有些项目是经过返工返修和处理后才达到要求的，也算是能达到标准规定。提高质量是要求在性能检测中检验其一次检测达到标准。这就体现了施工过程中质量控制措施的编制和落实的有效性。一次施工成活成优，不仅保证了工程质量，也保证了施工工期和企业的经济效益。

1）这些性能检测项目是设计文件要求和质量验收规范规定必须达到的质量指标，达不到工程质量就不能判定该工程为合格。这些项目是代表工程的内在质量，设计文件和规范中都有准确的数据规定，这个项目又是工程的实体直接检查，是判定质量的最直接的数据，这些数据又没有上下限的规定可调整。如果将指标调整了就是改变了设计的可靠性，若调低了则降低了工程的可靠度，这是施工必须达到的。在质量保证条件措施的控制下，施工过程技术措施好，施工完成后一次检测达到设计要求和规范规定的数据要求，说明施工的质量控制措施的有效，代表了良好的施工质量水平。

2）性能检测项目的检查检验结果，一次检测达到设计要求和规范规定的数值，就评定为一档，取 100% 的标准分值；若由于施工技术措施的不够好或落实不到位，检查检验结果，是经过返修处理后才达到设计要求和规范规定的，就评为二档，取 70% 的标准分值。对于返修处理后仍达不到规定的，就不能评为合格。

3）一次检测结果达到设计要求和规范规定，说明施工技术措施完善落实到位，措施有针对性，操作人员技术素质高，管理制度完善，是多、快、好、省的做法，是应大力提倡的。行业内这叫一次成活，一次成优，是一个企业技术水平的体现。如果不是一次检测达到规定，不处理不能评合格，就不能交工，经过返修处理尽管达到规定了，但经过处理费时、费工、费料，经济效益不好，工程质量也不好，是应避免的。

这体现了企业技术水平、管理水平和企业综合素质，也体现了工程质量水平。

（2）质量记录。质量记录是说明工程质量的重要佐证，是从工程技术资料中摘录出来的与工程质量直接有关的工程技术资料，叫做质量记录。又将其分为三部分。

1）第一部分是材料、设备合格证（出厂质量证明书）、进场验收记录及复试报告，也包括构配件、成品、半成品在内。抽样复试检验试验资料，说明工程使用的材料、设备是否符合设计要求，是合格的产品用上工程，是保证工程质量的基础。检查记录是核查质量保证措施执行的情况。

2）第二部分是施工记录，施工中的一些工序的做法、程序，对工程质量的影响较大，在施工验收规范中，对一些工序都提出了要做好施工记录的规定，如打（压）桩记录、混凝土浇灌记录等。这些资料可佐证施工过程中施工现场质保条件的落实情况，工程质量保证措施的针对性、有效性等，是说明工程质量的一个重要方面。在工程质量存在疑问的时候，可查阅施工记录来判定质量情况等。

3）第三部分是施工试验，是施工过程中，有关要求试验、检测、检查的记录和试验报告，配合比试验单等能有数据和检验结果的记录文件。这些是施工过程质量控制的重要记录和施工过程检查结果。性能检测是其中的重要项目专门抽取进行核查。

将这三部分作为质量记录进行检查，是工程质量抽查检查的重要内容，作为工程质量提高改进效果的一个主要内容，质量提高改进的第三项内容就是工程技术资料的完整性。这里将主要与质量直接有关的内容摘录出来进行检查，作为施工质量提高改进效果的一个重要内容，这些工程资料符合要求后，工程技术资料就基本达到完整了。

4）如何判定这些质量记录资料是否达到了要求，是一项比较复杂的事情，《建设工程质量管理条例》中规定，质量资料要完整，对完整的解释现在也没有一个标准的答案。故在这里按照一些通常的做法提出了判定的规定。这是对质量记录资料的项目、数量和资料质量进行检查和判定的依据。

① 检查资料项目数量

将质量记录的项目进行检查判定；其次是对质量记录资料的数量检查判定；第三是对资料的质量进行查检判定。以“混凝土结构质量记录项目”为例。

一是核查材料合格证、进场验收记录及复试报告栏中检查项目有三项，由于工程是全现浇结构，没有第二项预制构件，也没有第三项预应力，只有第一项钢筋、混凝土拌合物合格证、进场坍落度测试记录等和进场验收记录、钢筋复试报告、钢筋连接材料合格证及复试报告。

二是施工记录中，检查项目有五项，由于工程是全现浇结构，没有第三项装配式结构安装施工记录，没有第四项预应力安装、张拉及灌浆封锚施工记录。只有第一项预拌混凝土进场工作性能测试记录、第二项混凝土施工记录、第五项隐蔽工程验收记录。

三是施工试验中，检查项目有五项，第四项、第五项没有，只有第一项混凝土配合比试验报告、开盘鉴定报告、第二项混凝土试件强度试验报告及强度评定报告 、第三项钢筋连接试验报告。

② 检查项目中的资料数量

资料数量检查判定。视不同项目情况每个项目逐项检查。检查应该有的资料项目中的主要资料是否有了。如材料合格证（出厂质量证明书）、进场验收记录。在钢筋工程中，都有合格证、进场验收记录和抽样检测报告，其受力钢筋的合格证、进场验收记录、抽样检测报告资料都有，其代表数量和工程中使用材料的数量相符，其中用于构造的钢筋没有出厂合格证，有抽样试验报告及进场验收记录，有监理工程师认可记录，其资料数量也算基本符合要求。其余该有项目的资料都符合要求。

③ 检查资料中的数据和结论

判定资料的数据及结论，在资料中，包括合格证（出厂质量证明书）、抽样检验报告，其中有关资料性能的主要数据和结论是否达到设计要求及规范规定，如钢筋试验报告中的抗拉强度、屈服强度、伸长率、弯曲性能和重量偏差等力学性能试验是否符合规定；对抗震设防的框架结构，一、二、三级抗震等级设计的框架和斜撑构件的钢筋：A. 抗拉强度实测值与屈服强度实测值的比值不应小于 1.25；B. 屈服强度实测值与强度标准值的比值不应大于 1.3；C. 最大力下总伸率不应小于 9%。

资料是真实的，内容填写正确，签章齐全，才能判定该项检测资料是有效的资料。

5）对质量记录检查结果的判定是资料完整。一是项目不缺，应该有的项目有了；二是资料不缺，项目中的主要资料有了，资料数量能满足覆盖使用的材料；三是资料中数据齐全，资料中的主要数据、检验结论符合要求，即判定为有效的资料。资料完整数据齐全是统一的，两者缺一不可，两者同时达到要求，才能判定。并且跟在后边的“并能满足设计要求及规范规定，能保证结构安全和重要使用功能”一句话很重要。这就要求检查者要有一个宏观的判定能力，能判定材料、设备是符合设计要求的，用在工程上能保证工程质量。

每项资料都应该这样判定。对检查资料项目、项目中的资料、资料中的数据和结论判定后，确定项目的判定结果。

每项资料判定结果符合要求，即判为一档，取 100% 的标准值。如基本符合要求，虽有缺限能够基本满足要求的，取 70% 标准分值。达不到基本满足要求的，应进行实体检测等补救处理，不能补救的，则按事故进行处理。

（3）允许偏差。允许偏差值代表工程施工的精度，是工程质量水平的一个重要指标。任何产品的尺寸都不是绝对的，任何一个生产单位都生产不出一个绝对尺寸的产品，产品尺寸是有偏差的，偏差越小越说明产品精度越高。工程质量的偏差是允许偏差，尺寸偏差在允许范围之内，就不影响工程的安全和使用功能。若偏差越过允许偏差，达到一定的程度就会影响到工程的安全和使用功能，施工中必须加强注意，控制其偏差过大，同时也没必要去控制的越小越好，因为控制超过允许偏差规定值，对工程的安全和使用功能的效果并不大，而付出的努力和技术的投入会很大，会得不偿失，所以，控制在规范规定的范围之内就行了。因为规范编制时，已考虑了对工程安全和使用功能的影响。

1）在施工中应采取技术措施控制允许偏差值符合规范规定，没有必要去使偏差值越小越好，除非设计要求事项偏差值有特殊要求时，检查允许偏差值时，重点考虑其符合率是最好的办法，若能达到 95% 及以上是很好的。

2）在检查允许偏差符合标准率的同时，必须检查不符合点值超过允许偏差值的幅度，多数规范规定，不宜超过允许偏差的 1.5 倍，超过 1.5 倍就应只按不符合率计算，应进行专门研究处理，超过的越大质量越不好，这点必须清楚。如一项工程允许偏差符合率 95%，但超过点的偏差值，达到允许偏差值的 2 倍或更大；另一项工程允许偏差符合率 80%，但越过点的偏差值只有 1.2 ～ 1.3 倍，你说哪个工程质量好？所以，在检查允许偏差符合率的同时，必须检查超过点的偏差值超过了多少。

3）允许偏差项目是工程质量的精度，也是工程匀质性的体现。是工程施工控制措施的有效性，操作工人的技术素质的表现，也是企业管理水平的表现。提升改进要从多方面采取措施。

4）有的单位对允许偏差项目重视不够，这是不对的，应引起各企业的重视。本书将其列为提高改进工程质量的重点内容，并进行专项检查核验，就是要引起各方面的重视。特别是主体结构的允许偏差，偏差值大了可引起荷载传力的变化，影响构件及节点受力情况，由于结构是为生产生活创造空间，保证机电设备安装位置及空间，为装饰装修创造条件，所以，主体结构的构件位置及尺寸偏差，会影响整个的后续工程的质量。如柱墙轴线位移，表面平整度、垂直度允许偏差大，节点受力受影响，设备位置受影响。墙面抹灰就会增厚等。若墙面平整度超 1mm，垂直度超 1mm，轴线超 1mm，墙面抹灰就会增厚 3 ～ 5mm。若按 5mm 计算，若 100m^2 的一户净使用面积就会减少 0.5m^2，自重增加

3000kg。

（4）观感质量

1）工程观感质量检查的重要性

建筑工程观感质量检查是对工程实体总体质量的一项全面检查，不只是表面质量。如工程的总体效果，包括内、外装饰装修的质量情况、质量问题；一些简单的操作功能，门窗的开启灵活、关闭严密，一些可动的设备，空调、风机、水泵、电气开关，智能系统的试运行；一些可见的工程部位，如吊顶内的管线布置、管井内的管道可见段、地沟内的管线等，可以打开检查；工程的细部质量可详细检查；有些项目还可借助简单的工具检查，如一些尺寸大小、垂直度、抹灰层的空鼓、一些吊挂件的固定牢固情况等；甚至工程出现不均匀沉降、裂缝、渗漏等质量问题等都可发现。建筑工程的观感质量还是影响城市景观、整体效果的要素。一个城市的风景建筑工程的形状、外观、细部的处理起着重大作用。观感质量对工程的使用功能、生活的舒适、安全、心情的影响都很重要。所以，工程观感质量检查是一项工程实体质量整体的、宏观的全面检查，不仅是施工质量，有些设计上的问题也可反映出来。总之，工程的观感质量应该得到应有的重视。

2）工程观感质量的检查注意事项

工程观感质量检查方法很多，观感检查项目很多，检查标准又较难定量化，有的只能定性又无法定量，掌握起来较难，常常会受到检查人的情绪、专业技术水平、公正性等影响，所以观感质量检查时，检查人要有一定的专业素质，经过培训的，要两人以上并要有一个主持人，掌握标准要以他的意见为主，确定评定等级。作为评定观感质量的主持人，也要尊重参加检查人员的意见，依据标准主持公道、公正，正确评价工程的观感质量。

工程观感质量检查标准由于项目多，不宜定量，但并不是无法检查，在进行工程观感质量检查时要靠检查人员的技术水平、公正执行标准、严密的监督管理制度来判定其质量等级。所以，在制定《建筑工程施工质量验收统一标准》GB 50300—2013 及其专业系列质量验收规范时，将观感质量分为“好”“一般”“差”三个档次来评定。有“差”的项目，其不影响使用功能、安全的，可以通过合格验收。但在优良工程中不能有“差”的项目，有时必须返修到“好”或“一般”。

3）观感质量是提高改进工程质量的重要方面，在评价提高、改进工程质量的效果时应按要求进行检查。

4）观感质量检查可分点、段检查，也可全部检查后综合判定。

二、提高改进施工质量的主要方法

由于各地区各企业的技术水平的差异，施工质量水平也有差异，还有新的企业和老的企业差别，新的工人和老的工人差别等，使建筑工程的质量水平差异也较大。工程质量的提高是循序渐进的，是经过不断努力、逐步改进的，不管是企业还是个人，都一样。如何把施工质量一步一步提高，这里介绍几种方法，逐步把施工质量提高。

1. 按工程技术标准施工，抓住重点开展工作

新建立的企业，或企业施工经验不多的企业，在中标后，要认真研究工程项目的特点，确定工程项目质量目标计划。正确按工程标准，来组织工程生产，先学习工程标准，再将标准中的强制性条文摘采出来，将执行每条条文的措施制定出来，按措施一步步实施条文，然后检查工程质量是否达到标准要求，没有达到标准，找出原因，再修改措施，这样反复几次，直到施工符合标准的规定。

（1）摘录强制性条文

如:《混凝土结构工程施工质量验收规范》GB 50204—2015 第 5.5.1 条：钢筋安装时，受力钢筋的牌号、规格和数量必须符合设计要求。（强条）

（2）制定落实措施

1）按施工图设计文件，将结构图中的钢筋，按单位工程、楼层、构件，分别列出钢筋表，将每根钢筋的牌号、规格、尺寸列出来，按楼层或检验批、单位工程汇总，合计出钢筋重量。

2）按单位工程汇总的钢筋牌号、规格订货，明确质量要求。

3）钢筋进场验收，订的货到达现场验收，检查合格证、出厂检验报告，其代表数量不能少于实际数量，质量应同订货要求一致。检查实物钢筋规格、数量、外观，填写验收记录；按批次抽样复试技术性能。通常有屈服强度、抗拉强度、伸长率、弯曲性能和重量偏差复试项目，符合相应标准规定；对按一、二、三级抗震等级设计的框架和斜撑构件（含楼梯段）的受力钢筋，其屈强比不应小于 1.25，超强比不应大于 1.3，最大力下总伸长率不应小于 9%，各项都应落实到经办人、审核人、批准人，落实责任制。

4）钢筋经过加工，每根钢筋都符合设计要求的形状及尺寸、长度、弯钩等。按楼层、检验批分批经专业质量员检查合格。

5）钢筋安装先在模板上放线，按图纸确定其位置、间距、弯折点位置等，并经过技术复核确认符合设计要求。

6）钢筋安装，按放线位置排放钢筋，满足设计数量，保证钢筋位置在允许偏差范围内，并按设计要求和规范规定绑扎固定牢固，使其在正常浇筑混凝土时不会变位，受力筋锚固方式符合设计和规范规定。

7）安装钢筋完成后，应由施工单位专业工长、质量检查员组织相应班组长检验评定合格，填写检验批质量验收表格。并附上检验评定原始记录钢筋合格证、出厂检验报告、进场验收记录、抽样复试报告，向监理工程师交验。并经专业监理工程师核查符合标准规定，正式验收通过。

现场检验可尺量钢筋间距，弯折点尺寸。卡量钢筋直径，察看或搬动检查安装是否固定牢固等。

抓住强条，使一个工序工程质量得到保证。

（3）若在钢筋质量中有哪个环节出现问题，重新修订其质量控制措施，直到全部保证工程质量为止。经检验检查，梁的主筋端部锚固长度不够，应重新改进锚固固定措施。

（4）改进梁主筋锚固措施。受力钢筋锚固长度不应小于 $30d$，该工程大梁主筋 d 为 28mm，其锚固长度应为 840mm。框架梁 500mm 宽大梁主筋须弯起 400mm，锚固长度够了，但锚固效果并不好。若在梁主筋弯起处，垂直于梁主筋加根构造筋，其直径与梁主筋直径一致，长度为 2 倍的 $30d$，并在框架梁与大梁交接处，框架梁与大梁交接处两边各增加不少于 2 道的箍筋，其整体效果会更好。

（5）在质量控制措施完善后，可以用企业的管理规定，将其固定下来，成为企业的控制技术，或形成企业技术标准。

2. 问题解决

在工程施工中，发现薄弱环节，制定控制措施，进行改进，这种情况多为做过一些工程的企业，在质量改进提高过程中，发现自己的质量问题，问题可以是单项的，也可以是多项的，来进行改进。在改进项目提出来之后，就应针对问题制定控制措施。这是一种提高改进、解决质量问题的方法。

如某企业的混凝土结构强度控制不规范，重视 28d 标养试件强度，对试件的代表性和结构构件的实际强度重视不够。故制定控制措施进行改进。

（1）做好混凝土拌合料的控制

1）对混凝土的配合比认真控制，由有专业资质的混凝土预拌厂委托有资质的试验机构进行配合比试验，出具正式配合比试配报告。

2）对配合比进行开盘鉴定，并派人参与，开盘鉴定要满足委托书上要求的强度值和全部工作性能，出具开盘鉴定报告，并按开盘坚定进行精确计量。

（2）规范混凝土拌合料的运输时间，不得超过控制时间，超过控制时间的，不得用到工程上。并追究责任。

（3）细化混凝土拌合料的进场管理

1）混凝土拌合料运输时间，事前必须规定出控制时间，超过控制期限的，不得验收。

2）运输单位的单车运输单除了填写运输数量，必须注意注明混合料拌制加水时间，运输时间必须从加水时间算起，只能提前不能延后。

3）运输单严格注明中途不得加水及水泥浆料，车上不得有盛水的器具。运输单由预拌厂专人负责填写，且应打印填写，不得手写。运输司机要签专用图章。

4）进场卸车收货员要察看混合料的均质性，没有离拆现象，并及时做坍落度试验，符合标准才能验收，并告知司机。

5）验收人员填写验收登记表，注明车号、数量、起止时间、运输单号，运输单应统一收管。

（4）增强混凝土试件取样的代表性

1）混凝土 28d 标养试件，本身主要是代表配合比结果及拌制计量的准确性，由于水泥凝结时间对混凝土强度影响大，试件取样尽量与浇筑混凝土拌合料入模时间相一致，多代表一些对强度的影响因素，混凝土试件的取样应在施工操作面随机抽取，一边往模板内浇筑，一边做试件，且试件应连续快速在一个盘面制作完成。并同时制作同条件养护试件。取样与留置试件应符合《混凝土结构工程施工质量验收规范》GB 50204—2015 第 7.4.1 条的规定。

2）试件制作必须规范，由专业人员制作，符合试件制作规范。

3）做好试件编号、标识，保证其编号标识的唯一性。

4）运输过程不要受振动等影响试件的质量，且一组试件应放置一块进行养护。

（5）做好同条件养护试件的管理

1）施工单位应制定结构实体检验专项方案。

2）同条件养护试件对应的结构构件或结构部位，应由施工监理共同选择放置地点，且取样宜均匀分布在工程施工代表的结构范围内。

3）同一强度等级的同条件养护试件不宜少于 10 组，且不应少于 3 组。连续两层楼不应少于 1 组，每 2000m^3 取样不得少于 1 组，应见证取样。

4）同条件试件应放置在靠近相应结构构件的适当位置，并应采用相同的养护方法。

5）同条件试件强度检验应符合《混凝土结构工程施工质量验收规范》GB 50204—2015 规范附录 C 的规定。完善结构构件强度管理，提高企业经济效益。

6）同条件试件的强度检验应满足结构实体检验的要求。不符合要求时应完善控制措施，直到同条件试件满足结构体检要求。可用企业的管理规定将其固定下来，成为企业的控制技术或形成企业技术标准。

3. 创新

企业有一定的技术基础，不满足当前的工程质量和效益状况，想改变“不求过得好，只求过得去”的状况为企业创造更好的质量效益，为企业提高竞争力，开展提高改进质量的活动。这是一种在现有基础上，提高工程质量的方法。

（1）找出目前工程质量不足、不规范的问题，制定控制措施进行提高完善。找出质量问题的方法：

1）对照规范、标准找出不足，这次就不是只对强制性条文和主要条文，是全部条文，没有执行到位的找出来，制定控制措施进行提高。

2）召开专门会议，针对某种类型工程，对存在的问题进行讨论，找出差的项目，进行排列，确定提高的项目，制定控制措施进行提高，把工程质量的短板补齐了，质量水平整体提升了。要注意的是，召开会议要请有关方面的人员参加，包括管理人员、技术、质量人员、材料保障人员，以及操作人员等。找问题和制定措施都可以召开会议研究完善。这种集思广益的方法，质量管理专家称为“脑力激荡法”。

3）根据日常管理了解质量问题、质量投诉统计，以及施工过程质量一次成活、一次成优的概率，用质量管理的方法确定比较突出的问题优先解决。可用的方法有特性要因图（也叫鱼骨图、树枝图）、柏拉图、直方图等方法找出主要因素来优先解决。这种方法是找出比较突出的问题来解决，从而提高工程质量，以便逐步解决质量问题。

（2）制定控制措施

如某企业经过排列分拆找出在混凝土浇筑中，有不密实的地方，影响到钢筋握裹力，特别是用泵送混凝土流动度大，收缩相对大，在浇筑振捣后初凝前，在上层钢筋梁、箍筋、板的上层筋处有凸出的地方，比别的地方高，是混凝土水分蒸发后收缩下沉造成的，钢筋下面会留有一定的空隙，对混凝土的整体质量有影响。《混凝土结构工程施工规范》GB 50666—2011 规定要在混凝土初凝前进行抹压，目的是去掉板、梁的表面收缩裂缝，对箍筋及上层筋下的空隙也有去除作用。真正能去掉收缩裂缝和筋下的微小空隙。

1）在混凝土初凝前进行二次抹压，去除收缩裂缝和浮灰层，还可增加表面粗糙度。

2）在梁的上部、板有上层筋的部分，为使箍筋及上层筋下空隙去掉，充填密实混凝土，可多抹几遍或抹压或用平板振动器轻轻振捣一遍。

3）对梁、柱接头部位和梁梁接头交叉部位，光抹或振捣还不行。因为在浇筑混凝土时，其部位钢筋较密，粗骨料下不去，细骨料和浆料下去的多，其收缩下沉会更大。必须在浇筑混凝土时就注意尽量使粗骨料多浇筑些，可用专用的小推铲从四面向里推些粗骨料多的混凝土，再在初凝前进行二次振捣和抹压。增加这些上层钢筋密集部位的混凝土密实度。

以上三种方法可交叉使用、反复使用。

4. 创优

是企业施工技术水平有了一定程度的提高，技术管理水平不断完善，操作技术能力有了明显的可控性，企业的技术装备有了可靠的保证，要将工程质量水平全面提升，展现企业的综合技术水平，来开展创优工作。这里必须解决几个认识问题：

（1）创优不是增加投入。一个企业发展质量保证是第一位的，把质量做好，是企业发展必经之路，创优的投入是为企业发展。创优的条件：

一是用合格的材料、构配件、器具和设备，这是企业生产应该做的事情，否则就是弄虚作假。

二是要有基本的生产技术、合格的技术管理人员、合格的操作工人，这是一个正规生产企业应该具备的，不够条件企业有责任进行培训，来满足生产要求，不是创优额外的要求，至于创优要求的技术高，还要有必要的经验，这在创优开始时是有些投入的，但也培养了管理人员和操作人员，这也形成了企业的技术财富。并且在后边的创优活动中就不必再投入了。

三是生产条件和技术装备创优要求高。施工企业是现场施工，不存在厂房等条件，施工现场的日常生产管理，不创优也是必须做的。技术装备可能要求高一些，这是可以在工程摊销的，作为工程的成本。有投入也是暂时的。创优不需要大量投入，而且是先期投入后期会收回来的。

（2）创优不是提高工程质量标准。工程质量是施工图设计文件规定了的，施工只是体现设计意图，把图纸变成实物工程。有的企业老板，要把混凝土强度等级提高来创优质量工程，把抹灰墙面改成贴面砖来创优质工程，这都是不对的。提高混凝土强度等级是改变设计的可靠度，是不允许的；抹灰墙改为贴面砖是提高了装饰标准，也是不可取的，创优质工程是提高施工质量，提高施工技术措施的针对性、完善性和落实性，提高工程强度的匀质性和精度，提高工程使用功能的完善性，提高工程装饰装修的整体效果，提高工程技术资料的真实性、完整性。根本是提高保证工程质量控制措施的有效性，形成规范化施工、标准化施工和管理，充分发挥企业的技术管理水平。

（3）创优质工程不是企业的额外工作，是企业发展的必经之路。一个企业成立是想做成百年企业，不是短命企业，三年五年就完了。也不是从企业成立到企业解散几十年都是原始水平。要发展必须提高产品质量，要生存也必须提高产品质量。

（4）创优发展必须理顺质量和效益的关系，树立创新路径，思考创优道路和方法。企业发展必须创新创优，要坚定信心，创新创优之路就必须是提高企业技术水平，提高经济效益，提高企业信誉；这是创优发展的有效方法。

（5）创优质工程的方法很多，但基本方法是过程精品，就是把各过程质量都做好，整个工程的质量就有了保证。首道工序质量样板制，是过程精品的有效方法。把每个工序的第一个工序工程质量做成样板工程，经过验收达到质量控制目标，后边的各道工序都要达到这个质量标准，就是每道工序高品质，道道工序高品质；每个工人工作高品质，每个环节精益求精，力求完美。创优质工程、创精品工程的具体做法见第三节的内容。

在创出优质工程、精品工程之后，就能知道质量与效益的关系，只有用质量求效益、求发展才是正确之路，有了质量，效益也有了。

5. 首道工序样板型

见第四章第二节第五项的内容。

第三节 创优质（精品）工程的做法

随着国家经济建设的发展，建设领域调结构，创业创新，推动产业升级和企业发展。我国的建筑技术在飞速发展，保证了新结构、新技术的应用创新，施工企业的装备水平、技术管理水平、经营管理水平都在不断提升和创新，造就了一批高水平的技术人才，建成了一大批高、大、精尖的全国乃至世界标志性工程。显示了我国建筑业的成就。我国建筑业应本着为国家建设作贡献，展现建筑创业改革创新的精神面貌，通过精心设计、精心施工把各项工程都建成精品工程。企业应创名牌，提高品牌效应。

在总结以往创精品工程的基础上，每个企业应该走出自己的创精品工程之路。这里介绍一些基本做法，以供参考。

一、深入了解和掌握工程项目特点

1. 学习领会工程项目设计文件，明确工程特点及难点，展现出工程的亮点

工程项目是以每个单位工程为基础工作内容，工程生产不能批量生产。要想做好工程质量必须联系设计，深入了解和学习设计的意图。如能提前与设计联系，参与到设计过程，为设计提供施工企业的技术能力和优势，供设计选择结构方案、工程技术方案参考。这样既能保证工程设计方案的优选，保证工程用途、工程质量，有利工程进度及节约投资，又能充分发挥施工企业的技术优势，是一举两得的好事。如不能参与设计过程，必须详细听取设计交底，对施工图设计文件认真学习和领会设计意图，结合审图机构对施工图设计的审查意见、设计单位的图纸会审，把工程设计的意图理解，结合本企业的技术水平，列出工程项目的技术特点和难点，有针对性制定措施，创出工程质量的亮点。

2. 了解和掌握工程概况

（1）工程规模、用途、面积、层数、层高、结构安全等级，设计使用年限及使用特点情况等；

（2）工程结构形式、结构种类、结构体系及结构布局等；

（3）地基基础的种类和形式；

（4）结构造型和复杂程度及整体施工技术要求；

（5）安装工程内容及要求；

（6）装饰工程的质量要求；

（7）本工程与整个建筑区的关系等。

3. 工程特点及难点

工程特点及难点是将建设工程的设计与常见工程及企业的技术优势进行对照来讲的，从各个部位、构件、环境条件、质量要求来分别说明，选择有效施工方案保证工程质量等。

（1）工程场地和环境条件、水文地质条件对工程施工的影响。

（2）地基基础的特点情况、深度、地质条件、地下水位、周边建筑、地下管线的布置，地基技术要求、安全措施难度等。

（3）基础施工质量要求，灌注桩桩孔、桩位及混凝土浇筑质量控制要求等，基础的大体积钢筋混凝土施工要求等。

（4）主体结构的特点、建筑层高、框架柱、塔式收分及变截面、混凝土结构弧形梁截面尺寸变化、各构件施工定位、结构实体位置和尺寸偏差及模板尺寸偏差控制要求等，清水混凝土结构构件表面质量控制与模板表面质量要求，钢筋骨架及钢筋位置保证混凝土浇筑的质量控制要求等。

（5）钢结构造型，非正常倾斜拱及桁架、多曲面网壳组合结构、自由体屋面结构及多异型采光，层面网壳等多种异型组合的曲面结构等的组合安装检验测量控制等。

（6）幕墙及玻璃屋面系统的安装连接，吊挂项目技术要求。

（7）室内、外装饰工程。室外的装饰规划整体性、协调性，吊顶、墙面、地面线条、图案、拼花的图案、位置准确、线条圆顺、分界清晰、尺寸协调等要求。

（8）机电系统专业工程的关键项目及要求的落实，保证使用功能、装饰要求、空间位置效果及功能运行等。

4. 工程质量目标

工程质量目标从质量管理目标、技术成果管理目标及人才培养目标三个方面来进行。目标可以是招标承诺、合同约定，也可以是企业自身的企业发展目标。

（1）质量管理目标

坚持提高质量管理的有效性，完善质量控制措施、操作规程、企业标准，提高一次成活率，提高工程质量的匀质性、精度和标准符合率，提高质量管理的有效性。

1）坚持按照《建筑工程施工质量评价标准》GB/T 50375—2016，创出优质工程。性能检测项目的一次检测达标率达到 95% 及以上；质量记录项目一次检查符合率达到 95% 及以上；允许偏差检测值 95% 及以上符合标准规定，允许偏差不符合检测值应小于偏差值的 1.5 倍的规范标准的规定，观感质量项目检查点“好”的点达到 90% 及以上，其余为“一般”点。

2）检验批一次验收通过率达到 100%，做好过程精品控制。

3）有条件的工程项目，可申报鲁班奖、国家优质工程和省级优质工程等。

（2）技术管理目标

1）结合工程项目的实际情况，根据工程的特点及难点，创出工程质量的亮点，并形成两个以上工序的操作规程；完成一个企业标准，总结施工过程的亮点，写出一本经验总结的书。

2）建成一个有亮点的优良工程。

3）培养出一批技术人才，使参与建设的施工人员技术水平有明显提高。

（3）施工过程做好文明施工，达到绿色施工的示范工程目标，安全施工零事故。

以上目标可以是单项的、多项的或全面的，也可是一项或几项，也可以是一个优质工程等。

二、质量目标落实策划

质量目标确定之后，要具体进行落实，将措施、负责人、质量要求、成果验收逐项落实。

1. 质量目标的分解

（1）在总体质量目标确定后，要对分部（子分部）工程的质量进行落实，通常不管什么质量目标，结构工程质量是必须达到设计要求和规范规定的，创优目标可提高过程质量控制的效果，性能检测一次通过。各分部（子分部）工程的综合质量检测一次验收通过，分别落实到各专业工长或专业施工单位项目技术负责人。要逐项落实，明确质量目标、验收标准等。

（2）各分部（子分部）工程的检验批控制效果要落实，资料完整要从头控制，允许偏差控制，观感质量控制要从一开始就要控制。专业工长或专业施工单位项目技术负责人要把质量目标落实到操作班组，并要进行过程抽查控制，事前技术交底要求要明确，允许偏差值要控制在规范规定值范围内，要在施工前编制计划，在施工过程中及时形成，并经有关人员签字认可；观感质量要提出控制效果的要求。专业工长、专业质量检查员、专业资料员，要具体承担过程控制成果的检查评定验收。

（3）一次性验收合格控制，是质量目标分解的关键。各分部（子分部）安全、使用功能性能检测检验一次验收合格；工程资料完整性一次验收合格；允许偏差值 95% 及以上控制在规范规定范围内；观感质量一次验收达到“好”的点的质量标准。这些都要依赖各检验批的一次验收合格，而检验批的一次验收合格，要依靠施工技术措施的有针对性和落实的有效性，以及靠工人班组操作技能水平。一次性验收合格控制，重点是落实到各施工班组。

将质量目标分解，要逐项列出各分部（子分部）分项工程及检验批的名称、质量目标、负责人、班组长等，用表格列出来，并进行公示，让每个人明白自己的责任，也互相监督。

2. 施工组织设计与施工方案的策划

施工组织设计和施工方案是落实质量目标的总技术措施和各施工工序的具体技术措施，是做到有计划达到质量目标的基本方法。施工前组织对施工图设计文件会审和学习，根据工程特点、工程进度和质量目标，确定编写建筑与结构施工组织设计、施工方案和机电安装施工组织设计、施工方案。施工组织设计要由项目技术负责人组织编写，由企业技术负责人审查批准。重大环节、部位或高危项目的施工方案要经过专家论证，如深基坑支护及降水、高支模板、钢结构安装、高大装配式结构、清水混凝土工程等。

对桩基工程、钢筋工程、混凝土工程、地下防水工程、层面工程、幕墙工程、精装饰装修工程及相关机电安装工程等大面积工程的施工方案应重点关注，各专业项目负责人审查批准。各项目的施工方案要组织各承建方参与讨论优化，提升方案的有效性。

3. 工程亮点及细部节点质量策划

不同工程质量有不同的评审要求，但共同的要求是工程亮点和细部的完美，这是工程质量的共同要求。

（1）根据工程有别于其他工程独有的特点，体现工程项目设计理念和施工水平的关键项目和部位，列出工程特点项目及细部部位明细表。组织有关方面编写专项施工方案，要投入更多技术和精力，形成工程的亮点，在细部上及工种交接部位界面做好衔接，提高工程的整体效果。

（2）亮点及细部节点质量策划，要形成工程亮点部位及细部造型效果图，多方案比较，要实地测量布局，拼图放线，实施落地，进行优化，形成样板，确保体现亮点的实现。

（3）亮点及细部节点的质量策划，要编制施工方案，要优化操作规程，经过试操作，形成有效的施工工艺，能达到一次成活一次成优，并能经过创优活动，形成企业的优秀施工工艺或企业标准。

（4）亮点确定要能体现工程的特点 、体量、气魄，施工高质量。亮点实现要落实到专业工长、施工班组，先施工样板，经项目技术及质量负责人多次优化，确定创优质工程实体样板时，可按其项目质量要求，通过组织验收，认可后，再开始大面积施工，达不到样板水平的不得验收。工程的亮点及细部节点就形成了整体优质工程。

（5）对于亮点的样板，包括物资样板、结构样板、装饰装修样板和机电安装样板等，用结构节点大样、样板照片及文字说明加以明确。各项样板实行样板管理，形成企业的管理制度，如《工程质量标准化手册》《工艺标准质量手册》等，形成管理标准化。

细部节点质量是体现企业质量管理水平的。在各个创优工程中，细部节点施工在于各个专业的众多工序施工中和工序施工交接部位，在各项大面积施工中，施工质量普遍高的情况下，细部节点施工质量就是体现整体工程质量的关键。所以，细部节点质量是整体工程质量的体现点，可以这样讲，没有细部质量就没有整体质量。对于建筑结构工程、装饰装修工程、机电安装 工程的细部要分别加以明确，还有各专业之间相交的界面、不同材料相交的界面等，都应确立细部质量板样效果。用细部实样、细部样板图、照片、文字说明等标出样板的要求，是实际施工的参照标准。

亮点及细部是构成整体优质工程的重点要素，是缺一不可的，是创优质工程的关键点，必须重点予以关心。

4. 工程资料策划

工程资料是工程质量管理和验收的必备部分，通常讲，工程质量包括工程实体质量和工程资料，这是工程资料本身特点所决定的，是工程质量验收的重要部分，是各项优质工程奖的必查内容。

（1）工程资料内容很多，各地工程管理部门要求也不尽相同。通常工程资料包括工程质量资料和安全文明资料，近些年又有新技术应用资料、绿色施工资料等。在工程建设不同阶段，工程资料管理的重点不同。工程开工前应进行策划，按工程施工顺序分别等列出资料形成的清单，落实形成资料的人员、时间及资料内容要求，以及资料份数，资料要随工程进度形成。列入岗位责任制。

（2）工程质量资料包括工程物资资料，有合格证、进场验收记录及抽样复试资料，施工控制资料有操作工艺、企业标准、技术交底等操作依据；施工过程的施工记录；施工过程和施工试验及性能测试；完工后的质量验收资料等。安全资料包括责任落实资料，安全设施、安装搭设的规范资料，设施验收资料，安全工作的规范资料，安全工作区设施、安全行为、安全用具及生产安全措施资料等，以及文明生产资料、绿色施工资料等。

（3）工程资料的形成除纸质文件，还包括电子文档、影像资料等。电子文档是工程资料管理实现无纸化管理，利用计算机及信息技术将工程资料管理起来。同时，将工程前期现场影像，施工过程中主要阶段、主要环节的影像集中起来，都是现代工程资料不可缺的。

影像资料要策划落实各种影像的责任人，影像形成时间，影像记录的项目、部门及要求，要在施工前列出表格，说明部位、阶级形成时间及要求等。

电子文档要从工程资料的形成开始即纳入信息系统 管理，建立无纸办公管理制度。

（4）各项质量工程奖还有不同要求，在确定创优质工程时，还应按其要求调整，使其满足工程资料的要求，但基本工程资料内容不变，还要保证工程质量验收的要求。

5. 质量验收策划

正常质量验收是按检验批、分项工程、分部（子分部）工程、单位工程进行的。其中检验批是质量控制的重点，通过检验批质量控制，落实了工程质量管理的过程控制，是质量验收的重点。分部（子分部）工程质量验收是工程功能质量验收的重点，保证了工程的安全和功能要求。分项工程，是检验批的汇总，复查其每个检验批都必须符合要求，不能有遗漏，单位工程质量验收是综合汇总验收，是施工合同完成合同约定的验收。不仅有质量还有经济及合同约定的项目内容、工期等考核。

各种优质工程还有不同要求，在确定创优质工程时，还应按其要求，将其评审标准逐项列出进行初步评审，其评审项目相关要求要在施工前列出清单，将各项目分别指定各专业责任人，分别来完成。还应在施工前确定优质工程质量奖的联系人，与奖项评审部门取得联系，了解和取得当年奖项评奖办法，按其具体规定落实申报程序，申报资料及时申报。应按具体要求做好工程资料及现场的各项准备，以备评审组的复查。

6. 过程控制策划

根据创优工程的特点 ，先制定目标，后实现目标，过程控制的重要性就不言而喻了。为了保证达到制定的创优目标，就必须事前策划好保证质量的各项措施。措施是多方面的，凡对工程质量有关的事项都应管控。重点管控节点通常有下列环节，各企业根据工程特点及难点还应具体确定。

（1）人员选调控制

首先，在投标阶段就基本确定了工程质量的总体目标，在投标书中承诺了质量目标，一个有信誉的企业承诺的事都必须兑现。在标书中应根据质量承诺，选派有经验能完成这项任务的项目经理及项目技术负责人。在中标后，施工合同签订中，进一步明确质量目标，细化质量要求。由项目经理和项目技术负责人，选择专业施工工长及有关人员，组成项目班子。

其次，选择好劳务和分包单位。根据工程总体质量目标，选择合格的劳务队伍和分包队伍，要在本企业系统和以往使用的劳务队伍中，选择信誉好、管理水平好、技术素质好，有创同类工程优质工程经验的单位。要与劳务队伍和分包队伍明确质量目标，签订好有奖罚约定的合同。劳务队伍和分包队伍进入施工场要进行培训和考核，经实地操作验证，达到样板工程水平，满足本工程质量标准要求后，才能正式进入正式施工，有关检验批工程质量验收，达到一次性验收合格一次验收成优。对劳务队伍及分包队伍要进行动态管理，保持质量水平。对建设单位直接分包的，要与建设单位、分包单位协商好，施工现场管理，工程质量管理必须由总包单位统一管理，否则就形不成创优的目标。

（2）材料、设备进场控制

材料、设备质量是工程质量的基础。要落实施工现场材料、设备质量的责任主体，要严格材料设备的订货、进场管理制度，订货要货比三家，选择信誉好的生产厂家，产品质量有保证的供货商家，要订好供货合同，注明物资质量，从源头管理。进场做好验收记录、合格证，复试报告完整。现场要做好管理，保证材料质量，使合格的材料用在工程上。有条件时，优先选用有利环保、节能和资源保护的产品。

（3）样板管理的确立

工程质量控制，有时产品用文字说明是不准确的，为了能确保创优计划的实现，实行样板管理是最有效最可靠的方法之一。在制定创优计划的基础上，落实创优策划将各项质量目标先做出样板，经过有关人员检查认可，达到了创优标准，即作为验取的样板，后边的项目以此为标准。样板管理制度有物资样板、结构样板、装饰装修样板、机电安装样板、有关节点样板 及细部样板、加工件样板等。

板样可单独做，也可结合工程做，在大面积施工前做好，通过有关人员验收认可，作为整个工程后续项目的验收标准。这样就把创优策划落到实处了。

样板管理施工企业应建立相关制度，如《工程质量标准化手册》《工程质量样板管理样品库》《工程结构构造大样及细部做法大样图》等，作为企业技术管理手段。根据相关制度，企业在施工中，把企业创优要求和计划进行落实。样板的种类可多可少，可以将多数工序工程都建立样板，也可将主要工序建立样板，也可以将创优的难点、亮点建立样板。材料可提供样板件，加工件提供加工好的样板件，按此规划生产；结构工程、装饰工程施工前，对各道工序制作现场实物样板，包括模板安装、钢筋绑扎、混凝土成型、砌体砌筑、抹灰、面砖、预制件安装等，经各方检查人员现场验收合格后，对相关专业班组工人进行施工工艺与质量培训，然后正式施工。列出各项实物样板。

装饰装修与安装工程，分别选取有代表性的房间与机房，或有关节点、部位包括设备安装、管线排布等功能及感观，装饰的大面及细部效果等做出装饰、安装效果，并经过多次的优化、完善，确定最终的方案，列为实物样板，进行实施。

（4）重点工序控制策划

样板工程管理是落实创优的重要手段，但也要突出重点，对自身质量较好的有经验的工序可列入正常施工管理。要进行一个工程项目的创优，一定要突出关键工序、重点工序的管理，体现出工程项目的质量水平。

1）重点工序可以是工程的亮点部分、重要的细部部分，也可以是关系到工程的结构安全、使用功能、质量可靠性有重要影响的工序，还可以是工序交接导致质量不能连续或对前边工序成品保护不够，以及不能经济方便地通过后续质量管理、测量、监视及验证工作的工序，还可以是本企业质量管理较薄弱的工序等。作为重点控制的工序，在分析研究的基础上列出创优工程的重点工序管理清单。

2）重点工序控制，是改进工程质量的一个有效的方法，是在一定时期内，企业自行在自身质量管理中，找出较差的工序质量进行质量改进，不断提高工程质量的有效方法。一个企业应制定《重点工序施工作业管理办法》，规范重点工序确认或识别的方法，规范和鼓励企业职工抓住重点进行质量改进。

3）在“重点工序管理清单”确定后，对重点工序编制施工方案、施工工艺评定办法、过程旁站或平行监控、组织验收等各环节全方位的管理。有条件的企业可利用信息化手段，进行施工全过程有效监控，提高重点工序质量控制水平。

（5）优化设计和优化施工工艺

1）优化设计是在施工图设计文件的基础上，根据创优策划对工程设计的构件加工、节点大样、节点构造、构件、设备、管线安装节点等技术内容进行深化和细化，制定出构件加工大样图、节点施工大样图和施工细则表，对施工进行指导，以达到每个工序的过程精品和精品工程。还可以对一些安装节点、安装工程进行美化和优化。使结构工程的焊件受力、整体效果美化。对安装工程、装饰装修工程的功能、效果的深化设计，出具效果图、施工图，对装饰图案、饰面板、饰面砖及分格线缝进行数字排版，使整体效果和谐美观、精致典雅。

2）优化施工工艺，为创优而改进施工流程、施工工具、协调各工序间的协商互助，使工序搭接更合理、更方便，工时节省及更有助质量的保证，更有经济效益等。通过创优提高企业的技术管理水平。

（6）实测实量精度策划

施工质量的精度是施工质量的重要方面。任何产品都有精度要求，工程质量也不例外，在各项施工质量验收指标中都规定了“允许偏差”，这是施工操作水平的体现，也是工程质量水平体现，“允许偏差”在结构工程中可能影响到工程的荷载传递，使用空间及安装工程、装饰装修工程施工的成效更好。精品工程要使“允许偏差”控制在规范规定值以内。

施工开始前应制定控制措施，并验证措施是有效的。施工过程要进行有效监控，施工班组自行控制，自测自量，专业质量员要进旁站和平行抽查抽测，动态调整施工工艺，改进控制工具及测量工具，使“允许偏差”值的符合率达到100%，实现过程精品。

工程项目部应配备相应的规范标准，以便核对有关规范规定，还应配备相应检验检测仪器设备。如工程项目部应有钢筋探测仪、楼板厚度检测仪、铅垂仪、经纬仪、水平仪、激光测距仪、拉拔仪等仪器设备；施工班组应配备有2m刮扛、2m靠尺及塞尺、钢卷尺、水平尺等工具及检验检测仪器设备。对有关构件尺寸、混凝土强度、钢筋位置、构件位置及截面尺寸、构件垂直度、平整度、墙面抹灰垂直、平整、阴阳角方正及顺直等进行实测控制，确保工程结构质量的精度及观感质量的精美。

（7）工程观感质量的策划

建筑工程和建在城市的市政基础设施工程，都是美化城市的元素，或是说一个建筑就是城市的一个景点。建筑工程本身就是一个艺术品，在保证工程安全、使用功能的同时，对其观感质量不能忽视，它对使用功能的影响、对环境的影响、对人心情的影响都是重要的。建筑工程的观感质量在创优初期要作出规划，各项目本身的质量要做好，各工序之间的协调要做好，最后一道工序要体现出一个整体质量的目标，还要做好对前道工序工程的成品保护、工序交接处的质量完善等。施工前的策划要对整个工程的线、缝、阴阳角方正顺直、色差等进行控制。各工序按策划各自控制，保证各环节的观感效果，工程项目部进行随时检查，以保证达到工程整体观感质量的控制目标。

（8）工程资料控制策划

工程资料对工程质量是一个重要的方面，包括工程用材料质量资料、质量控制措施资料、施工过程工程检验检测资料、质量过程验收资料。对工程质量来说，工程资料是不能缺少的，或是说工程资料是工程质量的一部分，工程质量包括工程实体质量和工程资料质量两部分。

对创优的工程来说，工程资料又是工程创优过程的见证记录，说明工程创优活动是规范的，有效的；工程质量的措施是有针对性的，是有效的；工程施工过程管理是有效的，工程质量验收的结果是准确的等。创优工程的资料是必不可少的，工程质量验收的资料、工程质量管理的资料、工程建设的资料也是必不可少的。工程资料是工程建设的依据，是工程质量的保证。工程资料要落实到工程项目，项目经理部应在开工前，编制施工组织设计、施工方案时，就要编制工程资料形成计划，作为施工组织设计的一部分，列出工程资料形成的时间、内容、数量等，工程资料要与工程同步形成。工程项目的工程资料要设专人资料员管理，由项目技术负责人或总工程师负责。资料的管理、归档以分部工程管理为好，便于核对，资料编制要落实到各岗位施工责任人，对资料的形成时间、内容要求、审核批准权限作出规定。工程质量验收资料要按当地主管部门统一要求、统一格式，由资料员及时督促形成资料，对资料进行收集、整理、归档。

工程验收的资料要按工程质量验收规范的要求编目整理，需要交城建档案馆的工程资料，要按当地城建档案馆的编目组卷，要创有关优质工程，要事先了解其资料要求，按其组织整理资料。

（9）创新提升质量的控制措施

在正常应用质量控制技术的同时，结合本工程的特点，可以考虑应用一些新的技术或攻克一些质量问题，创新和提升质量管理的能力，来保证质量，作为本项工程创优的亮点和特点。建筑业推荐有 10 项新技术，这些内容很多，可以从某点上突破创新，也可以自己自主创新。这样可以提升职工的积极性、成就感，对创优工程起到有效的促进作用。

1）充分发挥总工程师的技术主导作用

施工企业多年来多数设有“总工程师”的职位，但其工作定位至今不够名正言顺，多数流落为一般的技术行政管理，与经理、副经理一样忙于一些行政管理的事务，浪费了“总工程师”的名称。“总工程师”要突出“技术”的重心，做好“三个中心”。

首先，总工程师是企业技术人员的中心，技术人员的领导要把技术人员发动起来、团结起来，发挥他们的技术作用，为做好工程质量贡献力量，要建立技术档案记录他们的功绩。要培养他们的技术素质，提倡和要求定时做好技术总结，在项目部或以项目总工（技术“负责人”）为主的项目技术班子，在项目经理领导下，落实质量技术业务，定时召开技术研讨会，定期组织技术培训、定期考核、到时或提前晋级技术职称，总工程师要以身作则带动创新，要使每个技术人员牢记自己的技术特征，以总工程师为首，把技术人员组织起来，充分发挥技术人员的作用。

其次，总工程师是技术改进和创新的中心。有组织有计划地开展技术革新、创新活动，提升企业技术水平，一个企业不能持续地改进和提高企业技术水平。要有计划改变企业死气沉沉的面貌，几十年一个样，不发展技术的企业是不会持久的，企业会垮台的。技术改进与创新可以由小至大，一步步来，但不动起来就没有个开头。可以结合企业存在的技术问题，开展技术传承，逐个解决工作中的技术薄弱环节，创新施工工艺；引进新技术、新工艺落户企业;将单项工艺组合成综合施工工艺，提升技术效益;研发新技术、新工艺等。建立有关创新制度，如“实施强制性条文应用要点”“工程质量管理办法”“项目管理制度”“施工方案审核制度”“质量难点、亮点确认制度”“重点工序施工作业管理办法”“工程质量标准化手册”“工程资料管理制度”等有效制度。

落实工程技术标准的中心。工程建设是以国家规范标准为主开展工作的，贯彻落实工程建设技术标准，带领全体技术人员及时学习好有关常用的技术标准，在企业中推动贯彻落实，制定有关贯彻落实的措施。

学习贯彻技术标准，首先以强制性标准条文为主，在每项工程开工前，制定施工组织设计时，将与工程有关的强制性标准条文摘录出来；学习领会条文内容及要求；制定技术措施、实施措施、检查和改进措施；直至技术措施满足贯彻强制性条文的要求。企业可组织有关技术人员讨论，将措施以企业标准的形式固定下来，成为企业的技术优势。一个施工企业掌控和了解技术标准越多，其技术标准化水平和工程质量水平的保证性就越高，随着企业技术标准数量的增多，企业的技术标准化水平就越高。

2）集中优势创新和增加工程创优的亮点

在确保工程设计的亮点实现和企业优势亮点保持的同时，施工企业可结合工程开发创优的新亮点。针对工程项目的技术难点与质量控制难点，组织进行技术攻关，通过确立方案，组织攻关人员，制定控制点，进行效果分拆、改进等过程，攻克技术质量难点，将难点建成亮点，增加工程的亮点，将攻克成果形成企业新的工法或工艺标准，提升企业的创优水平。如有的企业将工程中一些难点通过全企业的努力，较好地得到解决，不仅创出了工程的亮点，还得到了行业主管部门的奖励等。

3）增强沟通管理

工程建设的特点是先订合同后生产产品，生产产品过程合同各方都参与管理，各部门各单位之间的联络协调是完成工程建设的关键环节，在现阶段沟通管理是工程项目管理中的一个专门知识领域的课题。沟通就是协调、信息交流，充分畅通的沟通交流，可以使各方信息得到对方的了解、理解和配合，减少和避免分歧，使各方的力量得到联合、信息共享，推动和共同实现工程项目的创优目标。

在工程建设的初期，制定工程项目创优目标时，要集中建设单位、勘察设计单位、监理单位的意见，目标大家认可。在工程建设全过程与建设方、设计方、监理方保持良好有效的沟通，增加各方对创优工程的配合和支持，使设计方案的优化、资金的保证、材料的调配、分包管理的协调、现场质量的提升得以实现，以及得到政府主管部门的支持等，使多方面主动配合，会对创优工作起到积极的推动作用。

4）完善信息化管理

信息化管理是现代先进管理的重要手段，将工程建设全过程管理理念与信息化技术相结合，对转变项目管理方式、整合内外部资源、增强沟通管理、提高管理效率等都具有重要作用。企业有质量管理信息化系统的，将现场质量管理列为与企业的管理系统对接，实现有关信息录入、统计、分拆、预警及信息共享等，增强工程质量的监控及时性、管理针对性、责任可追溯性，还可以与有关单位、部门、局域网连接，可实现网上质量验收、信息沟通，以及项目深化设计、质量过程控制、工程资料管理、工程影像数据传递等，应用BIM技术等资料做到信息化系统的全面信息化管理。

5）企业及项目文化建设

项目是企业的窗口，企业要成功，要靠各项目的成果来体现，项目的成功要依靠项目团队的努力，企业的建设要落实到项目团队的建设，一个企业一个团队的建设除了一些必要的制度外，还必须有一个大家认可的共同的文化理念，企业的文化理念是落实在项目文化理念上。人是有灵魂、有思想的个体，不能单靠条条框框去约束，要用文化来统一人们的思想。企业文化是一种软实力，是一种精神，是一种无形的强有力的力量，是一种把企业全体员工的积极性组织起来展现自我才能的平台。比如每个职工就像一颗璀璨的明珠，放在一个盘子中，看不出他的价值，如果用一根红丝线将其串起来形成一串珍贵的项链，每颗明珠都发出了它的光辉。企业文化就是一根红丝线，它能将企业的员工动员起来、组织起来，把每个员工的光辉散发出来。既成就了企业，也成就了每个员工。文化建设的越完善，企业的内在力量越大，每个员工的主动性、奉献性就越大，成就感越明显。将企业文化的精髓渗透到企业行为的方方面面，增强企业文化的内涵，充分发挥企业文化的精神。企业文化是调动企业员工积极性的一把金钥匙，企业文化理念有着非常丰富的内涵，建筑企业的使用是践行时代精品工程、创造和谐社会，为民族大家庭积累社会财富；企业的核心价值观是永恒的诚信、奉献，精品、人品同在，建筑企业的质量方针是精心策划，精心建造，优质高效，实现承诺；这是时代和行业付与建筑企业的文化理念。

项目文化就是企业文化的具体体现，将项目目标与个人目标相结合，团结一致共同拼搏，攻克难关，群策群力，为工程目标投入极大的热情，将工程建成精品工程。

6）提升创精品工程成果

创一个精品工程是一个团队共同努力的结果，一个工程被社会认可，被建设单位给予好的评价，被用户给予赞许，被相关团体评选为优质工程等，使企业中的每个参与者都感受到成功的喜悦、自己付出的成果。为了让团队更好地感受到具体成果，项目班子应把成果提升，用多种形式表现出来，重点从三个方面来展现：

建成一个精品工程；培养一批人才；总结出一套创精品工程的经验，写成一本好书。

一是对工程建设过程进行全面总结。精品工程是总体而言，不仅是总体的评价，还要将这个工程具体突出的亮点、解决的难点用文字、图像等展现出来，将解决的措施、过程展现出来，让参与者看到自己的努力和成果，使今后工作更有信心和方向，也将精品工程奉献给社会。

二是对工程实施过程中，团队具体人员参与的内容、作出的贡献，以及相关人员的进步，给予肯定。组织有关人员将自己的工作及工程中的亮点、难点解决的措施、过程给予总结，将成功的经验给予总结完善，形成企业工艺标准、论文、技术总结等，将一些其他部位施工中的不足提出改进措施，以及不足的吸取教训，供下次改进和注意；项目班子将好的经验汇总写成一本好书。

三是对工程项目建设过程中，作出贡献的班组、人员给予表彰、奖励，该提升的提升，该晋升技术职称的，推荐评定技术职称。以鼓励和肯定相关人员的功绩。

三、精品工程的具体做法

在企业有一定技术水平、管理水平和装备水平的基础上，工程质量控制能力也有了较好的水平。同时，还必须有一种不断创新的思想，不断创新质量水平，不断创新技术措施，不断创新管理制度，以及不断创新认识水平等。创优质工程，是无止境的，好了还能更好。就像广告说的，没有最好，只有更好。

（1）首先思想上要有明确的认识，一定要突出创优的思路，结合工程特点突出预控，突出过程控制。企业在发展过程中，一定要有创新思路，高目标，多成果。

1）突出一个“创”字，创新、创优、创高。

创新：认识上树立创新观念，管理上开拓新思路，技术上开拓新材料、新工艺、新技术。

创优：优化工艺，优化控制器具，优化综合工艺，提倡一次成活，一次成优，不断创新质量水平。

创高：不断提高企业标准水平、质量目标、操作技艺及管理体系。

2）突出管理的针对性，以工程项目为目标，研究提高项目管理的标准化程度，不断改进企业标准的规范化水平，提倡制度的完善和责任制的落实。

3）突出操作技术，提高操作技能，用操作质量来实现工程质量的精细化水平。

4）突出预控和过程控制，突出过程精品，一次成优，一次成精品，达到精品，效益双控制。

5）突出整体质量，达到道道工序是精品，每个过程是精品，整个工程是精品。达到三个要求：

① 质量管理的完善，制度、措施齐全，落实、检查及时，总结改进不断。

② 质量的完美。

③ 工程技术资料的完整。

6）建一个优质工程，完成三个成果：

① 建成一个优质工程，

② 总结一套创优经验，写一本书或写一篇论文。

③ 培养一批技术人才，凡参加工程建设的有执业资格的技术人员都应写一篇文章，总工程师及企业技术部门要对他考核一次，该提升职称的提职称，该提升技术职称的提升技术职称。使每个人员都有收获感，增强热爱专业、热爱企业的信心。

具备了这些基础条件，就可以规划创优质工程，创精品工程了。

（2）做好创优质工程的规划。根据设计文件要求、施工合同约定，以及企业本身的发展，确定优质工程的目标，而且将质量目标分解到各分部门。优质工程质量目标要落实到工程项目部，落实到项目经理、项目技术负责人头上。同时，企业要做好保证措施。

首先项目班子要配备好，各专业施工人员技术素质符合要求，操作人员要按条件选择，先做样板再正式上工程，达不到质量目标的不准上岗。

其次企业的材料部门、技术部门、质量部门等要对口支持项目部制定好控制措施，落实过程控制，并督促、指导其落实到位。

（3）工程项目部要保证实现企业下达的创优质工程目标。工程项目部是落实企业质量目标的载体，具体执行者。项目技术负责人要组织各专业施工人员策划落实措施。各专业都应制定详尽的专业施工方案，经专业技术负责人批准，并经专业监理工程师审查认可。专业施工方案要向施工人员交底，使专业施工管理人员和操作工人都了解并掌握其要领和质量目标要求。

（4）落实过程精品工程控制。工程建设的特点，决定了创优质工程的特点，优质工程必须做好过程精品工程，否则，创建筑工程的优质工程就是一句空话。工程项目是由各工序工程组成的，只有做好每个工序工程质量，才能创出精品工程。工序质量不好，不及时改进，过后不能改进和更换，整个工程就成不了精品。

1）创优质工程，必须开展过程精品工程，而过程精品的创建最好的办法之一，就是首道工序样板工程制。其做法：

① 将工程质量的质量目标，分解到各专业工程各工序施工中，将工序质量目标具体化，列出项目、数值，列表标识清楚。

② 选择施工队伍，选择参加这项工程施工的施工队，首道工序由施工队做，做成样板，有关人员验收后，再正式施工。后边的各道工序都是该班组来做，这样质量就会有保证。不要做样板是一个队伍，实际施工的又是另一个队伍，否则首道工序样板制就打了很大的折扣。

③ 根据质量目标制定质量控制措施专项施工方案，并经过专业技术负责人审查认可及监理工程师审查认可。

④ 检查通过首道工序样板，施工队在施工中要按制定的技术措施或专业施工方案，以及技术交底的要求去做。专业工长、质量检查员、专业监理工程师跟踪，旁站检查，不足之处及时发现、及时改正。保证施工按质量控制措施专业施工方案施工，发现控制措施针对性不强或不完善及时修改措施。首道工序工程完工后，由专业工长、质量员、监理工程师对主体结构、节能等重点工程验收，必要时请企业技术、质量部门派人参加首道工序工程样板质量的验收。

验收主要要完成两方面的任务。一是检查验收工序工程的质量。要实地检查实体工程，该测量的测量，依据施工前确定的质量目标，逐项检查，必须全面达到质量目标，才能通过验收；二是核查质量控制措施的完善性和针对性，这些措施要达到完全有效，按其去操作，能达到规定的质量目标。

若工序质量有的项目达不到计划的质量要求，必须进行修理，直到达到规定的目标指标为止。同时，修订质量控制措施，使其达到按其施工能达到规定的质量目标为止。

修改完善后的质量控制措施、专项施工方案，作为后道工序施工的质量控制措施。

⑤ 后续工序工程施工，遵守已验证的质量措施或专项施工方案进行操作，过程控制能使工程质量达到规定的指标。

2）过程精品工程的实施

① 在工序工程质量目标分解确定后，就把工序施工交给施工班组施工，由专业工长向施工班组进行技术交底，交底材料是企业已成熟的质量控制措施和专业施工方案。这些施工班组是经过创优的，有较好的经验和技能，在质量目标明确后，就可以开始施工。

② 过程精品施工，必须建立严格的管理制度，要实行动态管理，节点考核，严格奖罚制度。过程精品目标是每道工序质量为精品，每个工人工作是高质量，每个环节都精益求精，力求完美。施工班组必须是高素质的班组。整个工程就成了精品。

③ 动态管理，要保证过程精品，必须把施工过程各主要环节都管理好。依据创优质工程，创精品工程计划，对人、财、物、时间节点进行全方面控制、调整和检查。该配备供给的人力、物资要保质保量及时提供，随时检查落实情况，使每个环节得到有效控制，达到计划规定质量目标的通过，达不到目标的不得通过，并进行整改和追查责任。

④ 质量和效益挂钩，从企业与工程项目部的标价分解，到工程项目部与各专业施工项目质量目标分解的同时，经济目标也必须分解到位，按工程量及工程造价，落实责、

权、利。质量目标和成本控制到工程项目部，工程项目部质量目标不分解，经济效益不落实，是落实不了过程精品的。质量目标和造价成本目标分解落实。

⑤ 分层负责、集约增放，各环节严格控制质量的同时，控制好成本，节约的成本由控制者拥有。这既推动了质量控制，也促进了成本控制节约增效。在工程建设过程中，提高工程质量是效益，节约成本也是效益。工程项目管理责任体系，是以落实质量目标、成本控制目标为中心的管理责任体系，使质量控制责任和工程成本控制责任都落实到每个人身上。

第七章　质量经营管理

产品质量是企业的生命，已成为广大企业的一种经营理念。以质量求生存，以质量求发展，用科学先进的技术和手段强化质量管理、提高产品质量。在全社会生产者与消费者都在关注产品质量推动下，中央又提出结构性改革的路线方针，改进、提高产品质量，开发产品质量，为用户提供满意的产品，企业从中求得发展和好的效益，是企业追求的目标。企业在处理质量与数量、质量与成本利益关系中，如何坚持质量优先，将企业的产品质量管理提高到一个高层次的质量经营水平上。同时，如何防止单纯“精益求精”“完美无缺”的思想导致的功能质量过剩，如何将质量与数量、质量与效益的优化匹配，在提高产品质量的前提下，来提高质量效益。

第一节　质量经营的概念

一、质量经营的地位和内容

1. 质量经营的地位

当前社会广大用户对产品质量要求越来越高，政府对质量的管理不断加强，市场也由偏向生产者转向偏向消费者，世界各国将质量经营管理作为主要战略，有的国家提出“质量兴国”，采用全面质量管理和质量体系的技术，取得了好的成效。这样企业必须采取有效措施：一是把确保质量和质量成本作为企业及企业各部门本身所要求的经营目标；二是质量和合理的质量成本作为企业及各部门经营计划的主要目标之一；三是改变质量不只是质量和技术部门责任的事。树立质量是全企业各部门的事。

通过合理地提高产品质量，来满足用户需求，可提高产品的可销性。生产用户满意的产品，降低成本，使用户买得起，愿意买；由于通过企业技术能力，开展功能 / 价值分析，合理优化功能、质量、成本结构，提高生产率或可销售的产品数量，是增强企业生产活动的中心环节。质量经营对企业的各项管理，技术活动有重要影响，质量经营就成为企业的一项重要发展理念，带动和促进了整个企业素质的提高。

2. 质量经营管理的内容

质量经营管理是质量管理理论发展的阶段。质量检验控制、统计预防控制、全面质量管理三个发展阶段，都是重视质量本身的提高。从质量管理的导向可见其不全面。

（1）重视产品结果。忙于成品的事后检验，主要活动是检验规程、抽样检验方案，规定质量验收标准，对改进和提高生产过程的事项重视不够。

（2）重视生产过程、工序是决定质量的基本环节，重视是对的，但在实施过程中，对影响因素人、机、料、法、环和测的异常情况控制重视多，对工序质量的不断改进和提高则重视不够。

（3）重视用户。生产用户满意的产品，质量就要比别人更好。满足用户需求，进一步提高产品质量和服务质量，是企业经营的必经之路。要满足用户的现实要求，更重要的是满足用户的潜在要求。要使产品满足用户对质量不断发展的要求，关注实施用户导向。

（4）重视人的因素。企业全体员工人的行为对产品质量和服务质量的保证作用，得到越来越高的重视。强调质量经营要以人为中心，人的质量意识，人的技术水平和管理水平，人的创造性，人在生产中的积极性和行为方式，是形成产品质量的最重要的因素。很多国家都认可这一点。经过完善系统的教育培训，充分发挥人的资源能力比工序能力更重要。一些质量专家都强调，质量经营管理中要把人的因素放在首位，实行“人本管理”是改进提高质量的根本。

（5）重视效益。企业的根本目标和任务，是提高资本增值效益。过去一些企业把质量与效益对立起来，认为提高质量就要用好的设备、好的材料、好的厂房和好的工人，就会增加成本，降低利润。质量经营的观念是：效益来自质量，要重视质量的效益，把质量看成一个经济变量。质量专家对质量提出了新的概念：在满足规定的使用要求下，给社会带来耗费最小的产品就是质量最好的产品。这样可以把财务成本上的损失同质量的水平联系起来，提出一套产品及工艺的优化设计方法，通过产品及工艺的优化设计，达到用较低的成本实现质量的改进。这叫“质量设计”。这种质量的改进，改变我们的思维方法，改变为提高质量而积累资金的方法。

质量成本已经在各国引起很大重视，树立起“做好质量的管理，成本管理才成为成本管理”“不赚钱的质量，就不是质量”“质量管理要控制成本”的质量经营观念。

（6）重视体系。质量是在产品生产的全过程中形成的，是整个生产系统质量的综合反映。质量体系贯穿于产品质量形成的全部过程，包括：① 市场调研；② 设计（规范的编制和产品研制）；③ 采购；④ 工艺准备；⑤ 生产制造；⑥ 检验和试验；⑦ 包装和贮存；⑧ 销售和发运；⑨ 安装和运行；⑩ 技术服务和维护；⑪ 用后处置等。

这些过程节点形成质量环。这与螺旋上升过程的概念相似，质量环是从静态的角度概括产品质量产生、形成和实现过程的质量经营职能。在一定程度上反映了企业各主要部门的工作质量。企业各职能部门所执行的职能情况，也是为产品质量提供保证。各项工作或活动是顺序进行的。因此，对下一环节的质量来说，上一环节的工作是一种预防和保证。

产品质量的产生、形成和实现过程是呈螺旋形的上升过程，包括一系列循序进行的工作和活动，包括若干环节，环节之间一环扣一环，互相制约，互相依存，互相促进，不断循环，周而复始。一次比一次改进，直至达到质量目标，质量体系环如图 7-1 所示。

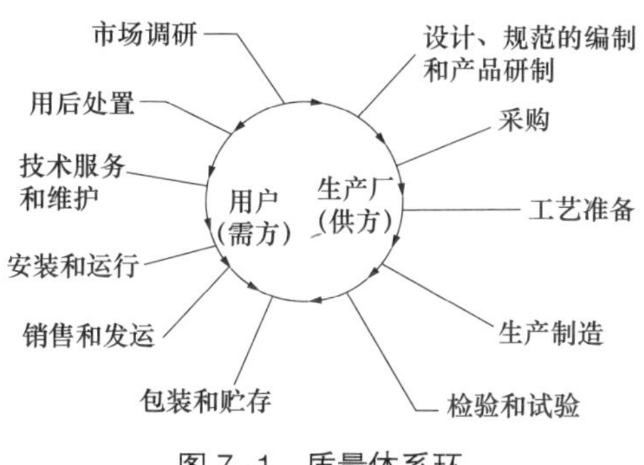

图 7-1　质量体系环

二、质量经营管理的理念

在经济全球化的今天，任何企业都会感觉到提高产品质量的重要性。产品质量已成为企业参与市场竞争的重要前提。适应这种形势必须转变质量管理的主导思想，影响质量的因素很多，但质量管理理念是首要的，企业要站在用户和社会的角度，来研究企业产品质量与经营效果，要对质量的意义、概念、内涵有新的理解。

1. 从仅追求产品质量到追求大质量

传统质量是产品实体质量符合规定的技术标准，只关系企业和顾客，在企业内只与生产部门相关。现代意义的质量是硬件、软件、材料、服务，也是其组合，包括产品的价格、品牌、质量保证和售后服务等顾客关心的方面，即所有方面符合消费者需要才是好的质量；产品质量还要考虑到企业的所有受益者（顾客、员工、供应方、社会等）的期望和需求；企业内的所有部门都有一定的质量问题，各部门都要做好工作质量来保证产品质量。大质量体现了消费者至上的理念，是企业经营成功的根本保证。

2. 从追求高指标到追求适用质量、高使用价值

通常产品技术指标是评价产品质量优劣的主要标准。有的片面认为标准越高越好，不考虑消费者实际需求，造成成本价格上升，产品功能过剩，失去消费者。现代质量观念认为，产品质量是消费者定义的，保持适宜性和较高使用价值，充分恰当地满足消费者的各种明确或隐含的需求。功能高价值高，消费者不会买，功能剩余过大，会造成资源浪费。

企业应了解市场及消费者需求，对产品进行标准定位，市场目标以目标市场消费者的需求为中心，从适用质量、高使用价值确定产品质量水平、价格、营销策略等，企业的产品、服务才具有生命力、竞争力。

3. 从强调产品质量到强调质量保证能力

传统质量认为，产品符合规定标准就是好质量，为此加大检验环节等，但质量问题还是不断发生，造成费用增大等。而现代质量观念认为，在准确定义产品质量和服务质量水平的基础上，必须追求良好的质量保证能力。建立完善的质量保证体系，给予用户在产品质量、服务质量方面预先承诺，预防和纠正不规范的行为，是质量保证能力的有力证据，建立与用户互相信任的关系。

强调质量保证力是质量管理的创新，是促进企业发展的必然要求。尤其对建筑行业来说，更具有重要的意义。

4. 从用户承担损失到企业承担损失

以往用户购买产品后，其使用、维修及用后处置等都由用户承担，而现代质量观念认为，产品在整个寿命周期内，因产品质量发生的费用或用户损失应由生产企业承担，这样才算真正落实用户至上的经营观念，也树立了企业的良好形象。

以往企业的服务是顾客，只是产品质量好，性能价格合理，符合用户需求，又能为企业带来利润就行。现代质量观念认为，企业还必须注重生态质量、环境质量、社会质量和社会效益等，生产不能损害环境，不能浪费资源，企业不但对用户负责，还要为全社会负责。

5. 企业内部质量管理要素改善

以往产品出现质量问题，由于在操作过程中，责任往往由操作者来承担，以及生产过程相关部门和人员负责。现代质量观念认为，产品生产整个过程是经营者策划和控制的；生产经过若干个过程，通过多次输入输出的转换，这些过程都受经营者的规划程序文件规定；各过程都应有工作要求和操作规程；各工作岗位都选派适合的人员上岗操作；每个生产过程都应提供充分的资源，包括设备、资金、信息、工具、环境等。这些原因引起的质量问题，操作者是难以控制和预防的。只有经营者才有能力进行预防和控制。据资料显示，企业生产质量问题 80% 以上是经营者的原因造成的，另外 20% 也与经营者有间接关系。

以往的质量管理是事后的检验把关，现代质量管理强调事前预防，强调用有效的措施，第一次把事情做好，一次成功就是用最优的工作质量和最低的质量成本来生产产品，追求工作“零缺陷”“产品质量零缺陷”，让用户满意，这是在市场经济环境下的质量经营理念。

同时，作为生产企业必须认识到，产品生产是个系统工程，从产品市场调研、设计、采购、生产、检验、销售、服务等环节及人员的状态都会有质量问题，都会影响到产品质量。因此，产品质量涉及企业的各个部门、各个过程及全体人员，这是质量管理的核心思想理念。

综上所述，现代质量管理要求，企业经营者要承担产品质量责任，产品生产要进行质量预控，从头做好质量，产品质量要企业的全体人员、各个部门都要用好的工作质量来保证。

6. 企业质量管理到全社会的质量控制

从企业质量管理到社会质量控制，企业要重视自身的质量控制，还要抵制假冒伪劣产品，企业要依法做好自己品牌、商誉的保护，最有效利用社会资源，打击假冒伪劣商品，保护自身权益。现代质量管理观念是适应全球化市场竞争的能力，也是企业持续发展的根本保证。

7. 质量经营要着重关注的问题

（1）质量经营管理要以顾客为基础，以顾客满意为目标，以质量效益为落脚点。

（2）企业管理层要重视质量，每次议事质量是首要内容；在生产、资金、成本与质量的议题中，首先研究质量，将影响质量的因素控制好。

（3）企业要建立一个指导体系或思想体系，要发挥职工的质量激情，要选择一种使企业成功的体系并虔诚地信奉，制定自己的质量策划方案，并不断地完善改进，最终成为成功的手段。

（4）重视人员的技术培训。发挥每个人员的作用，发挥其积极性，减少失误、减少次品率；发挥每个人在生产过程中，保证质量的作用。

（5）质量的改进从小事做起，参与生产的人员都要将有利于质量改进的事项找出来，进行改进，就会积少成多，就会使产品质量不断完善。同时，要明确质量改进是无止境的，质量是没有最好，只有更好。

（6）质量测定，质量提高，成本下降。测定就是找出从产品设计、生产到销售、维修过程中的劣质成本，如返工、保单费、修理费、退货、更换费等，质量低劣使产品成本增加。关键是第一次就把质量做好，实现“零缺陷”生产，降低成本。建立有效的质量计划制度，进行“零缺陷”管理，不仅改进质量，还使成本下降。

综上所述，质量经营就是把产品生产的全过程管起来，以消费者为中心，以事前预防为主程序控制，以全企业、全体员工、全过程质量管理，来做好质量经营管理。

三、质量意识的内容及作用

质量意识是人们对质量要求的正确认识和追求，以及用经济合理的方法达到质量要求的计划与行动。如果说质量是企业的生命，而质量意识就是企业的灵魂，是企业质量经营管理的核心。现今企业加强质量管理、质量控制、质量经营，提高质量意识已成为一种趋势。

1. 质量意识的内容

一个产品质量的形成要经过多道工序、多个工位，经过很多人员的操作完成，每个工位每个人都必须提高质量意识。影响产品质量因素中，人的因素最重要，人的质量意识很关键，这种意识是在有成效的企业管理者带领下，在企业的发展中，产品的生产过程中，经过企业发展和产品的不断改进培植起了渗透到一切方面的质量意识，是在共同奋斗中形成的，形成一种深刻的、牢固的思维方式，是企业的宝贵财富。质量管理要求企业经营者、劳动者不断培养和形成质量意识、问题意识和改进意识等基本意识，构成企业发展向上的精神动力。

（1）增强质量意识。就是千方百计满足“消费者需求的质量”，要经过调查研究准确理解和判断消费者的需求，理解要求的内涵及外延，并采取措施，将用户需求用技术标准展现出来，体现在产品质量中。

（2）增强问题意识。问题意识是指企业的每一个员工对自己的岗位及周围环境中，在工作、条件及环境质量上存在不足的洞察力、分析力和反省能力的综合反映，或是说对生产现状的不满足。正确及时掌握生产现状是实行管理的前提。看不到问题就失去了管理的动力和方向。问题意识是质量经营的必备条件。消除问题要抓住实质，要着重消除根本原因。对问题要求实、求真、求深，不断提高到要达到的目标。这就是质量经营的问题意识。

（3）增强改进意识。改进意识是企业每个员工，对自己生产中存在问题所具有加以改进的愿望、热情、积极性、能力的结合反映。或是说对现状积极加以改进的思想意识。改进意识是职工思想素质、业务技术素质的综合体现。在市场经济竞争环境下，企业全体职工树立改进意识，不断发现不足采取措施，改进、改革、革新、创新就会给企业带来勃勃生机、日新月异的局面。

这三种意识是质量经营的主要方法，是企业职工素质的宝贵财富。质量意识是前提，问题意识是核心，改进意识是结果。三者之间紧密结合、相辅相成，构成企业奋发向上的精神动力。

2. 质量意识的作用

企业的经营管理，在买方市场的今天，首先必须解决质量意识问题。质量意识不强，质量经营就很难落实。质量意识归根到底就是贯彻“质量第一，用户第一”，就是千方百计满足消费者质量需求的思想意识。在深入了解用户需求、关心用户需求、落实用户需求的同时，质量意识还要考虑如下几点：

（1）质量的责任感。企业必须意识到，在产品、服务质量上对国家、对社会、对消费者所承担的责任，每个企业经营者，都应用“假如我是用户”的态度来对待质量，把生产用户要求的产品作为企业的根本任务；把生产劣质、假冒产品看作是失职行为，是犯罪行为，来强调企业经营者的质量责任感，经营者必须带领全体员工，都有强烈的质量意识，为提高产品质量和服务质量而共同努力。

（2）质量的紧迫感。国际国内空前的经济发展，竞赛之下，谁的速度慢就意味着落后，落后就意味着挨打。我们要赶超世界先进水平，没有危机感不行，没有紧迫感不行。只有具有危机感和紧迫感，才能转化为迅速提高产品质量的强大动力。

（3）质量的荣誉感。好的质量是每个人的向往和追求。生产质量优质的产品是企业的荣誉，也是每个员工的荣誉，当人们夸你厂的产品质量好时，你听了心里会美滋滋的。企业的经营者和职工都会为生产优质产品而感到光荣和自豪。这是很多企业都提倡的“企业精神”，有了这种精神，企业的员工有一种巨大的凝聚力，有一种奋发向上的主人翁感。这是一种难能可贵的、强大无比的精神的力量。

树立质量荣誉感，就要求企业的每一个职工都主动做好自己的本职工作，高标准、严要求完成好自身的任务，来保证企业生产的产品高质量。树立质量荣誉感，一方面靠加强质量意识的教育，一方面靠严格的奖优罚劣的制度，也要用事实让职工亲身感受到生产优质产品体会，来提高广大职工生产优质产品的自觉性、积极性和创造性。

（4）质量道德。人们在生产活动和工作中履行自己的职责时，在质量问题上是有必须遵循的道德规范和准则的。不能偷工减料，不能以次充好，欺骗用户，这是职业道德，也是做人的道德。这种职业道德表现，也是企业质量文化和企业精神文明的一种标志。

我们每个企业经营者和企业的每个职工，都要凭自己的觉悟和良心，为社会生产合格的产品，为国家创造财富，为自己获得薪资。不然会良心不安，会被社会抛弃。我们要大力宣传职业道德，宣传质量道德，这是提高民族素质的重要部分，也是建设强大祖国的客观要求。我们要为国家人民生产优质产品，要把我们的优质产品走向世界，证明中国人是负责任的民族、优秀的民族。

1）质量道德是职业道德、商业道德，也是质量精神、质量文化、质量形象的标志。道德是产品质量的灵魂，是企业内凝聚力的凝固剂，高质量生产源于有序的道德管理。道德管理的意义，就是使劳动者在劳动过程中的精神状态始终处于正常状态，处于道德境界之中，在充分尊重劳动者有效生产的前提下，照顾和引导生产者的正当利益要求。无视质量的劳动是无效的，无价值的劳动不仅没有意义，而且还会损坏社会资源及消费者的利益。作为一个有道德的劳动者只有劳动中倾注质量的精神，以质量为准绳，才是有意义的劳动。实施质量道德管理，要在充分尊重劳动者有效生产前提下，照顾和引导生产者正当的利益要求，使生产者的正当利益转化成为对社会利益和他人利益的关心，促其劳动行为始终处于道德动机支配之下。

2）质量经营成功的企业，是有效的质量道德管理的企业，能激发生产者的质量意识和工作积极性，保持健康的劳动道德心理，在良好道德环境的企业中，生产者的工作态度是真诚的和高尚的，他们不只是把工作看作谋生的需求，也是精神的需要，更是获得人生价值满足的重要手段。人们生产中感到愉快的不仅仅是得到劳动报酬，还有亲手为社会大众提供的倾注情感的产品。实现个人谋生和追求社会公益的融合。高质量的产品源于生产者的道德控制，来达到维护他人、企业、社会利益的目的。

3）企业经营者必须明白劳动者的质量道德决定产品质量，而劳动者的质量道德是可以控制的，应该控制的。首先，做好质量意识的教育。使劳动质量真正成为谋求个人生存与企业生存相结合的统一形式，做好管理劳动质量意识的方法和技巧。在劳动者政治意识教育的基础上，同时还要辅以物质的、精神的、文化的诸方法。使劳动者的质量道德、质量精神得到体现。其次是做好质量情感的调控。劳动者劳动中的情感活动，对劳动质量和教育有重大影响，劳动之前经营者要关心劳动者的行为符合劳动道德要求，鼓励其全神贯注地投入工作；劳动中做好行为导向，防止不良后果的产生。具有健康而高尚的劳动情感，才能履行劳动义务和权力，才能主动地、自觉地提高劳动质量。

3. 质量形象

企业形象已成为当代企业竞争的焦点之一，企业形象如何？关系到企业的成败。特别是在质量形象上下功夫，是企业长期稳定发展的重要方面。企业形象包括质量、服务、信誉、品牌、创新、管理等方面的形象。

（1）质量形象是企业形象的核心，是企业的生命、灵魂所在。在当今世界一些有名企业无不把质量形象放在形象战略的首位，同时在信誉形象、服务形象、品牌形象、创新形象、管理形象等方面，也是塑造企业质量形象的重要内容。

（2）企业质量形象的塑造与建立是企业一个高层次追求的目标，是一项具有高度艺术性和技术性的系统工程工作，经过长期不间断，有计划、有目标、分步骤进行的，全企业人员参与的系统工程。

（3）经过质量形象的调研、质量形象目标定位、质量形象活动及质量形象塑造的评价，应用 PDCA 的循环手段，企业经营者带领全体职工，经过长期的、持之以恒的不断努力确立起来。

第二节 质量文化

一个公司若想长久免于困扰，一个公司从根本上消除造成产品、服务不符合要求的原因，就必须要改变公司的企业文化，这是一些著名管理专家的理论。纵观世界上成功的企业家能把自己的企业做到世界最强，是因为他们有一套独特的文化品质，这里的文化品质就是企业的精神，就是企业的经营理念。如一些成功企业的“高标准、精细化、零缺陷，质量是企业永恒的主题”。这是企业对质量的意识和态度。质量文化是一种渗透到质量经营活动中，代表企业的质量哲学、质量理念、价值观，不断奋发向上、不断追求质量更好的精神，是一种时代文化的特征，一种传统美、产品美的提炼和凝结。质量是产品的生命和灵魂，文化是企业的生命和灵魂。

一、质量文化的内涵

质量文化是指企业的成员在长期组织促进企业物质和精神生产过程中逐渐形成的活动方式的总和，是传播和使用独特质量价值观的方式和成果。

（1）质量文化是一个企业在长期质量管理过程中形成的具有本企业特色的管理思想和精神理念，认为是一种质量精神文化。

（2）质量文化是企业全体员工为实现企业的质量发展目标而自觉遵循的共同的价值观

和信念，认为质量文化是一种团队意识。

（3）质量文化是企业特质与精神两种文化结合的产物，认为质量文化体现了质量的系统观。

质量文化是企业一种质量经营活动过程，又是调节企业质量活动的一种方式，是企业质量管理的职能和成果，是企业发展的内容和形式。

（4）质量文化和特征

质量文化特征是在提高企业的质量管理水平，体现质量文化是一种管理理论和经营观念。它具有实践性、独特性、可能性、综合性等丰富的特征。

1）实践性。企业的质量文化只能在质量管理和生产经营的实践过程中，有目的地培养而成，转过来又指导影响了生产经营实践。质量文化离不开长期的生产实践过程。

2）独特性。每个企业都有自己的独特历史。形成了本企业特色的质量价值观、质量经营准则、质量道德规范、质量方针目标等，各企业的质量文化不尽相同。包括了一个企业的产品和服务个性、品牌、形象等的个性及整个企业的质量管理个性。

3）可塑性。质量文化受企业传统精神因素影响，也受到现实的管理环境和管理过程的影响，为发挥其能动性、创造性，积极倡导新的准则，而形成新的质量文化。

4）综合性。质量文化通常包括企业的价值观、经营准则、道德规范、传统作风精神等。这些因素在企业内经过各自的发挥和融合，形成一个整体的质量文化意识和管理理论。

质量管理通过质量文化打破了传统质量管理控制理论，从单纯的硬性管理转变为软硬都有的质量管理方法。从质量文化的理论来看，参与生产的人，已经不是被动地接受管理，而是以每个员工的身份兼劳动者和管理者的双重身份。这从某种意义上来说，“以人为中心的质量管理思想”已经到来了。质量文化的理论突破了企业是单纯创造利润的单一经营组织。证明了质量经营理论中的质量精神、质量道德、质量价值观与质量效益的辩证关系。

5）质量文化的文化形成

企业有厂房、设备、产品等硬件，也有生产、经营、工作、生活等活动，又有生产技术、管理技术等内容。这些都不具备文化特征，只有这些内容以质量工作形式出现时，它们才和其他文化形式出现的内容一样，称之为质量文化。如质量经营哲学、质量制度文化、质量目标文化、质量价值观念、质量道德文化、质量精神文化等，形式的文化性使质量文化具有“软性”或“隐性”的特征，使质量文化有利于质量管理的“硬性”或“显性”的内容，如质量管理指标、质量技术指标、质量成本指标、质量效益指标等。因此，形式的文化性是质量文化区别于企业的其他内容。

文化是一切精神活动、精神行为以及精神物化产品的总称，质量文化带有综合性的特征。一个职工的价值观不是质量文化的内容，而大部分职工的价值观，就是质量文化的一部分；一种推销技术不是质量文化内容，而企业的营销观念，就是质量文化的一部分；企业的一项制度不是质量文化的内容，而企业所有制度的共性，就是质量文化的一部分等。

二、质量文化的结构和作用

企业的质量文化不仅包括企业的质量精神文化，还包括质量精神文化的外化。

（1）物质层。质量文化凝聚在企业物质生产经营过程中，有实体性文化设施、生产环境、生产经营技巧、环境质量等，是人们能直接感受到的，是质量文化的表层。

（2）制度层。是具有企业质量文化特色的各种规章制度、道德规范和员工行为准则的总和，包括质量规章制度、标准、参数，以及生产经营过程中的交往方式、行为准则等。是质量文化的中间层，它构成了各个企业在质量管理上文化管理的个性特征。

（3）精神层。是企业员工共同的质量意识活动，包括质量经营哲学，以人为本的价值观念、美学意识、质量经营理念等。是质量文化深层结构、质量文化的源泉。是质量文化的内核。

这种结构不是静态的，他们之间互相联系和相互作用。

（4）精神层决定了制度层和物质层。精神层形成受社会、政治、经济、文化及企业的影响，如质量状况、质量管理理论、质量伦理道德、人文背影影响等，精神层是质量文化的决定因素。精神层直接影响制度层，通过制度层而影响物质层，制度层是精神层和物质层的中介。

（5）很多企业家都非常重视制度层的建设，成为企业的特色。物质层和制度层是精神层的体现。质量文化的物质层和制度层就是精神层的体现和实践。物质层和制度层以其外在的形式体现了质量文化的水平、规模和特色，体现了企业特有的质量经营哲学、价值观念和道德规范等。当看到一个企业的工作环境、文化设施、规章制度等，就可以概括了解该企业的文化精神。质量文化的物质层和制度层除了体现精神层，还能直接影响职工的工作情绪，促进质量哲学、价值观念、道德规范的进一步成熟和定形。一些质量成功的企业明确企业的质量特征和标志，来激发员工提高工作质量、工程质量的自觉性，实现企业的质量目标。

质量文化的物质层、制度层和精神层是密不可分的，互相影响，互相作用，共同构成质量文化的完整体系。其中精神层是根本，它决定着其他两个方面。在研究质量文化时，要紧紧抓住精神层的内容。

（6）质量文化与质量经营

质量文化要素：企业的质量文化，体现企业的质量方针、质量哲学和质量管理风格。包括价值标准、管理制度、行为准则、道德规范、文化传统、风俗习惯以及质量精神、质量形象等。

1）价值观。以价值观体系为基础的质量文化，具有社会和民族文化的共性，也能反映企业的独特个性，是质量经营成功的重要保证。价值观是质量文化和质量经营的灵魂。产品质量生产形成其外层由实物质量和服务质量所构成的物质文化，其内层是企业生产和控制质量的精神层，是企业质量的精神文化，是企业进行质量决策和质量管理时的指导原则和行为规范，这就是价值观。

质量文化是企业全体员工共同的价值观念，把每个人的目标和理想系在同一个目标上，朝一个共同的方向努力。价值观和价值观体系是决定员工行动的心理基础，是人们的社会存在、质量管理活动和质量生产实践的反映，并指导人们价值活动—需要—追求—选择和创造等活动，还起着调节和控制人们的情绪、兴趣、意志和态度的作用。

2）软管理。以人为本质量经营。质量文化是在员工的能动性方面挖潜，以改进提高质量，确立了质量价值观，还必须有一个保障的软管理。就是以人为本的管理哲学。“尊重人才”，尊重每一位员工，员工是企业发展的源泉。受人尊重才能尊重别人，受企业尊重才能重视企业。以人为本的软质量管理和企业价值观常都具有同一性。企业价值观本身就体现了以人为本的质量经营信念。软管理的企业，必将拥有一种团结一致、勇于进取的质量精神。

3）质量目标。企业质量文化的具体化，质量文化是一种价值取向和行为准则，概括性很强，要达到正确、有效地引导员工行为的目的，必须具体化为一个质量发展目标。目标是企业行动方向的体现，是希望达到的结果，是员工行动的动力。目标越明确，对员工的鼓励就越大，大家就越齐心，对目标的实现、改进、提高就越有好处。企业就会更加兴旺发达。

质量目标的设置必须科学，不能太高也不能太低，高了让人望而生畏，低了则失去了实际。可以把一个大目标分为几次来设置。质量目标设置必须具体、明确、能量化，以便使目标易于把握和考核。

目标的设定和实现，要有始有终，要有精神和物质的激励，要奖励表彰做得好的，来提高员工精神和物质的收获。使企业和员工都能得到实惠。

4）优良传统。把质量文化延续，使有生命力的质量文化经久不衰，并不断发扬光大，变成企业的优良传统。不断更新质量目标，不断实现目标，由低质量提高到高质量，直到创业之最。这需要全企业的不断努力，总结出适合我国国情的成功经验，并在新的水平上形成新的质量经营的价值观。

5）质量文化与质量经营。质量文化与质量经营就如战略与战术的关系。战略是一种客观事物整体的计划，即企业质量文化具有的功能与目标体系。质量战略规划主要由企业经营者制定，是企业质量的根本任务。质量战略确立以后，就必须采取相应的、有效的措施来实现战略目标，这就是战术，要调动全体员工的情绪，认同质量文化目标体系，并能努力去实现它。

软文化与硬文化，质量文化有软件和硬件两大部分。软件部分是指企业普遍的精神心理趋向包含基本价值观、质量经营作风与质量管理技巧等。这是质量文化的内核和灵魂。硬件部分是质量控制结构的形式、规章制度等，是质量文化的外壳。两者形成一个整体，缺一不可。一个有发展潜力的企业不能缺乏长期的稳定的质量战略规划，不能根据环境的变化及时调整功能质量结构，缺乏正确的规章制度或者有章不循等，是质量文化建设中重点解决的问题。

三、商品文化、美学

商品质量的内涵已不仅仅是性能和使用价值，还包含有文化所表现的精神魅力价值。随着人们生活水平的提高，对商品的价值，不仅追求使用价值，还要追求商品的审美价值、知识价值、文化品位和精神价值。所以说“名牌的背后是文化”。

1. 商品文化价值

商品不能没有文化，名牌不能没有文化。文化使商品有了灵魂和气质，文化价值占商品的比重在加大，一些国家统计，电冰箱使用价值比重占 80%，文化价值比重占 20%，而头巾的使用价值比重占 15%，文化价值占 85%，而领带的文化价值比重占 90%。所以，要适应经济与文化一体化趋势，用文化来创造商品，用文化来创造商品增值的价值。如汽车文化、情感文化、饮食文化、服饰文化等。

2. 质量美学

商品有美的外观、美的造型、美的色彩、美的形式、美的结构等。在商品满足使用功的同时，使用者得到了欣赏、体验、享受、憧憬事物美好的文化和意境。体现文化、艺术、价值的形象。美是产品功能、价值和质量的一个重要组成部分。人们的消费要求商品不但有功能要求，还要满足精神、文化上的要求，得到更高层次的享受和精神情感愉悦。由此，人们在吃、穿、住、行、用等方面，不仅追求商品的质地、价格，还要求具有艺术性、文化性和美的含量。如建筑的发展很好地体现了人们追求舒适和精神方面达到了完美程度。建筑不仅供人们解决住的问题，且已经高度感情化，给人舒适和美的享受。

3. 商品质量美的基本内容

商品质量美的内容各不相同，但都是人们追求的。如饮食文化有色、香、味、形、器、环境、礼仪、道德风俗等，好菜赋予好的名称，现在又讲究富有营养等；服饰文化有质地、色彩、图案、造型、高贵、雅致等美的含义，服饰中还有看不见、摸不着，极为复杂、抽象美的概念。人们形容衣裳是文化的表征，衣裳是思想的形象，是社会活动的需要，是自我价值体现和形象展示的需要，展示着人的地位，尊贵的需要，给人以美的享受；建筑美的形体造型、色彩、对比、尺度、舒适，在解决人们居住的同时，有高度的情感化，给人舒适、安详、幸福的享受，一些标志性建筑，给人舒适、精细到了完美的程度，造型色彩多样，但不杂乱，单纯而不贫乏，华丽而不俗艳，明快而不生硬，雄伟而不笨重等。集中体现了人类对美的追求，称之为“凝固的音乐”。各种商品质量除其使用价值、坚固耐用外，都含有各自美的内容。

商品形式美随着社会历史条件的不断变化，生产不断发展，商品美也在不断丰富，但有些基本要求还是共有的。

（1）安定与对比

安定。是一个商品、一个建筑给人以稳定性好的感觉很重要，俗话说“稳如泰山”的稳定感，保证了其功能质量和美感。现代商品造型常用的正方形、长方形、流线形等形状，就是最具有安定的形态，这些商品的线条简练、挺拔、流畅，给人以稳定、大方的美感。

对比。什么样的比例是最合适的比例？理想的比例，是“黄金分割”。古希腊人认为是最美的比例，应用在巴特农神殿的造型上。后来美学家认为它和谐，数学家认为它简洁、艺术家认为它妙不可言。这个比例是哲学、领悟、数学、技巧和艺术直觉的美妙结合，体现着人类所感觉到的神奇的结构，深奥理性之美。黄金分割是把一条线分割成大小两段，小线段与大线段之长度比，等于大线段与全部线段的长度比。1∶1.618（或0.618∶1）是准确的比例。在实际应用中可以是近似值。如3∶5、8∶13、13∶21都是很好的比例。人们在日常生活中，常以此来衡量事物或造型，如书籍、稿纸、箱子、桌子等都是长方形，其长宽比大致是这个比例。如把人身分为大小两部分，大的部分为1，小的部分为0.618，交界点在肚脐，这个人的形体是完美的，黄金分割是人的视觉范围来观察，这个比例与视图是相适应的。是人的视觉反映了客观事物。这是个大致的分割比例，但不要绝对化。

（2）对称与均衡

对称与均衡是构成建筑与商品形式的基本法则之一，是建筑商品造型和图案求得重心稳定的两种结构形式。体现了人们对自然的认识和感知。

对称是一种有节律的美及工匠的意匠美，对称的规律性强，有统一、安静感，使人看了产生庄严、规整、严肃、稳定的美感。在现代的建筑设计中，日常用品中，对称的形式非常多。如主楼与配楼、主房与耳房、一栋房屋门也开在中央，锅的双耳，车的两个轮子，桌子四条腿等。对称方便，适用稳定性好，另一方面也是美观。为了在对称中求变化，增加对称的变化，而产生了均衡。均衡是采取了形异而同重的组合，以轴线或中心点保持力的平衡。

对称也是均衡，而是一种机械的均衡。均衡也是对称，是有变化的对称。均衡有多种形式，其有一种变化的美，使结构生动活泼，富于变化，有动的感觉和体现。对称、均衡的变化，形成高低错落，大小调配，协调美观，使建筑和商品组合出琳琅满目的世界。对称、均衡在服饰上，也适应人们的简洁、明快、奔放和活泼的审美质量观念。

（3）对比和协调

对比和协调也是构成建筑、商品形式的基本法则之一，是建筑、商品造型和组合求得调和而丰富的形式。体现了人们追求自然、制造自然的愿望和实践。

对比是认识物与物互相区别的依据。差别比较大的物品配置在一起，彼此的特性协调而有致的配合，构筑出物品丰富而美好的灵性，供人们享用。在现代建筑、商品、家具、物品、服饰，以及食品中，十分重视方向的纵横对比、质感的粗细对比、虚实对比，疏密、远近、大小、空间作用以及色彩对比等。利用了曲线、直线与平面形成的对比，线型粗细、竖直线束肌理、色彩、明暗、粗犷、形状构成外观及内在功能、美的质量效果，产生了丰富的有立体感、色彩感、自然感的建筑、商品、家具等。

协调是着重统一的，又是一种类似的变化和组合。用一定的手法连续渐变和协调变化所取得的效果。使不同大小、色彩、深浅、粗细、方圆、质感等有序而有对比地统一起来，形成统一的、稳定的、调和的综合效果美感。调和有色的调和、形的调和、味的调和、音的调和等。有同一商品的调和，也有多种商品之间的调和。商品色、形、味的调和是密切联系的。使现代商品五光十色、绚丽多彩，体现了商品的整体质量效果，又使人们感受到美的享受。

（4）节奏与韵律

节奏是指规律的重复、条理与反复性产生的节奏感。韵律是在节奏的基础上的丰富的发展，它给予节奏强弱、高低起伏、抑扬顿挫的变化。节奏带有机械美，而韵律则在节奏的变化中产生情调的美感。建筑和商品获得节奏韵律的方法，常用的有反复和层次变化两种。

反复是同一形状、同一色彩、同一造型的重复，形成数量众多的一致，在建筑、商品的设计中，使用很多。如建筑中的开间、柱窗规律，楼层上下窗口对应；方格布的形状、色彩不同的单元重复出现，整齐而有规律地排列起来，形成有规律的反复，给人以稳重、素雅、静态的美。在建筑中利用反复求得建筑的节律更是十分普遍。在建筑的三维空间中，各个组成部分，各个建筑开间、构件、形式式样都是有比例、有规则、有变化地排列着。各开间、各层在水平空间序列，垂直空间序列、有规则有序地展开着。这些单元序列在造型上有比例、有规则、有变化、有反复，使人看了能产生节律感，这种节奏韵律会引起美好的情趣氛围，使建筑艺术给人一种美的感受。

层次也是一种反复，一种有变化的反复。形状相同而大小不同的形体或线条的反复出现，色彩由深到淡，由淡到深，形成层次，而得到节奏和韵律。这在建筑中或商品中形成了一种基本风格，显示出节奏和韵律美，一种有规律的美。

（5）多样与统一

多样与统一是设计造型艺术表现的原则之一。多样是指一个整体中包含各个部分在形式上的区别与差异性，表现事物的丰富性。建筑、商品形体大小、方圆、厚薄、高低；线条粗细、曲直、长短、刚柔；色彩明暗、深浅；材质轻重、贵贱、软硬等。为了在功能保证的基础上，使建筑商品生动活泼、富有生气、协调美观等，建筑、商品在多样的基础上旧于统一，并使各个部分在形式上的某些共同特征及相匹配的部分有机关联、协调、响应和衬托。把多样的元素按一定的关系组合起来，如按一定的比例、一定的节奏与韵律排列组合起来，形成一个有层次、对称、调和的风格，呈现出复杂而简捷、富有美感的整体建筑或商品。

多样统一的具体表现就是和谐，和谐是杂杂的统一，不协调元素的协调。这个原则使世界的事物变化无穷，丰富多彩。

（6）色彩美

色彩使世界充满了生机，五光十色、万紫千红来形容大自然的美，色彩使人生充满了生机和爱，如果失去色彩，使环境、生活暗淡无光，毫无美感。色彩对建筑、商品质量的美化是至关重要的。对建筑、商品，以及环境美学是重要组成部分。建筑、商品的造型和装饰都要借助于色彩来表现。在功能质量相同、形状相同的建筑和商品中，颜色起着重要作用。色彩对有效发挥产品功能效用，也起着相当作用。

色彩给人不同的感受，产生不同的情感，可以给人兴奋与沉静、暖与冷、前进与后退、活泼与忧郁、华丽与朴素等意味，给人以生活调节。影响着人们的生活质量。相对色彩的喜好，对颜色的联想，正确地理解和掌握色彩情感，使建筑、商品设计恰当地应用色彩，会创造出富有色彩美的高质量、高功能的建筑和商品。

色彩美起着重要作用，产品质量在很大程度上与美感联系着，在未来创新要着重两点：一是在老体系的结构上追求精细、完善，达到高度的艺术极限，实现精雕细刻的质量；二是突破原有结构，创立一种崭新的事物，高功能、高度艺术，多彩丰富，给人以享受的产品，激发人们更加高尚的审美情感，使产品美和质量观念出现新的飞跃和升华。

第三节　质量行为与质量突破

一、质量与行为

传统的质量管理重物不重人，重符合标准不重消费者需求，重监督不重人的行为调控，重工艺技术不重人的道德情感等，造成质量问题长期得不到很好解决。管理手段偏重质量否决，多是用数据和图表的统计质量管理的方法。重视管理工具和技术，而不重视人的主观能动性，缺乏在质量文化理论的指导下对人的行为管理，对人的资本的经营，对质量行为的认识、理解和管理。在世界贸易竞争中，要在企业内部深层的管理和企业文化有大的变革，来提高产品质量和服务质量。推行现代管理哲学和企业文化，开创质量行为管理。

1. 质量行为激励方法

质量行为激励理论就是调动员工质量积极性的理论。激发员工的工作质量动机，以促使个体有效完成质量目标。激励的理论和方法，一些心理专家设计了多种方法，以针对不同的人进行管理。主要有：

（1）对一些喜欢安于现状，不愿意承担责任，不能主动改进和完成组织目标，常为自己的小利益打算的人。可利用经济手段诱使其效力和服从，或用权力和命令来保证制度的实施。一些专家称之“X”理论。

（2）对一些热爱工作、勤奋努力、有发挥自我潜力欲望的人，在执行任务中，能自我控制和自我指挥，不仅会接受责任，对工作负责，还会发挥自己的想象力和创造才能，想方设法完成任务，使人们的聪明才智得到自我实现。对这样的人，企业应建立对职工的信赖，请职工参与质量管理，给职工在工作上成长和熟识的机会，扩大职工的个人责任，鼓励职工更好地发挥潜力来实现组织目标和自己的个人目标。专家称之“Y”理论。

（3）激发高层职工的胜任感。前边第一种方法是强调控制，第二种方法是强调人的主观能动性，主张实行自我控制，激发了职工积极的工作态度，使组织和个人两方面的需求能得到满足，常常创造了很高的生产效率和质量效果。根据人的需要不同，还想更好地发挥个人的制造机会，实现自己的胜任感。一些管理专家提出将个人、组织、工作三者间的最佳配合，将组织目标、工作性质、员工责任结合起来，来改进组织结构和领导管理方式。对组织结构和管理层次进行划分，员工的培训和工作任务分配、工作报酬和控制责任的安排，使工作性质、组织形态和个人需求得到最佳配合，激发员工的工作动机，其质量效率就会提高。当目标达到以后，人的胜任感得到了满足，又会激发员工向新的更高的目标而努力。这种方法适应高层职工的需求。

（4）在实现职工的胜任感的基础上，如能解决职工的长期雇用，解决“后顾之忧”，吸收职工参与企业质量决策，调动职工关心企业质量的积极性，基层能创造性地执行企业决策，使企业上下之间建立融洽和谐的人际关系，将企业的质量目标与职工的生活质量结合起来，满足职工的各种实际需求，使之心情舒畅，多给职工培训教育的机会，使之提高业务能力。这样会使职工处于平等，形成一体化，两者的目标是一致的。一些专家称之“全体企业人员的共同生活体”理论。产生以厂为家的效果。

（5）企业文化的理论。以人为中心的管理，将全体员工、企业目标，结合企业的外部环境和企业的内部经营机制，以企业文化作支撑，形成的一种新型的质量管理视野、管理方式、管理力量。即以人为中心，重视经济领域中非经济因素，理性判断中的非理性因素，重视文化和精神因素，但也不忽视经济、技术因素的重要性。使企业的力量为一个共同目标一齐律动。

企业的价值观、诚信、实事求是的理念，以及一系列管理制度，形成了企业文化。企业文化是号召力、凝聚力和企业实力，也是一种隐匿的价值观，是企业的宝贵财富。

2. 质量行为激励理论

质量行为激励理论就是调动员工质量积极性的理论。激发员工的工作质量动机，促使个体有效地完成质量目标。

（1）根据心理学家的需要层级理论，可分为五级。

1）生理上的需要（衣、食、住、行、性……），也叫生理需要；

2）安全上的需要（人身安全、职业保障……），也叫安全需要；

3）感情和社交的需要（交往、归属……），也叫社会需要；

4）地位和受人尊重的需要（晋升、权力……），也叫尊重需要；

5）自我实现的需要（胜利、成熟感……），也叫自我实现需要。

低层级看重物质需要，高层级着重精神需要。需求是逐步上升的，当低一级需要获得满足，就需要高一层要求满足。要根据不同层级的人采取不同的激励方法。

管理人员要想控制职工的工作质量行为，必须在了解职工实际需求的基础上，通过控制职工的工作结果（满足需要的报酬）来达到控制职工的行为动机。

（2）激发职工的工作动机，需要兼顾到三个方面的关系：

1）努力和成绩的关系。人都是希望通过自己的努力达到预想的结果。如果通过努力达到目标，就会有信心，有决心，就会激发出强大的力量。否则目标过高或过低，就会使职工努力而达不到或轻易达到，激发效果不大。

2）成绩与奖励的关系。人都是希望经过努力达到预期的成绩后，能够得到适当的、合理的奖励。如表扬、奖金、提级、晋升等。要求管理者必须将质量目标的实现与有效的物质和精神奖励来进行强化。

3）奖励与满足需要的关系。人们的工作，总是希望通过奖励达到个人的需要。但人们的期望是有差异的，如何提高奖励的效价，使其对职工有大的吸引力，才能最大限度地发挥人的潜力，提高工作质量和生产效率。根据不同的人设置不同的期望值，使期望值实现时，才能更好地调动人的积极性。

（3）质量经营工作者，在工作中应充分研究目标的设置、效价和期望对激发力量的影响，不同的人有不同的目标；同一个目标，对不同的人会有不同的价值。但有三点必须注意。

1）目标必须与职工的物质需要和精神需要相联系，使他们能从组织（企业）的质量目标中看到自己的利益，这样效价会大。

2）要让职工看到质量目标实现的可能性很大，这样期望概率会高。职工才会尽力去争取。

3）公平效应满足。一个职工通过自己的努力，获得了高的质量绩效，也获得了较高的奖励。使他感到这种报偿是合理的、公平的，这种报偿就会导致他对工作的满足，于是这种满足进而构成他对下一个行为过程的激励。

（4）要想做好职工激励工作，还要做好三个工作：

1）要让职工看到，他的工作能向他提供他所需要求的东西。

2）要使职工感到这些东西与他的质量绩效相关联。

3）要使他们相信，只要他们努力工作，便能提高质量的绩效。

这三点是缺一不可的，缺少任一项都会使积极性降低。

3. 管理效率三因素

管理学专家提出了对三个因素管理效率模式。三个因素是对“质量的关心”“对职工的关心”“管理效果高低”。主要会出现4种情况。

（1）对质量和职工都不关心，两者分离，效率最低，只依靠管理因素了，不但经营者水平低，管理效率低也影响职工的工作成效。

（2）关心职工的情况，但对质量工作关心不够，只是管理效果比上一条高，但总体也是低的。

（3）关心质量工作（献身工作），但对职工关心不够，职工工作影响效果，管理的效果也是低的。

（4）结合的情况关心质量又关心职工，管理水平决定管理效果，相对效果是最好的。

这三种因素组合成四种情况，一种是管理效率低，质量工作和职工都不关心，质量工作不到位，职工工作不到位，只有一项到位或三项都不到位，管理效果最差；第二种和第三种是只关心质量工作或职工的，其中总有一项或两项不到位，管理效果次之；第四种是同时关心质量工作和职工，称之为结合的情况，只有管理效率低一项不到位，三个因素是两项到位或三项都到，是管理效果最好的，见表 7-1。

三种因素组合情况分析 **表 7-1**

	（1）分离的情况	（2）关心职工的情况	（3）献身工作的情况	（4）结合的情况
效率低	背离者 AAA	传教士 ABA	独裁者 BAA	妥协者 BBA
效率高	官僚者 AAB	开发者 ABB	仁慈的独裁者 BAB	经理者 BBB

从表 7-1 中可看出，不关心质量和职工工作，关心质量工作不关心职工工作；关心职工工作而不关心质量工作；综合关心质量工作又关心职工工作，以及管理效率高低的因素组合的情况。将关心及效率高设为 B，不关心及效率低设为 A。每种情况都有三个因素，AAA 的为最低，AAB 的为次之，ABB 的为再次之，BBB 的为最高。这是管理效果的组合因素。

4. 经营者质量管理的主要工作

只有质量管理、质量标准、质量等级、质量控制、质量否决、质量统计图表、计算机管理等管理内容和方法是不够的，尽管这些管理和方法是必要的。只有在各质量经营者都记住质量问题、重视质量问题，并在日常工作安排上可以看出他们为此花费了时间和精力，上述方法才会发挥作用。经营者还必须明白，无论技术多好，质量是来自关心质量，认真负责的人。同时，还必须记住，任何产品的质量都可以做得更好一些，质量存在于一切产品、服务的过程中，都有进一步完善的可能性。工程质量更是这样。全体员工都以质量作为生活工作的目标，时时关心注意它。

质量的核心不在于某种方法和某种技术，是管理层对他的员工和产品承担的一种义务，需要长期坚持不懈和热情。只有着迷般的关注才能把质量做上去。

企业的经营者是提高质量的关键的关键，有效地履行职责是开展质量经营管理，保证和提高质量水平的根本保证。经营者抓好质量的十个方面的工作：

（1）质量教育。质量教育是质量管理中的主要工作。要全员培训和学习。质量意识要经过学习和实践树立起来，管理的理论和观念，要不断发展和更新，学用结合成为一个学习型企业。质量和管理理论及观念，管理方法及知识，需要在学习和实践中丰富，质量教育始于教育，终于教育。

（2）抓质量方针目标。企业的质量管理应有自己的目标，以及达到目标的方针政策。质量目标应实事求是，可以是开拓性的，把质量做得更好，功能更适用，具有新功能的产品；也可是降低成本更具竞争力的产品；也可是更新换代的产品等。要有实现目标的具体措施，并将方针目标展开，层层分解，落实到各环节及个人，并制定出各方完成目标的责、权、利，使计划实现。

（3）抓质量管理的基础工作。基础工作是保证质量计划完成的主要手段，如质量教育工作、标准化工作、计量工作、改进质量的方式方法及质量管理等。都应把这些工作做好，为质量管理开展创造条件。目前，特别是质量管理工作薄弱，要结合实际建立制度，要保证这些制度有效开展，这是基础工作的基础。

（4）抓质量控制。质量控制是一种预防性的质量管理活动。质量控制包括质量措施及措施的落实。重点是落实在施工现场，找出影响质量的工序作为控制对象，将控制措施编写好，并在实施中不断改进完善，直到能确保质量达到标准。控制是防止出现故障和缺陷的重要手段。

（5）抓质量标准。质量标准是反映产品质量水平，是产品质量满足用户要求和符合国家政策的标志。质量标准有国际标准，国家标准和企业标准。企业标准是内部控制标准，是最高的，具有强大的竞争力。从国家来讲，产品质量要高于国家标准。从企业来说企业标准不能低于国家标准。企业的发展离不开企业标准，企业标准是企业技术水平的标志，是落实国家标准（行业标准）的措施。产品生产必须符合国家标准，才能出厂，所以企业在抓产品质量时，必须抓质量标准。国家标准企业必须贯彻落实，尽可能选择国际先进标准来生产产品，以提高竞争力。

质量标准也是随着人们生活水平的提高而不断发展的。标准随着市场环境的变化而变化，要不断完善和改进，满足用户要求。同时，标准要具有严肃性，必须认真贯彻落实好，标准是具有法律性质的文化，企业各级人员都必须遵守。

（6）抓质量改进。质量改进工作，近年来已引起企业经营者的重视，是质量管理的一个新的手段。质量专家提出了质量计划、质量控制、质量改进的三部曲，每个过程形成了一套执行程序来实现。质量改进的过程，是突破原质量计划，达到一个新的、质量水平更高的过程。其过程是明显优于计划性能的质量水平进行的质量经营管理活动。

质量改进这个方法可以不断改进和完善产品质量性能，减少或消除质量缺陷，生产出更好的产品，使产品逐步达到完美无缺的程度。国内外的经验证明，质量改进的潜力很大，只要及时一点一点改进不足，产品就能一步一步完善，必须引起企业经营者的足够重视。

（7）抓质量把关。质量把关是质量管理的基础工作，是保证产品质量达到质量计划目标的有效手段。通常有三个重点环节：原材料、构配件、设备的进厂检验；生产过程中的质量控制检验，前道工序质量不通过验收，不能进入下道工序施工；工程竣工检验，包括分部和单位工程的检验，达不到质量标准不得交付使用。做好这三个环节的质量检验，质量就有了基本保证。

（8）抓质量服务。产品交给用户，使用过程中应有良好的服务质量为保证。这是现代质量经营的理念，要对用户使用过程中出现的质量缺陷或不满意的地方，及时了解，及时进行维修及指导，并给予记录，为质量改进提供内容，在今后生产中改进和完善。或在使用说明书中，说明使用方法和注意事项。建立现代质量经营理念，生产者要负责产品质量和服务质量。

（9）抓质量成本管理。质量成本管理，是企业经营管理的一项基本工作，是企业发展的基础。企业是必须盈利的，要盈利就必须做好成本管理，质量成本管理是成本管理的主要内容。保证质量的正当投入，防止质量缺陷造成的损失。通过质量成本管理，促进企业更加重视质量，使企业经营者看到质量成本管理后的资本增值效果和质量经济效益，掌握和找出提高质量和降低成本的机遇及途径。

（10）抓质量信息。质量信息是经济知识时代的特征之一，信息是一种资源，是一种无形财富。在质量经营中，信息是质量决策和质量经营的重要依据。质量信息包括：

1）市场的信息。用户对质量需求的变化趋势、对产品质量的反映、市场价格的变化、市场份额情况等。

2）产品使用过程中的信息。产品是否适合用户需求、质量性质是否达到预先规定的要求、使用中出现的问题、造成的损失数额、用户投诉、要求索赔的情况等。

3）竞争对手的信息。对手有哪些质量发展计划、新的竞争策略、产品质量性能改进情况，以及提高质量的新的措施等。

4）企业内部的信息。质量计划执行和完成情况，废品率、返修率、次品率、质量事故的水平和变化趋势，对成本、效益的影响程度等，生产过程的制度执行情况等，以及与质量经营有关的信息。

只有掌握全面、有效的质量信息，才能了解市场，知己知彼，才能针对问题在质量管理中采取有效的对策，保持企业的产品质量在市场中处于领先的地位。

二、质量行为管理

质量行为管理是以能把全体员工组织到质量管理的活动中为目的，都参与了是最好的。其方法有：

1. 质量管理小组活动（QC 小组）

将同一生产现场的职工，为实现企业确定的有关质量的方针和目标，围绕现场生产活动中存在的问题，由生产现场的操作工人、专业技术人员、管理人员自觉主动地自由结合起来，运用质量管理方法，从事质量保证和质量改进的活动组织。这是企业开展质量管理活动，不断改进生产活动中存在的问题，健全企业质量管理体系和提高产品质量的重要环节。

日本一些企业认为 QC 小组活动，PDCA 循环、质量教育和标准化活动，是质量经营的基本思想观念和基本方法。把 QC 小组活动运用到各种生产活动中。

（1）QC 小组活动的基本思想观念

1）企业对每个人都给予充分的信任，使全体人员都能主动、自主地参与质量筹划。

2）创造一种有劳动价值的作业场所，一个使人的能力得到充分发挥的环境。

3）谋求调动人的无限潜力，力求重视发挥人的质量经营方式。

4）通过参与质量筹划、亲自执行，并取得成果，全体职工都来谋求企业责任的改善，为企业的质量发展作出贡献。

（2）QC 小组活动产生的效果

通过 QC 小组活动对企业的质量管理会产生很好的效果，主要有：

1）能使职工通过主动参与质量活动体会到自己从事着有价值的劳动，体会到完成任务的幸福感，感受到工作与生活的意义。

2）通过找出质量问题，大家一块互相讨论，献计献策，通过亲自执行，增进了相互间的关系，亲自看到其成果，从而对工作产生兴趣和乐趣，激发了参与今后质量活动的信心和积极性。

3）经过质量问题的解决，沟通了大家的思想，改善了职工与职工，职工与技术人员、管理人员的关系，增强了协同合作和工作的信心。俗话讲的好，上下同欲者胜，风雨同舟者兴。使今后工作取得成功，奠定了基础。

4）通过小组活动的全过程，提出方案，制定对策，亲自执行，公布成果，得到领导及全企业职工的肯定，进一步促进自我启发和互相启发，业务上得到了提升，同时，也为继续参加质量管理活动增添了信心和能力。

5）由于每个人的业务能力得到信任，工作得到进展，激发了职工的自主性，积极参加企业的质量管理活动，脚踏实地、全心全力地继续深入开展下去。

6）通过小组活动解决改进质量的过程，使全体员工增强团结，共同一起工作，互相增进了感情与了解，形成了团队力量，没有克服不了的困难，为质量经营奠定了基础。日本人应用这种方法，取得了很好的效果。

2. 将质量责任落实到生产者身上

质量的责任从检验人员转移到生产工人身上，依靠工人的责任心取得质量改进。严格把关提高工人对产品的责任心。检验人员发现质量缺陷的产品就停止检验，把整批产品退给工人返修，只有得到车间主任同意才能将产品第二次交给检验部门；如果仍检验不合格，第三次返修后，则要经企业领导人批准，才能交付检验，这样严格把关，促进工人的质量责任心。

（1）加强对工人的劳动态度、个人责任心和社会义务教育，促进工人“第一次就把工作做好”的观念。

（2）实施操作工“自我控制”，切实按产品规格和标准操作；做好配置达到标准的操作程序和工具；制定控制措施、仪器用具和操作说明书；经过培训，掌握控制措施、仪器设备、工具的正确使用方法。

（3）对质量问题进行分析和解决。由工人小组分析解决；或由工人技术人员和管理人员组成联合小组讨论解决。

（4）公示考核成绩的标准。定期公示“第一次就做好”的百分率；用户投诉百分率；违反产品和工艺标准的百分率；设计人员、工艺人员设计、错误、变更设计、工艺的百分率；废品返修造成的损失等，作为考核每个人员的成绩标准。

（5）奖励优良者。“第一次就做好”的，物质奖分三级：达到规定标准的25%；超过规定标准的40%；长期超过规定标准的50%。还有精神奖励，获得“先进工人”“先进工作者”等。

（6）使用了这种方法的工厂，索赔减少了，废品、次品也大为减少，生产效率、成本方面都有大的改进。

3. 在生产者负责产品质量的基础上，改进生产者的工作环境

把质量的责任转移到生产工人身上，在管理上，在生产中为工人创造一个适当的环境，以便他们进行质量管理。在自愿参加的基础上，要参加培训和考试，在了解和掌握质量保证措施后，要签订一份保证卡。基本条件就是要达到生产工人的自我控制的规范，能保证产品质量。把最后的产品质量把关检验转到生产过程较早的阶段来建立控制点，由生产工人自己管理，保证产品质量符合标准。企业要为工人提供有关资料和实现自我控制所需要的测量仪器，数据反馈、控制图表等必需的物质技术条件。

（1）工人要自愿参加，并愿参加训练和考试，达到成绩合格。

（2）经过需要的训练学习，经过考试成绩合格者发给证书；授予自我检验许可证，证明自己能力并享有规定的权利；必要时张挂在其工作场所。

（3）企业要为其自我管理控制创造条件，配置必需的检测仪器、资料、图表等。

（4）检验人员按生产人员自我控制检测的结果，接受其产品，不再重复检测。

（5）生产者许可证的使用，使工人受到检测人的尊重，也受到顾客的重视，成为企业的品牌。

质量和行为经营就是充分发挥生产者的生产积极性，来自觉地生产合格的产品。能激发生产者的荣誉感、成就感，为企业取得好的经营效果、长远发展奠定基础。

三、质量突破的实现

质量突破是质量改进的深化与发展，质量直接关系到销售和利润的增长，而质量领先则是企业取得市场竞争优势和质量效益的最佳途径。也是形成“优质企业”的最好方法。

1. 质量突破的阶段

质量水平与企业的质量管理水平是一致的，有关研究资料显示，质量管理可分为四个档次：质量检查阶段、质量保证阶段、质量预防阶段、无缺陷质量阶段。

（1）质量检查阶段。企业质量意识不强，依靠最后检查来消除次品。质量靠生产部门负责，质量功能与其他功能分离。企业的质量意识还没有形成，各部门工作脱节，产品次品多，返工率高，企业效益差，是初级阶段。

（2）质量保证阶段。质量目标仍由生产环节实现，但生产部门开始进行生产工艺优化和稳定化。开始测定生产工艺的稳定性，工人开始参与质量管理，已研究服务质量和设计质量。比检查质量有进步，但还没有形成质量管理体系，工艺能力较低，次品率、返工率还比较高，企业效益也较差。

（3）质量预防阶段。预防次品，设计与生产工艺相互影响，出现了面向顾客，竞争力大的产品比例增大，工艺能力稳定，次品率、返工率大大减少，企业最大限度降低成本，提高质量，与供应商密切协作，共同来预防次品的产生。将设计与生产工艺、生产部门及供应商一体化，面向顾客生产顾客满意的产品，企业达到较高的质量水平。

（4）无缺陷质量阶段。产品质量完美无缺陷是企业追求的最高目标。要求企业有一种内在的质量文化氛围，企业的方方面面都有助于质量的提高。每个员工都意识到产品质量对企业的成功和自身“饭碗”的重要性，都在主动寻求提高质量的途径，都在为达到完美无缺及零次品而努力拼搏。

企业要做到与内部顾客（员工）和供应商一体化，面向外部顾客，优化对顾客一流服务的程序，通过优化设计和服务顾客的质量实现企业增值增效。通过不断改进提高产品质量、不断提高标准，在满足用户要求的同时，把自己建成优质企业。

（5）质量突破的效能。在质量突破的四个阶段中，在达到突破阶段与经济上的成功有直接关系。优质企业因质量影响销售，而利润增长更大，提高销售利润率可通过价格增长，尤其通过有竞争力的低成本结构来实现。这类企业将重点放在外部、质量优越、竞争力强的产品占有高的比重。按照市场需求进行设计，以优质产品占领市场。

同时，经验证明，提高产品质量未必通过额外增加工时和成本才能实现。相反，领先的企业通过质量设计和生产过程有效控制，减少过时和不必要的质量性能，减少次品、废品，提高工时利用率和工艺质量等，企业在质量、时间和成本上有很大的优势。

2. 质量突破的途径和方法

（1）质量突破要进行企业改革

从一些优秀的企业了解到质量和效益之间的联系，是经过企业的不断努力全方位提高产品质量和服务质量得来的。迈向一个优秀的质量企业和途径就是对整个企业组织不断进行变革，对企业质量文化的彻底改革，对质量的精益求精。主要变革有：

1）从“检验”要质量转向向设计和制造要质量。

2）注意力由控制成本转向增长和收益。

3）各部门各负其责转向综合治理质量和重视工艺标准的目标及理念。

4）从注重生产产品转向对最终顾客。

5）从依靠质量部门转向生产过程质量管理小组，从内部质量控制转向跨公司的外部质量管理。

6）从进货检验转向与供应商联合发展等。

7）质量突破是整个企业质量文化必须与高效的质量管理工作相结合。从供应商到生产，企业的领导者到生产工人都包括在内，加强制定质量方向的领导和每个个体的责任，生产出“零缺陷”顾客满意的优质产品。

8）企业将市场力量和领导力量结合起来，制定了高品质的企业标准，有远大的质量目标，靠设计求质量和零缺陷生产及对人力资源全面持久的动员培训，建立精益生产方式，领先的低成本地位。原材料供应根据生产要求，选择最优化的方案，生产人员掌握保证工艺稳定运行与检验和提高产品质量的方法。总之，优质企业是一个不断努力学习，对自己提出更高奋斗目标，生产出顾客满意的优质产品和高效益的企业。

（2）质量的突破也是企业质量管理的突破。企业首先要对自身现状作出充分、全面的判断，瞄准自身的薄弱环节进行有效治理，提高的过程是逐步进行的。先找出从何处开始，依次进行改进，即达到了完美的状态，仍在努力设想今后的改进。

1）从“检验控制”到“质量保证”。质量检验是企业人员没有共同的质量概念，通常高层管理不参与质量活动，生产工人不参与管理活动。要改变这种状况，要注重确定质量目标，调动员工的工作积极性。向质量保证过渡。

制定具体的质量目标，分配到进货、生产、流程各阶段，都有详细目标；加大自我检验控制力度，要求一线工人自我质量检验、质量培训，提高员工的质量行为，自行控制，掌握基本质量管理工具，解决质量问题的技术等。掌握工艺故障分析、因果判断及改进方法等，保证质量。注意减少废品及返工，开始分析原因。

2）从“质量保证”到“预防”

质量保证贯穿于企业生产全过程，通常是淘汰出现质量问题的产品。质量保证功能通常主要是集中在管理与生产密切协同，质量问题仍由质量保证方面的技术人员来解决。这是不够的，生产优质产品应从保证质量问题过渡到预防质量问题。培养各类操作人员，提高生产线的能力，树立清晰的质量观念，在生产过程中，生产工人能够迅速而有效地解决发生的问题，来提高产品质量，加强工艺稳定性，在设计人员、生产部门和供应商之间开展密切的合作。其方法是：

① 将质量目标确定到优质产品标准，通过各职能部门和质量保证部门密切配合，从设计、采购与生产部门全过程的优质产品目标。能满足顾客无挑剔要求的品质。

② 组织采购、质量保证、生产、设计以及销售部门，共同实现确定的质量目标，各自解决同步中的问题，使产品和生产程序一体化。

③ 将大部分质量责任交给生产工人，同时必须引进内部顾客、供应商关系的概念，在提高质量过程人力资源开发中，让其承担相应的成本和利润责任。

④ 应用预防性质量方法，提高工艺能力，更多使用工艺故障模式、与影响分析、设计评估方法等。

⑤ 与供应商配合，发挥质量管理小组作用，共同完成质量保证和生产能力增长有关的具体任务；企业大多数职工参加质量管理小组活动，增强“内部顾客”制度力度，发挥更好的预防作用。废品率、返工率作为控制目标多数≤ 1%；开始注重技术措施和责任落实，控制扩大到设计及销售服务。

3）从“预防”到“完美”

预防阶段在质量部门配合下，生产、开发设计、采购部门等全环节都为自己制定了高的质量目标，将开发设计保持在高目标下，重视预防措施，设计评估、产品、工艺故障与影响分析方法熟练掌握，适时应用，生产过程质量控制基本得到了实现。优质品占了多数，废品率、返工率低于 0.1%。

由“预防”到“完美”是一次质量的飞跃，企业整体有达到质量完美的决心，形成了团队意识和进取精神的机制，有良好的外部联系和协调的内部市场，以及一种持续改进完善质量的诚意。

① 质量完美（零缺陷）成为职工每个人的目标，管理层制定严格目标，包括了销售、市场和行政部门的目标，生产部门严格过程管理，将缺陷解决于生产过程，产品完满地达到零缺陷要求。

② 与供应商形成了密切的一体化，主动配合保证工艺稳定性。

③ 更加与客户合作。与客户共同开发项目，详细了解客户需求，请客户参与设计，及时改进产品。建立专门联系客户与收集市场及同行业信息的职能部门，收集、整理、评估、对信息处理，掌握行业及市场形势。

④ 形成自发解决生产过程质量小组的机制，各环节能自行发现影响产品质量问题，自行申请组成质量小组解决相关问题的环境。一般质量问题已不列入高层管理者议事日程。

⑤ 企业形成了一种不断提高质量的文化氛围——质量文化。质量改进成了每个岗位每个职工的日常工作。职工的建议能认真研究采纳和奖励，使职工的技能和才智得到满足感，并形成了企业发现和解决问题的机构，转变是高效运作质量文化的动力所在。

废品率及返工率基本得到控制，注重产品质量的完美，并制定措施来达到目标。

4）从“完美”向不断突破发展。质量是无止境的，没有最好只有更好，目前看来，按标准基本已达到“无缺陷”的质量目标。但质量的缺陷也是精益求精的，而且客户的要求也是发展的，我们不能停步不前。

① 继续做好市场调查，开发产品质量，引导用户更要高要求，占领市场和领先市场。

② 加强与供应商、用户联系，并发动企业职工改进质量、设计、生产、销售，创新质量，更新换代产品。

③ 提升企业职工的归属感、主人感，为企业发展作贡献的信念，实现人才资源开发、发展计划。为进一步突破打下基础。

④ 找出突破项目，坚定突破信心。经过大家的齐心协力按标准或质量目标达到基本“完美”，但要知道，突破的项目是多方面的。企业的质量目标达到了，还有经营效果、质量成本、质量效益等，教育职工要创造更新的效益，利用质量管理的基本方法排列图找出影响质量和效益的诸因素中的关键因素，来改进完善质量和质量效益。

⑤ 找出攻关的目标，确定突破项目的顺序。做好这项工作首先要做好“指导性”和“诊断性”两项工作。诊断性就是诊断人员进行系统的调查研究，利用技术方法和技能，客观分析质量缺陷及其原因，并提出突破方案；指导性就是指出突破的方向，确定进度及措施，协调各方共同决定改进方案，采取措施实施。

⑥ 组织各方面力量向新水平突破。克服阻力，组织各环节的人员参与，从技术上突破，从管理操作人员、技术标准等各方面采取措施，解决问题取得质量效果。

⑦ 维持新水平。在突破更高质量目标后，在新的突破目标还没形成之际，要将各环节进行标准化改进，形成企业标准，实现标准化管理，使产品质量稳定地控制在新水平上，以体现改革的成果。

第四节　质量成本管理

开展质量经营活动，在加强统计技术和方法、工程技术方法和行政方法研究的同时，还必须加强质量成本的管理。从宏观和微观角度加强对质量成本的管理和控制，是优化产品质量、提高资本增值效益、深化全面质量管理、开展质量经营的关键。

一、质量成本概念

1. 质量成本定义

定义有多种，尽管表述在形式上有差异，在内容上有所侧重，但在本质上都是一致的。下面摘录几种说明：

（1）将产品质量保持在规定的水平上所需的费用。包括预防成本、鉴定成本、内部损失成本和外部损失成本。必要时，还需增加外部质量保证成本。

（2）企业为保证和提高产品质量而支出的一切费用，以及因未达到既定质量水平而造成的一切损失之和。

（3）预防缺陷的检验活动费用和内部外部故障造成的损失。

质量成本只涉及缺陷的产品，即制造、发现、返修、报废以及避免产生不合格品等有关费用。生产合格品的费用，不属于质量成本的费用内容，而是生产成本。

质量成本包括预防成本、鉴定成本、厂内损失、厂外损失外，还应包括信誉损失、用户损失等间接质量不良损失成本。可归纳为工作质量成本和外部质量保证成本。

质量成本是“可控成本”，是质量管理和质量经营研究的目的。是控制质量和提高企业经营效益所必须研究的。

2. 质量成本的主要内容

按美国质量管理协会《质量成本原理》，将质量成本划分为 4 个 2 级项目，24 个三级项目及约 80 多项子项目。但不同国家、不同产品内容也不尽相同。

1　预防成本（6 项）（25 个三级项目）

1.1　市场—顾客—用户（3 个子项目）

1.2　产品或服务的开发设计（5 个子项目）

1.3　采购（4 个子项目）

1.4　生产过程（制造和服务）（5 个子项目）

1.5　质量管理费（7 个子项目）

1.6　其他预防成本（1 个子项目）

2　鉴定成本（5 项）（22 个三级项目）

2.1　购入品的鉴定成本（4 个子项目）

2.2　生产过程（制造或服务）鉴定成本（13 个子项目）

2.3　外部鉴定成本（3 个子项目）

2.4　检测数据分析（1 个子项目）

2.5　各种质量评价（1 个子项目）

3　内部损失成本（4 项）（25 个三级项目）

3.1　产品或服务设计失误成本（内部）（5 个子项目）

3.2　外购品损失成本（6 个子项目）

3.3　生产过程损失成本（13 个子项目）

3.4　其他内部损失成本（1 个子项目）

4　外部损失成本（9 项）（9 个三级项目）

4.1　索赔调查或顾客服务（1 个子项目）

4.2　退货（1 个子项目）

4.3　改型费用（回收费用）（1 个子项目）

4.4　索赔“三包”费用（1 个子项目）

4.5　产品责任费用（1 个子项目）

4.6　罚款（1 个子项目）

4.7　对顾客或用户的税（1 个子项目）

4.8　销售额减少（1 个子项目）

4.9　其他各种外部损失成本（1 个子项目）

但这些传统质量成本内容有一定的局限性，主要是未能反映潜在的质量支出；未反映非生产部门的质量成本，未反映计量上缺失，如劳动时间等损失；成本预防费用不全面；忽视了工作质量、工序质量、鉴定费等人、材、工、法、环、测损失；没反映质量提高成本的内容。应该把质量成本扩宽为质量会计，把质量成本与质量收入结合起来进行核算管理，全面反映质量资金流动，找到质量经营的最优目标。

3. 现代质量成本特征

必须在内涵与外延两个方面进行改造与拓展。

（1）质量成本支出必须有共同的目的。企业为达到规定的质量水平，为改进和提高现有质量水平所花费的全部费用以及因质量保证、改进和提高而带来的直接经济损失，均属质量成本范围。主要包括预防成本、鉴定成本、故障处理成本、质量提高成本及外部质量保障成本。

（2）质量成本概念不是财务会计的成本概念，而是管理会计的成本概念，它有主体性、层次性、隐含性和潜在性。为加强质量成本管理，可按不同成本主体划分质量成本中心，加强质量成本的控制，还应根据不同层次质量成本管理选择相应层次的质量成本。同时，还应反映潜在的和隐含的质量成本支出。

（3）质量成本具有广泛的社会性、适用性。社会性应从社会、用户的角度来反映质量成本，把质量核算与整个产品寿命周期结合起来，全面反映产品质量的社会成本和用户成本。质量成本除了有形实体，还有服务质量、工作质量、管理质量等无形事物，使社会生活的各个方面都可用质量成本去研究质量经营的经济效果。

（4）质量成本必须与质量经营与产品的适用性相适应。质量的实质有两点：一是质量，是个动态、相对、变化、发展的概念。随着地域、时间、环境和使用对象而变化的，其内涵和要求也不断更新和发展；二是质量是个综合的概念，它的功能、成本、服务、环境等满足用户需要。质量成本也随着变化。

（5）质量成本计量标准有多样性。不同的质量成本主体所要达到的目的不同，其质量成本的内容也不同。不同质的成本计量标准不同。

（6）质量成本必须突出反映因质量改进和提高引起的资金变动，不断满足消费者的需求。质量成本若不能及时、有效地反映这方面质量支出和质量收益，质量经营就不全面，质量成本必须设置质量提高成本项目。质量成本必须与质量收入有机结合，并形成质量会计，找到两者之间的最佳结构。只有将质量成本支出和质量收益结合起来研究，才能对质量经营作出全面、准确的反映。

4. 建立质量成本项目体系

质量成本的内容：为保证和提高质量所花费的全部费用，及因质量保证和提高而带来的直接经济损失。包括预防成本、鉴定成本、故障处理成本、质量提高成本和外部质量保障成本。

（1）预防成本。为保证质量达到预定目标而采取的各种预防性措施所需要的全部费用。有质量工作费、质量教育培训费、产品评审费、工序控制费、质量奖励费、质量管理专职人员费、质量会计核算及其他质量预防费用。

（2）鉴定成本。检查、评定产品质量、工作质量、工序质量、管理质量是否满足规定要求和标准所需的费用。有进货检验费、产品检验费、工序检验费、产品试验费、产品质量认证费、检验设备的折旧费、工作质量检测及监督检查费、专职质检人员费及其他鉴定费用。

（3）故障处理成本。因质量问题而引起的故障分析处理而发生的费用。有为制定不合格品是否继续使用而发生的费用、返修费用、处理因质量事故引起的停工、减产等所发生的费用、进行破坏性试验发生的费用、改正原有设计所发生的费用、处理外购材料、外协品所发生的费用、纠正工序失控所发生的费用等。

（4）质量提高成本。为改进和提高质量而发生的费用。为改进和提高质量改进计划费，应用新科技新设备费、更换好的材料设备费、质量教育培训费、高检测手段费，质量体系、机构改进费，其他费用等。

（5）外部质量保证成本。向用户提供供方质量保证能力所发生的费用。有质量保证措施费、产品质量验证费、质量评定费、其他费用等。国际上将其列入销售成本。

5. 质量损失

在质量生产、形成及实现过程中，由于不符合规定，给企业、用户、社会造成的全部被动支出损失，以及改进和提高质量而造成的资源损失主动支出费用。被动质量损失有：

（1）对企业的质量损失。设计不良造成的损失，设计改进的支出，及设计返工、报废的损失；不合格产品修复报废、停工造成的损失；销售服务中索赔费、退换货费、投诉处理费、保修期内维修服务费，有关各种罚款及销售额下降等影响费用。

（2）质量计划工作损失。是质量计划、决策不周造成的损失。无效设计、差错设计、过剩设计的损失，外购件、自制件不符合质量的损失；设备闲置费；销售中服务质量跟不上所造成的损失。

随着质量管理的发展和质量经营的开展，这项内容占的比重会越来越大。

（3）用户的质量损失。质量未能满足规定和潜在的要求特征，给用户造成的全部损失，包括功能性损失和心理性损失所造成的全部费用。

（4）社会质量损失。对自然环境及人类造成的潜在的长远影响的损失。

二、质量成本的管理

质量经营有市场策划及产品设计、生产制造和销售服务三个阶段的管理。

1. 生产策划质量成本管理

策划设计质量是关键阶段，确定正确的设计，可最大限度地节约费用。确定正当的质量目标；努力降低设计规划成本；正确测定产品的制造成本；预测产品寿命周期成本和社会成本，是生产成本、用户使用成本和社会成本的最佳组合；合理确定新产品的价格，预测投资回收期。使优质、高效、低成本三者之间优化平衡，提高企业的质量效益。产品质量同质量保证费用与产品价格联系确定至最佳水平。

2. 开发设计质量成本管理

产品开发策划设计中，选择最佳质量水平，考虑设计质量成本，进行质量成本控制。主要控制内容：

（1）控制产品质量在适宜水平。企业取得最好质量效益，用户取得最佳经济利益，保证质量成本降低。

（2）应用价值工程原理进行工艺质量成本分析，去掉不必要的成本，选择适当材料、适当方法、最低成本生产出顾客需要的产品，以最低的成本来可靠地达成效用。用最少的条件生产产品，最低精度达到使用要求，最经济的方法来制造。

（3）用最低成本生产需要的产品。加强设计的论证和评审，保证设计质量，实现预期的质量目标，使设计成本控制在最低水平。同时，对样品试剂试验，保证产品质量的完善，降低设计成本；加强技术文件管理，控制技术管理成本，做到技术文件正确、完整、统一，保证文件质量。

3. 生产过程质量成本管理

各部门协同，最大限度降低制造成本。

（1）选配经济合理的人、机、料、法、环、测各因素，既能保证产品质量，又不能力过剩。

（2）生产技术准备质量控制、控制生产过程有关事项。做好设计文件审查，核查参与人员的资格条件，检查生产环节的条件、设备状况、材料、外协件管理、生产场所的环境等能满足产品生产需要，又能保证成本的降低。

（3）加强工序质量控制，建立首道工序认证制度，达到质量要求后，再正式开始生产，建立质量控制，运用控制图，使生产过程控制的质量偏差在规定范围之内。

（4）做好产品检验工作。在工序生产控制检验基础上，做好出厂检验，防止不合格产品流向市场，控制好质量成本。

4. 销售服务质量成本管理

销售过程保证产品质量或服务质量而支出的费用，包括产品服务费、保修费、退货费、索赔费等。

（1）建立好销售服务网点，做好包装、运输、安装、使用和维护方面工作。

（2）做好售后服务管理，加强安装、使用指导，对外部故障损失收集、分析和反馈、降低服务费用。

5. 建立质量成本管理机制

把质量和会计管理结合起来。

（1）建立质量成本管理机构。

（2）明确质量成本管理方法和内容：建立质量成本信息收集系统，信息处理系统、信息显示输出系统，信息预测、决策系统。

（3）建立质量成本控制网点，实行分级控制和归口管理，建立成本控制反馈系统。

（4）建立质量成本、质量效益奖惩机制。

6. 质量成本的核算

应用基本原理、方法和程序，将质量损失具体显示出来。

（1）统计方法：用货币、实物量、工时等计量单位，将全过程连续、系统、全面记录及时，用统计图表，将质量成本（损失）系统地记录下来。

（2）会计方法：用货币统一将全面过程质量成本（损失）显示出来。

（3）将统计方法和会计方法显示出来。

（4）做好基础工作，建立各种原始记录，利用台账、表格、卡片、报表等；明确质量成本计量制度，充分应用货币手段显示出来；建立质量成本核算责任制，有关质量损失与责任单位紧密联系，与责任和奖罚进行落实，目的是分析、制定改正措施。

（5）质量损失核算。与成本核算相同。建立质量损失总账户。下设“产品质量损失”“工作质量损失”分账户；质量损失明细账目：不良设计损失、工艺设计损失、生产报废损失、停工减产降级损失、销售阶段损失（退货、赔偿、诉讼、修理、罚款等）。分别由相关各部门负责。

三、质量成本效益分析

质量成本效益分析是对企业质量经营管理的经济效益进行系统分析，寻求质量成本、质量损失、质量收入、质量利益的最佳结构。

1. 质量成本效益结构分析

通过质量成本、质量损失、质量收入、质量利润各项目之间的比例关系，为企业寻求合理的质量成本效益结构，以控制和改善质量成本、减少质量损失、拓宽质量收益途径，提高质量经济效益。有关专家推荐预防成本 10%，鉴定成本 40%，故障成本 50% 是最佳结构，或预防成本 10%，鉴定成本 25%，内部故障成本 57%，外部故障成本 8% 的比例是好的。总之，是结合企业特点找到一个比较好的结合点。

2. 质量成本计算步骤

（1）第一步，计算质量成本、质量损失、质量收入、质量利润。

1）质量成本总额＝预防成本＋鉴定成本＋故障处理成本＋质量提高成本＋外部质量保证成本

2）质量损失总额＝产品质量损失＋工作质量损失

3）质量收入总额＝成本降低收入＋优质优价收入＋减废增产收入＋工作质量提高收入＋其他质量收入

4）质量利润（亏损）＝质量收入总额－质量成本总额

5）上述四个指标的核算，可以展示企业资金耗费和质量经济效果。

（2）第二步，计算预防成本、鉴定成本、故障处理成本、质量提高成本、外部质量保证成本。

1）$预防成本率=\frac{预防成本}{质量成本总额}\times 100\%$

2）$鉴定成本率=\frac{鉴定成本}{质量成本总额}\times 100\%$

3）$故障处理成本率=\frac{故障处理成本}{质量成本总额}\times 100\%$

4）$质量提高成本率=\frac{质量提高成本}{质量成本总额}\times 100\%$

5）$外部质量保证成本率=\frac{外部质量保证成本}{质量成本总额}\times 100\%$

（3）质量成本分析的结果可用直方图表示：从图中找出质量损失较大的项目，报废损失达 52.8%，降级损失达 19.95%，退换货损失 13.47%，三项合计达 86.22%。找出质量损失防治的重点，如图 7-2 所示。按质量损失总额计算所占比例。

若产品不止一种时，利用上述方法还可在各项目中找出损失大的项目。

若损失的项目质量缺陷不止一个时，利用上述方法还可以在各缺陷中找出主要缺陷项目。

3. 质量成本相应比例分析

分析质量成本、质量损失、质量收入、质量损益与有关指标的关系。反映质量经营的状况及对质量经济的影响。

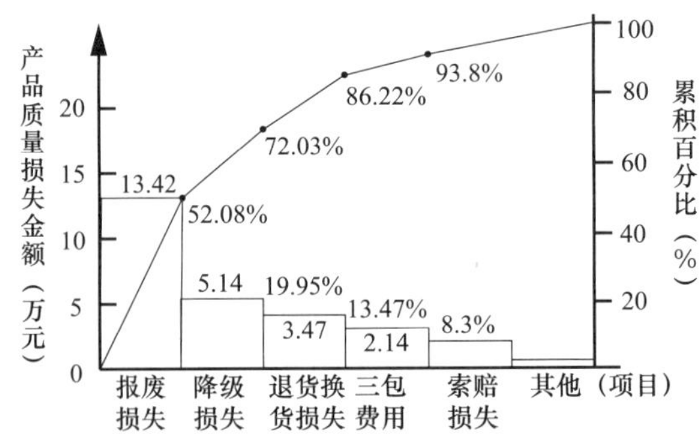

图 7-2　产品质量损失分析直方图

（1）质量成本核算

1）$产值质量成本率=\frac{质量成本总额}{企业总产值}\times100\%$

2）$销售收入质量成本率=\frac{质量成本总额}{销售收入总额}\times100\%$

3）$销售利润质量成本率=\frac{质量成本总额}{销售利润总额}\times100\%$

4）$产品成本质量成本率=\frac{质量成本总额}{产品成本总额}\times100\%$

这四个指标是企业一定期限内单位产值、单位销售收入、单位利润、单位成本中的质量成本。反映企业保证和提高质量投入，说明企业对质量管理的重视情况、质量成本核算和管理质量成本的重要性。

（2）质量成本效益

1）$质量成本收入率=\frac{质量收入总额}{质量成本总额}\times100\%$

2）$质量成本利润率=\frac{质量利润总额}{质量成本总额}\times100\%$

这两个指标是企业质量经营效益的指标，说明支出的质量成本所带来的质量收益。可用于企业之间、企业内部之间质量经营管理的比较和考核。

（3）$质量成本损失率=\frac{质量损失总额}{质量成本总额}\times100\%$

这是质量成本管理的重点，实现以最少质量成本投入，减少质量损失，实现质量成本与质量损失的最佳结合。

（4）质量经营成效

1）$产品成本质量损失率=\frac{质量损失总额}{产品成本总额}\times100\%$

2）$销售收入质量损失率=\frac{质量损失总额}{销售收入总额}\times100\%$

3）$产值质量损失率=\frac{质量损失总额}{企业总产值}\times100\%$

这三个指标是反映企业在单位产品成本、单位销售收入、单位产值中的无效劳动，比值缩小说明质量经营的成效。

（5）产值质量利润率$=\frac{质量利润总额}{企业总产值}\times100\%$

这个指标是企业百元产值实现利润的水平，提高企业产值质量利润率。

（6）灵敏度$=\frac{报告期质量收入-全期质量收入}{报告期质量成本-全期质量成本}$

这个质量指标是每增加单位质量成本所带来的质量收入，灵敏度越大，说明质量投入能带来较大的质量收入。这个指标可用质量成本、收入曲线来反映，如图 7-3 所示。

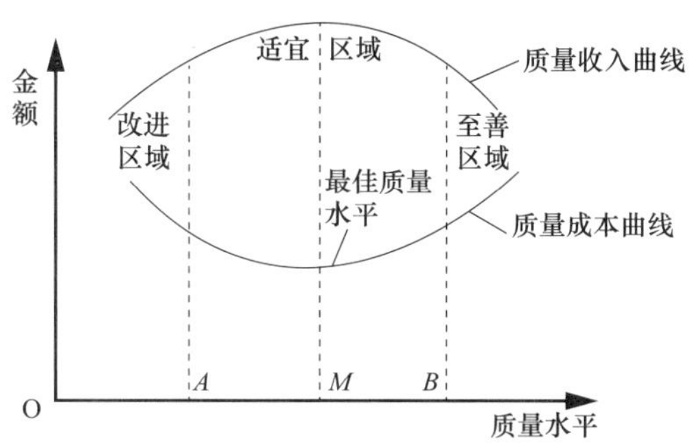

图 7–3　质量成本、收入总额曲线

质量经营管理的目的，是投入较少的质量成本，就可以较快地提高质量水平，增加质量收入。图 7-3 中的 *OA* 区域是质量改进区，质量成本大，质量收入较小；*AB* 区域是质量适宜区域，质量水平提高，质量投入比较稳定；*B* 之后是至善区域，质量成本投入迅速增加，而质量收入却在大幅下降，质量收益日渐减少，不必再增加质量成本。而 *M* 点附近是最佳质量水平区域。

4. 质量成本的优化分析

质量成本优化分析是企业在质量经营中，借助分析手段，求得质量成本、质量收入的优化值或优化区域。企业在质量经营中，积累了大量质量成本、质量损失、质量收入等资料，制成图形来描述质量成本优化的方法，如图 7-4 所示。

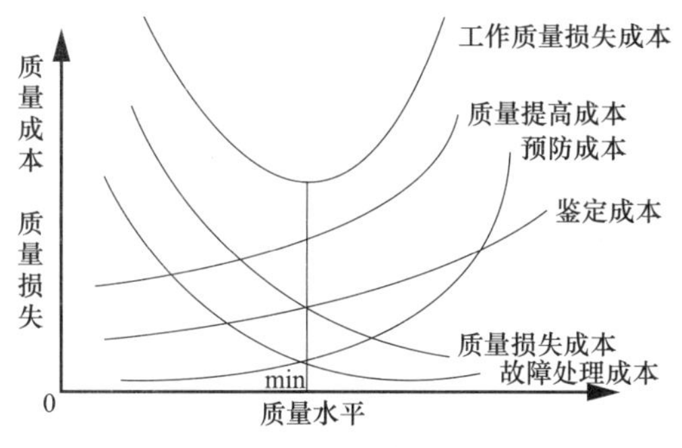

图 7–4　质量成本优化分析决策图

（1）预防成本。为使质量达到预定目标而采取的一系列预防性措施所发生的费用。是“可控成本”的重要组成部分。预防成本的每一项支出都会引起质量损失成本的下降，给企业带来较大的经济利益，即质量利润。企业采取在对工艺设计、工序质量标准、工作质量标准、产品质量标准的改进完善的预防上，来提高质量、降低成本、减少损失，把预防成本控制在最佳水平上，防止片面追求设计质量、功能质量、加工质量的完美，而引起预防成本的增大。当预防成本抵偿不了鉴定成本、质量损失成本和外部质量保证成本时，可将增大预防成本转为改进产品设计、质量来提高成本。

（2）鉴定成本。是鉴定质量发生的全部费用，也是“可控成本”的组成部分。当质量损失占的比重较大时，鉴定费用的增加能给企业带来大的质量收入。对外购材料、协作件质量检验，消灭不合格材料给产品造成的影响；对中间产品、工序质量的检测控制，可把废品损失消灭在萌芽状态，而降低内部质量损失；成品检验的完善可减少外部质量损失。企业应首先提高自身产品的质量信誉，把好检验关，防止不良品流向市场。同时，完善外购件、工序、中间产品的检测控制，减少废品损失，但其鉴定成本增大了，随着检测成本的增加，鉴定成本也增大。因此，对质量检测经济分析，寻找平衡点。鉴定成本大于损失成本，可适当放宽检验、简化检验程序，提高检验效率，鉴定费用小于损失成本，必须加强检测，完善检测手段，总趋势是外购件随着质量提高而检验费下降；内部检验成本是随着质量水平提高而慢慢上升，而设计鉴定、工序控制检验、各种试验检验及工程质量检验费逐步增加，是鉴定发展的重要特点。

（3）故障处理成本。是因质量问题引起的故障进行分析处理而发生的费用，也是“可控成本”。要控制故障处理成本小于故障损失，或是故障处理成本应大于因故障损失减少而带来的质量收入。故障处理成本是随着质量管理水平的提高而逐渐减少。

（4）质量提高成本。是改进和提高质量而支付的全部费用。也是“可控成本”，是一种主动性的支出，目的是防止故障损失。通过提高产品质量、开发新产品，投入的资金会越来越多，占质量成本的比重也会增大，能带来长远的大的质量经济效益，但必须考虑其滞后性，在一定的时间后才能产生效益。

（5）质量损失成本。包括内部质量损失成本和外部质量损失成本，都是“结果成本”。

内部质量损失成本是由于质量缺陷在企业内部造成的经济损失，企业要在生产过程中，采取有效措施消除废品，但在大批量、多品种生产中，全部消除花费的力量和费用会很大，所以企业应合理地、经济地限制不合格品，做到“可控成本”，就是消除废品所增加的费用不大于“成果成本”所造成的损失。无缺陷运动是一种降低质量损失的有效的管理方法。但要产品合格率达到 100%，其花费资金会很大。质量经营遵从“质量成本”观念，废品率控制在一定界限是最经济的。

外部质量损失成本是产品销售和顾客使用过程中因产品质量缺陷而支付的全部费用。其不可控因素更多，而治理措施更困难。而且有更大的危险性，不仅是退货、返修、索赔等支出，还影响企业信誉市场，必须引起足够的重视。

（6）工作质量损失成本。因质量工作计划不周、不优或失误造成的损失。因为其大部分内容是隐含的支出，往往不被领导所重视。因为“废次品”的产生因素很多，根本是由工作质量引起的。要提高工作质量关键是提高人的素质，提高管理水平，只要重视起来，可以投入少的资金，就可以带来较多的质量收入，对降低质量损失会产生大的影响，所谓“向管理要效益”就是这个道理。

从上述 6 个方面的质量成本、质量损失、质量收入进行分析讨论，可以显示质量经营的主要内容，在实际应用时，要抓住重点，及时纠正，协调发展，做好整体的优化方案。

四、质量成本决策分析

运用科学的决策原理，系统地收集质量成本信息和其相关的信息资料，进行系统的成本分析探讨，在分析比较的基础上，提出优化方案，最后找出最优方案并付于实施。决策分析的内容通常有几个方面：

（1）在质量管理项目实施前有针对性地进行质量成本决策分析，找出重点环节及要求。

（2）目标性。不管是为了获得大的收益还是寻求小的质量成本支出，为了减少损失还是系统优质发展，都要寻求达到一定目标的方案，必须要有目标才有决策。

（3）任何质量成本决策都是在一定条件下进行的，决策前要对有关资源、人才、技术等有全面了解，使决策符合实际，以利实施。

（4）影响决策的因素多，有的因素不太明确，不一定了解的全面，有的因素是在变化的，决策的必要性就是要考虑到如何抵制风险、对抗风险的措施，做出应对的预案。

（5）质量决策是一个动态性的系统决策，要强调各要素之间的耦合关系和实施空间，方法技术要灵活，并在实施过程中及时调整。

（6）由于项目的内容、阶级和空间范围大小不同，决策是有层次性的，可以是一个整体系统由不同内容的子系统组成。通常有设计开发阶段、采购准备阶段、生产制造阶段、销售服务阶段等。要处理好母系统与子系统的配合。母系统要注重目标的确定和分解、范围责任的划分，明确重点环节和主要措施，子系统要注重落实措施，措施要具体，可操作性强，还要注意与其他系统的联结和呼应。

质量对企业的损益影响大，具有长远的影响，企业为了长远发展应制定本企业的《质量成本管理实施指导手册》等统一的规范的质量成本管理文件。

第五节　质量经营与质量效益

质量营销是质量经营活动，是建立在企业质量意识基础之上，是企业经营活动中质量的持续改进和突破。企业离不开市场和顾客，企业满足顾客对质量需求能够达到什么程度，顾客的忠诚就能保持到什么程度。企业的质量营销作为一种经营理念，贯穿于企业的整个经营活动之中，是质量经营的支柱。企业的经营活动要以顾客满意为宗旨，各部门要为顾客提供高质量的产品和服务，企业全体员工要通力协作为社会提供高质量的产品和服务。开展质量经营，提高产品质量和服务质量，提升企业的竞争优势，这是加强质量管理、建立质量体系、开展质量营销的落脚点。质量成效的取得在于质量营销体系的建立。质量营销的内涵涉及企业内各方面和各环节。可分为内在质量、外在质量、核心质量、形象质量四部分。

一、质量经营

1. 质量营销的结构体系

质量营销是贯穿于企业生产环节、营销过程以质量为核心的一个体系，质量是企业生存、获利和发展的基础。质量营销包括质量、外在质量、核心质量、形象质量，涉及企业内、外各个环节和各个方面。销售不只是销售人员的职责，是企业全员动员全部资源全力以赴的活动。没有物质、技术、服务保障及全体员工的努力，不可能做好销售工作。

质量营销结构以内在凝聚力和对外关系力为重点，以决策、成本为核心，实现内部员工的全体参与，形成企业的形象力和核心影响力。

质量营销在硬质量体系方面，提高人的素质，要拥有高精的技术，拥有技术含量高、技术性能好的装备来保证产品的高质量；在软质量体系方面，决策要适销对路，产品要经济适用安全满足顾客需求；企业上下积极参与质量营销活动；营销要了解用户需求适时供应；做好售后服务，使用户用的满意。

2. 质量营销的目的

质量营销作为质量经营战略是建立在企业质量意识深处的，其重点是企业经营活动中质量的持续改进和突破。具体来说，就是采取措施促进管理者和员工改变观念，由生产产品转向面向市场和顾客，把下道工序视为上道工序的顾客，提供精益求精的服务和产品保证，培育开放的和相互信任的质量文化；追求外部顾客和内部顾客的共同满意；做到一个项目接一个项目的持续改进和突破。提高产品质量的合格率，降低产品成本，提高销售收入。

3. 质量营销的内容

质量营销是企业战略经营思想中的一个重要组成部分，在市场中建立长期、稳定的关系，以求得资本增值效益的最大化。其战略实施要关注的问题：

（1）领先性。质量营销从本质上说是一种思想的贯彻与坚持，是在实践中不断地丰富和完善。只有持之以恒地把制定好的目标推行下去，才能形成绝对的优势。要将一种方式方法精通、领悟、把握，并持之以恒地认真贯彻执行下去，才能求得其法，是别人无法做到的领先地步。其难就难在要具有成功者的那种创新的能力和求质求实的精神。

（2）目标性。对于质量营销来讲，必须做好两件事：一是必须持之以恒坚持对改造的努力，不怕提高质量一时的效益降低、成本提高，依据质量策划、着眼于长远的市场发展和质量收益，静下心来把产品做好、做精；二是要生产适销对路的产品，及时地了解市场情况，要根据目标市场定位和不同消费者的需求，设计生产不同质量等级的产品，满足不同层次消费者的消费需求。

（3）顾客导向性。不断完善产品质量、开发设计和满足顾客的需求，在产品研发中，要有前瞻性，在顾客有欲望时，企业已研发设计出顾客想要的产品，引导消费者需求，才能保持市场的领先和稳定，这是质量营销的关键，既要满足维护现有顾客，又要开发新的顾客，不断扩大市场。

（4）系统性。质量营销要有长期性，要将计划、组织、观念、意识、全面质量管理、质量经营控制、质量经营评估等要素系统地长期协调管理好，互相促进、相互协调，共同维系质量营销体系，不断提升服务质量，了解和满足客户需求，求得长期利益。

（5）外部质量营销。外部质量营销表现为外在关系力，由企业的核心影响力及以顾客为导向的价格、促销、渠道、服务、广告、公关以及企业形象力等因素构成。

1）企业与顾客之间关系有不同层次。有普通型，我卖你买，买了走人；反应型，卖了产品还请提出质量问题；可靠型，卖货后，打电话了解顾客对产品的意见，并改进产品和服务质量；主动型，公司推销员经常与顾客联系，讨论改进和开发产品的建议；合伙型，公司与顾客处在一起，讨论找到影响顾客花钱的方式或帮助顾客更好行动的途径。

2）对外质量营销的核心点是将交易关系逐步上升为感情价值关系，努力减少普通型，增加可靠型，争取主动型和合伙型。这个过程是企业核心影响力的转变。

3）核心影响力。决定对外质量营销因素的关键，在核心影响力中，成本是基础，沟通、监控、协同是保障，决策是决定性的。沟通是取得竞争优势的重点，手段有广告、公关、促销、市场调查、推销等，在沟通过程中，取得有关信息；协同是决定着企业营销资源的优化配置，影响资源利用率及开发程序；监控是对营销活动的过程、人员进行监察、纠偏及调整与控制，保证工作秩序稳定。在质量营销活动中决策、执行、监控是三位一体的架构。决策质量，前提是掌握市场信息资料，有胆略和眼光，在诸多方案中找出适用方案；而且有相应的支持条件，包括资金物质、时间地点、机会和能力等。

4）关系力。是联系顾客和取得顾客认同的系统能力。企业对外关系力是靠企业内部全体员工的努力为基础，营销部门的正确展示。首先，树立顾客满意为中心的观念，以顾客需求为导向，关心顾客利益，加强与顾客联系、建立密切关系，形成关系力；其次，明确产品的服务对象，让顾客了解是他们需要的产品，制定有效的沟通渠道，为他们提供他们需要的质美价廉的产品，并能及时沟通依据他们的反映，不断完善改进产品质量和购销渠道；第三必须建立有效的质量管理系统，提供适合顾客的产品，保证营销策略顺利推进，开发接近顾客的通道，进行交流，收集相关信息，从而进一步改进产品质量和服务质量。

5）形象力。是顾客对企业关心顾客需求、特征行为和企业产品质量、服务质量、价格等的总体印象，是企业质量文化的表现，是关系力的组成部分。企业要利用一切有利机会和条件，营造有利于自己的顾客关系，建立起庞大的顾客群体，使企业走向持续发展的道路。

（6）内部质量营销。质量营销的 4 种力量表现，内部质量营销是企业的基本内容。通过内部质量营销，在内部顾客满意的基础上，内部顾客关系营销实现外部顾客落单的实践。内部质量营销是外部质量的基础，最终目的都是形成企业的质量营销。

1）内部质量营销。营销部门的各种营销活动必须从顾客满意出发，企业员工都重视他们在使顾客满意上所起的作用和开展的工作。每个人都明白他的工作都是同服务顾客有关的。形成一种环境：

① 企业内部所有职工都具有顾客意识。

② 企业开创一种内部环境，以促使员工之间维持顾客意识，促进各部门以营销为导向的协调。

③ 要求各部门将“工作”推销给员工，支援服务、宣传，激励营销活动，员工是企业的“第一级市场”或“内部市场”。

2）内部质量营销的基础。做好内部质量营销应注意：

① 要有优秀的人才。内部质量营销必须有高素质的人才，才能有高目标。

② 关注员工的生活质量，极大地提高员工满意度，使员工产生心理和生理健康、满意的感受，工作会更出色，从而影响顾客的满意度，组织员工参与工作及生活的管理，极大地增进员工的主人翁意识，激发工作热情。

③ 培育质量营销文化。质量文化是企业在长期生产经营活动中形成的并得到全体成

员信奉和遵守的质量价值观、精神信念、行为规范、传统和礼仪等内容的有机整体，质量文化对企业和职工的行为有大的影响，文化质量越高，质量经营的生机越旺盛，企业的发展会更好。

④ 认识顾客。常言说，顾客是衣食父母，是公司最重要的人，是我们的依靠，他们是公司工作的目标，是他们给我们为其服务的机会，我们的工作是要做到他们和我们都得益。

⑤ 充分发挥职工的工作热情和创造性。企业员工积极性的发挥和创造力的发展，是企业灵活快速满足顾客的需要，企业领导层要能调动员工的自由自主因素，企业内部上下左右，部门人员之间有充分的沟通和认同，给职工相应的权力和信任，并在工作生活中给予关怀、尊重，使其来创造性地为顾客提供服务。

4. 质量营销的实施

（1）质量营销企划。要使产品质量和服务质量达到完美和顾客满意的要求，必须将质量管理的控制完善，以预防为主，重点是要激励员工的责任心和荣誉感，使每个人都能主动自发地创造性地高质量做好自己的工作。同时注意：

1）坚持以“质量第一”观念，建立与顾客为中心的质量战略，制定质量营销计划。

2）充分了解顾客的需求，将营销全过程控制，以确保步步高质量，整体结果高质量。

3）重视人才选拔，全面进行培训，明确责任，使每个员工的工作适时恰到好处地做好工作，要树立对产品和服务质量永不满足的观念。

4）建立以人为中心的管理，激发每个人的自主自律行为，始终保持敏捷、有弹性和反应迅速地工作，发挥优秀的团队精神，做好过程控制。

5）建立缺陷的事前控制，将缺陷消除在萌芽之中，及时发现不足，及时改正，成为每个人工作的指导思想。

6）通过人际沟通，使职工了解控制计划，合理采纳他们的建议，知道自己工作的责任和工作方法。

7）制定相关标准。制定企业长期工作质量标准，制定责、权、利的组织标准和岗位用人标准等。

8）建立全面性激励计划，注重团队协调合作，共同做好工作的指导思想。建立评审制度和奖励制度。

（2）质量营销实施

1）公布质量营销计划，使每个员工知道质量营销的总体框架及阶段性目标，了解活动规划及目标要求。

2）分阶段进行总结，检讨实施情况，及时发现不足，修订措施，进行改进，发挥实施过程中每个人的作用，做好过程控制。

3）根据顾客反馈资料，采纳员工的意见和建议，调整计划，使计划进一步完善，以指导后续工作的进行。

4）实施营销计划，各主管人员应做好四项工作：

① 激发：以身作则，充分调动员工的积极性。

② 指导：指导员工更好地完成任务。

③ 纠错：实施过程及时发现问题，及时纠正。

④ 检验：检查已完成工作，符合要求后验收。

这是实施过程必不可少的环节，是实施计划的保证，不符合要求的必须采取措施改进。

5）质量营销组织应与生产活动的机构协调统一，归于公司常规事务管理之中，以顾客满意为中心的目标是贯穿于整个企业生产活动之中的，不仅是质量营销的职能。质量营销还应重点做好：

① 质量营销理论与知识的宣传。

② 制定质量营销计划（包括收集产品质量、营销服务信息）、审核计划。

③ 建立考核、奖惩和职责制度，包括监督和考评。

④ 不断改进和完善质量营销活动。

⑤ 质量营销应与生产活动协调统一，将职能融入已有机构之中。生产中减少不必要的劳动分工，加强合作和横向沟通。尽量接近顾客，对顾客的需求变化及时作出反映。

（3）质量营销应注意的事项

1）质量必须为顾客所认知和接受。质量工作必须从顾客的需求为始点，以顾客的认可和接受为终点，质量的改进只有在被顾客认知的时候才有意义。企业必须在产品设计、生产和营销过程中听取顾客意见，被顾客认可才是高质量的。

2）质量营销必须在企业的每一项活动中体现出来，质量营销要求全体员工的承诺，树立质量营销观念，以保证质量为基础，员工们都希望满足他们的内部顾客和外部顾客。

3）质量营销要求有高质量的合作伙伴，任何产品都不是自己可以全部完成的，要与合伙人共同做，特别是高质量的供应商和分销商。

4）质量营销是建立在不断改进和总体突破基础上。优秀的企业是由优秀的员工组成的，每个员工应持续不断地改进每项工作，瞄准最好的企业最优质的产品，努力赶上它，超过它，成为行业领先者。企业还应有新思路、新方法及总体改进目标，通过全体不断改进而完成总体改进目标，达到总体突破。

5）质量不一定都需要提高成本。首先质量指标设置应符合顾客需求，不是越多越好，越高越好，顾客认可的就最好。其次，降低成本的方法是“第一次就把工作做好”，减少返工、费料、费时，从而节约成本。

6）质量营销必须明白，质量不是检查出来的，而是设计和生产出来的。生产中一次就把质量做好，做完美，就省去了修理、更换、废品等，以及顾客不满意的损失了。各环节各项工作都应一次达到标准规定，减少失误带来的损失。

7）质量营销不能一味追求高质量，要做好整体质量高水平，一个企业要做好产品和服务质量是十分重要的。

5. 质量营销评估

质量经营活动是一个系统工程，是各过程要素的组合、气候环境变化、内部及外部的复杂关系等，要处理好各方面的事项，达到顾客满意，并最终实现利润，必须加强全过程的监控和评估。

（1）质量营销控制。可分为年度计划、盈利率、效率和战略控制等。

（2）质量营销评估。在质量营销实施过程中，为有效进行控制需要定期追踪、评估。评估是为了解质量目标是否达到，计划是否需要调整，通常评估包括：质量营销效益评估、顾客满意度评估。效益评估在后边有专讲，顾客满意度评估，可从两个方面进行：

1）建立投诉和建议制度。为顾客投诉和提建议提供方便。开设免费“顾客热线”投诉电话，设置投诉信箱网站，并告知顾客，接纳顾客意见。

2）进行顾客满意度调查。企业通过定期调查，直接测定满意状况，计算出顾客不满意率。并有专人整理提出整改建议，解决问题。

二、质量效益

强化质量管理，开展质量经营，提高产品和服务质量及质量竞争优势，其最终目的是实现质量的经济效益，最大限度地提高企业的资本增值水平。

1. 质量的经济性

产品质量和服务质量的好坏，是对于一定的质量标准而言。最好的质量之所以最好，是因为产品符合产品使用要求和特定标准。企业进行质量经营的目的是提高质量效益。

产品质量的适用性，即使用价值，产品质量标准作了规定，主要有五个方面：

（1）性能指标。是产品具有的基本功能。

（2）寿命指标。是产品使用的有效期限。

（3）可靠性指标。是产品在时空条件下，实现其基本功能的能力大小。

（4）安全性指标。是产品使用过程的安全程度。

（5）经济性指标。是产品从设计制造到使用维护整个使用寿命周期的成本限度。

这些指标构成了产品质量标准体系。任何产品都必须达到规定的质量标准，才是合格的产品。在产品设计、生产过程中必须遵守这个原则。

低于这个原则产品是不合格的，是以次充好、粗制滥造的低劣质量产品。但高了也不好，那叫“质量过剩”。质量过剩是不经济的现象，增加了企业的成本支出，减少了应得的收益，违背质量经营的经济规律，同时，也给消费者增加了负担。

质量过剩是指产品的基本功能和辅助性能超过了消费者对产品的使用要求。任何产品的质量都要落实在让顾客满意的“实用性、适用性”上。盲目追求高质量水平，追求高精度、高性能，会导致企业浪费资源，增加消费者的负担，是无益的劳动，是对社会资源和消费者利益的一种侵害。

现代质量经营的观念：产品质量在于保证消费者享用并使其满意的适用功能，不在超质量上多花一分钱。产品质量的好坏，是要相对于一定的市场区域、消费层次及相应的质量标准而言。企业要让设计生产有特色、功能性能好，可靠、安全、经济、使用、维修维护方便，产品是有“魅力的质量”。提倡扬品牌、扬名牌，让自己的产品走进千家万户。

企业在生产过程中，要关注质量与经济的关系。首先，要防止忽视产品质量，造成废品、次品，造成厂内、厂外损失，给企业、社会造成大的损失和浪费。同时，要防止过高的内控标准，使“质量过剩”，也是大的损失和浪费。因此，讲求质量的层次性、经济性，在满足消费者对产品特定使用功能需求的前提下，使质量成本最低，资本增值利润最大，是质量经营的目标和精髓。

2. 质量与利润

提高质量增加利润是反映企业成效的综合性指标，在产品价格、税率不变的情况下，利润的多少主要决定于产品成本和产品销售量，产品成本降低，表现为利润的增加；产品销售量的增长，在价格不变情况下，也表现为利润的增加。这两个因素与质量高低相关，而质量的高低也就影响利润的变化。

利润与销售量、售价、固定成本和变动成本相关。关系式如下：

总生产费用 $$y_1 = a + bx \tag{7-1}$$

式中　a——总固定成本；

b——单位可变成本；

x——销售量（生产量）。

销售收益 $$y_2 = cx \tag{7-2}$$

式中　c——销售单价。

利润： $$s = y_2 - y_1 = (c - b)x - a \tag{7-3}$$

当 $x = x_1$（盈亏平衡点）时，$s = 0$，即 $y_1 = y_2$，$x=\dfrac{a}{c-b}$ （7-4）

从式（7-2）可知，当固定成本不变时，增加利润的手段有三种办法：

（1）扩大生产量和销售量，增加市场份额。这时利润率可这样计算，$s=\dfrac{a}{x_1}x-a$，设 x 增量为 Δx 时，s 的增量为 Δs，则增长后的 $s+\Delta s=\dfrac{a}{x_1}(x+\Delta x)-a$ （7-5）

$$\Delta s=\frac{a}{x_1}\Delta x \tag{7-6}$$

Δs 为销售增长而得到的利润增长。

同时，还可求得销量增长与利润增长的关系式。实践中销售量的增长对利润的增长影响是敏感的。

（2）提高产品质量，同时提高销售价格，也可提高利润率。可用下式表示：

$$A=\frac{B}{1-\dfrac{p}{c}} \tag{7-7}$$

式中　A——由于价格提高而获得的利润增长率；

B——价格提高率；

p——单位成本；

c——单位价格。

从式中可见，销售价格提高对利润和影响非常敏感。

（3）降低变动费用。主要是降低材料和外购件费用；通过技术设计、质量设计、工艺设计提高产品合格率，以及改进管理减少生产过程造成的浪费等，即减少内部、外部质量损失，节约成本。

这些成本的变化，对利润的影响也是敏感的，而且是可以随时做到的。这些因素影响利润的增加，是可以计算的。

综上所述，利润的提高，可以从产品质量的提高，带来销售量的增加，市场份额的扩大；产品质量提高，实行优质优价；加强外部、内部管理，降低变动成本，减少废品、浪费等，使企业利润增加。其关键是提高产品质量。

3. 质量效益的内容

（1）质量效益的表述

社会实践活动的结果，通常称之为收益，可以是好的收益、收益不大和没有收益。收益大小通常用效果来表达。即：

$$效果=\frac{产出}{投入}$$

人们常把效果的大小看成利益的大小。效益是效果和收益的综合。效益有多种，经济效益是最重要的一个，它也是经济效果和经济收益的综合。经济效果是输入的劳动消耗和劳动占用与输出的有用价值的比值。即：

$$经济效果=\frac{使用价值}{劳动消耗}$$

表示产品使用价值，有产品数量、品种、质量和时间因素等指标，用质量指标表示使用价值的经济效果是质量的经济效果。经济效益通常是用经济效果来表示。质量效益的表达式：

$$质量效益=\frac{质量收益}{质量成本}$$

这个比值大于 1 时，才有经济效益，小于 1 时，即没有效益。

效果、经济效果、质量效益这三个概念，说明了质量效益的含义。

（2）质量效益的内容

提高产品质量，加强质量管理，提高工作质量，都会给企业带来经济效益。主要有：

1）稳定质量水平，减少三包费用，减少不良品及减少寿命期内的维护修理费用等。

2）提高质量，提高商品附加值，扩大市场份额。

3）改进质量管理，减少库存，减少检查费用，提高设备使用率，节约管理费用等。

4）提高生产率和降低成本。

5）扩大用户适用范围，提高产品适用性等。

提高产品质量所取得的经济效益，包括产品的生产过程、使用过程及整个企业经营所取得的收益，只有这些收益的总和大于提高产品质量所花费的费用，经济上才是合理的。可用下式表示：

$$E_{总}=\frac{\Delta I_{总}}{\Delta c_{总}}$$

式中 $E_{总}$——由提高质量而获得的经营总效益；

$\Delta I_{总}$——由质量改善所得的经营总收益，$\Delta I_{总}=\Delta I_{生}+\Delta I_{市}+\Delta I_{使}$；

$\Delta I_{生}$——生产收益，质量改善所得到的收益；

$\Delta I_{市}$——市场收益，由销售额的增加而带来的收益；

$\Delta I_{使}$——使用收益；

$\Delta c_{总}$——质量改善所支出的总费用，包括优化设计、改善设备、工艺程序配套材料、检测等环节所构成的费用支出。

上述质量效益随着质量管理的改进和完善，其内容也不断扩大和完善。

（3）质量收入。质量资本运作过程，包括质量费用投入和质量收入产出两部分，通过对比计算质量损益，可知道质量经营的成效。质量收入补偿质量成本后尚有余，形成质量利润；反之，没有质量利润。质量效益是衡量质量经营是否取得成效的标记。

质量成本来表达质量损益不够全面，若用质量收入来表达就比较全面。在质量经营管理中，只要质量收入的上升幅度超过质量成本的上升幅度，就为正常现象。质量经营成本管理，引入了“质量收入”。这是质量经营成本管理理论发展和质量经营管理理论的需要。

质量收入是指质量得到保证或较原有水平提高后企业和社会所得到的或将能得到的更多的价值或使用价值。对质量收入中质量的理解：这里的质量是广义的，包括管理质量、工作质量、工序质量的产品质量的总称；质量收入来源于质量的保证和提高；质量收入按得益主体可分为企业的质量收入和社会的质量收入；质量收入按实现的时间不同可分为本期实现的质量收入和潜在的质量收入；质量收入按计算指标的性质可分为用价值指标反映的质量收入和按实物指标反映的质量收入。

这里主要介绍以企业为得益主体，以货币为主要计算的本期实现的企业质量收入。主要包括：

1）优质优价收入。是产品质量提高、价格上升带来的质量收入。质量提高是指增加、改善和优化重组原有产品的功能，提高原有产品的质量品级，或开发新一代拥有更高功能的新产品。计算式为：

优质优价收入＝（提级提价后价格－提级提价前的价格）× 销售量

2）成本降低收入。由于采取改进工艺设计、操作规程、检测方法、原材料构成，提高设备利用率、劳动生产率等质量改进措施，而使产品的单位消耗量直接降低而带来的成本降低收入。计算式为：

成本降低收入＝单位成本降低额 × 销售量

由于质量成本降低是由多种措施的结果，计算时可以用单一质量改进措施降低成本计算，也可以综合有关措施一并计算。公式是一致的。

3）减废增产收入。由于采取措施减少废品、产量相应增加而创造的质量收入。计算式为：

减废增产收入＝减废增产的数量 × 单位售价

＝销售量 ×（基期废品率－本期废品率）× 单位售价

4）优质广销收入。由于质量信誉的提高，销售量的扩大，使单位固定成本降低带来的收入。计算式为：

优质广销收入＝（单位售价－单位变动成本）× 由于质量提高而扩大的销售量

5）工作质量提高收入。由于质量经营管理各环节工作质量的提高，减少了计划执行不到位，产品降级或失误造成的损失，而增加的质量收入。避免设计环节的不周，减少损失；材料管理不善积压、变质的减少；合理安排各要素，减少资源浪费的质量收入等。

6）优质商誉收入。由于企业长期重视质量，持续开展质量经营，重视质量投入，使企业及产品在市场竞争中树立了良好的质量形象，给企业带来的无形的、潜在的质量收入。这种收益是巨大的、长远的。这是优质企业品牌效应、名牌效应。可以理解为超过收益的价值。这种无形资产的核算和计量，方法如下：

① 计算基期资产收益率。因质量商誉收入是企业长期形成的，可以用前五年的平均资产收益率为基期资产收益率。

② 计算本年度的资产收益率。计算式为：

$$本年度资产收益率=\frac{全年利润总额}{年平均资产占用额}\times100\%$$

③ 计算本年度的超额收益。计算式为：

本年度的超额收益＝年平均资产占用额 ×（本年度资产收益率－基期资产收益率）

④ 剔除其他不是因优质商誉带来的超额收益，剩下的就是优质商誉收入。

7）其他质量收入。属于质量收入的范围而是其他原因带来的收入。

一是如因停工损失、减产损失减少，因索赔、诉讼、罚款、退换货等损失的减少带来的质量收入；

二是企业潜在的质量收入，在企业连续经营的条件下，在未来一定周期内可能得到的质量收入。包括前边的六项内容，其计算式也相同。

8）质量损益。是质量收入减去相应的质量成本后的余额，是反映质量经营管理活动成果的主要指标。计算式为：

质量损益＝质量收入－质量成本

其余额为质量利润，其差额为质量亏损。要注意两者的时间期限和内容范围要一致，这个指标才有意义。

（4）质量的社会收入。是本企业之外创造的全部质量收入之和。表现形式，一是消费者因使用成本的降低而带来的质量收入；二是消费者因消费费用的减少而获得的质量收入。

前者得益主体是企业，由于管理改善，生产工艺及过程降低生产成本，在单位时间内生产出更多产品，给顾客带来的质量收入；后者得益主体是顾客个人，产品质量好，节省维修费，延长寿命，节省使用成本。另外，还有以社会为得益主体的质量收入。减少了对生态环境的破坏，环境污染的改善，节约原材料等。还有优质品牌给国家带来政治上、经济上的荣誉。

社会质量收入为企业的持续发展奠定了基础，社会质量收入多，企业为社会的贡献大，也是在竞争中取胜的关键。

4. 用户需求质量与质量效益的统一

质量经营的根本任务就是经济地生产用户满意的产品。生产者研究质量效益不仅要从自己本身利益来考虑，而还应从用户使用要求出发研究用房使用效益。生产者要一起研究生产者自身和用房的质量经济性，以求得最佳的质量目标和最佳的质量效益。

（1）生产者要研究用户的质量要求

企业要多站在消费者的立场来研究质量和效益的关系，有利于企业的长远发展。生产者与用户的不同观点有哪些？一是着眼点不同，用户希望产品用处多，服务多，而生产者是为生产一种所需要的产品；用户需要适用的产品，而生产者是符合技术标准的要求；用户考虑购置成本、使用成本，以及运输、维修、停工、折旧等费用，而生产者是质量成本和利润。要从生产者和用户双方的主场上来考虑，对企业并不是生产的产品质量越高越好，而要考虑用户要求的质量、价格、功能、成本的优化平衡，生产适宜质量目标的产品。这个目标一般来讲，主要抓住两点，产品符合用户要求而且价格也是适宜的。

（2）质量目标参数的最佳化

质量目标的可靠性程度高、使用寿命长、使用成本低等参数表示产品使用功能好。使用功能与生产成本都是随各项功能变化的，而两者的变化幅度不完全相同，质量目标参数最佳化，就是从两者寻求结合点最佳值，用最少的制造成本，取得较好的使用功能。

1）质量目标的设计。质量目标是一个企业在某一时期内要求什么样的质量水平的问题。设计质量水平首先应了解用户对产品功能的要求，并且能买得起，同时也要考虑企业的降低制造成本，增加收益，就是要找出质量的变化与价格、成本、功能、利润之间的关系，如图 7-5 所示。

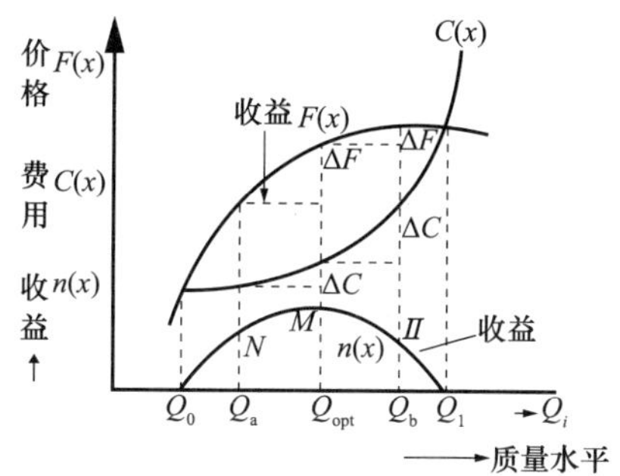

图 7–5 质量与成本、价格、利润的关系

C（x）代表成本曲线；

F（x）代表价格曲线；

n（x）代表利润曲线；

X 轴代表质量（功能）的提高；

Y 轴代表成本、价格、利润的提高。

2）从图 7-5 中可看出，随着质量水平的提高，成本、价格、利润也随之提高，但三者的提高不是成比例的增加。

① Q_0—Q_a 区，C（x）、n（x）、F（x）都在增长，但 C（x）增长的缓慢，F（x）、n（x）增长的相对较快，是质量改进区，从没有收益到有较好收益。在接近 Q_0 时，造价虽低，质量低，无人敢买，也得不到收益，只有提高质量，增加成本 C（x），到 Q_a 时，随着质量提高，价格和利润提高相对较快，企业开始得到较好收益，所以，这个阶段是改进阶段，不改进就没有前途。

② Q_a—Q_{opt} 区，C（x）、F（x）、n（x）继续增长，但成本增长较慢，而价格和利润增长较快，价格上升比成本上升快，整个区间都是有利润可得的。即 $\Delta F > \Delta C$。

③ Q_{opt}—Q_b 区，C（x）、F（x）继续增长，质量开始下降，n（x）开始下降，逐步下降至 $\Delta F \leqslant \Delta C$，即没有利润可得，是应控制的区域。

④ Q_b—Q_i 区，是入不敷出的区域，必须控制不能出现这种情况。

综上所述，质量在 Q_{opt} 点附近，为最佳质量水平，质量效益是最好的。将质量控制在 Q_a—Q_{opt} 区间，也会得到较好的利润。

3）产品使用寿命周期质量水平最低成本。质量目标最佳质量水平是针对企业本身的质量目标。但企业也有责任考虑产品使用寿命周期总成本，满足用户的要求和社会效益。通过生产成本（设计、制造成本）与使用成本（运输费、维修费、停工费、折旧费等），求得产品寿命周期成本为最低时的最佳质量水平。

（3）应用价值分析寻求最佳质量效益

价值分析是对产品剔除多余的功能（过剩质量）和消除不必要的成本，寻求以最低成本，达到产品所需要的性能和价值所进行的技术性、经济性和组织性的综合分析活动。或是说在研究保证产品质量功能的情况下，改革设计、工艺、用料及生产组织等，使成本降低的方法。

1）价值分析中的价值是从产品功能质量和成本两方面相互联系来分析的。这里的价值是“评价产品”有益程度的。价值高说明有益程度高、效益大、好处多；价值低是有益程度低、好处不大。价值相当“物美价廉”。企业要使它的产品对用户具有最大的价值或最适合的价值。

解决用户购买时的想法，买这东西做什么用，质量好不好？花这么多钱值不值得！价值用 V 表示，用户考虑表示式为：

功能与费用相对比值：

$$价值=\frac{功能}{费用}=\frac{F}{C}=V$$

生产者考虑表示式为：收入与成本比值：

$$V=\frac{收入}{成本}$$

把中间过程简化，即为功能与成本比值：

$$V=\frac{功能}{成本}$$

在价值分析中，在功能与成本上找出路。有五种途径，可在不同情况下使用。

① $\frac{F\uparrow}{C\downarrow}=V\uparrow$ 提高质量（功能），并降低成本。

② $\frac{F\rightarrow}{C\downarrow}=V\uparrow$ 保持质量（功能）的前提下降低成本。

③ $\frac{F\uparrow}{C\rightarrow}=V\uparrow$ 在稳定成本的前提下提高质量（功能）。

④ $\frac{F\downarrow}{C\downarrow\downarrow}=V\uparrow$ 质量（功能）适当降低而成本大幅降低。

⑤ $\frac{F\uparrow\uparrow}{C\uparrow}=V\uparrow$ 成本适当增加而质量（功能）大幅提高。

2）价值分析注意三个问题。

① 价值分析是满足用户需求，力求用最低的成本保证产品质量（功能）。这个成本是产品生产过程和使用过程的总消耗，是用户需要的成本。

② 价值分析的核心是对产品质量（功能）进行分析，以确保必要的质量（功能）。这个质量（功能）是产品本身和消耗过程及使用过程的全部质量（功能）、必要的功能（质量），是用户要求的。在产品设计中由于设计的原因，会产生一些不必要的功能（剩余功能），或没分等分级设置功能，使用户增加了不必要的费用。

③ 价值分析是有组织的综合性分析活动。要把设计、生产、销售、使用过程的各环节相互配合，保证质量降低成本，还要发挥各方面人员技术，用智慧和主观积极性来

实现。

综上所述可以看出，价值分析不是单纯追求降低成本，也不是片面追求提高质量（功能），而是要求提高它们方向的比值。

（4）价值分析主要方法。主要从质量功能分析和功能质量评价来进行。

1）质量功能分析。求得产品质量功能与成本相适应。产品质量功能不好，不能满足用户需求，质量功能过剩，会造成浪费，给用户增加费用。

首先，明确基本质量和次要质量、基本功能和辅助功能。

其次是确定真正质量和代用质量。真正质量是用户要求的质量，与用户使用价值直接相联系的；代用质量是否与用户使用价值直接联系，还是实现真正质量的一种手段。进行质量分析时，应根据用户要求的真正质量来确定质量目标。

最后，找出真正质量与代用质量以及产品质量的构成要素间的相互关系。找出真正质量必须掌握其实际管理所用的代用质量的关系，真正质量与构成要素的关系。将质量机能展开，用代用质量，构成要素与之关系，来研究质量目标与成本的关系，就比较容易了。

2）质量功能评价。评定某一质量功能的价值的高低。质量功能可以几项内容一起综合评价，也可单一项目评价，可以产品整体评价，也可以分为若干部位、构件系统进行评价，然后进行综合。实际评价比较难，可以将质量功能数量化、货币化，然后与质量成本比较，计算出其价值的高低；或通过卖家打分的方法，进行打分综合计算，确定质量指标功能的高低。

① 对产品各零件功能进行对比，将每个零件得分之和与产品各零件得分总计对比。求得每个零件的功能的评价系数。说明该零件在质量功能中所占的重要程度。

② 计算成本系数。在确定产品每个零件功能的重要性之后，进一步分析零件的成本，计算成本系数。根据每个零件的现实成本与产品现时总成本对比，求出每个零件的成本系数，来了解每个零件占总成本的比重。

③ 计算价值系数。在了解各零件占总成本的比重后，就把功能与成本联系起来，用零件的功能评价系数与成本系数对比，求出价值系数。此系数说明零件功能（质量）与成本支出是否适当。通过逐项比较使之成本与功能（质量）相匹配，使之更加合理。

④ 按目标成本，计算成本降低幅度。在预测确定产品目标成本后，按各零件功能（质量）评价系数进行目标成本的分配，确定每个零件的目标成本。然后再与每个零件的实现成本进行比较，求出每个零件的成本降低幅度（额），作为每个零件降低成本的目标和要求。达到产品降低成本目的要求。